EUROPA-FACHBUCHREIHE
für Metallberufe

Werkstoffkunde für Praktiker

Catrin Kammer
Ulrich Kammer

8., überarbeitete Auflage

VERLAG EUROPA-LEHRMITTEL · Nourney, Vollmer GmbH & Co. KG
Düsselberger Straße 23 · 42781 Haan-Gruiten

Europa-Nr.: 13217

Autoren:

Dr. Catrin Kammer — Goslar
Dr. Ulrich Kammer — Goslar
unter Mitwirkung von
Marianne Söller — Hohen Neuendorf

Verlagslektorat:

Alexander Barth

Bildbearbeitung:

Verlag Europa-Lehrmittel, Abt. Bildbearbeitung, 73760 Ostfildern
Grafische Produktionen Jürgen Neumann, 97222 Rimpar

8. Auflage 2017
Druck 5 4 3 2 1

Alle Drucke derselben Auflage sind im Unterricht einsetzbar, da sie bis auf die Behebung von Druckfehlern untereinander unverändert sind.

ISBN 978-3-8085-1410-8

Satz: Grafische Produktionen Jürgen Neumann, 97222 Rimpar

Umschlag: Grafische Produktionen Jürgen Neumann, 97222 Rimpar

Umschlagfoto: PPM Pure Metals GmbH, Langelsheim

Druck: M.P. Media-Print Informationstechnologie GmbH, 33100 Paderborn

Vorwort

Ohne Werkstoffe gäbe es keine Solartechnik, keine Elektromobilität, keine moderne Kommunikation. Auch in altbekannten Bereichen geht es nicht ohne Werkstoffe: in der Automobiltechnik, im Bauwesen sowie im Maschinen- und Anlagenbau. Heute ist es dank optimierter Werkstofflösungen möglich, für nahezu jeden Einsatzfall das exakt passende Material zu finden. Doch in der Werkstoffkunde gibt es zahlreiche Fachbegriffe, die mitunter die Kommunikation zwischen Praktikern, Ingenieuren, Kaufleuten und Anwendern erschweren. Das Lehrbuch **„Werkstoffkunde für Praktiker“** bietet vor diesem Hintergrund einen anschaulichen Einstieg in die Werkstoffkunde für **alle metalltechnischen Berufe**. Es wurde inhaltlich auf die Ausbildungsvorgaben abgestimmt. Das Buch ist aufgrund seiner guten Verständlichkeit und der zahlreichen Illustrationen und Fotos sowohl für den Einsatz im Unterricht als auch für das Selbststudium geeignet, also auch für Anfänger und Quereinsteiger aus der Praxis. Merksätze sowie Aufgaben zu jedem Kapitel tragen zum Lernerfolg bei.

Das Lehrbuch beinhaltet folgende thematische Schwerpunkte:

- **Aufbau und Eigenschaften von Metallen**
  Metalle stellen die wichtigste Gruppe innerhalb der Konstruktionswerkstoffe dar. Sie bilden daher den thematischen Schwerpunkt. Der Leser erfährt, wie und warum sich bestimmte Eigenschaftsänderungen erreichen lassen. Besondere Aufmerksamkeit gilt dem Schlüsselwerkstoff des 21. Jahrhunderts: Stahl.

- **Aufbau und Eigenschaften von Kunststoffen**
  Kunststoffe gehören in den Bereich der organischen Werkstoffe und besitzen ein ganz anderes Eigenschaftsprofil als Metalle. Das Kapitel verdeutlicht, wie sich die wichtigsten Kunststoffe aufbauen und leitet daraus ab, welche Eigenschaften zu erwarten sind.

- **Aufbau und Eigenschaften von Keramiken**
  Keramiken sind eine bewährte Werkstoffgruppe, die mittlerweile mit neuen Entwicklungen sogar im Bereich der Hochleistungswerkstoffe aufwarten kann. Vorgestellt werden Herstellungsverfahren und Eigenschaften.

- **Werkstoffprüfung**
  Die Prüfung von Werkstoffen erfolgt unter verschiedenen Zielvorgaben. Kennwerte sind zur Auslegung von Konstruktionen sowie für die Einschätzung von Neuentwicklungen im Werkstoffbereich notwendig. Das Buch stellt ausgewählte Werkstoffprüfverfahren vor, die zeigen, wie die im Buch aufgeführten Erkenntnisse gewonnen werden.

- **Recycling von Werkstoffen**
  Angesichts der großen Bedeutung von Werkstoffen für den gesellschaftlichen Fortschritt ist die Verfügbarkeit von Rohstoffen eines der vieldiskutierten Hauptthemen der Gegenwart geworden. Das Recycling von Werkstoffen erfüllt in diesem Zusammenhang eine wichtige Aufgabe hinsichtlich des Ressourcen- und Umweltschutzes.

In dieser **8. Auflage** wurden die Texte aktualisiert sowie zahlreiche Abbildungen hinsichtlich einer besseren Verständlichkeit überarbeitet. Das Lehrbuch ist in einer modernen Sprache gehalten und bezieht sich mit allen Beispielen auf gültige europäische Normen.

Unseren Lesern wünschen wir viel Freude und Erfolg beim Aufbau oder der Erweiterung ihrer Kenntnisse im Bereich der Werkstoffkunde. Hinweise und Anregungen, die zur Weiterentwicklung des Buches beitragen, nehmen Autoren und Verlag gerne unter der Verlagsanschrift sowie per E-Mail unter lektorat@europa-lehrmittel.de entgegen.

Autoren und Verlag — Sommer 2017

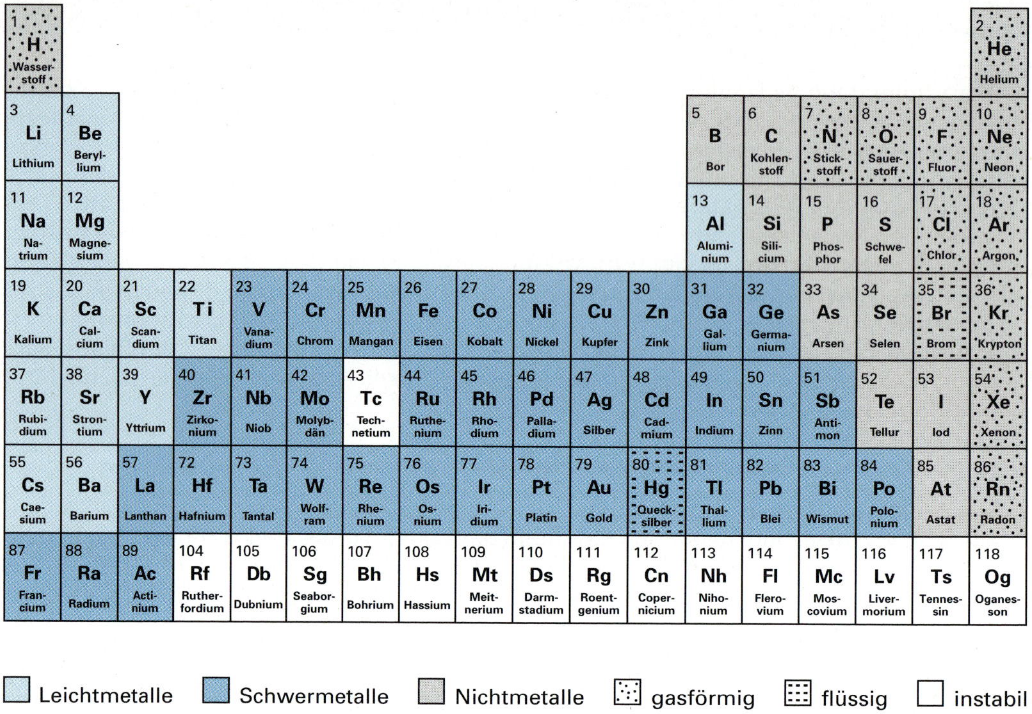

Periodensystem der Elemente (gekürzt)

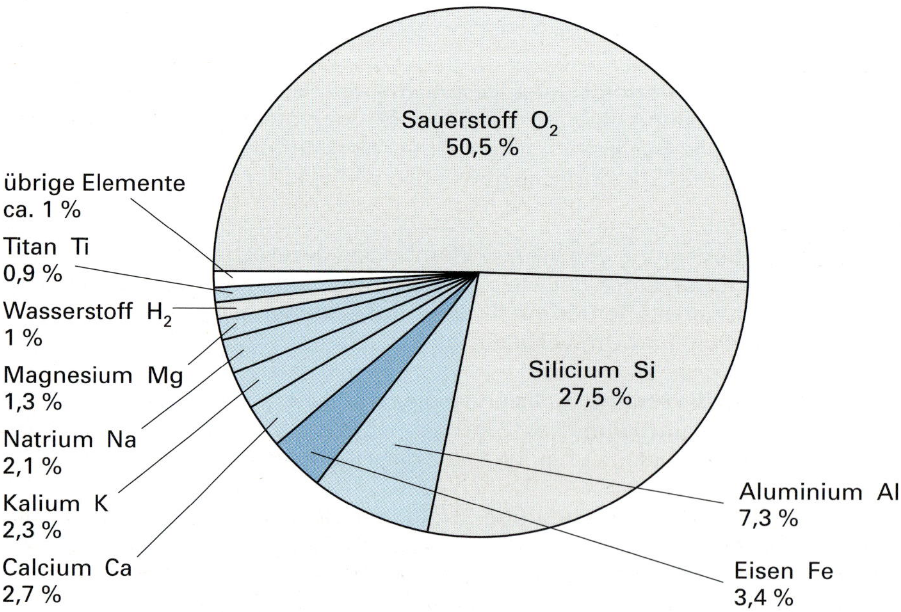

Verteilung der Elemente in der Erdkruste

Inhaltsverzeichnis

1 Einteilung von Werkstoffen

Werkstoffe haben große Bedeutung für die Menschheit, denn aus ihnen entstehen die wichtigen Gebrauchsgegenstände: Werkzeuge, Anlagen, Bauwerke, Kult- und Schmuckgegenstände und auch Waffen. Die große Bedeutung der Werkstoffe zeigt sich auch in der Tatsache, dass geschichtlich wichtige Zeiträume nach den jeweils dominierenden Werkstoffen benannt werden. Bekannt sind die Steinzeit, die Kupfer- und Bronzezeit sowie die Eisenzeit. Kupfer beispielsweise war das Metall, aus dem die steinzeitlichen Menschen zum ersten Mal Gebrauchsgegenstände herstellten. Der Grund: Kupfer kann mitunter auch als Metall in der Natur gefunden werden, es muss also nicht immer aus Erzen erschmolzen werden. Zudem lässt sich Kupfer leicht bearbeiten.

1.1 Rohstoffe, Werkstoffe, Hilfsstoffe

Werkstoffe, die in der Werkstatt oder im Betrieb ver- und bearbeitet werden, kommen in dieser Form in der Natur nicht vor. Dort werden, wie im **Bild 1** verdeutlicht, **Naturstoffe** gefunden, die durch menschliche Arbeit zu **Rohstoffen** umgesetzt werden. Rohstoffe können sowohl aus der belebten Natur kommen, wie z. B. Holz oder Bambus, oder aber auch in der Erdkruste gefunden werden, z. B. als Erz oder Erdöl.

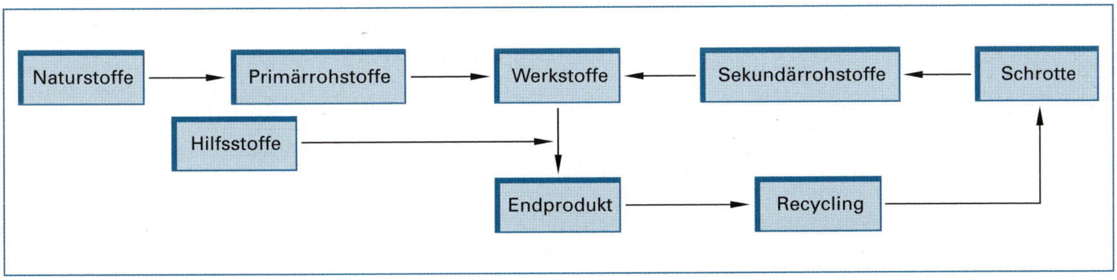

Bild 1: Zusammenhang zwischen den Begriffen „Naturstoff" „Rohstoff" „Werkstoff" und „Hilfsstoff"

Aus der Natur stammende Rohstoffe, die das erste Mal in den Produktionsprozess gelangen, werden als **Primärrohstoffe** bezeichnet. Im Gegensatz dazu zählen Rohstoffe, die erneut in den Produktionsprozess kommen, zu den **Sekundärrohstoffen**. Beispiele sind Schrotte, Altglas oder Altkunststoffe.

Natürliche Werkstoffe, wie z. B. Holz, Marmor oder Grafit, haben eine ähnliche Zusammensetzung wie die Rohstoffe, aus denen sie hergestellt werden. Um als Werkstoff genutzt zu werden, müssen diese Stoffe lediglich aufbereitet oder bearbeitet werden. Beispielsweise werden Holzstämme zu Balken zersägt.

Hauptsächlich jedoch werden **künstliche Werkstoffe** eingesetzt, die durch chemische Reaktionen aus Rohstoffen erzeugt werden. Eisen wird z. B. gewonnen, indem den Eisenerzen der enthaltene Sauerstoff entzogen wird. Kupfererze enthalten zumeist Schwefel als Begleitelement, der ebenfalls in einer chemischen Reaktion entfernt wird. Kunststoffe entstehen durch eine chemische Synthese aus Erdöl oder Erdgas, Glas hingegen wird durch Quarzsand, Kalk und Soda erzeugt.

Werkstoffe werden aus **Rohstoffen** hergestellt und zu **Fertigprodukten** verarbeitet.

Hilfsstoffe sind im Produktionsprozess erforderlich, um aus Werkstoffen Fertigprodukte herzustellen, sie gehen aber in das Fertigprodukt nicht ein. Ein Beispiel ist die Formgebung eines Werkstücks mithilfe von Schleifmitteln.

Hilfsstoffe sind zur Herstellung von Fertigprodukten aus Werkstoffen notwendig, finden sich aber nicht im Fertigprodukt wieder.

Tabelle 1 zeigt eine Übersicht der verwendeten Begriffe mit einigen Beispielen.

Tabelle 1: Stoffe in Industrie und Technik

Stoffe	Erklärung	Beispiele
Naturstoffe	In der Natur vorkommende Stoffe	Erdöl, Kohle, Wolle, gediegene Metalle wie Gold, Silber, Kupfer
Rohstoffe	Ausgangsstoffe für den Herstellungsprozess von Werkstoffen	**Primärrohstoffe** Geschlagenes Holz, abgebaute Kohle, gefördertes Erdöl/Erdgas, abgebaute Metallerze **Sekundärrohstoffe** Altstoffe: Metallspäne, Schrotte, Altpapier, Altreifen, Altglas und Alttextilien.
Werkstoffe	Stoffe zur Herstellung von Werkstücken, Werkzeugen und Halbzeugen	**Natürliche Werkstoffe** Holz, Graphit, Marmor **Künstliche Werkstoffe** Metalle, Nichtmetalle, Verbundwerkstoffe, Kunststoffe, keramische Werkstoffe
Fertigprodukte	Werkstücke, Werkzeuge, Halbzeuge	Motorblock, Rohr, Blech, Profil, Draht
Hilfsstoffe	Stoffe, die den Prozess vom Naturstoff zum Fertigprodukt aufrecht erhalten, aber nicht in das Fertigprodukt eingehen	Schmierstoffe, Schleifmittel, Schneidöle, Kühlmittel, Trennmittel, Treib- und Brennstoffe, Härtemittel, Reinigungsmittel

1.2 Einteilung der Werkstoffe

Wie ein bestimmter Werkstoff eingesetzt wird, hängt vor allem von seinen Eigenschaften ab. Wichtige Kriterien sind die physikalischen Eigenschaften (Dichte, Festigkeit), aber auch die chemischen (Korrosionsbeständigkeit) und die technologischen Eigenschaften (Verarbeitbarkeit). Zu beachten sind aber auch der Preis, die Verfügbarkeit und die Möglichkeit des späteren Recyclings.

In der Regel soll eine optimale Kombination vieler positiver Eigenschaften zum Tragen kommen, wie z. B. beim Aluminium: Dieses Metall hat eine niedrige Dichte bei gleichzeitig hoher Festigkeit. Der Preis ist im Verhältnis zu anderen Metallen moderat, die Verarbeitbarkeit und die Korrosionsbeständigkeit sind gut. Zum Recycling stehen ausgereifte Erfassungssysteme und Technologien bereit. Daher ist Aluminium in der Automobilfertigung sowie im Flugzeugbau unverzichtbar. Aufgrund seiner Leitfähigkeit und Festigkeit wird es als Freileitungsseil zur Stromübertragung eingesetzt. Die gute Korrosionsbeständigkeit, Umformbarkeit, Bedruckbarkeit und wiederum die geringe Dichte machen Aluminium zu einem idealen Verpackungswerkstoff.

Der **Einsatz eines Werkstoffes** wird von seinen Eigenschaften, der Verfügbarkeit, dem Preis und der Recycelbarkeit bestimmt.

Bild 1, Seite 9 zeigt die heute übliche Einteilung der Werkstoffe. Die größte technische Bedeutung haben hierbei die **Metalle**, insbesondere aufgrund ihrer in der Regel hohen Festigkeit und ihrer guten Verformbarkeit. Je nach ihrer technischen Bedeutung unterteilt man die Metalle in die **Eisenmetalle** und **Nichteisenmetalle** (NE-Metalle).

Nichtmetalle werden eingeteilt in die **organisch-nichtmetallischen** und die **anorganisch-nichtmetallischen** Werkstoffe. Die größte Bedeutung in der Gruppe der organisch-nichtmetallischen Werkstoffe haben die **Kunststoffe.** In der Gruppe der anorganisch-nichtmetallischen Werkstoffe sind dies die **Keramiken**.

Verbundwerkstoffe sind eine Verbindung von mindestens zwei Werkstoffen aus gleichen oder unterschiedlichen Gruppen. Beispiele sind glasfaserverstärkte Kunststoffe oder mit Siliciumcarbidteilchen verstärktes Aluminium. Die Kombination verschiedener Werkstoffe in einem Material zielt auf eine optimale Kombination positiver Eigenschaften ab.

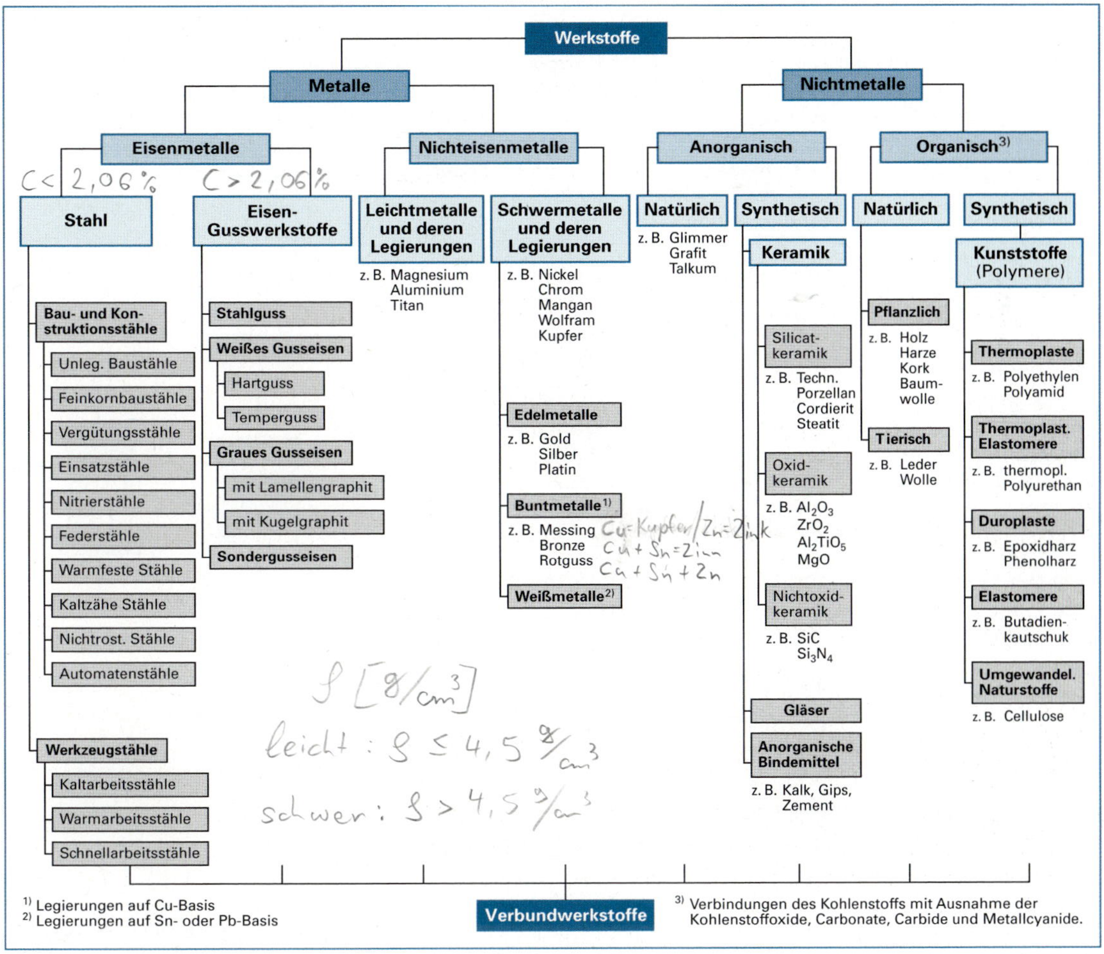

Bild 1: Einteilung der Werkstoffe

Aufgaben

1. Erläutern Sie den Unterschied zwischen primären und sekundären Rohstoffen!
2. Welche Kriterien rechtfertigen den Einsatz dünner Aluminiumfolie als Verpackungswerkstoff für Schokoladenhohlfiguren?
3. Nennen Sie einige typische Nichteisenmetalle!
4. Was verspricht man sich von der Kombination verschiedener Werkstoffe in einem Verbundwerkstoff?

2 Eigenschaften der Werkstoffe

Um beurteilen zu können, ob sich ein Werkstoff für eine bestimmte Anwendung eignet, müssen seine physikalischen, mechanischen, technologischen und chemischen Eigenschaften bekannt sein. Beispiele für wichtige Werkstoffeigenschaften enthält **Tabelle 1**. Diese Eigenschaften hängen vom inneren Aufbau des Werkstoffs ab, der sich durch das Herstellungsverfahren und die Verarbeitung verändern und auch gezielt beeinflussen lässt.

Tabelle 1: Wichtige Werkstoffeigenschaften

Mechanisch	Physikalisch	Chemisch	Technologisch	Umweltrelevant
• Festigkeit – statisch – Warmfestigkeit – Schwingfestigkeit • Verformbarkeit • Härte • Zähigkeit	• Dichte • Wärmedehnung • Wärmeleitfähikeit • elektrische Leitfähigkeit • optische Eigenschaften	• Korrosions-beständigkeit • Hitzebeständigkeit • Reaktionsfähigkeit • Entflammbarkeit	• Gießbarkeit • Umformbarkeit • Schweißbarkeit • Härtbarkeit • Zerspanbarkeit	• Recycelbarkeit • Toxizität • Treibhaus-potenzial

2.1 Mechanische Eigenschaften

Die mechanischen Eigenschaften bestimmen in wesentlicher Weise den Einsatz eines Werkstoffes in Konstruktionen, da sie Aussagen darüber liefern, welche Belastungen der Werkstoff ohne Schädigung ertragen kann.

2.1.1 Mechanische Werkstoffkennwerte

Eine der wichtigsten Kenngrößen der Werkstoffe ist die **Festigkeit**. Ganz allgemein ist darunter der Widerstand zu verstehen, den ein Werkstoff einer Formänderung durch äußere Kräfte entgegensetzt. Bekannt ist, dass bei einem festen, harten Werkstoff von außen eine große Kraft für die Formänderung, z. B. Verbiegen, aufgebracht werden muss. Bei einem weichen Material genügt dafür hingegen eine kleinere äußere Kraft.

Die **Festigkeit eines Werkstoffes** ist der Widerstand gegen eine äußere Formänderung.

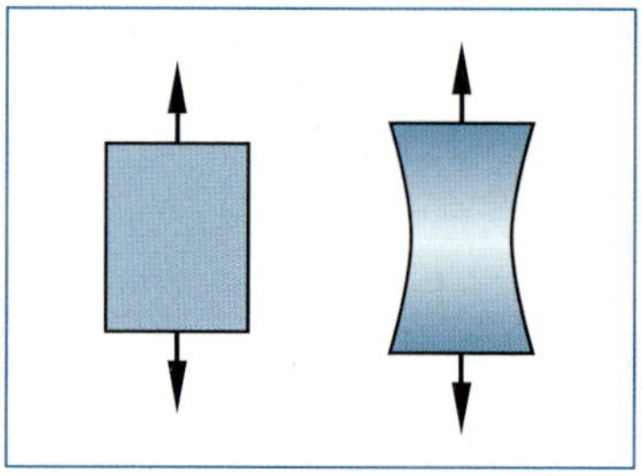

Bild 1: Zugbeanspruchung

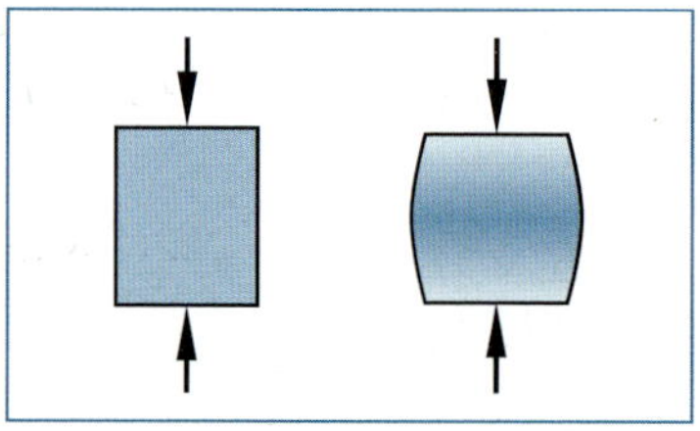

Bild 2: Druckbeanspruchung

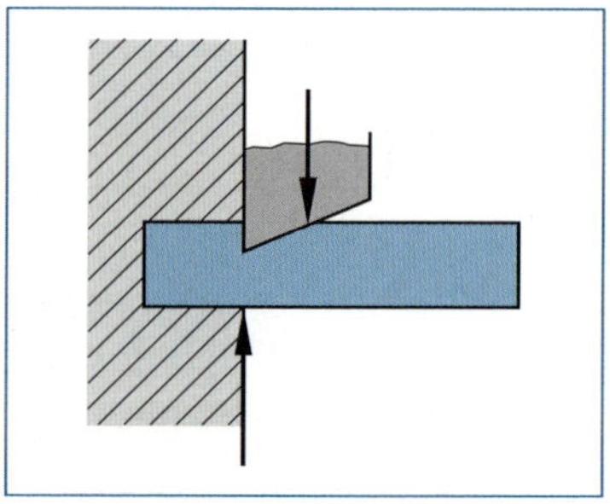

Bild 3: Scherbeanspruchung

Je nachdem, wie der Werkstoff belastet wird, werden unterschiedliche Festigkeitswerte betrachtet:
Abschleppseile, Ketten oder auch Schrauben sind typische Beispiele für eine Zugbelastung eines Werkstoffes. In diesen Fällen ist die Bestimmung der **Zugfestigkeit** wichtig. Gemäß DIN EN 10002 wird das zu prüfende Material in seiner Längsrichtung durch Zugkräfte bis zum Bruch beansprucht **(Bild 1)**.

Lagerwerkstoffe, Fundamente oder Maschinengestelle werden hingegen auf Druck beansprucht. Hier gilt der Ermittlung der **Druckfestigkeit** (DIN 50106) besonderes Interesse. Bestimmt wird die Widerstandsfähigkeit von Werkstoffen gegen Druckkräfte **(Bild 2)**.

Bei der Festlegung der **Scherfestigkeit** (nach DIN 50141) wird der Widerstand ermittelt, den der Werkstoff einer Verschiebung in einer Querschnittsfläche entgegensetzt. Dabei tritt eine Schubbeanspruchung ein. Diese Belastungsform findet sich beim Abscheren von Blechen oder der Beanspruchung von Nieten **(Bild 3, Seite 10)**.

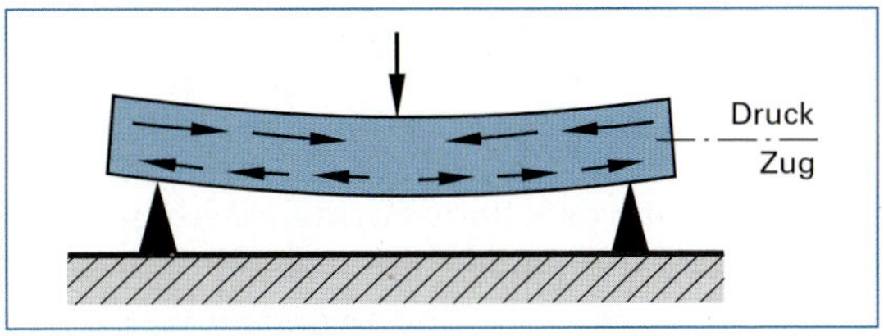

Bild 1: Biegebeanspruchung

Träger in Konstruktionen werden vielfach auf Biegung beansprucht. Zur sicheren Auslegung muss daher die **Biegefestigkeit (Bild 1)** bekannt sein. Bestimmt wird der Widerstand, den Werkstücke bei einer Durchbiegung zeigen. Der Werkstoff wird dazu an einer Seite auf Zug und auf der anderen Seite auf Druck belastet.

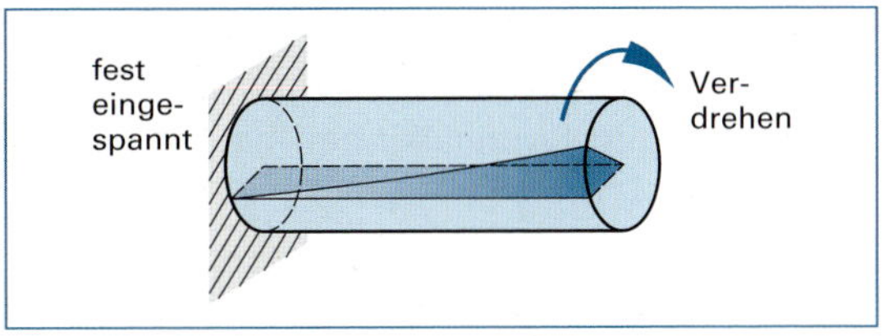

Bild 2: Torsionsbeanspruchung

Sich drehende Bauteile, wie z. B. Schiffswellen, Kurbelwellen oder Bohrer, müssen einer Torsionsbelastung standhalten. Bei der in diesem Fall notwendigen Prüfung der **Torsionsfestigkeit (Bild 2)** wird der Widerstand ermittelt, den ein Werkstück gegenüber verdrehenden Kräften zeigt.

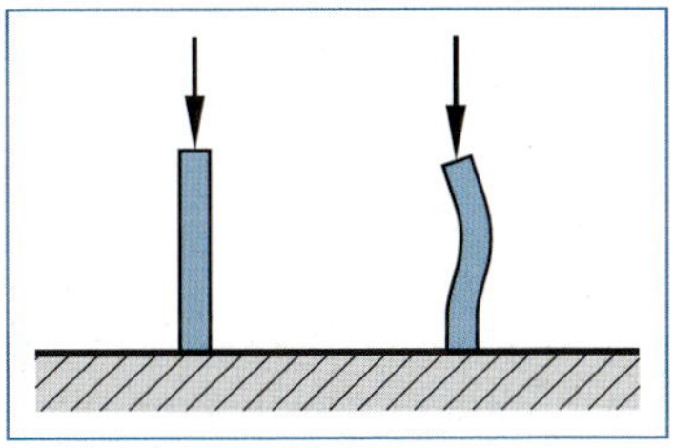

Bild 3: Knickbeanspruchung

An schlanken Bauteilen, z. B. Pleuelstangen und Fachwerkstreben oder auch an ganzen schlanken Konstruktionen, wie z. B. Leitungsmasten, ist der Widerstand gegen Knicken von Interesse. An den Bauteilen können hier Druckkräfte in Richtung der Längsachse angreifen, bis eine Ausknickung oder der Bruch erfolgt. Bei der Bestimmung der **Knickfestigkeit (Bild 3)** werden die Werkstücke dabei vorwiegend auf Zug und auf Druck beansprucht.

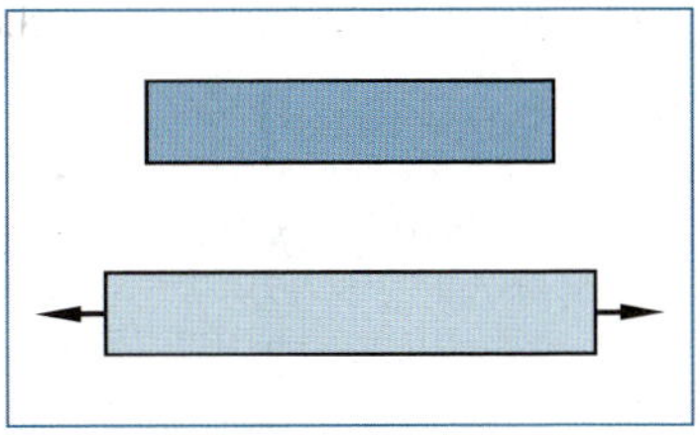

Bild 4: Beanspruchung auf Dehnung

Die bisher gezeigten Kenngrößen bezogen sich alle auf die Festigkeit des Werkstoffes. Aber auch das **Verformungsverhalten** eines Werkstoffes kann wichtig sein, z. B. dann, wenn er noch weiter verformt werden soll.

Die **Dehnbarkeit (Dehnung)** eines Werkstoffes ist seine Fähigkeit, bei einer Krafteinwirkung seine Form zu verändern **(Bild 4)**.

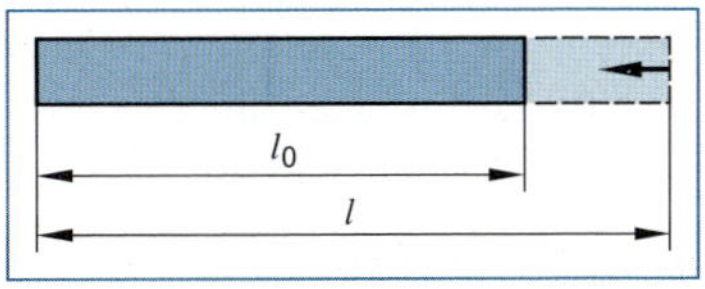

Bild 5: Elastizität von Werkstoffen

Gut vorstellen lässt sich dies am Beispiel der Dehnung eines Gummibandes. Die bei einem Gummiband beim Dehnen erfolgende Verformung ist **elastisch**, d. h., nach Entlastung nimmt der Werkstoff seine ursprüngliche Form wieder an **(Bild 5)**. Dementsprechend wird unter der **Elastizität** eines Werkstoffes die Eigenschaft verstanden, nach einer Belastung wieder die Ausgangsform anzunehmen. Gummi, Kautschuk und sogar Stahl sind innerhalb bestimmter Grenzen unterschiedlich elastisch.

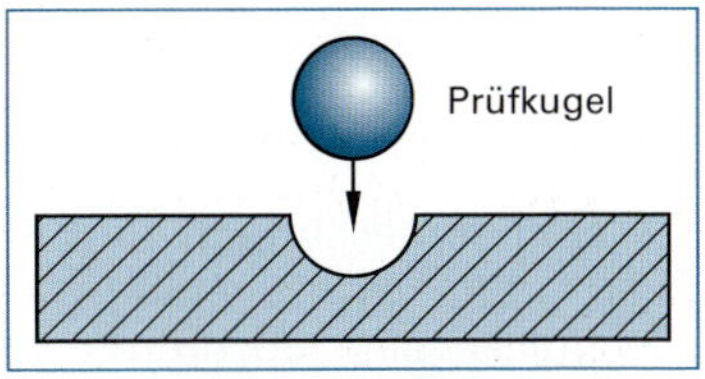

Bild 6: Plastische (bleibende) Verformbarkeit von Werkstoffen

Ist eine Verformung hingegen dauerhaft, d. h. bleibt sie auch nach Entlastung erhalten, spricht man von einer **plastischen Verformung (Bild 6)**. Beispielsweise kann eine metallische Feder durch eine zu große Kraft überdehnt und damit bleibend verformt werden.

Die „zu große Kraft", die zur bleibenden Formänderung führt, wird durch die **Elastizitätsgrenze** gekennzeichnet – eine Kenngröße, die z. B. im Zugversuch als **Dehngrenze** bestimmt wird (siehe Kapitel 2.1.2). Die Kenntnis der Elastizitätsgrenze ist notwendig, um eine tragende Konstruktion nicht zu großen Kräften auszusetzen, die zu Formänderungen führen würden. Im Fall einer gewünschten Formänderung, beispielsweise beim Hämmern eines Metalls in eine bestimmte Form, muss hingegen eine Kraft über der Elastizitätsgrenze angewendet werden.

> Eine Verformung kann **plastisch** (bleibend, irreversibel) oder **elastisch** (nicht bleibend, reversibel) erfolgen.

Werkstoffe können sich bei Umformungen sehr unterschiedlich verhalten. Zähe Werkstoffe wie reines Blei und Kupfer können bei einer Krafteinwirkung vor der Zerstörung erhebliche Formänderungen hinnehmen. Dieses Verhalten wird als **Zähigkeit** bezeichnet.

Spröde Werkstoffe, wie Glas, Keramik oder Grauguss zeigen bei einer Krafteinwirkung bis zur Zerstörung keine bleibende Formänderung. Sie brechen bei einer bestimmten Kraft, ohne sich vorher zu dehnen, man spricht von **Sprödigkeit**.

Auch die **Härte** gestattet Aussagen über die Festigkeit eines Werkstoffes. Unter der Härte wird der Widerstand verstanden, den ein Material dem Eindringen eines anderen härteren Körpers entgegensetzt **(Bild 1)**. Diamant ist z. B. sehr hart, Blei ist hingegen sehr weich.

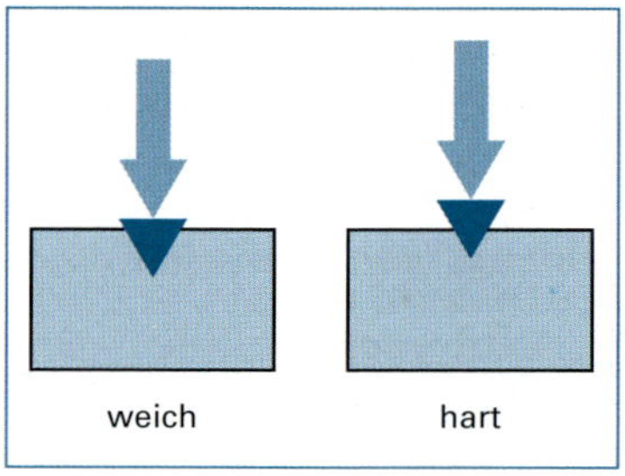

Bild 1: Härte von Werkstoffen

Mechanische Kennwerte für die genannten Eigenschaften werden in der Regel mit genormten Prüfverfahren ermittelt. Nachfolgend sollen hier beispielhaft die für das Verständnis wichtigsten Verfahren beschrieben werden. Für weitere und spezielle Prüfverfahren sei auf die entsprechenden Normen und auf die Literatur verwiesen.

2.1.2 Zugversuch

Bei allen Verfahren der **Festigkeitsprüfung** wird die Kraft gemessen, die aufzubringen ist, um eine bestimmte Formänderung zu erreichen.

Die wichtigste Methode zur Bestimmung der Festigkeit von Werkstoffen ist der **Zugversuch** nach DIN EN 10 002. Eine genormte Zugprobe **(Bild 1, Seite 13)** wird in eine Zugprüf- oder Universalprüfmaschine **(Bild 2)** eingespannt und mit zunehmender Zugkraft gleichmäßig so lange verformt, bis der Bruch der Pobe eintritt.

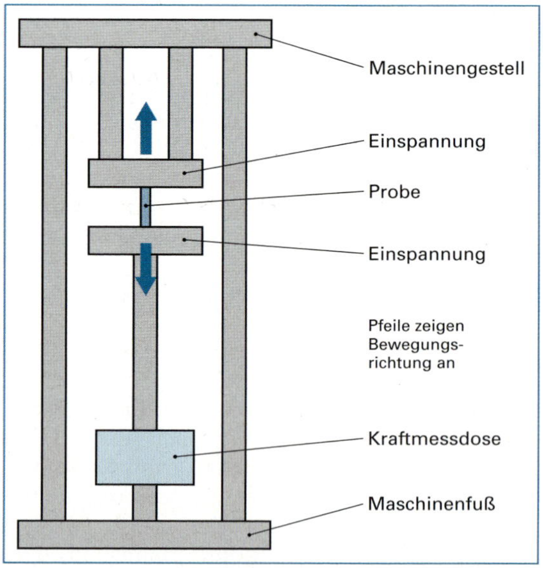

Bild 2: Universalprüfmaschine

Geprüft werden Flachzugstäbe und Rundzugstäbe – je nachdem, ob Bleche oder kompaktere Halbzeuge geprüft werden. Es ist auch üblich, spezielle Zugstäbe zu gießen. Dies ist dann notwendig, wenn die Zugfestigkeit eines Gussteils geprüft werden soll.

Die Stababmessungen sind in DIN 50125 festgelegt. Bei Flachzugstäben wird z. B. je nach Blechdicke eine bestimmte Messlänge eingehalten. Die genormten Zugproben haben ein bestimmtes Verhältnis von Messlänge zu Durchmesser gemäß L_0/d_0 (L_0-Ausgangslänge vor dem Versuch, d_0-Durchmesser vor dem Versuch). Sie heißen daher **Proportionalstäbe**.

Die Norm legt fest:
Langer Proportionalstab: $L_0 = 10 \cdot d_0$
Kurzer Proportionalstab: $L_0 = 5 \cdot d_0$

Während des Zugversuchs werden Zugkraft und Verlängerung gemessen und von der Maschine als **Kraft-Verlängerungs-Diagramm (Bild 2)** aufgezeichnet. Alle hier ablesbaren Werte sind jedoch von der Probengeometrie abhängig. Um zu vergleichbaren Kennwerten zu kommen, müssen die Messwerte auf die Ausgangsmaße bezogen werden:

- die jeweils wirkende Zugkraft auf den Ausgangsquerschnitt A_0 als Spannung σ
- und die Verlängerung ΔL auf die Ausgangsmesslänge L_0 als Dehnung ε.

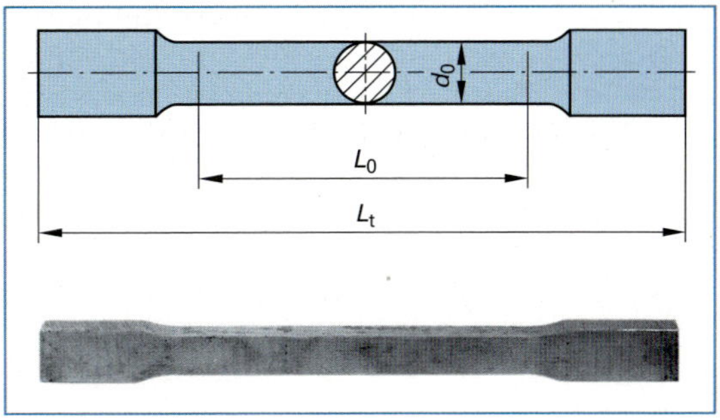

Bild 1: Zugprobe

Die grafische Darstellung dieser Werte ergibt dann das **Spannungs-Dehnungs-Diagramm (Bild 3)**.

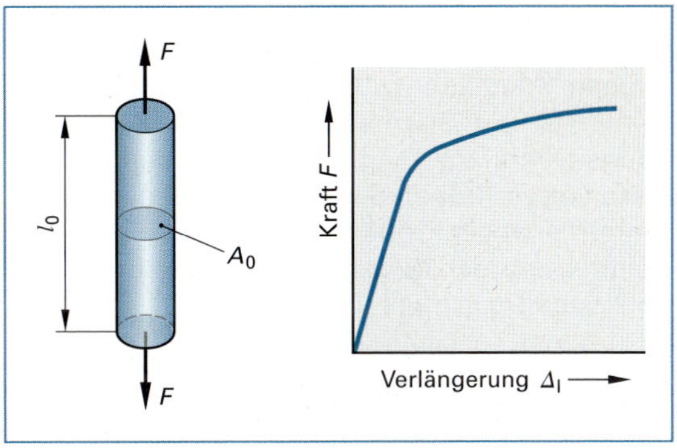

Bild 2: Versuchsanordnung und aufgenommenes Kraft-Verlängerungsdiagramm

Im ersten Teil des Spannungs-Dehnungs-Diagramms ergibt sich ein linearer Zusammenhang zwischen Festigkeit und Dehnung, die **Hooke´sche Gerade**. Die in diesem Bereich (bis σ_E) auftretende Verformung ist **elastisch**, d. h. reversibel. Nach einer Entlastung stellt sich wieder der ursprüngliche Materialzustand ein. Im Bereich der Hookeschen Geraden gilt das **Hooke´sche Gesetz**

$\sigma = E \cdot \varepsilon$

worin der Proportionalitätsfaktor E als **Elastizitätsmodul** bezeichnet wird. E entspricht dem Anstieg der Hooke´schen Geraden und ist ein Maß für den Widerstand, den ein Werkstoff einer elastischen Verformung entgegensetzt.

Tabelle 1 zeigt Beispielwerte für die E-Module verschiedener Werkstoffe. Es gilt: Je größer der Elastizitätsmodul E, desto geringer ist die elastische Verformung des Werkstoffes unter einer Krafteinwirkung.

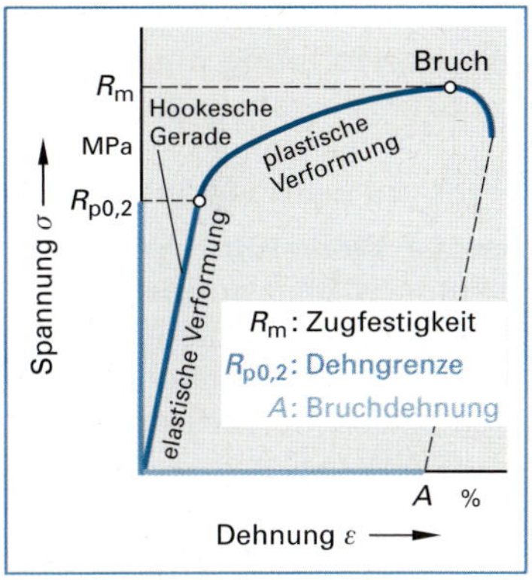

Bild 3: Spannung-Dehnungs-Diagramm

> Das Hooke´sche Gesetz gilt im Bereich der elastischen Verformung eines Werkstoffes.

Tabelle 1: Elastizitätsmodul verschiedener Werkstoffe

Stoffe	Elastizitätsmodul E in MPa	Stoffe	Elastizitätsmodul E in MPa
Nickel	213000	Cu-Zn-Legierungen (Messing)	80000 … 125000
Eisen	210000	Thermoplaste	100 … 450
Aluminiumlegierungen	60000 … 80000	Elastomere	10 … 100
Magnesiumlegierungen	40000 … 45000	Glas	70000 … 80000
Titanlegierungen	112000 … 130000	Holz, parallel zur Faserrichtung	9000 … 16000

Das Aussehen des Spannungs-Dehnungs-Diagrammes ist damit vom Werkstoff abhängig. **Bild 3, Seite 13** zeigt ein typisches Bild, das für die meisten Metalle gilt. Kontinuierlich linear steigt die Spannung im Bereich der **Hooke´schen Gerade** und damit der **elastischen Verformung** an. Genau dann, wenn die Kurve abknickt, d. h. flacher verläuft, beginnt die **plastische, d. h. bleibende Verformung**. Die **Elastizitätsgrenze** σ_E bzw. **Dehngrenze** $R_{p0,2}$ ist erreicht.

Mit weiter zunehmender Kraft wird der Kurvenverlauf flacher. Schließlich erfolgt nach einer mehr oder weniger ausgeprägten plastischen Verformung der **Bruch**. Bei stark verformungsfähigen Metallen (z. B. Reinaluminium, Baustähle) ist ein Spannungsmaximum im Spannungs-Dehnungs-Diagramm zu beobachten. Nach Überschreiten des Spannungsmaximums schnürt sich die Probe an der schwächsten Stelle innerhalb der Messlänge ein und bricht verhältnismäßig schnell **(Bild 1 und 2)**.

Sehr dehnbare Werkstoffe zeigen ein ähnliches Diagramm, es ist jedoch noch sehr viel breiter **(Bild 2, unten)**.

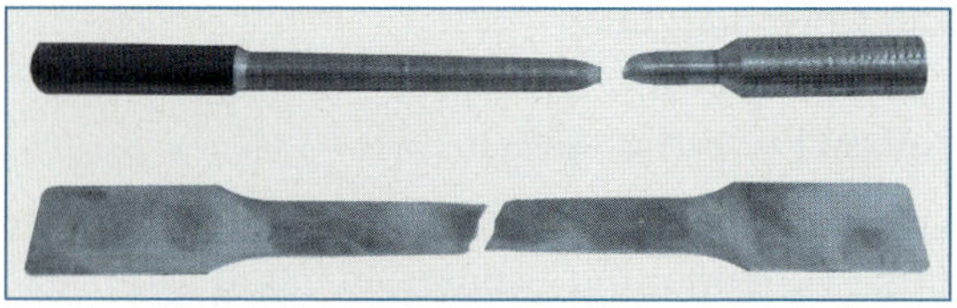

Bild 1: Zugproben nach Bruch oben: Rundstab aus Stahl – gut zu erkennen ist die Einschnürung in der Mitte unten: Flachstab aus Kupfer, ohne Einschnürung gebrochen

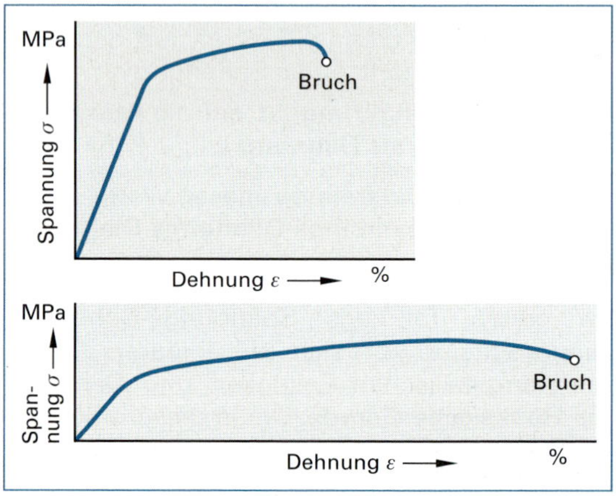

Bild 2: Spannungs-Dehnungs-Diagramm für Metall (oben), für sehr dehnbares Material (unten)

Bei **unlegierten Stählen** gibt es eine Besonderheit – die **Streckgrenze**. Ein entsprechendes Beispieldiagramm zeigt **Bild 3**. In der Kurve gibt es hier eine ausgeprägte Unstetigkeit, die den Übergang zwischen elastischer und plastischer Verformung markiert. Die mit dem **Formelzeichen** R_e gekennzeichnete Streckgrenze kann mit Kraftschwankungen so stark ausgeprägt sein, dass wie Bild 2 zeigt, eine obere Streckgrenze R_{eH} (R = résistance, e = écoulement, H = higher) und eine untere Streckgrenze R_{eL} (L = lower) bestimmt werden können.

Spröde Werkstoffe wie Keramiken, Glas oder bestimmte Gusseisensorten haben **Spannungs-Dehnungs-Diagramme ohne (nennenswertes) plastisches Verformungsvermögen**. Wie **Bild 4** zeigt, weicht die Spannungs-Dehnungs-Kurve nicht oder nur wenig von der Hooke´schen Geraden ab. Die Proben brechen bei sehr niedriger Bruchdehnung und praktisch ohne Brucheinschnürung. Eine plastische Verformung ist bei diesen Werkstoffen von außen kaum oder überhaupt nicht zu beobachten. Daher wird bei solchen Werkstoffen eine Streck- bzw. Dehngrenze nicht angegeben.

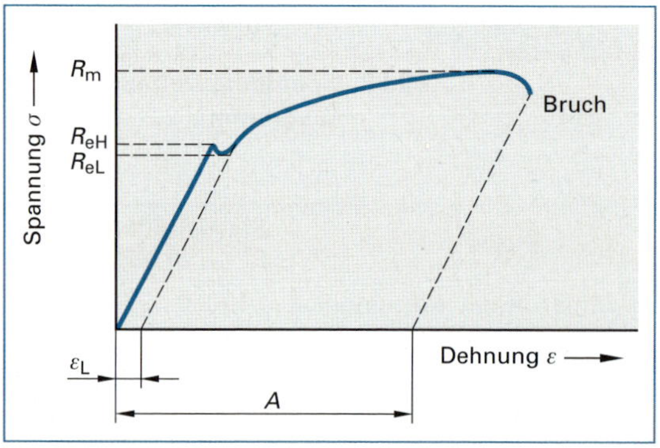

Bild 3: Spannungs-Dehnungs-Diagramm mit ausgeprägter Streckgrenze

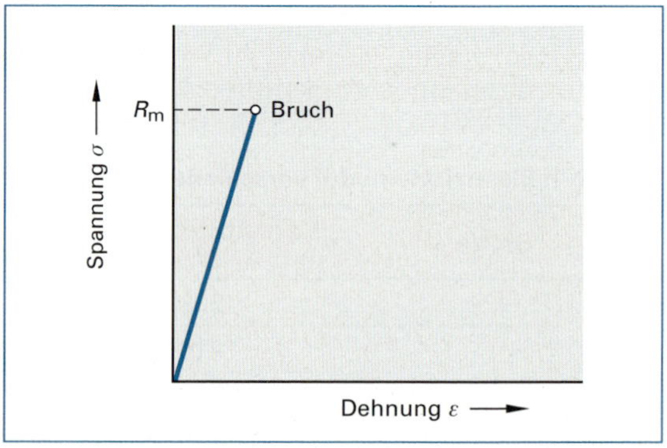

Bild 4: Spannungs-Dehnungs-Diagramm eines spröden Werkstoffes

Das Aussehen des Spannungs-Dehnungs-Diagramms ist vom Werkstoff abhängig.

Beim Zugversuch werden folgende Werkstoffkenngrößen bestimmt **(Tabelle 1)**:

Tabelle 1: Werkstoffkenngrößen

Begriffe und Definitionen	Formel
Die **Zugspannung** σ (Nennspannung) ist allgemein die auf den Ausgangsquerschnitt S_0 einer Probe bezogene Zugkraft F.	$\sigma = \frac{F}{S_0}$ (N/mm²)
Die **Zugfestigkeit** R_m ist die höchste bis zum Bruch auftretende Spannung. Sie ist die auf den Ausgangsquerschnitt S_0 der Probe bezogene Höchstkraft F_m.	$R_m = \frac{F_m}{S_0}$ (N/mm²)
Die **Streckgrenze** ist dann erreicht, wenn bei gleichbleibender Spannung eine merkliche Dehnung erfolgt. Tritt gar kein Spannungsabfall ein, unterscheidet man zwischen unterer R_{eL} und oberer Streckgrenze R_{eH}.	$R_{eL} = \frac{F_{eL}}{S_0}$ (N/mm²) $R_{eH} = \frac{F_{eH}}{S_0}$ (N/mm²)
Die **0,2 %-Dehngrenze** $R_{p0,2}$ ist die Spannung, bei der eine bleibende Dehnung von 0,2 Prozent erfolgt. Ihr Wert entspricht etwa der oberen Streckgrenze R_{eH}.	$R_{p0,2} = \frac{F_{0,2}}{S_0}$ (N/mm²)
Die **Bruchdehnung** A ist die bleibende Längenänderung ΔL_r, nach dem Bruch der Probe bezogen auf die Ausgangsmesslänge L_0 sie wird in % angegeben. Die Bezeichnung A_5 gilt für den kurzen, die Bezeichnung $A_{11,3}$ für den langen Proportionalstab.	$A = \frac{\Delta L_r}{L_0} \cdot 100$ (%)
Die **Brucheinschnürung** Z ist die bleibende Querschnittsänderung ΔS nach dem Bruch der Probe, bezogen auf den Ausgangsquerschnitt S_0. Auch sie wird in % angegeben.	$Z = \frac{\Delta S}{S_0} \cdot 100$ (%)

Die Zugfestigkeit und die Dehn- bzw. Streckgrenzen kennzeichnen die **Festigkeit** des Werkstoffes als Widerstand gegen äußere Formänderung, die Dehnung und die Einschnürung hingegen die **Zähigkeit**, d. h. die Verformbarkeit des Werkstoffes. **Tabelle 2** zeigt typische Festigkeits- und Zähigkeitskennwerte ausgewählter Werkstoffe.

Tabelle 2: Zugfestigkeitskennwerte ausgewählter Metalle

Werkstoff	R_m in MPa	R_e bzw. $R_{p0,2}$ in MPa	A in %
Reinaluminium EN AW-Al 99,5	20	90	38
Unlegierter Baustahl S235JR	390	235	26
Gusseisen EN-GJS-500-7	500	320	7
Gusseisen EN-GJL-300	350	Wird nicht angegeben	0
Reines Kupfer (99,99%Cu)	200 … 250	40 … 120	30 … 40
Reines Magnesium	100 … 180	90 … 120	2 … 10

2.1.3 Druckversuch

Die Prüfung im **Druckversuch** (DIN 50106) spielt vor allem bei der Untersuchung von spröden Werkstoffen, wie z. B. Grauguss oder Beton, eine wichtige Rolle. Aber auch bei neueren Werkstoffentwicklungen, wie Metallschäumen, ist dieses Prüfverfahren von großer Bedeutung. Der Druckversuch stellt praktisch eine Umkehrung des Zugversuchs dar. Er erfolgt in der Regel in Universalprüfmaschinen, mit denen auch Zugversuche durchgeführt werden können. Für den Druckversuch wird eine zylindrische Probe mit einer stetig zunehmenden Druckkraft so lange gestaucht, bis ein Anriss bzw. Bruch eintritt oder eine bestimmte Stauchung erreicht wird. Die Probe kann sich dabei zur Seite hin frei ausdehnen.

Zur Prüfung metallischer Werkstoffe verwendet man in der Regel zylindrische Proben mit einem Durchmesser von 10 mm bis 30 mm. Wegen der Gefahr des Ausknickens sollte für das Verhältnis von Höhe h_0 und Durchmesser d_0 der Druckprobe gelten: $1 \leq h_0/d_0 \leq 2$ (Stähle $h_0/d_0 = 1{,}5$).

Vergleichbar dem Zugversuch kann beim Druckversuch eine dem Spannungs-Dehnungs-Diagramm vergleichbare **Druckspannungs-Stauchungs-Kurve** aufgenommen werden (Bild 1). Folgende Kennwerte werden bestimmt:

- die Druckfestigkeit σ_{dB},
- die Quetschgrenze (Druckfließgrenze) σ_{dF},
- die Stauchgrenze $\sigma_{d0,2}$ oder σ_{d2},
- die Bruchstauchung ε_{dB} sowie
- die relative Bruchquerschnittsvergrößerung ψ_{dB}

Bezüglich der Formeln zur Ermittlung der Werkstoffkennwerte sei auf die DIN 50106 verwiesen.

Die **Quetschgrenze** entspricht der Streckgrenze im Zugversuch. Auch beim Druckversuch gibt es eine Besonderheit: So tritt z. B. bei weichen Stählen eine Ausbauchung auf. Die Druckfestigkeit ist hier nicht festzustellen, weil der weiche Prüfkörper flachgedrückt wird, ohne dabei zerstört zu werden.

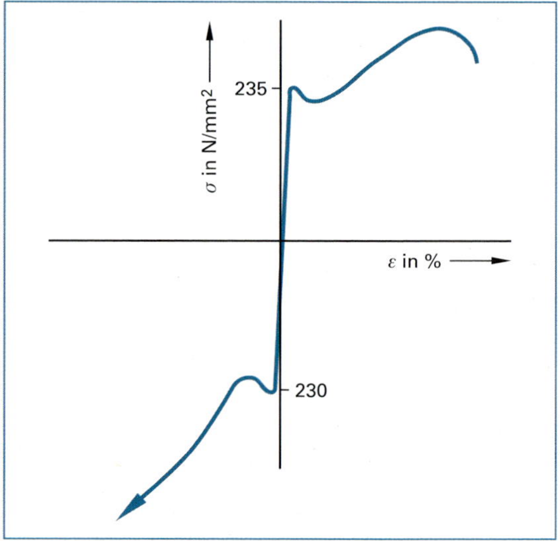

Bild 1: Spannungs-Dehnungs- und Spannungs-Stauchungs-Diagramm

2.1.4 Härteprüfung

Ein sehr weit verbreitetes Prüfverfahren ist die Prüfung der **Härte**. Sie erlaubt mit relativ kleinem Aufwand eine schnelle Abschätzung der Festigkeit eines Werkstoffes, denn für diese Härteprüfung ist keine besonders angefertigte Probe notwendig.

Die Härte ist der Widerstand, den ein Körper dem Eindringen eines härteren Prüfkörpers entgegensetzt. Darauf beruht auch die bekannte Härteprüfung von Mineralien nach Mohs. Die **Mohs-Härteskala** (Bild 2) besteht aus zehn unterschiedlichen Mineralien, gestaffelt von Härte 1 (ganz weich, Talk) über Gips mit der Härte 2 und den schon recht harten Quarz mit der Härte 7 zum härtesten bekannten Mineral, dem Diamant mit der Härte 10.

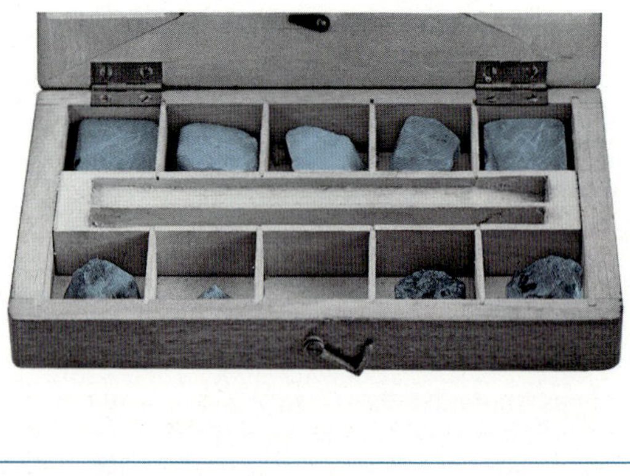

Bild 2: Härteskala nach Mohs

Die **Härte** ist der Widerstand, den ein Körper dem Eindringen eines härteren Prüfkörpers entgegensetzt.

Bei Metallen kommen spezielle Härteprüfmaschinen zum Einsatz. Alle Verfahren beruhen auf dem Eindringen eines speziellen Prüfkörpers mit einer bestimmten Prüfkraft. Der sich aus der Pobe ergebende Eindruck wird ausgemessen und der eigentliche Härtewert bestimmt.

Am weitesten verbreitet sind Prüfverfahren mit statischer Krafteinwirkung, d. h., die Prüfkraft wird stoßfrei und sehr langsam aufgebracht. Je nach verwendetem Prüfkörper werden unterschiedliche statische Härteprüfverfahren unterschieden:

- Härteprüfung nach Brinell (DIN EN ISO 6506),
- Härteprüfung nach Vickers (DIN EN ISO 6507),
- Härteprüfung nach Rockwell (DIN EN ISO 6508 und DIN 50103-3).

Bei der **Brinellhärte** wird eine Hartmetallkugel (Durchmesser 1; 2,5; 5 oder 10 mm) mit einer bestimmten Prüfkraft F senkrecht in die glatte, gereinigte Probenoberfläche hineingedrückt **(Bild 1)**. Die Prüfkräfte schwanken zwischen 9,087 N und 29 420 N. Sie werden vom zu prüfenden Werkstoff und dem Kugeldurchmesser bestimmt. Bei der Prüfung wird die Kugel solange in das Prüfstück gepresst, bis der Werkstoff nicht mehr fließt. Das ist bei Stahl nach etwa 10 Sekunden, bei Nichteisenmetallen nach rund 30 Sekunden der Fall. Dann wird durch zwei Messungen der Durchmesser des bleibenden Eindrucks bestimmt und der mittlere Kugeleindruckdurchmesser festgelegt.

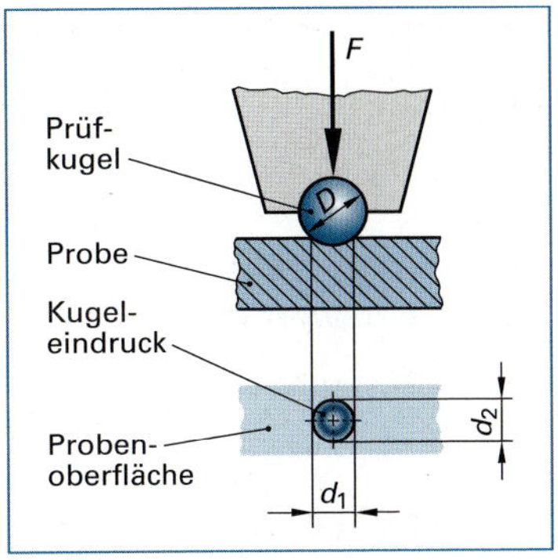

Bild 1: Härteprüfung nach Brinell

Die Brinellhärte ergibt sich dann als Quotient aus Prüfkraft F und der Eindruckoberfläche A (Kugeleindruck). Sie kann errechnet oder den entsprechenden Tabellen in DIN EN ISO 6506-4 entnommen werden. Es gilt folgende Formel zur Berechnung der Brinellhärte:

$$\text{HBW} = 0{,}102 \cdot \frac{F}{A} = 0{,}102 \cdot \frac{2\,F}{\pi \cdot D \cdot (D - \sqrt{D^2 - d^2})}$$

Hierin bedeuten:

HBW : Härtewert nach Brinell (Hartmetallkugel)

F : Prüfkraft (N),

A : Eindruckoberfläche (mm²),

D : Durchmesser der Prüfkugel (mm),

d : Mittlerer Eindruckdurchmesser (mm)

Die vollständige normgerechte Angabe eines Härteprüfergebnisses nach Brinell zeigt **Bild 2**.

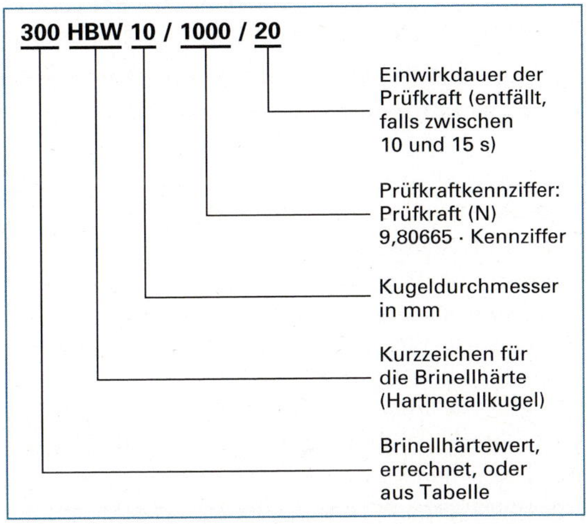

Bild 2: Normgerechte Angabe eines Brinell-Härtewertes (Beispiel)

Zur Ermittlung der **Brinellhärte** wird eine Hartmetallkugel als Prüfkörper verwendet.

Die **Härteprüfung nach Vickers** (**Bild 1**) ist in DIN EN ISO 6507-1-3 beschrieben. Das Verfahren ist der Brinellhärteprüfung ähnlich, als Prüfkörper wird jedoch eine Diamantpyramide mit quadratischer Grundfläche und einem Flächenwinkel von 136° verwendet. Die Prüfkraft schwankt im Normalfall zwischen 49,03 N und 980,7 N, meist beträgt sie 294,2 N. Bei der Prüfung wird die Pyramide mit der gewählten Prüfkraft so lange in das Prüfstück gepresst, bis der Werkstoff nicht mehr fließt. Das ist bei Stahl nach etwa 10 Sekunden, bei Nichteisenmetallen nach etwa 30 Sekunden der Fall. Dann werden die Eindruckdiagonalen gemessen und die mittlere Diagonallänge bestimmt. Die Vickershärte ist die auf die Prüfkraft bezogene Oberfläche des bleibenden Pyramideneindrucks. Eine Einheitsangabe erfolgt nicht. Auch hier können die Werte aus Tabellen abgelesen werden. Es gilt folgende Formel für die Berechnung der Brinellhärte:

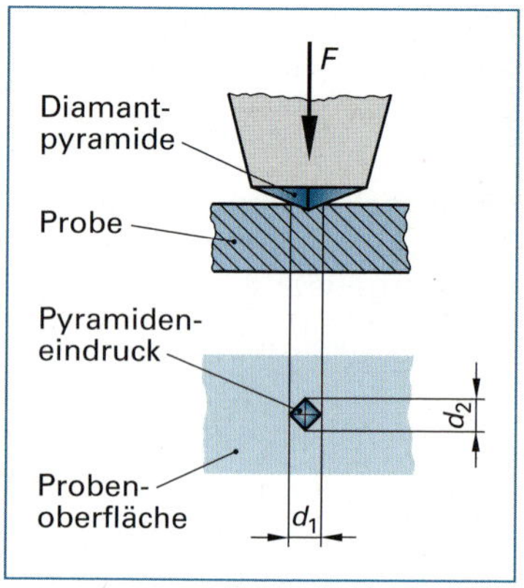

Bild 1: Härteprüfung nach Vickers

$$HV = 0{,}102 \cdot \frac{F}{A} = 0{,}102 \cdot \frac{2\,F \cdot \sin\left(\frac{136°}{2}\right)}{d^2} = 0{,}1891 \cdot \frac{F}{d^2}$$

Hierin bedeuten:

HV = Härtewert nach Vickers,

F = Prüfkraft (N),

A = Eindruckoberfläche (mm^2),

d = Mittlere Länge der Eindruckdiagonalen (mm).

Die normgerechte Angabe eines Härteprüfergebnisses nach Vickers zeigt **Bild 2**.

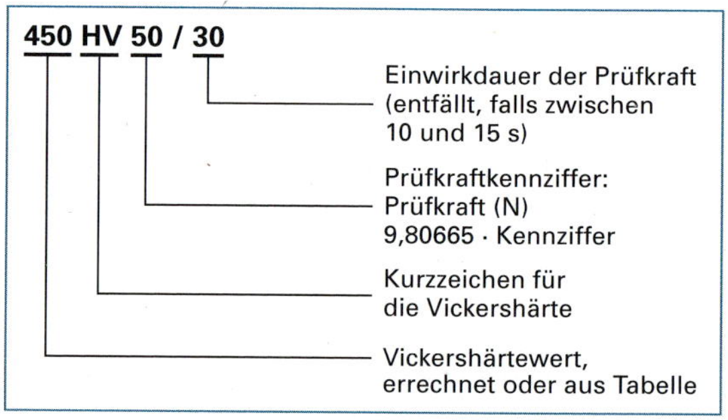

Bild 2: Normgerechte Angabe eines Vickers-Härtewertes (Beispiel)

Anwendung findet die Härtebestimmung nach Vickers bei allen metallischen Werkstoffen unabhängig von deren Härte. Der Pyramideneindruck beschädigt infolge der geringen Pyramideneindringtiefe das Werkstück weniger als ein Kugeleindruck. Mit kleinen Lasten lassen sich sogar die Härten von Folien und dünnen Metallschichten, z. B. Oberflächenschichten, feststellen. Selbst die Prüfung einzelner Bestandteile eines Werkstoffes ist möglich, mit speziellen Härteprüfern sogar unter dem Mikroskop.

Zur Ermittlung der **Vickershärte** wird eine Diamantpyramide als Prüfkörper verwendet.

Tabelle 1 zeigt, dass bei den hier geprüften Stählen Brinell- und Vickershärte identisch sind. Diese Übereinstimmung ist bis zu Härtewerten von 300 vorhanden und wird durch die Wahl des Spitzenwinkels (über die Flächen gemessen) von 136° erreicht. Bei größeren Härten beginnt jedoch die Brinellhärte hinter der Vickershärte zurückzubleiben. Die Ursache dafür liegt in einer dann eintretenden Abplattung der Kugel.

Tabelle 1: Daten zur Härtebestimmung nach Brinell und Vickers

Werkstoff	Härteangabe nach Brinell	Härteangabe nach Vickers
C 22	119 HBW 2,5/1839	120 HV 30
C 45	159 HBW 2,5/183	158 HV 30
C 60	206 HBW 2,5/1839	206 HV 30

Vickers- und **Brinellhärte** stimmen bei Stählen bis zu Härtewerten von 300 in etwa überein.

Bei der **Härteprüfung nach Rockwell** wird ein Diamantkegel mit einem Spitzenwinkel von 120° als Prüfkörper verwendet. Das Härteprüfverfahren unterscheidet sich im Prüfablauf von den oben erläuterten Verfahren, denn hier wird nicht die Größe des Eindrucks, sondern die bleibende Eindringtiefe gemessen. Drei Arbeitsschritte sind notwendig **(Bild 1)**:

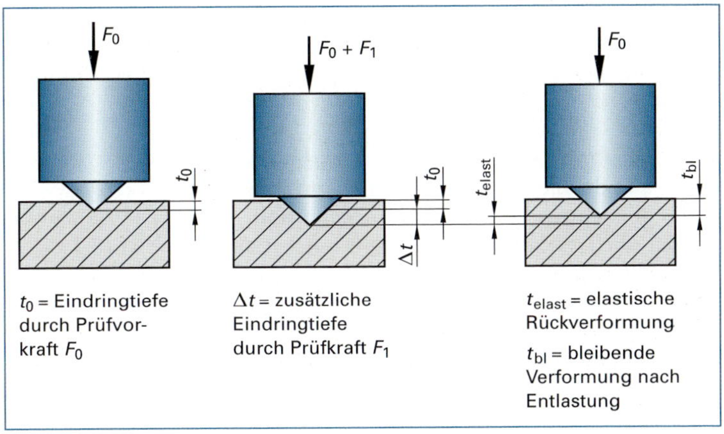

Bild 1: Härteprüfung nach dem Rockwell-Verfahren

Der Eindringkörper wird zunächst mit einer bestimmten Vorlast F_0 in die Oberfläche des Prüflings eingedrückt. Dadurch soll der Einfluss eventueller Oberflächenfehler ausgeschlossen werden. Der Prüfkörper dringt dabei um eine Strecke t_0 in den Prüfling ein.

Nun wird die Prüfzusatzkraft F_1 aufgebracht. Der Prüfkörper dringt jetzt um einen weiteren Betrag Δt in die Probe ein. Die Prüfzusatzkraft F_1 ist dabei (ausgehend von der Vorlast) in 2 s bis 8 s aufzubringen und für 4 s ± 2 s konstant zu halten.

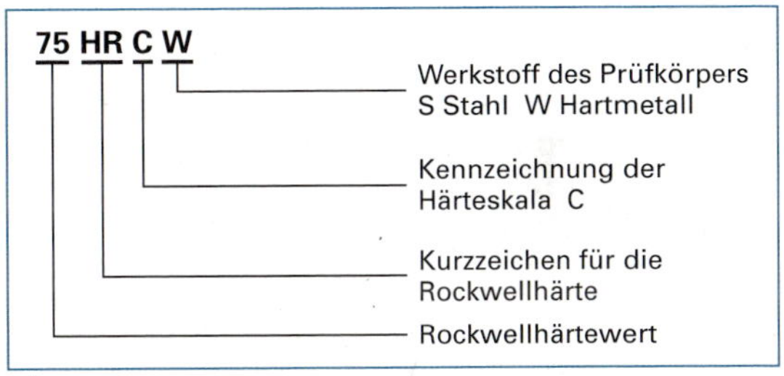

Bild 2: Normgerechte Angabe eines Rockwell-Härtewertes (Beispiel)

Im dritten Schritt wird wieder bis auf die Vorlast F_0 entlastet. Dabei bewegt sich der Eindringkörper um den elastischen Anteil der Verformung t_{el} nach oben zurück, sodass die bleibende Eindringtiefe t_{bl} ist. Der Härtewert wird direkt am Härteprüfgerät angezeigt. Ein Beispiel zeigt **Bild 2**.

Zur Ermittlung der **Rockwellhärte** wird ein Diamantkegel verwendet.

2.1.5 Kerbschlagprüfung

Für die Auslegung von Konstruktionen reicht die Festigkeit allein nicht aus. Zusätzlich muss die **Zähigkeit** des Werkstoffes berücksichtigt werden, um die Bildung von Rissen ausschließen zu können. Ein nur festes Metall hat kein oder kein ausreichendes **Verformungsvermögen** mehr, es ist spröde (nicht zäh) und kann reißen. Daher ist für sichere Konstruktionen eine Kontrolle der **Sprödbruchsicherheit** notwendig.

Unter der **Zähigkeit** wird allgemein die Fähigkeit des Werkstoffes verstanden, sich unter dem Einfluss von außen einwirkenden Kräften zu verformen, ohne dass ein Anriss oder Bruch auftritt.

Einen ersten Hinweis auf die Zähigkeit eines Werkstoffs geben **Bruchflächen**. Spröde Werkstoffe brechen ohne vorherige Verformung, der Bruch ist scharfkantig. Ein zäher Werkstoff hingegen verformt sich vor dem Bruch, was deutlich an der Bruchfläche zu sehen ist **(Bild 3)**.

Bild 3: Vergleich von Zähbruch (links) und Sprödbruch (rechts)

Prüfungen der Zähigkeit liefern Bemessungskennwerte. Es gibt verschiedene Verfahren der Zähigkeitsprüfung. Eines der wichtigsten ist der **Kerbschlagbiegeversuch nach Charpy** (DIN EN 10045-1). Neben dem Zugversuch ist der Kerbschlagbiegeversuch der am häufigsten durchgeführte Versuch der mechanischen Werkstoffprüfung.

Beim Kerbschlagbiegeversuch wird mithilfe eines **Pendelschlagwerks** **(Bild 1)** in der Regel eine gekerbte Normprobe zerschlagen. Die Probe wird dabei mit der Kerbseite lose an zwei Widerlager angelegt **(Bild 2)**. Zunächst wird der Pendelhammer des Schlagwerks auf eine bestimmte Höhe *H* angehoben und dann ausgeklinkt. Er fällt nun auf die der Kerbe gegenüberliegende Seite der Probe. Dabei wird die Probe entsprechend ihrer Zähigkeit zerschlagen oder durch die Widerlager hindurchgedrückt **(Bild 3)**. Nach dem Durchschlagen erreicht der Pendelhammer nur noch eine Höhe $h < H$. Mithilfe eines Schleppzeigers an der Prüfmaschine kann der Ausschlagwinkel des Pendelhammers und damit die Steighöhe *h* nach dem Schlag ermittelt werden. Die Auftreffgeschwindigkeit des Pendelhammers auf die Probe beträgt bei metallischen Werkstoffen rund 5 m/s.

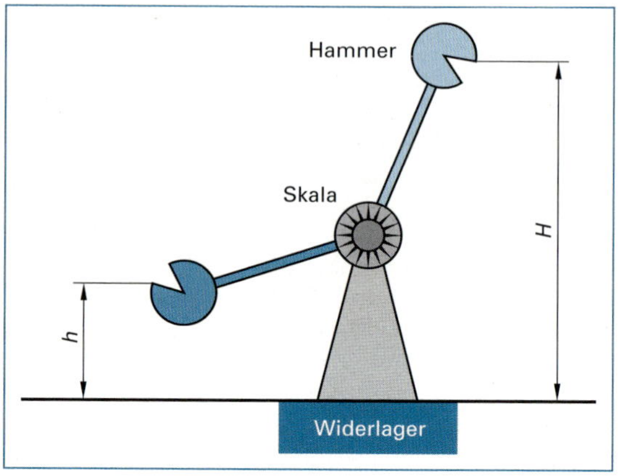

Bild 1: Pendelschlagwerk

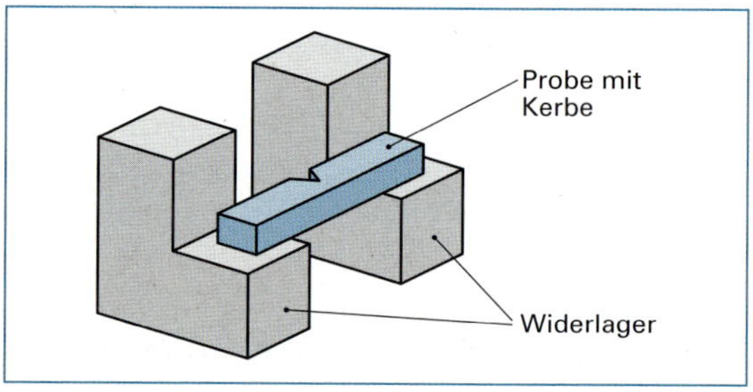

Bild 2: Probenlagerung nach Charpy

Als Maß für die **Zähigkeit** des zu prüfenden Werkstoffs bzw. Werkstoffzustandes wird beim Kerbschlagbiegeversuch die **Arbeit** angesehen, die zum Zerschlagen der Probe (bzw. zum Hindurchdrücken durch die Widerlager) erforderlich ist. Man bezeichnet sie als **Kerbschlagarbeit *K*** (Einheit: Joule J, **Bild 4**). Versuchstechnisch ergibt sich die Kerbschlagarbeit *K* als Differenz der Lageenergien des Pendelhammers (Masse *m*) vor und nach dem Schlag (Reibungseffekte vernachlässigt):

$$K = m \cdot g \cdot (H - h)$$

Hierin bedeuten:

K = Kerbschlagarbeit (J),

m = Masse des Pendelhammers (kg),

g = Erdbeschleunigung ($g = 9{,}807\ \mathrm{m/s^2}$),

H = Fallhöhe des Pendelhammers vor dem Schlag (m),

h = Steighöhe des Pendelhammers nach dem Schlag (m).

Bild 3: Kerbschlagprobe nach dem Versuch

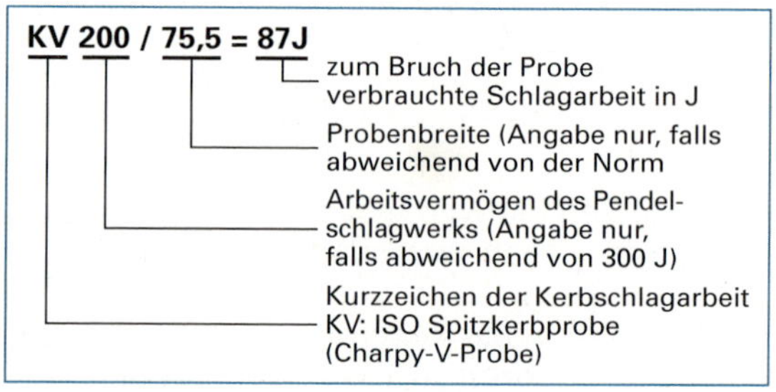

Bild 4: Angabe der Kerbschlagarbeit

Die **Kerbschlagarbeit** ist ein Maß für die Zähigkeit des Werkstoffs.

Für die Zähigkeitsprüfung verformbarer metallischer Werkstoffe werden immer gekerbte Proben verwendet, da glatte Proben durch den Pendelhammer erst bei sehr tiefen Temperaturen gebrochen werden können.

2.1.6 Dauerfestigkeitsprüfung

Konstruktionsteile, die **schwingend** belastet werden, z. B. Federn und Kurbelwellen, können nach einer gewissen Betriebsdauer brechen, ohne dass die nach dem im Zugversuch ermittelten zulässigen Belastungsgrenzen überhaupt je erreicht wurden. Für derartige Fälle ist es notwendig, Festigkeitsprüfungen mit periodisch veränderten Belastungen durchzuführen. Sie werden als **Dauerschwingversuche** (DIN 50100) bezeichnet. Ermittelt werden Kennwerte für das mechanische Verhalten von Werkstoffen oder Bauteilen bei dauernder wechselnder Beanspruchung.

Eine weit verbreitete Prüfmethode zur Bestimmung der **Dauerfestigkeit** ist der **Umlaufbiegeversuch** – DIN 50113. Hier werden, wie im **Bild 1** gezeigt, die Prüfstücke an einem Ende in die Prüfmaschine gespannt und durch einen Motor um die Längsachse gedreht. Sobald die Höchstdrehzahl erreicht ist, wird das freie Ende des Prüfstabes mit einer Kraft (*F* im Bild 1) belastet. Bei jeder Drehung erfolgt ein Biegen des Prüfstücks, Die Zahl der Umdrehungen bis zum Bruch der Probe wird mit einem Zähler ermittelt.

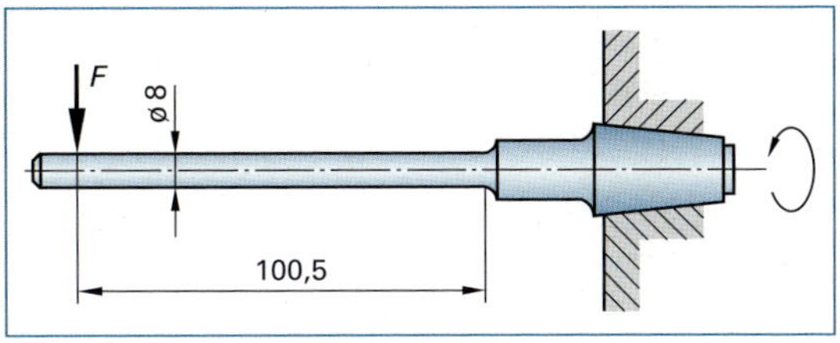

Bild 1: Umlaufbiegeprobe

Tabelle 1 zeigt beispielhaft die in einem Umlaufbiegeversuch ermittelten Werte. Die Einstellung der Belastung *F* erfolgte an der Maschine. Die Biegespannung wurde berechnet und die Anzahl der Umdrehungen bis zum Bruch an einem Zählwerk abgelesen.

Werden nun in einem Koordinatensystem die Biegespannungen (Spannungsamplituden) über der Anzahl der Umdrehungen bis zum Bruch aufgetragen, dann entsteht das **Wöhler-Diagramm (Bild 2)**. Die **Wöhler-Kurve** verläuft von einer bestimmten Spannung an nahezu waagerecht. Diese Spannung heißt **Biegewechselfestigkeit**.

Tabelle 1: Messwerte eines Umlaufbiegeversuches

Belastung *F* in N	Biegespannung in N/mm²	Anzahl der Umdrehungen bis zum Bruch
200	400	10 041
150	300	84 488
125	250	396 930
100	200	1 974 247

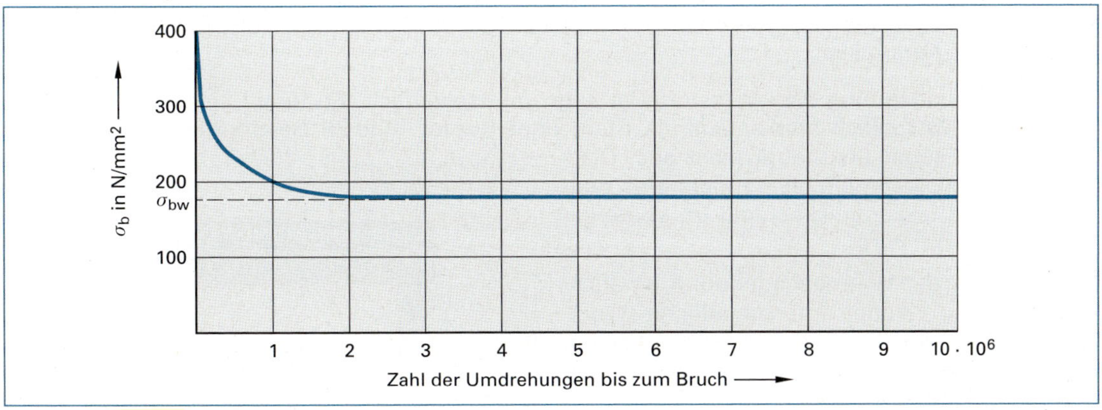

Bild 2: Wöhlerdiagramm

Allgemein gilt, dass die Biegewechselfestigkeiten bei Stählen und auch anderen Metallen deutlich unter der Festigkeiten bei statischer Belastung liegen. Das heißt, der Bruch erfolgt bei wechselnder (schwingender bzw. dynamischer) Belastung bei **geringeren Kräften** als bei statischer (gleichbleibender Belastung). Dieses Werkstoffverhalten wird **Ermüdung** genannt.

Ein Bauteil, das schwingend belastet wird, kann bereits bei geringeren Belastungen brechen als ein statisch belastetes Bauteil. Man spricht von **Ermüdung**.

Auch das Bruchaussehen ändert sich. Bei schwingender Belastung tritt ein **Ermüdungsbruch** bzw. **Schwingungsbruch** (mitunter auch als **Dauerbruch** bezeichnet) ein. Im Gegensatz zu einem **Gewaltbruch**, der bei einer einmaligen Überbeanspruchung auftreten kann, ist es für den Schwingbruch typisch, dass er im Laufe der Zeit unter zeitlich veränderlicher Betriebsbeanspruchung entsteht. Die Zeit, die das Bauteil unter Schwingungsbeanspruchung bis zum Bruch erträgt, wird **Lebensdauer** genannt.

Die Bruchflächen zeigen typischerweise zahlreiche Bruchbahnen oder Rastlinien, die zeigen, wie der Bruch sich nach und nach durch das ganze Werkstück entwickelt hat (Bild 1).

Ein Schwingungs- bzw. Dauerbruch lässt sich an den typischen Rastlinien erkennen, die auf das zyklische Risswachstum zurückzuführen sind.

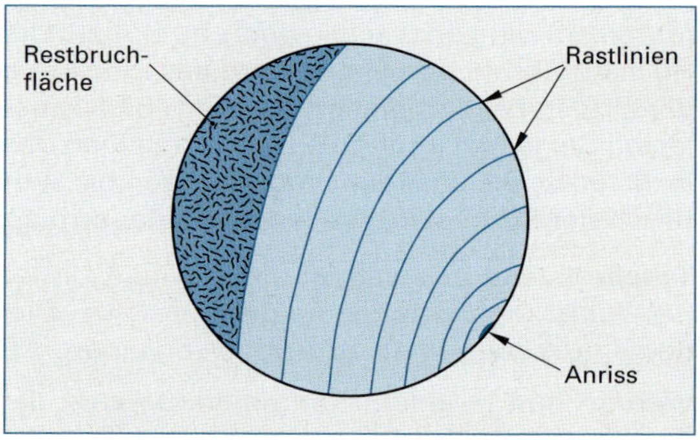

Bild 1: Schwingungsbruch, schematisch

2.2 Physikalische Eigenschaften

Die Werkstoffauswahl hängt vielfach auch von den physikalischen Eigenschaften ab. Beispielsweise ist Aluminium ein wichtiger Werkstoff für die Elektrotechnik. In diesem Fall spielt die gute **Leitfähigkeit** für elektrischen Strom eine Rolle. Für den Bau von Flugzeugen spielt hingegen die geringe **Dichte** des Aluminiums eine Rolle, da sie die Masse der eingesetzten Bauteile bestimmt.

Nachfolgend werden einige wichtige physikalische Eigenschaften erläutert. Zur Beschreibung von Prüfungsmethoden dieser Eigenschaften sei auf die Fachliteratur verwiesen.

Die **Wärmeleitfähigkeit** ist die Eigenschaft von Werkstoffen, Wärme innerhalb des Gefüges zu transportieren. Sie ist bekanntermaßen besonders gut bei Silber und Kupfer, relativ schlecht hingegen bei Keramiken.

Die **Wärmeausdehnung** der Werkstoffe ist sehr unterschiedlich. So dehnt sich Aluminium bei Erwärmung wesentlich stärker aus als Stahl oder Kupfer (Bild 2). Bestimmte Glaskeramiken dehnen sich sogar überhaupt nicht aus. Dies ist von Vorteil, wenn ein fest eingebautes Bauteil wie ein Glaskeramikkochfeld im späteren Betrieb erwärmt wird.

Die Kenntnis der Wärmeausdehnung ist auch dann wichtig, wenn unterschiedliche Werkstoffe miteinander verbaut werden müssen, die im späteren Gebrauch starken Temperaturschwankungen ausgesetzt werden.

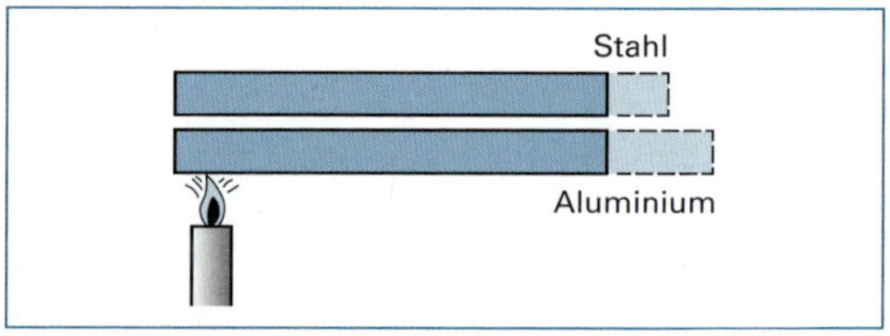

Bild 2: Unterschiedliche Wärmeausdehnung der Werkstoffe

Ein aktuelles Beispiel ist der Einsatz von **kohlenstofffaser-verstärktem Kunststoff**, auch **CFK** (**C**arbon-**F**aserverstärkter-**K**unststoff) genannt, im Flugzeugbau. CFK-Außenhäute sind sehr leicht, brauchen aber eine metallische Tragstruktur. Diese wird aus Titan gefertigt. Interessant ist der Hintergrund dieser Werkstoffwahl, die sich nicht allein aus dem bei Titan günstigen Verhältnis von Festigkeit und Dichte ableitet: Ein Flugzeug muss Temperaturschwankungen im Bereich von – 40 °C bis + 40 °C problemlos ertragen können. Ohne Spannungen ist dies nur möglich, wenn sich alle Komponenten gleichmäßig in der Wärme ausdehnen. Hier kann das im Flugzeug bisher etablierte Aluminium mit seinem hohen Wert von $23 \cdot 10^{-6}\ K^{-1}$ nicht überzeugen, denn CFK bringt es nur auf rund $9 \cdot 10^{-6}\ K^{-1}$. Dieser Wert entspricht in etwa dem des Titans mit $9{,}1 \cdot 10^{-6}\ K^{-1}$. Auch Stahl käme mit Werten von rund $13 \cdot 10^{-6}\ K^{-1}$ nicht in Frage.

Unter der **Dichte** **(Bild 1)** eines Werkstoffes ist die Masse bezogen auf 1 cm^3 dieses Werkstoffes zu verstehen. Die Unterscheidung von **Leicht- und Schwermetallen** erfolgt entsprechend ihrer Dichte. Metalle mit kleineren Dichten als $\rho = 4{,}5\ g/cm^3$ zählen zu den **Leichtmetallen** (z. B. Aluminium mit 2,7 g/cm^3, Magnesium mit 1,74 g/cm^3, Titan mit 4,51 g/cm^3). **Schwermetalle** haben größere Dichten (z. B. Blei 11,34 g/cm^3, Kupfer 8,92 g/cm^3, Eisen 7,87 g/cm^3 oder Gold 19,32 g/cm^3).

Der **Schmelzpunkt** ist die Temperatur, bei der ein Werkstoff seinen Aggregatzustand von fest nach flüssig verändert **(Bild 2)**.

Die **elektrische Leitfähigkeit** **(Bild 3)** eines Werkstoffes ist sein Vermögen, den elektrischen Strom zu leiten. Sie wird u. a. von den zur Verfügung stehenden freien Ladungsträgern, in der Regel Elektronen, beeinflusst. Silber, Kupfer und Aluminium sind gute **Leiter**, Blei hingegen leitet deutlich schlechter. Keramiken leiten den Strom meist gar nicht, sie sind **Isolatoren**.

Einige Werkstoffe verhalten sich magnetisch, andere nicht **(Bild 4)**. Bekannt ist das **magnetische Verhalten** von Eisen, Kobalt und Nickel, Kupfer und Aluminium sind hingegen nicht magnetisch.

Eine weitere wichtige physikalische Eigenschaft ist das **Reflexionsvermögen**, das z. B. dann eine Rolle spielt, wenn ein Werkstoff in Lampenreflektoren eingesetzt wird (üblich ist hier auf Hochglanz poliertes Aluminium).

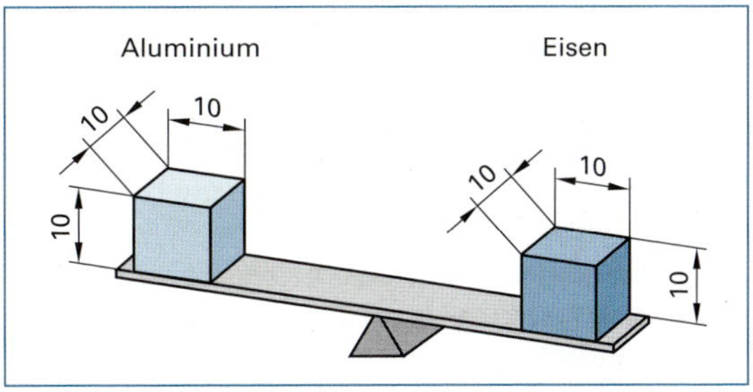

Bild 1: Unterschiedliche Dichte der Werkstoffe

Bild 2: Abguss einer metallischen Schmelze

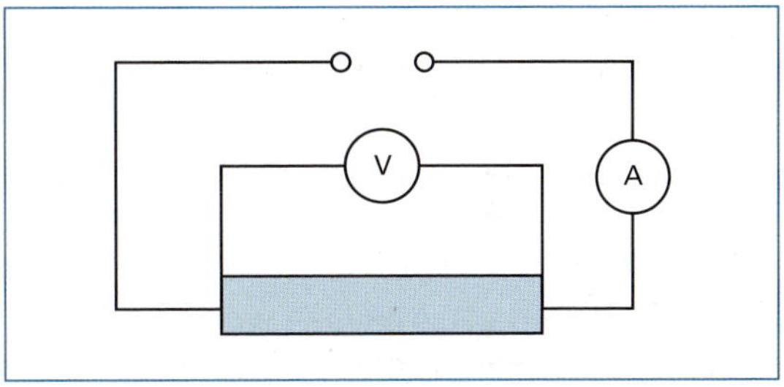

Bild 3: Elektrische Leitfähigkeit der Werkstoffe

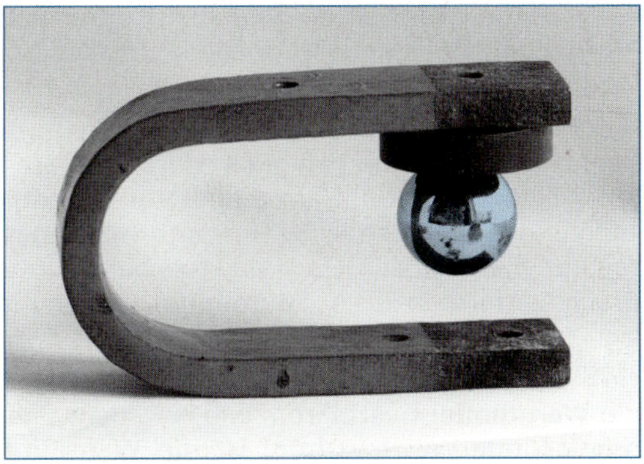

Bild 4: Magnetisches Verhalten

2.3 Chemische Eigenschaften

Bei der Beurteilung eines Werkstoffes für einen bestimmten Einsatzfall sind Kenntnisse über sein chemisches Verhalten wichtig. Dabei sind sowohl das Verhalten des Werkstoffes unter der Einwirkung umgebender Medien (z. B. Wasser, Säuren, Basen) als auch die Wirkungen des Werkstoffs auf andere Stoffe zu betrachten (siehe auch 2.5).

Zum ersten Aspekt gehört die **Korrosionsbeständigkeit** als eine der wichtigsten chemischen Eigenschaften von Werkstoffen. Zu verstehen ist darunter der Widerstand, den ein Werkstoff dem Angriff verschiedener Medien, wie z. B. Wasser, Gasen, Säuren, Basen, Salzlösungen oder anderen Chemikalien, entgegensetzt. Einige Werkstoffe, wie Aluminium oder Edelstahl, bilden eine fest haftende Oxidschicht auf ihrer Oberfläche, die den Werkstoff sicher vor weiterem Angriff schützt **(Bild 1)**. Andere Werkstoffe hingegen müssen durch Beschichtungen, z. B. metallische Überzüge oder Lacke, geschützt werden.

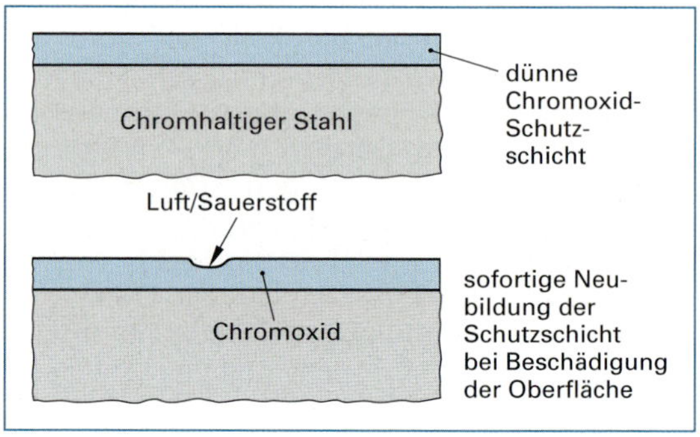

Bild 1: Korrosionsbeständigkeit von rostfreiem Stahl

Bei der Beurteilung des chemischen Verhaltens ist auch zu berücksichtigen, wie sich ein bestimmter Werkstoff gegenüber anderen Stoffen verhält. Beispielsweise dürfen beim Einsatz eines Metalls als Verpackungswerkstoff keine Beeinträchtigungen des zu schützenden Guts erfolgen.

Auch beim Einsatz von Werkstoffen bei erhöhten Temperaturen kann es zu chemischen Werkstoffveränderungen kommen. In diesem Fall spielen die **Brandbeständigkeit** und die **Entflammbarkeit** eine wichtige Rolle.

2.4 Technologische Eigenschaften

Die technologischen Eigenschaften eines Werkstoffes beschreiben das **Verhalten im Fertigungsprozess**. Sie sind ein wichtiges Kriterium der Werkstoffauswahl, denn nicht jeder Werkstoff eignet sich gleich gut für jedes Fertigungsverfahren. Dementsprechend sind ganz unterschiedliche Aspekte zu berücksichtigen.

Ein beim Gießen von Metallen wichtiges Kriterium ist die **Gießbarkeit**. Sie ist gut, wenn sich die Metallschmelze so vergießen lässt, dass die Form optimal ausgefüllt wird (**Bild 2**, auch **Bild 2, Seite 23**) und das Werkstück weitgehend poren- und blasenfrei erstarrt. Zudem soll sich das fertige Gusstück gut aus der Form entnehmen lassen und nicht daran kleben. Grauguss, Aluminium, Zink und Magnesium lassen sich hervorragend vergießen, Stahl dagegen nicht.

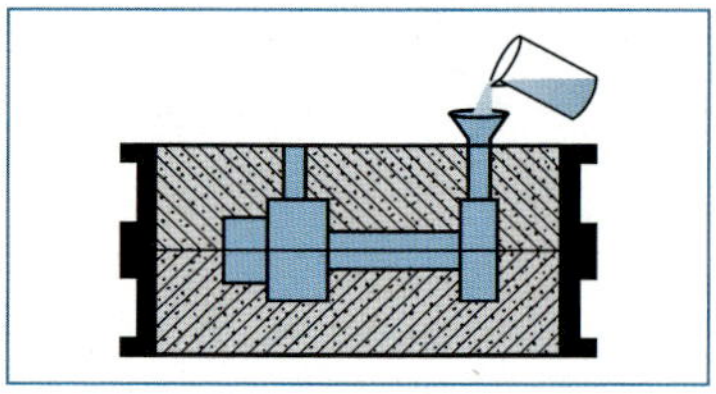

Bild 2: Gießbarkeit von Werkstoffen

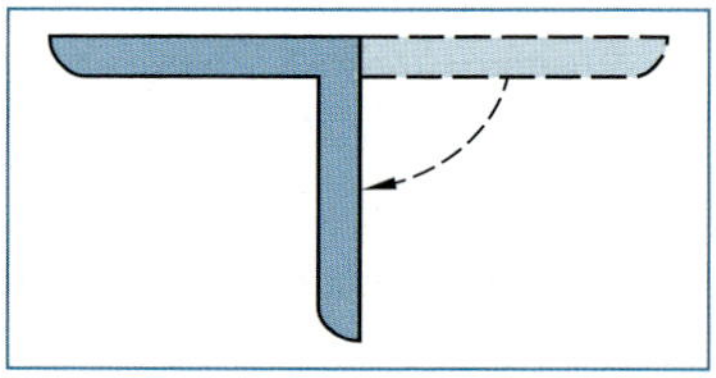

Bild 3: Biegen-Umformbarkeit von Werkstoffen ohne Vorwärmen, sog. Kaltumformen

Die **Kaltverformbarkeit** (z. B. beim Biegen, Tiefziehen) eines Werkstoffes ist seine Fähigkeit, durch äußere Krafteinwirkung ohne Zuführung von Wärme eine vorher festgelegte Form anzunehmen. Versuche (z. B. Hin- und Herbiegeversuche, **Bild 3**) zeigen, wie weit sich ein Werkstoff bei Raumtemperatur ohne Bruch verformen lässt. Aluminium, Gold und Kupfer lassen sich bis hin zu dünnen Folien sehr gut kalt verformen, bei Magnesium ist dies hingegen nicht möglich.

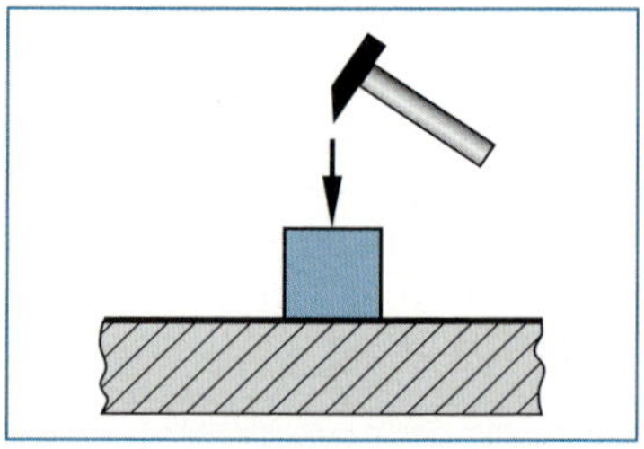

Bild 4: Schmieden-Umformbarkeit von Werkstoffen mit Vorwärmen, sog. Warmumformen

Bei **Warmumformverfahren**, wie z. B. dem Schmieden, Strangpressen oder Warmwalzen, ist die **Warmumformbarkeit** von Bedeutung **(Bild 4)**. Bei einer Warmumformung soll sich der auf die Umformtemperatur vorgewärmte Werkstoff durch eine äußere Krafteinwirkung bleibend verformen lassen. Wie gut dies möglich ist, zeigen Warmumformversuche (z. B. Stauchversuch). Hier zeigt sich z. B., dass sich das kalt schlecht formbare Magnesium gut warm umformen lässt.

Die **Schweißbarkeit** von Werkstoffen ist ihre Eigenschaft, sich durch **Aufschmelzen**, ggf. unter Verwendung von Schweißzusatzstoffen, verbinden zu lassen **(Bild 1)**. Die Eignung zum Schweißen wird durch die Zusammensetzung und den Aufbau des Werkstoffes bestimmt. Unlegierte Stähle mit Kohlenstoffgehalten bis etwa 0,2 % gelten z. B. als gut schweißbar.

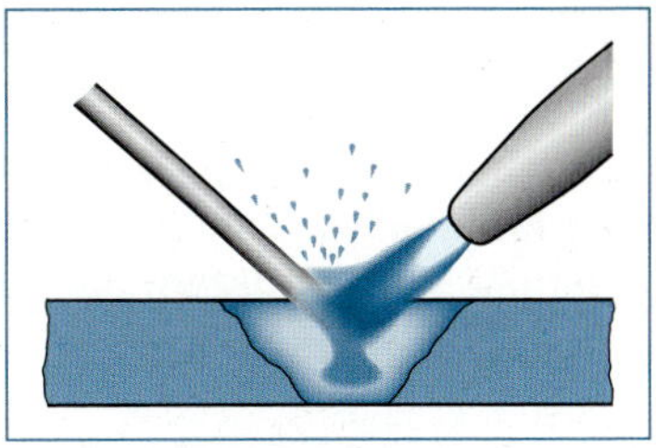

Bild 1: Schweißbarkeit von Werkstoffen

Unter der **Spanbarkeit** **(Bild 2)** werden zumeist die beiden Eigenschaften der **Bildung kurzer Späne** und des niedrigen **Werkzeugverschleißes** bei spanender Bearbeitung (Drehen, Bohren) verstanden. Oft kommen noch weitere Beurteilungskriterien, wie **Oberflächengüte**, **Schnittkraft** oder **Spanungsleistung** hinzu. Weiche Werkstoffe lassen sich schlecht spanen, weil sie zum Schmieren neigen. Harte Werkstoffe sind schwer spanend zu bearbeiten, weil der Schnittwiderstand zu groß ist. Spanend zu bearbeitende Stoffe sollten darum eine geringe Zähigkeit und eine mittlere Festigkeit haben.

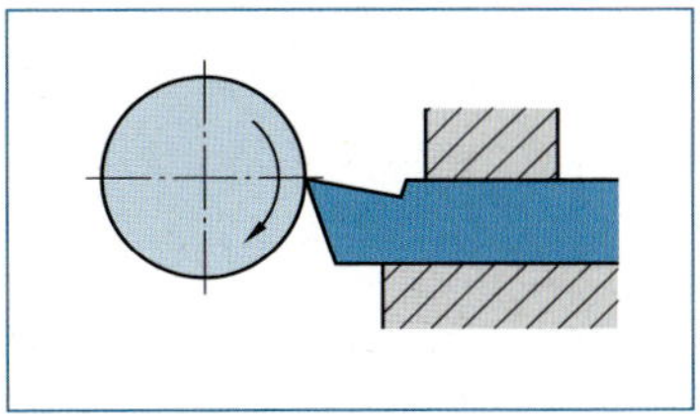

Bild 2: Zerspanbarkeit von Werkstoffen

2.5 Umweltrelevante Eigenschaften

Auch die Wirkungen, die ein Werkstoff auf die Umwelt ausübt, sind zu berücksichtigen, wenn ein Material für eine bestimmten Einsatzfall ausgewählt wird.

Zu beachten ist, dass auch Werkstoffe bestimmte **toxische Wirkungen** haben können. Ein Beispiel ist Blei, das bestimmten Messingsorten zur Verbesserung der Spanbarkeit hinzugesetzt wird. Neue Richtlinien, wie z. B. die Trinkwasserrichtlinie, die Richtlinien über das Erfassen und Recycling von Elektronikschrotten sowie Richtlinien zur Begrenzung des Bleieinsatzes machen es jedoch erforderlich, den Einsatz von Blei in diesen Legierungen zu begrenzen bzw. völlig zu vermeiden. Aktuell werden daher gut spanbare, bleifreie Messingwerkstoffe entwickelt.

Die Eignung zum **Recycling** ist ebenfalls von vornherein bei der Werkstoffauswahl zu betrachten. So lassen sich Metalle hervorragend recyclieren, während das Recycling von Kunststoffen oft zu Produkten geringerer Qualität führt, die sich dann nur für bestimmte Anwendungsfälle eignen. Üblich ist dafür der Begriff **„Downcycling"**. Beispielsweise entstehen aus Verpackungsabfällen von Lebensmitteln keine neuwertigen Verpackungskunststoffe, wohl aber Kunststoffteile für die Elektrotechnik oder die Automobilindustrie (s. Kap. 9).

Aufgaben

1. Definieren Sie, wie sich technologische, chemische und physikalische Eigenschaften eines Werkstoffes unterscheiden!
2. Nennen Sie wichtige Kriterien, die bei der Auswahl eines Werkstoffes für einen Einsatzfall zur berücksichtigen sind!
3. Welche Werkstoffeigenschaften sind wichtig, wenn ein Werkstück durch Gießen hergestellt werden soll?
4. Ein Türschlüssel soll hergestellt werden. Üblicherweise wird dafür Neusilber eingesetzt, eine Legierung aus Kupfer, Nickel und Zink. Überlegen Sie, welche Eigenschaften dieser Werkstoff haben muss, um den an einen Schlüssel gestellten Anforderungen bei der Fertigung und im späteren Gebrauch zu genügen!
5. Welche Eigenschaftsanforderungen würden Sie an den Leitwerkstoff für ein Elektrokabel stellen, welche an die Isolierung?
6. Was verstehen Sie unter der Korrosionsbeständigkeit?
7. Nennen Sie einige Ihnen bekannte Werkstoffe, die gut korrosionsbeständig sind!
8. Nennen Sie weniger korrosionsbeständige Werkstoffe!
9. Welche Werkstoffe lassen sich gut, welche weniger gut recyceln?

3 Metallische Werkstoffe

Die weitaus größte Zahl der im Periodensystem der Elemente (Seite 4) enthaltenen Elemente sind **Metalle**. Alle links von einer gedachten Linie vom Element Bor (B, Ordnungszahl 5) zum Astat (At, Ordnungszahl 85) liegenden Elemente zählen zu den Metallen. Typische Metalleigenschaften sind die gute Verformbarkeit, die Leitfähigkeit für Strom und Wärme sowie der metallische Glanz. Verschiedene Einteilungskriterien für Metalle sind in **Tabelle 1** zusammengefasst.

Tabelle 1: Einteilungsmöglichkeiten für Metalle

Kriterium	Name	Beispiele
Farbe	Schwarzmetalle (auch Eisenmetalle)	Eisen, Stahl, Gusseisen
	Buntmetalle (auch Nichteisenmetalle, NE-Metalle)	Aluminium, Kupfer, Titan, Gold
Gewicht	Leichtmetalle – Dichte < 4,5 g/cm³	Aluminium, Magnesium, Lithium, Titan
	Schwermetalle – Dichte > 4,5 g/cm³	Eisen, Zink, Nickel, Kupfer, Gold
Schmelzpunkt Schmelzpunkt T_s des Fe als Vergleich 1534 °C	Hochschmelzend $T_S > T_{SFe}$	Chrom (1875 °C)
	Niedrigschmelzend $T_S > T_{SFe}$	Aluminium (660 °C), Blei (327,4 °C)
nach dem chemischen Verhalten	Edel	Gold, Platin, Silber, Kupfer
	Unedel	Zink, Aluminium, Magnesium

3.1 Die metallische Bindung

Alle Stoffe bestehen aus Atomen, die ihrerseits aus Kern und Hülle bestehen. Im Atomkern finden sich die positiv geladenen **Protonen** und die neutralen **Neutronen**. In der Atomhülle umkreisen elektrisch negativ geladene **Elektronen** auf Bahnen den Kern. Die Anzahl der Protonen und der Elektronen ist in jedem Atom eines Elements gleich groß. Aus diesem Grund ist jedes Atom **elektrisch neutral**.

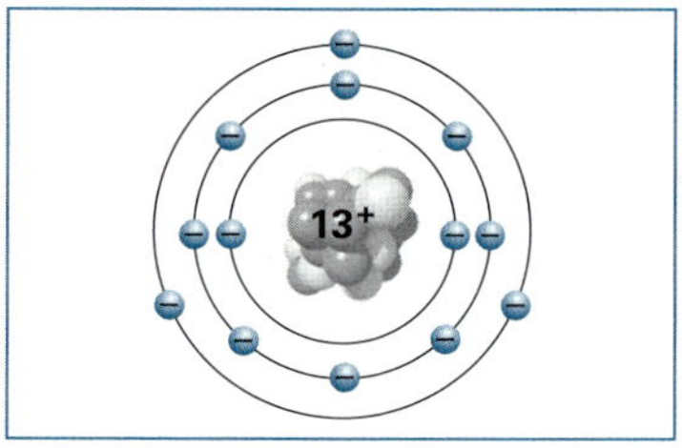

Bild 1: Aluminiumatom

Metallatome und Nichtmetallatome unterscheiden sich unter anderem durch die Anzahl der Elektronen auf den äußeren Bahnen, die **Außenelektronen**: Metallatome haben immer weniger als vier, Nichtmetallatome immer mehr als vier Außenelektronen. So hat das Metall Aluminium, wie im **Bild 1** gezeigt, drei Außenelektronen, das im **Bild 2** dargestellte Nichtmetall Sauerstoff hingegen sechs Außenelektronen.

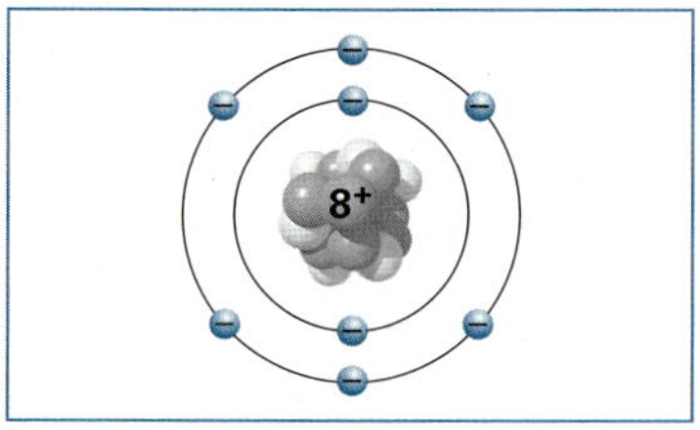

Bild 2: Sauerstoffatom

Charakteristisch für Metallatome ist, dass sie Außenelektronen abgeben, wenn sie sich miteinander verbinden. So geben z. B. Aluminiumatome ihre drei Außenelektronen ab:

$Al \rightarrow Al^{3+} + 3e^-$

Dadurch entstehen positive **Ionen**, die auch als **Kationen** (bzw. **Atomrümpfe**) bezeichnet werden, sowie ungebundene, frei bewegliche Elektronen, das **Elektronengas**. Der Zusammenhalt, d. h. die Bindung vieler Metallatome beruht dann auf der elektrostatischen Anziehung zwischen positiven Metall-Kationen und negativen frei beweglichen Elektronen. Die Metall-Kationen ordnen sich, wie **Bild 3** zeigt, streng geordnet an. Man spricht von einem **Kristallgitter**.

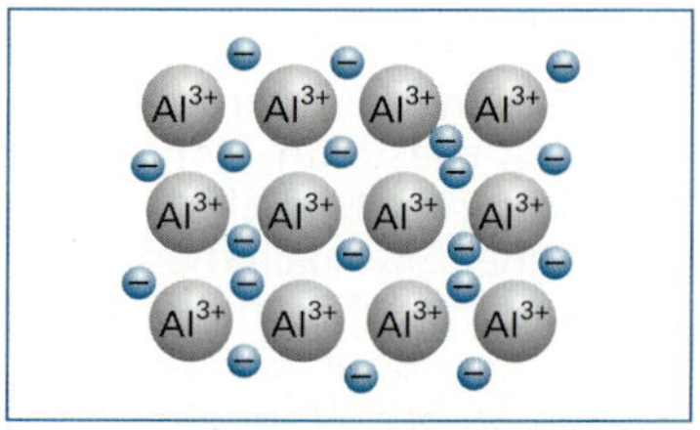

Bild 3: Metallische Bindung von Aluminiumatomen

Die elektrostatische Anziehung von positiv geladenen Atomrümpfen (Kationen) und negativ geladenen, freien Elektronen bezeichnet man als **Metallbindung**.

Nachfolgend wird zur Vereinfachung von Atomen anstelle von Atomrümpfen bzw. Kationen gesprochen. Es ist zulässig, in Modellen die Metallatome vereinfacht als Kugeln darzustellen.

Die metallische Bindung bedingt die typischen Metalleigenschaften: Die **gute Verformbarkeit** von Metallen ist dadurch zu erklären, dass sich die einzelnen Atome gut gegeneinander verschieben lassen. Die freien Elektronen sind die Ursache für die bekanntermaßen **gute Leitfähigkeit für Strom und Wärme** (Tabelle 1).

Tabelle 1: Vergleich der Leitfähigkeitseigenschaften verschiedener reiner Metalle

Metall oder Legierung	Elektrische Leitfähigkeit in 1/Ωm	Wärmeleitfähigkeit in W/mK
Silber	61,4	429
Kupfer	58	394
Gold	44	314
Aluminium	36,6	235
Magnesium	23	170
Zink	16,7	120
Eisen	10	80
Zinn	8,7	67
Blei	4,7	35

3.2 Die Gewinnung von Metallen

Nur sehr wenige Metalle, z. B. Gold, Platin, Silber und auch Kupfer, können in der Natur **gediegen**, d. h. in freiem, nicht gebundenem Zustand auftreten **(Bild 1)**. Bekannter sind die (leider seltenen) Goldnuggets.

Bild 1: Gediegenes Kupfer, Caledonia Mine, Michigan, USA

In der Regel finden sich Metalle in chemischen Verbindungen. Gesteine, in denen nutzbares Metall oder nutzbare Metallverbindungen enthalten sind, werden **Erze** genannt. Je nachdem, welche Begleitelemente neben dem Metall (nachfolgend allgemein mit Me bezeichnet) im Erz vorhanden sind, unterscheidet man folgende zwei Hauptgruppen:

- **Oxidische Erze**
  (Metall-Sauerstoff-Verbindungen, MeO – Metalloxid),
- **Sulfidische Erze**
  (Metall-Schwefel-Verbindungen, MeS – Metallsulfid).

Die meisten **Erze** sind Verbindungen eines Metalls mit Sauerstoff oder Schwefel.

Die Verbindungen entstehen dadurch, dass die Metalle an die jeweiligen Reaktionspartner Elektronen abgeben. Dadurch bilden sich positiv geladene Metallionen **(Kationen)**. Beispielsweise ergibt sich für Eisen (Fe) $Fe \rightarrow Fe^{2+} + 2e^-$. Hier werden zwei Elektronen abgegeben. Diese Elektronen können z. B. von Sauerstoff (O) aufgenommen werden: $O + 2e^- \rightarrow O^{2-}$. Dabei entstehen negativ geladene Nichtmetallionen, die **Anionen** genannt werden.

Ionen sind Atome, die aufgrund von Elektronenabgabe oder -aufnahme elektrisch geladen sind. **Kationen** sind positiv geladen, **Anionen** negativ.

Die entgegengesetzt geladenen Ionen Fe^{2+} und O^{2-} ziehen sich gegenseitig an und verbinden sich zu Eisenoxid mit der chemischen Formel FeO. Das heißt: Aus Fe^{2+} und O^{2-} baut sich das verhältnismäßig stabile Eisenoxid FeO auf.

In ähnlicher Weise können sich Metalle mit Schwefel (als Ion S^{2-}) verbinden, dann entstehen Sulfide. Auch diese können technisch wichtige Erze sein, beispielsweise das Bleiglanz genannte Bleierz PbS. Weitere Beispiele für technisch wichtige Erze zeigt **Tabelle 1**.

Tabelle 1: Wichtige Metallverbindungen und Erze

Erzart	Formel der Metallverbindungen	Chemischer Name der Metallverbindung	Mineralogischer Name des Erzes
Oxidische Erze	$Al_2O_3 \cdot 2\,H_2O$ Fe_3O_4 Fe_2O_3 SnO_2	Aluminiumoxid Eisen(II, III)-oxid Eisen(III)-oxid Zinn(IV)-oxid	Bauxit Magneteisenstein Roteisenstein Zinnstein
Sulfidische Erze	FeS_2 ZnS PbS	Eisen(II)-sulfid Zinksulfid Bleisulfid	Pyrit Zinkblende Bleiglanz

Um Metalle zu gewinnen, müssen sie aus den Erzen und damit aus ihren jeweiligen chemischen Verbindungen isoliert werden. Das bedeutet, je nach Erzzusammensetzung ist Sauerstoff oder Schwefel (seltener auch andere Elemente) abzutrennen. Üblicherweise geschieht dies durch die Reaktion mit einem anderen Element, das ein größeres Bestreben hat, sich mit Sauerstoff bzw. Schwefel zu verbinden als es bei dem zu gewinnenden Metall der Fall ist. Dieses Bestreben wird **Affinität** genannt.

Die Metallgewinnung (die Verhüttung der Erze) aus oxidischen Erzen wie z. B. Eisenerz FeO, erfolgt meist mit Hilfe von Kohlenstoff (aus Kohle, Koks, oder Erdgas). Kohlenstoff hat eine größere Affinität zu Sauerstoff und verbindet sich daher mit dem aus dem Erz kommenden Sauerstoff. Es entstehen Kohlenstoffmonooxid (CO) bzw. Kohlenstoffdioxid (CO_2) gemäß:

$2\,C + O_2 \rightarrow 2\,CO$ bzw. $C + O_2 \rightarrow CO_2$

Das den Sauerstoff aufnehmende Element, hier Kohlenstoff, nennt man **Reduktionsmittel**: Es bindet aufgrund seiner größeren Affinität den Sauerstoff des Erzes, so dass das zu gewinnende Metall – im genannten Beispiel das Eisen – zurückbleibt: $FeO + C \rightarrow Fe + CO$.

Betrachtet man die im Eisenerz ablaufenden Vorgänge, zeigt sich, dass bei den beschriebenen Reaktionen den Metallionen (unter mehr oder weniger großem Energieaufwand) ihre Elektronen zurückgegeben werden, die sie innerhalb des Erzes an ihre Reaktionspartner abgegeben hatten, z. B. gemäß

$Fe^{2+} + 2e^- \rightarrow Fe$.

Deutlich wird, Eisen nimmt Elektronen auf. Diese Reaktion wird als **Reduktion** bezeichnet.

Jede Aufnahme von Elektronen ist eine **Reduktion**. Die Gewinnung von Metallen erfolgt somit durch Reduktion.

Die aufgenommenen Elektronen kommen vom anderen Reaktionspartner, z. B. $O^{2-} \rightarrow O + 2e^-$. Das heißt, der zweite Reaktionspartner gibt Elektronen ab, man spricht von einer **Oxidation**.

Jede Abgabe von Elektronen wird als **Oxidation** bezeichnet.

Zusammenfassend bedeutet dies: Immer dann, wenn ein Element Elektronen aufnimmt, muss ein anderes dafür Elektronen abgeben. Reduktion und Oxidation verlaufen somit gleichzeitig.

Daher wird dieser Reaktionstyp als **Redoxreaktion** bezeichnet. Redoxreaktionen sind typisch für die Metallgewinnung.

> Eine **Redoxreaktion** ist eine chemische Reaktion, bei der die Reaktionspartner Elektronen übertragen. Es finden eine Elektronenabgabe (Oxidation) und eine Elektronenaufnahme (Reduktion) statt.

3.2.1 Reduktion mit Kohlenstoff und Kohlenstoffmonoxid

Reduktionsmittel wie Kohlenstoff, Kohlenstoffmonoxid und Wasserstoff werden bei der Verhüttung oxidischer Erze angewendet.

Wichtigstes Beispiel für diese Technologie ist die Gewinnung von Eisen aus oxidischen Verbindungen, wie dem schon genannten FeO. In der Natur gefundene Eisenerze haben meist andere Zusammensetzungen, wie z. B. Roteisenstein Fe_2O_3 oder Magneteisenstein Fe_3O_4 **(Tabelle 1, Seite 28)**. Hinzu kommen weitere, nicht eisenhaltige Bestandteile, die **Gangart** genannt werden.

Für derartige Erze bietet es sich an, Kohlenstoff oder Kohlenstoffmonoxid zur Sauerstoffabtrennung, d. h. als Reduktionsmittel, zu verwenden.

Die Eisengewinnung erfolgt im **Hochofen (Bild 1)**, einem feuerfest ausgemauerten, kontinuierlich betriebenen Schachtofen. Er wird von oben über die Gicht mit den Einsatzstoffen (Eisenerz, Koks und spezielle Zuschläge) beschickt. Die grobstückigen Einsatzstoffe sinken dann, wie im **Bild 1** ersichtlich, langsam nach unten und werden dabei durch von unten aufsteigende Gase erwärmt und getrocknet. Auf dem weiteren Weg nach unten werden die Eisen-Sauerstoff-Verbindungen der Erze schrittweise aufgelöst, es erfolgen die Reduktionen:

- $Fe_3O_4 + 2\,C \rightarrow 3\,Fe + 2\,CO_2$ sowie
- $Fe_3O_4 + CO \rightarrow 3\,FeO + CO_2$ und
- $FeO + CO \rightarrow Fe + CO_2$.

Wie die Gleichungen zeigen, ist das wichtigste Reduktionsmittel **Kohlenstoffmonooxid** (CO). Es entsteht als Gas aus dem zugesetzten Koks im unteren Teil des Hochofens bei Temperaturen von 2000 °C bis 2200 °C, steigt dann nach oben und bewirkt die genannten Umsetzungen. Im Ergebnis entsteht flüssiges **Roheisen**, das sich im Gestell des Hochofens sammelt. Darüber sammelt sich eine leichtere, ebenfalls flüssige **Schlacke**, die die Gangart (Begleitgesteine des Erzes) und die Verunreinigungen gesammelt hat. Schlacke und Roheisen können getrennt aus dem Hochofen abfließen.

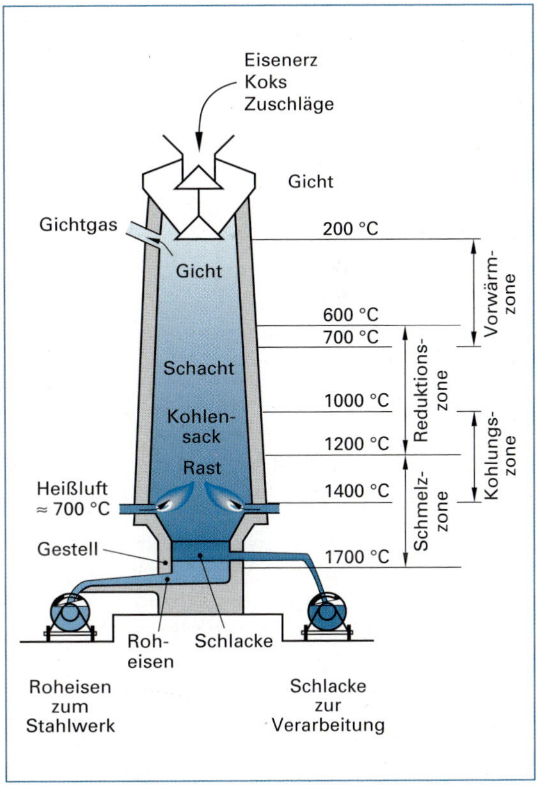

Bild 1: Hochofen

Roheisen ist noch kein reines Eisen. Aufgrund der im Hochofen herrschenden hohen Temperaturen hat es verhältnismäßig viel Kohlenstoff aufgenommen, wodurch es relativ spröde ist.

Durch Reduktion mit Kohlenstoff, Kohlenstoffmonooxid (und auch mit Wasserstoff) lassen sich aus Metalloxiden, die in mitunter noch in besonderen Arbeitsverfahren aus den Erzen isoliert werden müssen, zum Beispiel die folgenden Metalle gewinnen: Nickel aus Nickeloxid (NiO), Kupfer aus Kupfer(I)-oxid Cu_2O, Zink aus Zinkoxid (ZnO), oder Wismut aus Wismutoxid (Bi_2O_3).

Zur Metallgewinnung ist immer ein geeignetes Reduktionsmittel notwendig.

3.2.2 Reduktion mit anderen Elementen (Metallothermie)

Nicht alle Metalloxide lassen sich mit Kohlenstoff reduzieren. Hauptgrund ist, dass das jeweilige Metall ein im Vergleich zu Kohlenstoff viel stärkeres Bindungsbestreben (Affinität) zu Sauerstoff hat. So würde keine Reaktion des abzutrennenden Sauerstoffs mit Kohlenstoff erfolgen. Es muss daher ein anderes Reduktionsmittel anstelle des Kohlenstoffs eingesetzt werden.

Dies kann z. B. Aluminium sein, denn es verbindet es sich leichter mit Sauerstoff als Kohlenstoff. Diese Art der Metallgewinnung bezeichnet man als **aluminothermische Verfahren**. Die allgemeine Reaktionsgleichung lautet:

Metalloxid + Aluminium $\rightarrow$ Metall + Aluminiumoxid

Ein Beispiel ist die Erzeugung von reinem Vanadium aus Vanadiumoxid gemäß:

$3\ V_2O_5 + 10\ Al \rightarrow 6\ V + 5\ Al_2O_3$.

Auf die gleiche Weise lassen sich Titan aus Titanoxid und Chrom aus Chrom(III)-oxid Cr_2O_3 gewinnen. An Stelle des Aluminiums können z. B. auch Natrium, Calcium oder Magnesium als Reduktionsmittel eingesetzt werden. Allgemein spricht man von **Metallothermie**.

Technische Bedeutung besitzt in diesem Zusammenhang das **Thermitschweißen** (auch aluminothermisches Schweißen genannt), bei dem Eisenoxid durch Aluminium zu Eisen und Aluminiumoxid reduziert wird. Es findet Anwendung, wenn innerhalb kürzester Zeit eine größere Menge flüssiges Eisen zum Verbinden von Werkstücken gebraucht wird. Dies ist z. B. beim Schweißen von Schienen der Fall.

Die Ausgangsstoffe werden dazu im geeigneten Verhältnis gemischt und bei ca. 2000 °C mittels eines Zünders in einem Gefäß zur Reaktion gebracht (Bild 1):

$Fe_2O_3 + 2\ Al \rightarrow 2\ Fe + Al_2O_3$

Die Reaktionsprodukte trennen sich infolge unterschiedlicher Dichte, sodass nach Entfernen des Bodenverschlusses das flüssige Eisen unten ausläuft und abgegossen werden kann.

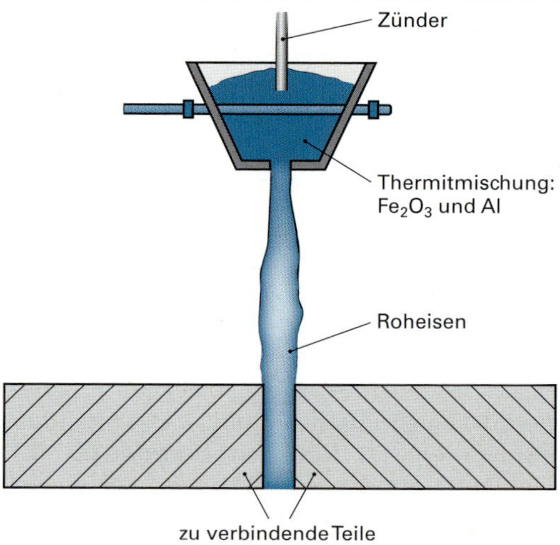

Bild 1: Thermitschweißen

3.2.3 Röstreduktion

Unter **Rösten** ist die Umwandlung von sulfidischen Erzen (MeS) in oxidische Verbindungen durch Erhitzen unter Luftzufuhr zu verstehen. Dabei entstehen Metalloxide (MeO), die anschließend mit Kohlenstoff zum Metall reduziert werden können. Ein weiteres Reaktionsprodukt ist Schwefeldioxid (SO_2), das zu Schwefelsäure weiterverarbeitet wird. Die Reaktion erfolgt z. B. gemäß:

$2\ MeS + 3\ O_2 \rightarrow 2\ MeO + 2\ SO_2$

Geröstet werden z. B. Bleisulfid PbS, Zinksulfid ZnS sowie sulfidische Kupfererze.

3.2.4 Metallgewinnung durch Elektrolyse

Metalle können auch aus Lösungen, die das Metall enthalten, oder aus Salzschmelzen gewonnen werden. Sowohl Lösungen als auch Schmelzen werden **Elektrolyte** genannt, da sie u. a. elektrisch positiv geladene Ionen des Metalls enthalten und somit elektrisch leitfähig sind.

Bild 1 zeigt die Verhältnisse am Beispiel einer Zink-Elektrolyse. Elektrolyt ist in Wasser gelöstes Zinkchlorid-Salz. Diese Lösung enthält u. a. Zink-Ionen Zn^{2+}. Wird Gleichstrom von außen über die im Bild gezeigten Zink-Elektroden angelegt, wandern die positiv geladenen Zinkionen zur entgegengesetzten, d. h. negativen Elektrode. Hier können sie aus dem angelegten Strom Elektronen aufnehmen und werden zu ungeladenen Metallatomen, die sich abscheiden gemäß:

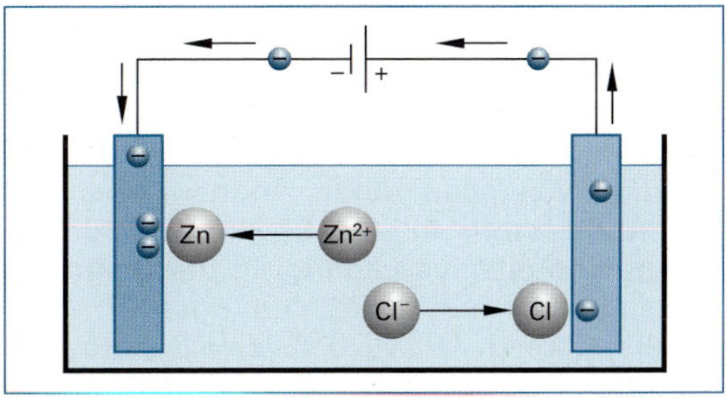

Bild 1: Elektrolyse, schematisch

$Zn^{2+} + 2\,e^- \rightarrow Zn$

Die Elektrode, an der die Abscheidung erfolgt wird **Kathode** genannt. Die zweite Elektrode ist die **Anode**.

Ein technisch wichtiges Beispiel ist die Erzeugung von reinem Kupfer aus einer mit Schwefelsäure versetzten Kupfersulfatlösung. Die Kathode besteht meist aus Edelstahl, die Anode aus Rohkupfer mit Verunreinigungen verschiedener Metalle, u. a. Gold und Silber. Es laufen die folgenden Reaktionen ab:

An der **Anode** wird das Rohkupfer aufgelöst:

$Cu \rightarrow Cu^{2+} + 2e^-$ (Oxidation).

Die so entstandenen positiv geladenen Kupferionen wandern zur negativ geladenen Kathode. Hier scheiden sie sich als reines Kupfer (Elektrolytkupfer) ab, indem die Kupferionen jeweils zwei Elektronen aufnehmen:

$Cu^{2+} + 2e^- \rightarrow Cu$ (Reduktion).

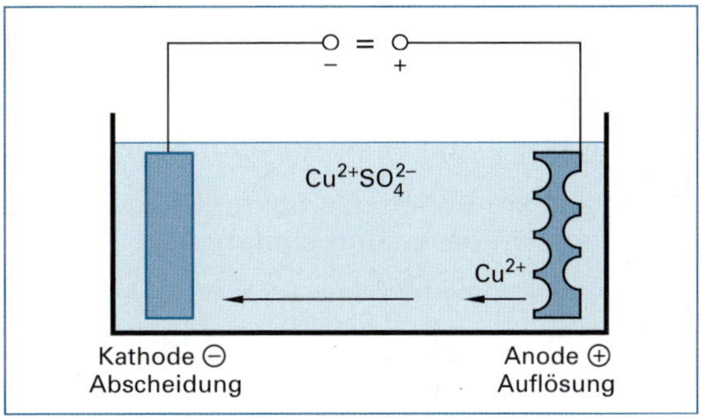

Bild 2: Elektrolytkupfergewinnung

Ziel der Kupferelektrolyse ist eine **Raffination** des Kupfers, d. h. eine **Reinigung**. **Elektrolytkupfer** hat nach diesem Prozess einen Reinheitsgrad von etwa 99,9 %. Die zuvor enthaltenen Verunreinigungen wurden nicht mit abgeschieden. Sie sammeln sich an der Anode als Schlamm, der u. a. Edelmetalle (Gold und Silber) enthält. Diese werden in einem besonderen Arbeitsschritt gewonnen.

Durch Elektrolyse ihrer wässrigen Metallsalzlösungen lassen sich außer Kupfer noch gewinnen: Gold, Silber, Platin, Chrom, Zink und Zinn.

> Eine **Elektrolyse** ist eine Metallgewinnung aus Elektrolyten durch Wirkung des elektrischen Stroms.

3.2.5 Metallgewinnung durch Schmelzflusselektrolyse

Bei einigen Metallen, wie z. B. Aluminium, Natrium oder Magnesium, ist die Metallgewinnung aus einer wässrigen Lösung nicht möglich. In diesen Fällen wird ein Salz als das Erz der betreffenden Metalle geschmolzen und elektrolysiert. So wird das Metall **gewonnen**.

Bei der Aluminiumgewinnung besteht der Elektrolyt aus einer geschmolzenen Mischung von Aluminiumoxid Al_2O_3 und eines Kryolyth genannten Natrium-Aluminium-Fluor-Salzes. Durch die Mischung beider Salze wird der mit ca. 2000 °C sehr hohe Schmelzpunkt des Aluminiumoxides auf technisch beherrschbare 900 °C gesenkt.

Wichtigster Vorgang der Aluminiumelektrolyse ist die Zersetzung des in der Elektrolytmischung enthaltenen Aluminiumoxids Al_2O_3 in Aluminium und Sauerstoff.

Den Aufbau einer Aluminium-Schmelzflusselektrolysezelle zeigt **Bild 1**. Sie besteht aus einer Wanne, die mit elektrisch leitender Kohlenstampfmasse ausgekleidet ist. Diese wird mit negativer Ladung kontaktiert und dient als Kathode. In der Zelle befinden sich oben Elektrolyt und darunter bereits gewonnenes Aluminium. Von oben ragen Anoden, ebenfalls aus Kohlenstoff, in das Elektrolysebad. Sie haben eine positive Ladung. In der Schmelze bewegen sich nun Aluminiumionen Al^{3+} und Sauerstoffionen O^{2-} zu den jeweils entgegengesetzt geladenen Elektroden. An der Kathode scheidet sich Aluminium ab, indem jedes Aluminiumion drei Elektronen aufnimmt:

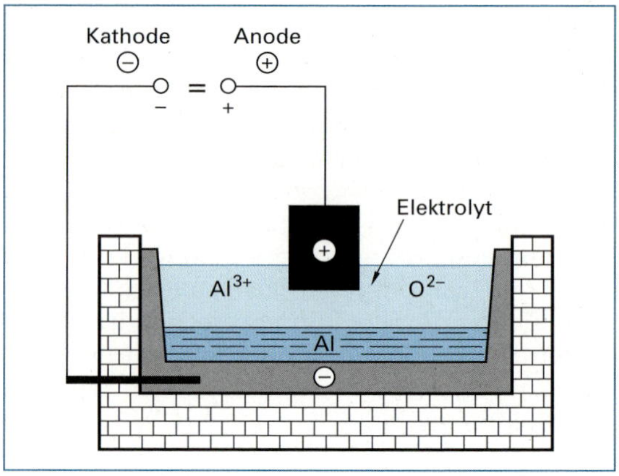

Bild 1: Aluminiumgewinnung (Elektrolysezelle, schematisch)

$Al^{3+} + 3e^- \rightarrow 4\ Al$ (Reduktion)

Die negativ geladenen Sauerstoffionen wandern zur positiv geladenen Anode, werden dort unter Abgabe von Elektronen zu Sauerstoffgas (O_2) entladen:

$2\ O^{2-} \rightarrow O_2 + 4e^-$ (Oxidation)

Der gebildete Sauerstoff reagiert weiter mit dem Kohlenstoff der Elektrode zu Kohlenstoffdioxid:

$C + O_2 \rightarrow CO_2$.

Um diese und weitere Gase sicher zu erfassen und die Umwelt nicht gefährden, wird die Elektroysezelle mit einer Absaughaube verschlossen.

Wenn sich am Boden des Schmelztiegels genügend Aluminium gebildet hat, wird es abgesaugt, zu Barren vergossen und weiterverarbeitet.

> Aluminium wird durch eine **Schmelzflusselektrolyse** gewonnen.

Aufgaben

1. Beschreiben Sie die metallische Bindung im Magnesium (Ordnungszahl 12, 2 Elektronen auf der Außenschale)!
2. Wo finden sich Metalle im Periodensystem?
3. Nennen Sie einige typische Metalleigenschaften!
4. Warum lassen sich Metalle so gut verformen?
5. Warum leiten Metalle den elektrischen Strom?
6. Was verstehen Sie unter einem Anion bzw. einem Kation?
7. Erläutern Sie die Bedeutung eines Reduktionsmittels für die Gewinnung von Metallen aus Erzen!
8. Was verstehen Sie unter einer Redoxreaktion?
9. Wie unterscheiden sich sulfidische und oxidische Erze?
10. Welche Vorgänge laufen bei der Erzeugung von Roheisen aus einem oxidischen Eisenerz ab?
11. Welche Vorgänge laufen bei einer Elektrolyse an der Kathode bzw. der Anode ab?
12. Bei der Kupferelektrolyse spricht man auch von einer Reinigungs- bzw. Raffinationselektrolyse, bei Aluminium hingegen von einer Gewinnungselektrolyse. Worin besteht der Unterschied?

3.3 Aufbau der Metalle

Spröde Metalle, wie Roheisen oder Zink **(Bild 1)**, zeigen bereits an Bruchflächen eine Struktur. Diese wird als **Gefüge** bezeichnet. Bei anderen, nicht so spröden Metallen, erhält man Hinweise auf das Gefüge, indem ein **Anschliff** der Metallprobe hergestellt wird. Beispielsweise wird ein gegossener Kupferblock **(Bild 2)** zunächst durchgesägt. Dann wird die Fläche glatt geschliffen und poliert. Nachfolgend wird die Fläche mit einem geeigneten Säuregemisch geätzt. Nun ist die innere Struktur sichtbar. Kann man dieses Gefüge bereits mit bloßem Auge sehen, spricht man von einem **Makroschliff** (Bild 2). Ist das Gefüge hingegen so fein, dass ein Mikroskop zur Betrachtung notwendig ist, handelt es sich um einen **Mikroschliff**. Ein Beispiel zeigt **Bild 3**.

Bild 1: Gefüge einer spröden Zinkprobe, sichtbar gemacht an der Bruchfläche

Bild 2: Gefüge eines Kupfergussblockes, sichtbar gemacht durch Anschleifen und Ätzen (Makroschliff)

3.3.1 Gefügeaufbau

Abgesehen von der Größe ist Makro- und Mikroschlif eines gemeinsam: Das Gefüge besteht aus **Körnern und Korngrenzen (Bild 4)**. Das gilt auch dann, wenn noch höhere Vergrößerungen (über 1000-fach) notwendig sind, wie sie mit einem Elektronenmikroskop möglich sind.

> Das **Gefüge** zeigt den Aufbau eines Metalles aus Körnern und Korngrenzen.

Bild 3: Mikroschliff von Reinaluminium, stark verformt und dann geglüht, Vergrößerung 250-fach

Könnte man mit noch höheren Vergrößerungen (über 100 000-fach) arbeiten, wären theoretisch die einzelnen Atome erkennbar, die das Metall aufbauen. Dies gelingt nicht über eine direkte Beobachtung. Es ist jedoch indirekt über röntgenografische Untersuchungsverfahren, die hier nicht weiter erläutert werden sollen, möglich. Dabei ergibt sich, dass in jedem Korn die Metallatome in einem Kristallgitter angeordnet sind – ebenso im Nachbarkorn, dann jedoch mit etwas anderer Lage im Raum. Diese Lage wird als **Orientierung** bezeichnet **(Bild 4)**.

Jedes Korn ist ein einzelner Kristall und kann daher als **Einkristall** bezeichnet werden. Die Körner des Gefüges sind „viele Kristalle", ein **Vielkristall** liegt vor.

Verdeutlichen lassen sich die Begriffe mit Hilfe der Mineralogie: **Bild 1, Seite 34** zeigt einen **Einkristall**, gekennzeichnet durch freie Kristalloberflächen. **Bild 2, Seite 34** zeigt einen **Vielkristall** desselben Minerals, gekennzeichnet durch viele einzelne Kristalle, die zusammengewachsen sind. **Bild 3, Seite 34** zeigt den Anschliff durch den Vielkristall, der letztlich dem Gefüge entspricht.

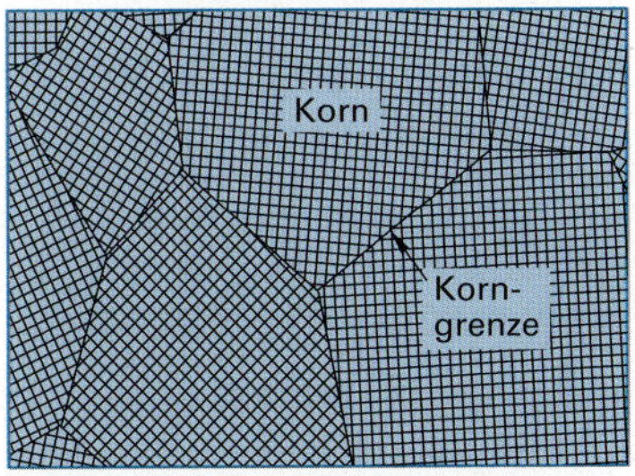

Bild 4: Gefüge aus Körnern und Korngrenzen, gekennzeichnet ist die Orientierung (Lage der Kristallgitter in den Körnern, schematisch)

Metalle bilden in der Regel **Vielkristalle**.

Mit speziellen Verfahren ist es auch möglich, **Einkristalle** zu erzeugen. Notwendig ist das z. B. für die Halbleiterindustrie. Hier werden Silicium-Einkristalle als Basis zur Herstellung von Schaltkreisen genutzt.

Bild 1: Amethyst – Einkristall

Bild 2: Amethyst – Vielkristall

Bild 3: Amethyst – Vielkristall, Anschliff

Der vielkristalline Aufbau der Metalle hat Konsequenzen für die gemessenen Eigenschaftswerte: Würde in einem einzelnen Korn eine bestimmte physikalische Größe erst in einer und dann in einer anderen Richtung gemessen, ergäben sich unterschiedliche Werte. Eine solche Richtungsabhängigkeit der Eigenschaften heißt **Anisotropie**. Auch speziell gezüchtete Einkristalle zeigen ein anisotropes Verhalten.

Werden jedoch im Vielkristall die Eigenschaften *über* viele Kristalle bestimmt, ergeben sich in jeder Richtung dieselben Werte. Dies wird durch die Verkippung der einzelnen Körper gegeneinander verursacht. Durch das Messen über alle Körner hinweg („Mittelung") heben sich die einzelnen Anisotropien auf. Die Probe verhält sich **quasiisotrop** („wie isotrop") d. h., es besteht keine Richtungsabhängigkeit der Eigenschaften.

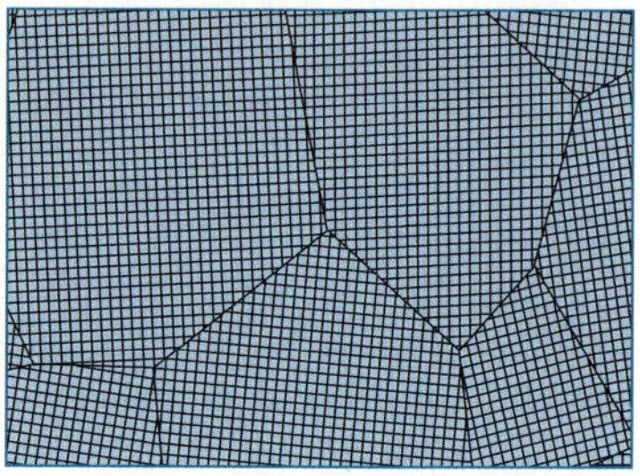

Bild 4: Ähnliche Orientierung der Körner im Metallgefüge (Textur)

Vielkristalle verhalten sich quasiisotrop, Einkristalle hingegen anisotrop.

Sind alle Kristallite jedoch nach einer Umformoperation oder bestimmten Glühbehandlungen gleich oder sehr ähnlich orientiert, hat der Werkstoff eine **Textur** (Bild 4). Er verhält sich dann wieder anisotrop. Dies kann z. B. beim Tiefziehen dazu führen, dass der Werkstoff in bestimmten Richtungen besonders stark fließt und zur ungleichmäßigen Verformung **(Zipfelbildung)** neigt.

Eine **Textur** ist eine Vorzugsausrichtung der Kristallite.

3.3.2 Kristallgitter der Metalle

Metallatome ordnen sich in regelmäßigen Kristallgittern an. Die kleinsten Einheiten dieses Kristallgitters sind die **Elementarzellen**, die bei Metallen auf unterschiedliche Grundformen zurückgeführt werden können (Bild 1).

Die meisten Metalle weisen ein kubisches Kristallgitter auf, bei dem die Eckpunkte des Würfels mit Atomen besetzt sind:

- Bei einem **kubisch-raumzentrierten (krz)** Gitter findet sich ein zusätzliches Atom in der Mitte des Würfels (Bild 5).
- bei **kubisch-flächenzentrierten (kfz)** Metallen finden sich neben den Eckatomen weitere Atome auf den Flächenmitten des Würfels (Bild 6).

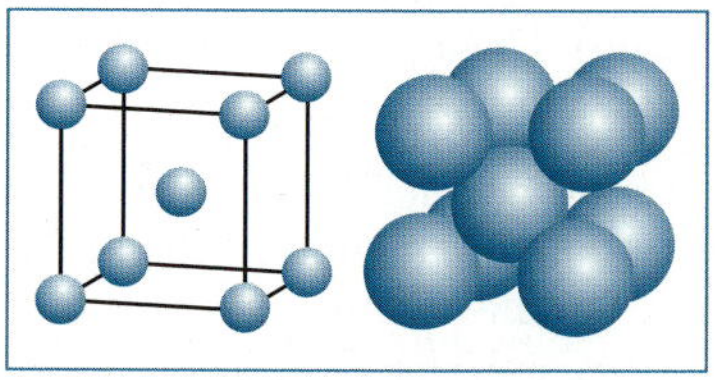

Bild 5: Kubisch-raumzentrierte Elementarzelle (krz)

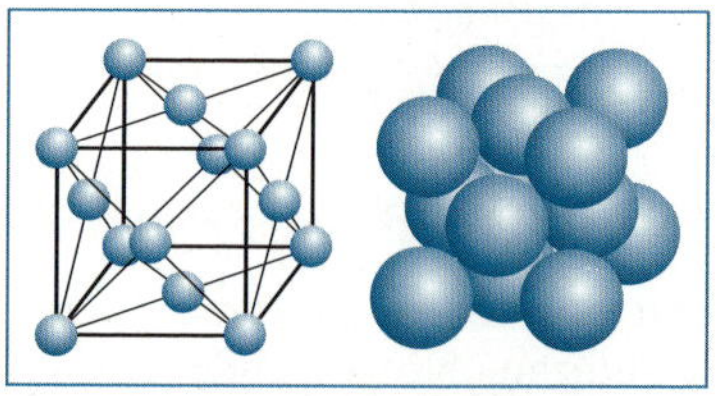

Bild 6: Kubisch-flächenzentrierte Elementarzelle (kfz)

Eine weitere Gitterform ist das **hexagonale Gitter (hdp, hexagonal dichteste Packung)** **(Bild 1)**.

Die linken Teilbilder in den **Bildern 5 und 6, Seite 34** sowie **Bild 1** zeigen die typischen Metallgitter als vereinfachte Strich-Punkt-Modelle, die rechten Teilbilder verdeutlichen die tatsächlichen Größenverhältnisse der Atomanordnung im kfz-, krz- und hdp-Gitter, den wichtigsten Kristallgittern der Metalle. Kubisch flächenzentrierte Gitter (kfz) haben z. B. Aluminium, Blei, Gold, Platin, Nickel, Kupfer und Silber. Kubisch raumzentrierte Gitter (krz) gibt es u. a. bei Chrom, Molybdän, Vanadium und Wolfram. Hexagonale Gitter (hdp) weisen z. B. Magnesium und Zink auf.

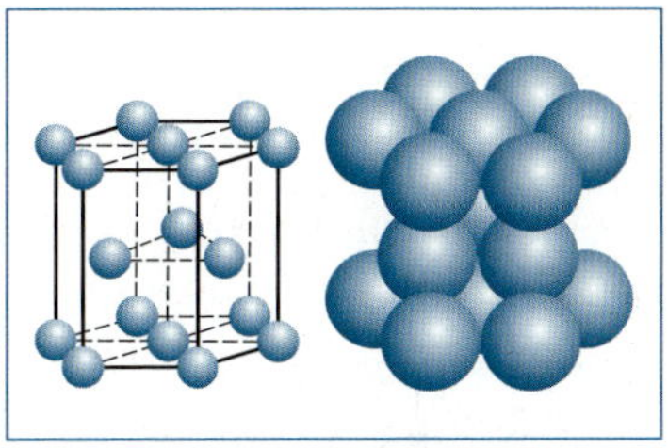

Bild 1: Elementarzelle mit hexagonal-dichtester Packung (hdp)

> Die für Metalle wichtigen **Kristallgitter** sind das kubisch-flächenzentrierte (kfz), das kubisch-raumzentrierte (krz) und das hexagonal-dichtest-gepackte (hdp) Gitter.

Mitunter tritt ein Metall in Abhängigkeit von der Temperatur in mehreren Kristallgittern auf. Man spricht von **Modifikationen** (Erscheinungsformen). Diese werden in der Regel mit kleinen griechischen Buchstaben gekennzeichnet, die zusammen mit einem Bindestrich dem Namen oder dem chemischen Symbol vorangestellt werden.

Typisch und technisch sehr wichtig ist der **Modifikationswechsel** des Eisens, das bis 911 °C ein krz-Gitter (α-Eisen, α-Fe), dann aber ein kfz-Gitter (γ-Eisen, γ-Fe) aufweist. Bei 1388 °C wechselt Eisen nochmals die Kristallgitterstruktur zu krz, es entsteht δ-Eisen. Auch Titan zeigt einen Modifikationswechsel bei 882 °C vom α-Titan (hdp) zum β-Titan (krz).

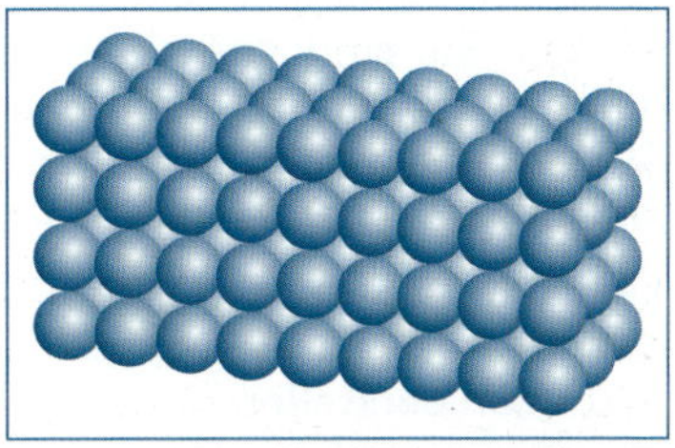

Bild 2: Schematische Darstellung eines Idealkristalles (Ausschnitt)

Die bisher dargestellten Kristallmodelle entsprechen **Idealkristallen**, d. h., alle Atome sind regelmäßig angeordnet, es gibt keine Fehler, keine Grenzflächen und keine Wärmeschwingungen der Atome **(Bild 2)**. Idealkristalle gibt es in der Praxis nicht. Als **Modelle** sind sie jedoch gut geeignet, den Feinaufbau der Metalle und ihre physikalischen Eigenschaften verständlich zu machen.

Die in der Praxis verwendeten Metalle haben immer Fehler und Grenzen. Ihre Atome führen Wärmeschwingungen aus. Man nennt sie **Realkristalle** **(Bild 3)**.

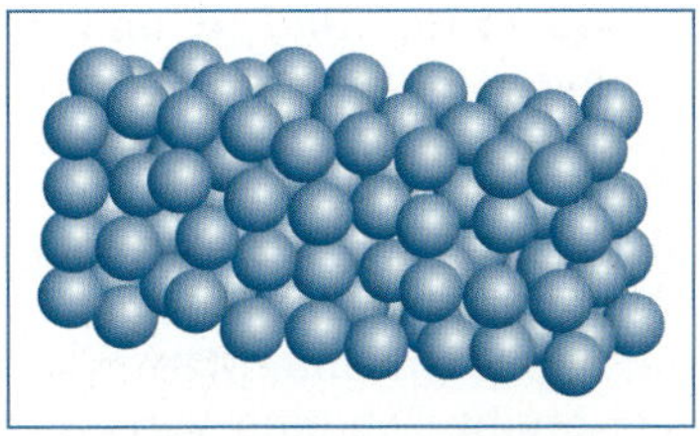

Bild 3: Schematische Darstellung eines Realkristalles (Momentaufnahme)

> Idealkristalle sind ein Modell zur Beschreibung von Kristallstrukturen. In der Praxis gibt es nur Realkristalle.

3.3.3 Gitterbaufehler – Realstruktur

In Realkristallen treten immer Fehler auf. Beispielsweise können einzelne Atome im Kristallgitter fehlen oder sogar große Risse im Metall zu finden sein. Sinnvoll ist es daher, die Gitterbaufehler nach ihrer Größe zu unterscheiden **(Tabelle 1)**.

Tabelle 1: Einteilung der Gitterbaufehler in Metallen nach der Größe

Fehlergröße	Ausdehnung entspricht	
0-dimensional	Atom	
1-dimensional	Gitterlinie	
2-dimensional	Gitterebene	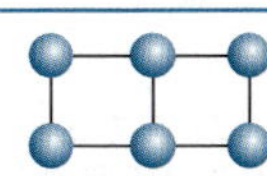
3-dimensional	Kristallgitter	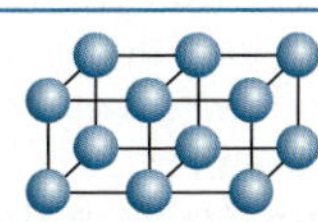

Gemäß der **Tabelle 1, Seite 35** ist ein fehlendes Atom ein nulldimensionaler Gitterbaufehler, während ein von außen sichtbarer Riss ein dreidimensionaler Fehler ist. Im Folgenden sollen die einzelnen Fehlergruppen erläutert und typische Beispiele gezeigt werden. Anzumerken ist dabei: Wenngleich das Wort „Fehler" negativ klingt, sind Fehler in Metallen sehr wichtig: Über sie lassen sich die meisten Eigenschaften, wie z. B. die Festigkeit, die Verformbarkeit und auch die Leitfähigkeit gezielt beeinflussen.

Nulldimensionale Gitterbaufehler

Beispiele für nulldimensionale Fehler zeigt **Bild 1**. Zu unterscheiden sind Leerstellen und Fremdatome.

Eine **Leerstelle** **(a)** ist ein unbesetzter Gitterplatz. Dadurch ergibt sich, wie im **Bild 1** ersichtlich, eine gewisse **Verspannung** des Gitters. Die Zahl der Leerstellen in einem Metall hängt von der Temperatur ab: Bei Temperaturerhöhung bilden sich mehr Leerstellen im Kristall. Sie sind notwendig, um Platz für die dann zunehmenden Wärmeschwingungen der Atome zu schaffen. Bei langsamer Abkühlung sinkt die Zahl der Leerstellen wieder ab.

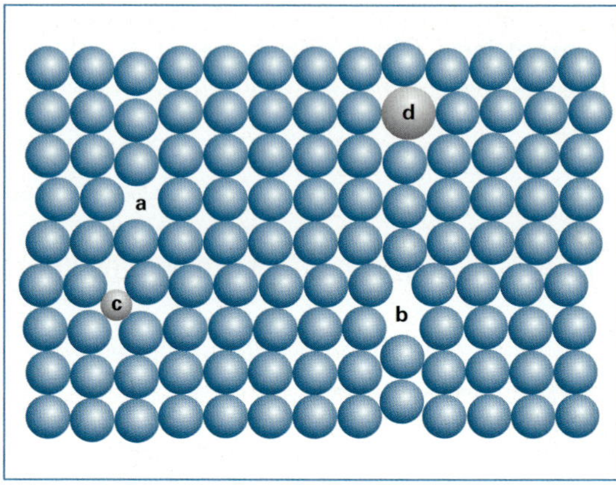

Bild 1: Beispiel für eindimensionale Gitterbaufehler a) Leerstelle b) Doppelleerstelle c) Fremdatom als Zwischengitteratom d) Fremdatom als substituiertes (ausgetauschtes) Atom

Leerstellen können zudem größere Anordnungen bilden, z. B. **Doppelleerstellen** **(b)** oder **Mehrfachleerstellen**, die auch **Leerstellencluster** genannt werden.

> **Leerstellen** sind unbesetzte Gitterplätze.

Fremdatome **(Bild 1c und d)** sind Verunreinigungen oder gezielt eingebrachte Legierungsbestandteile. Je nach Größe sind sie im **Grundgitter** (der **Matrix**, blau gekennzeichnet im **Bild 1**) als **Zwischengitteratom** in den Gitterlücken **(c)** oder als **ausgetauschtes Atom** auf regulären Gitterplätzen **(d)** zu finden. Auch hier ergibt sich eine **Verspannung** des Gitters, die – wie **Bild 2** zeigt – von der Größe des Fremdatoms anhängt.

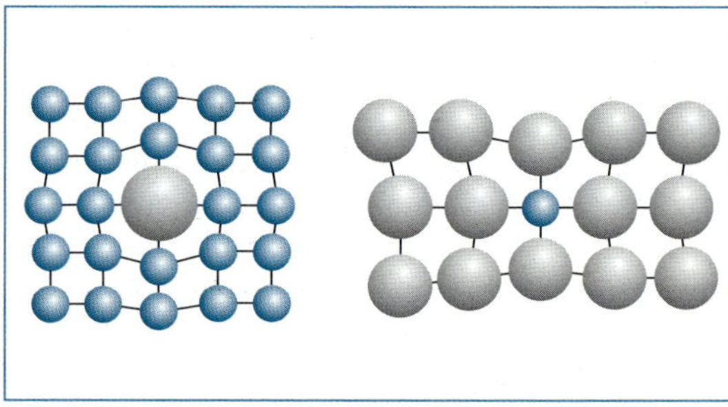

Bild 2: Ausgetauschtes Atom, Links: zu großes Atom, Rechts: zu kleines Atom

> **Fremdatome** können in den Gitterlücken eines Metallgitters als Zwischengitteratome oder auf regulären Gitterplätzen als ausgetauschte Atome eingebaut werden.

Eindimensionale Fehler

Eindimensionale Gitterbaufehler entsprechen in ihrer Ausdehnung einer Atomreihe. Zu ihnen gehören die **Versetzungen**, die in jedem Kristall vorhanden sind. Sie entstehen z. B. bei der Erstarrung einer Metallschmelze oder der plastischen, d. h. bleibenden Verformung.

Am Beispiel der **plastischen Verformung** lässt sich leicht eine Verbindung zum Begriff **„Festigkeit"** finden. Die Festigkeit ist bekanntlich durch die Kraft gekennzeichnet, die zur plastischen Verformung eines Körpers notwendig ist. Ist eine große Kraft zum Verformen notwendig, spricht man von einer hohen Festigkeit, der Werkstoff ist **„hart"**. Muss hingegen nur eine geringe Kraft zum Verformen aufgebracht werden, spricht man von einer niedrigen Festigkeit – der Werkstoff ist **„weich"**. Will man die Festigkeit ändern, stellt sich die Frage, welche Vorgänge bei der plastischen Verformung eines Metalls ablaufen.

Eine gute Vorstellung erhält man, indem man sich die plastische Verformung eines Metalls bestehend aus vielen Atomschichten am Beispiel eines CD-Hüllen-Stapels verdeutlicht. **Bild 1** (links) zeigt den Stapel vor der Verformung. Eine von außen angreifende Kraft kann ihn, wie im rechten Teilbild ersichtlich, „verformen". Da alle Hüllen abgeglitten sind, ist eine Formänderung zu sehen.

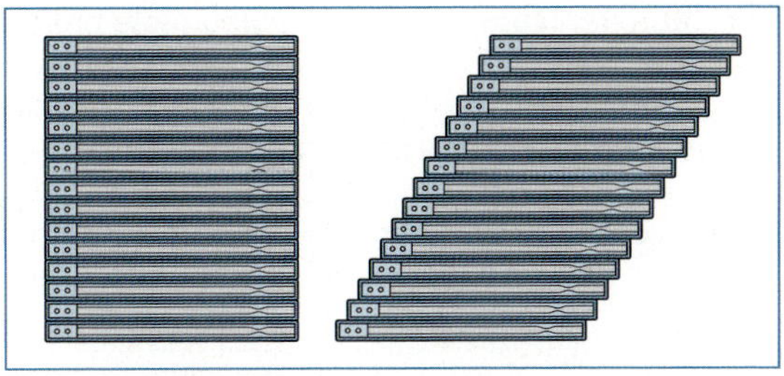

Bild 1: CD-Hüllen-Modell der Umformung eines Metalls

Diese Vorstellung lässt sich nun auch auf Metalle übertragen: Wie im **Bild 2** gezeigt, gleiten zwei Atomschichten unter Wirkung einer äußeren Kraft gegeneinander ab. Dazu ist eine große Kraft von außen notwendig, die Festigkeit müsste folglich hoch sein. Tatsächlich wird bei Zugrundelegung dieses Modells eine sehr hohe theoretische Festigkeit berechnet. Für reines Eisen ergäbe sich ein Wert von 40000 N/mm². Wird die Festigkeit von reinem Eisen experimentell bestimmt, werden jedoch nur 20 N/mm² gemessen. Die große Abweichung legt nahe, dass dieses Modell nicht stimmen kann.

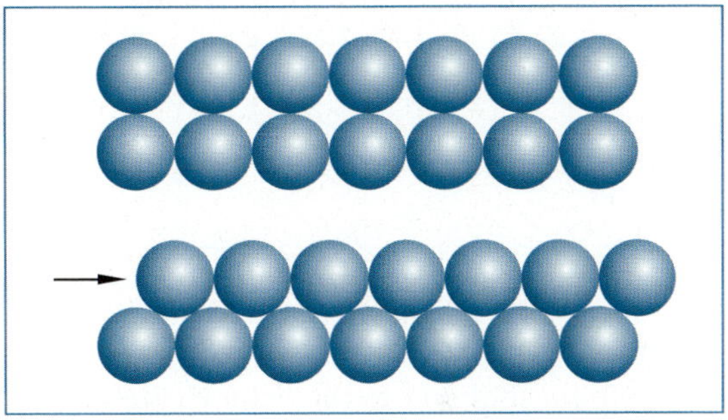

Bild 2: Umformung durch gleichzeitiges Abgleiten der Atome

Ein zweites Modell sieht daher ein schrittweises Abgleiten der Atome vor. Wie im **Bild 3** gezeigt, gleitet zunächst Atom 1 auf den Platz des zweiten Atoms, dieses dann auf den Platz des dritten Atoms usw. Es gleitet stets nur ein Atom. Dabei ist in jedem Teilschritt an einer anderen Stelle ein Atom „zuviel", es „steckt" zwischen zwei anderen Atomen. Eine solche Fehlstelle wird als **Versetzung** bezeichnet.

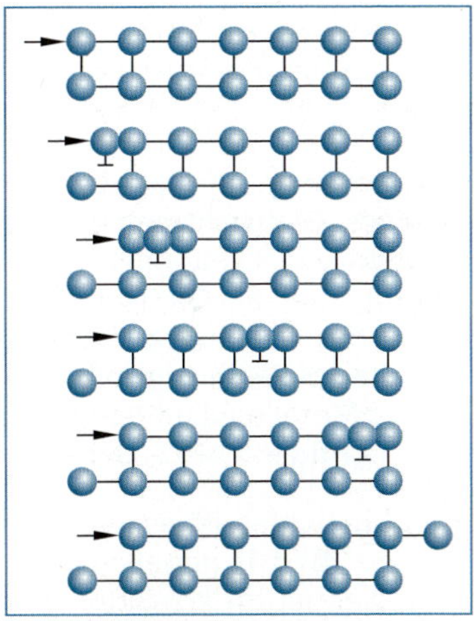

Bild 3: Umformung durch aufeinander folgendes Abgleiten der Atome

> Die **Verformung** von Metallen erfolgt über das Gleiten von Versetzungen.

Eine einfache Vorstellung zur Erklärung der Verformungsprozesse in Metallen durch das Gleiten von Versetzungen liefert das **Teppichfaltenmodell**: Ein Teppich soll auf dem Fußboden bewegt werden. Im Modell entspricht der Fußboden einer Atomlage, auf der eine weitere Atomlage – der Teppich – um einen bestimmten Betrag gleiten soll. Wird am gesamten Teppich gezogen, ist eine große Kraft notwendig, um den Teppich zu bewegen. Bildet man jedoch, wie im **Bild 4** gezeigt, eine Falte im Teppich und schiebt nur diese über den Boden, lässt sich die gleiche Lageänderung des Teppichs mit deutlich geringerem Kraftaufwand erreichen.

Genauso verhält es beim Nacheinander-Abgleiten der Atome. Der gleiche Gleitschritt wird gemäß Bild 3 mit deutlich geringerem Energieaufwand erreicht als im Bild 2. Die Versetzung bei der Verformung von Metallen entspricht also der Teppichfalte beim Verschieben des Teppichs.

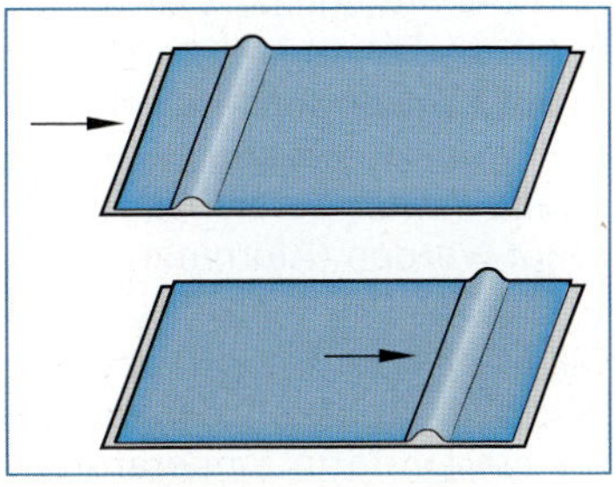

Bild 4: Teppichfaltenmodell

Auch aus der Natur sind solche Beispiele bekannt: So bewegen sich Raupen **(Bild 1)** und auch Regenwürmer über die Bewegung einer „Fehlstelle" mit deutlich geringerer Anstrengung als bei Bewegung des gesamten Körpers.

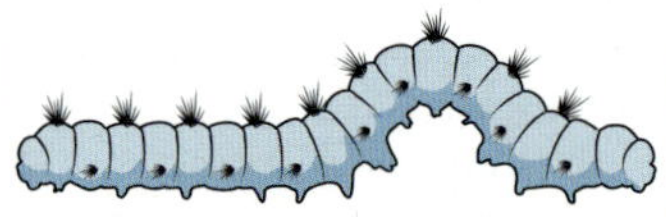

Bild 1: Bewegung einer Raupe mit „Fehlstelle"

Bild 2 verdeutlicht räumlich das Gleiten einer Versetzung in unter der Wirkung einer von außen angreifenden Kraft (Pfeile).

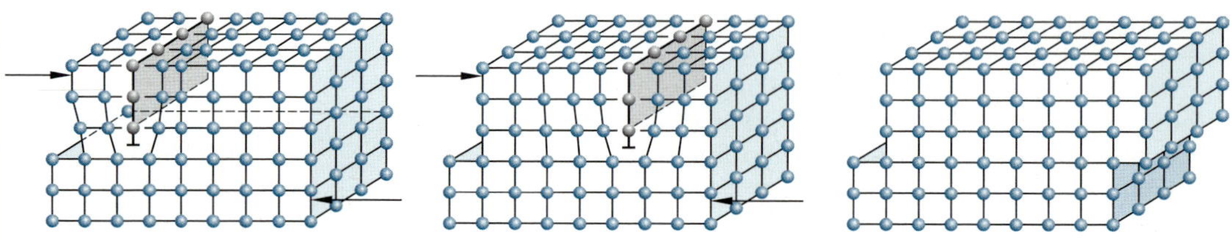

Bild 2: Gleiten einer Versetzung

Bild 3 zeigt eine Versetzung in räumlicher Ansicht. Gut erkennbar ist diese als in der Mitte senkrecht eingeschobene **zusätzliche Halbebene**. Sie endet in der horizontalen Ebene, in der die Abgleitung erfolgt. Diese Ebene wird **Gleitebene** genannt.

> Eine **Versetzung** ist eine zusätzlich in das Kristallgitter eingeschobene Halbebene.

Die Richtung, in der die Abgleitung erfolgt, wird als **Gleitrichtung** bezeichnet. Eine Kombination von Gleitebene und Gleitrichtung bezeichnet man als **Gleitsystem**. Das Gleitsystem wird vom jeweiligen Kristallsystem vorgegeben. Beispiele für die typischen Gleitsysteme der für Metalle wichtigen Kristallstrukturen zeigen die **Bilder 1 bis 3, Seite 39**.

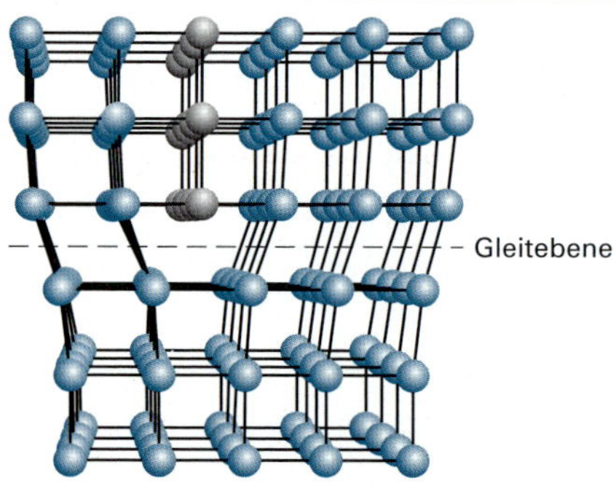

Bild 3: Darstellung der Versetzung, räumlich

Am günstigsten ist es, wenn dichtest gepackte Ebenen **(Bild 4)** gegeneinander abgleiten können. Dies ist im kfz-Gitter der Fall. **Bild 1, Seite 39** zeigt, dass unabhängig davon, wie eine äußere (verformende) Kraft angreift, nahezu immer ein passendes Gleitsystem anspricht. **Bild 4** verdeutlicht, wie die einzelnen Ebenen aufeinander abgleiten. Daher lassen sich kfz-Metalle besonders gut verformen. Auch bereits bei Raumtemperatur (Kaltumformung) können dünne Folien durch Walzen oder Hämmern erzeugt werden (Aluminiumfolie, Blattgold).

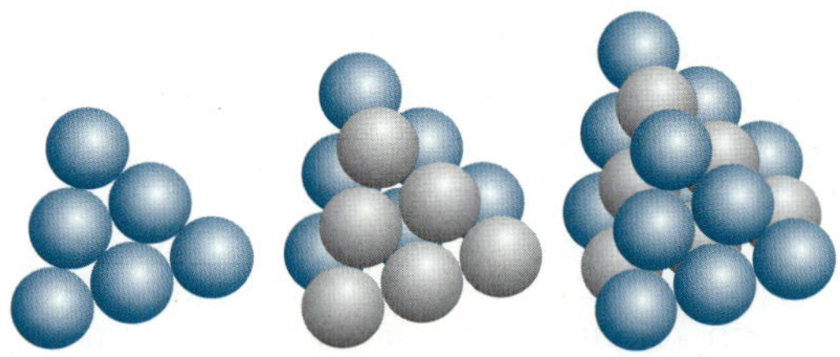

Bild 4: Abgleitung dichtest gepackter Ebenen im kfz-Gitter

Bei Metallen mit hdp- bzw. krz-Gitter **(Bild 2 und 3, Seite 39)** sind die Verhältnisse nicht so einfach. Daher lassen sich diese Metalle bei Raumtemperatur nicht gut verformen. Es müssen ggf. höhere Umformtemperaturen angewendet werden (Warmumformung, z. B. bei Magnesium ab ca. 230 °C).

Zudem ist zu beachten, dass krz-Metalle, wie z. B. einfache Stähle, bei tiefen Temperaturen zur **Versprödung** neigen, weil das Gleiten der Versetzungen deutlich erschwert wird.

Dies hat durchaus praktische Konsequenzen, wie folgendes Beispiel belegt: Der Rumpf der Titanic bestand aus einem einfachen Stahl mit krz-Gittern. Eine aktuelle Untersuchung einer Probe ergab, dass der Stahl bei den zum Zeitpunkt des Unglücks herrschenden eisigen Temperaturen (ca. minus 4 °C) sehr spröde war. Somit hatte der Rumpf der Titanic eher die Zähigkeitseigenschaften von Glas als die eines zähen Stahls, was eine der Ursachen des Untergangs war. Heutige Kreuzfahrtpassagiere müssen sich auch bei Reisen im Winter keine Sorgen hinsichtlich der Bruchgefahr machen. Hochwertige Schiffbaustähle (siehe 3.12.2.8) zeigen erst bei Temperaturen unter minus 60 °C die Sprödigkeitswerte des Titanic-Stahls.

Kubisch-flächenzentrierte Metalle lassen sich sehr gut kalt verformen, während bei kubisch-raumzentrierten und hexagonalen Metallen eher eine Warmumformung bei erhöhten Temperaturen erfolgen sollte. Ursache sind die Unterschiede in den **Gleitsystemen**.

Zweidimensionale Fehler

Zweidimensionale Fehler entsprechen in ihrer Ausdehnung einer Gitterebene. Hierzu gehören Korngrenzen, Phasengrenzen und Zwillingsgrenzen.

Korngrenzen sind Grenzflächen zwischen den Körnern eines Gefüges. In der Regel ist die Lage der Atome gegeneinander verkippt (unterschiedliche Orientierung, **Bild 4 Seite 33**). Die Atomanordnung in den Korngrenzen erfolgt so, dass eine möglichst gute Anpassung der Kristallgitter benachbarter Körner erreicht wird. Wie **Bild 4** zeigt, gehören einige Atome an einer Korngrenze beiden Körnern gleichzeitig an, über sie erfolgt die Anpassung beider Gitter.

Benachbarte Körner können entlang der Korngrenzen gegeneinander abgleiten. Dieser **Korngrenzengleitung** genannte Effekt hat Bedeutung bei der plastischen Verformung, insbesondere bei der Warmumformung. Auch beim **Kriechen**, einer plastischen Verformung, die sich bei statischer Belastung eines Bauteils bei erhöhter Temperatur nach längerer Zeit einstellt, spielen Gleitvorgänge der Korngrenzen eine wichtige Rolle.

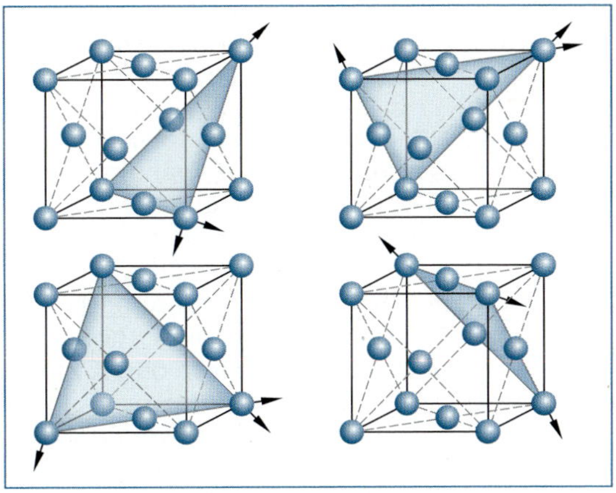

Bild 1: Gleitsysteme im kfz-Gitter, z. B. Al, Cu, Ag, Au, Pb

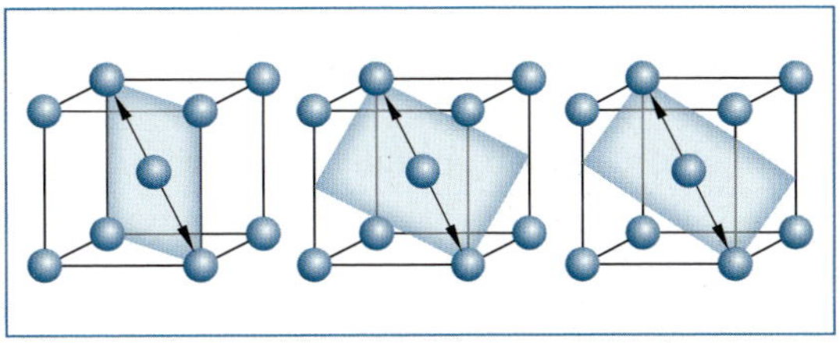

Bild 2: Gleitsysteme im krz-Gitter, z. B. α-Eisen

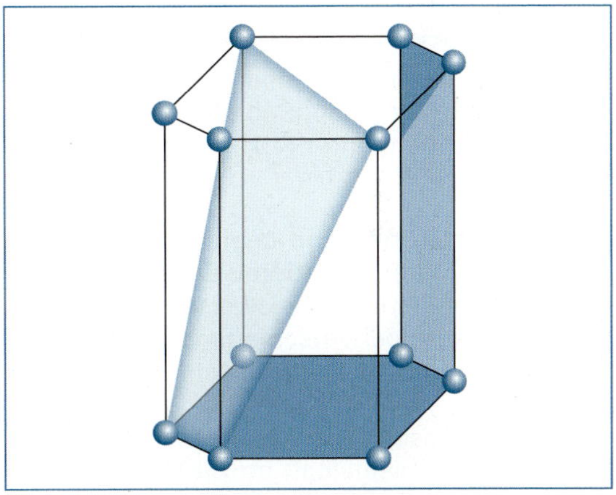

Bild 3: Gleitsysteme im hdp-Gitter z. B. Mg

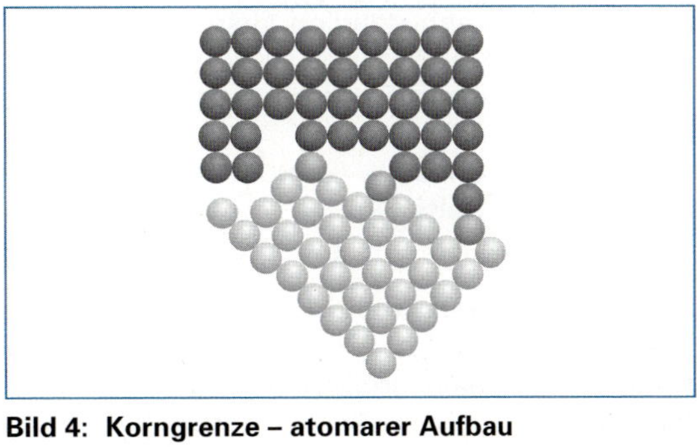

Bild 4: Korngrenze – atomarer Aufbau

Die Verformung von Metallen kann auch über das **Korngrenzengleiten** ablaufen.

Die für einen Kriechprozess notwendige Temperatur und Zeit sind dabei vom Metall abhängig. Es gilt: Je höher die Schmelztemperatur eines Metalles, desto höher sind auch die Temperaturen, bei denen das Kriechen einsetzt.

Für das bereits bei 327 °C schmelzende Blei beispielsweise stellt schon Raumtemperatur eine „hohe" Temperatur in Bezug auf mögliche Kriechprozesse dar. Kommt dann noch eine lange andauernde Belastung hinzu, erfolgt ein Kriechen des Metalls. Beobachten lässt sich dieser Effekt an Kirchenfenstern, deren Glas eine mitunter über Jahrhunderte währende Last auf die Bleiverglasung ausübt. Dies kann dazu führen, dass die Bleistege im oberen Teil des Fensters allmählich dünner werden, unten hingegen wird das Blei dicker. Irgendwann ist das Fenster schließlich nicht mehr stabil. Auch bei den früher üblichen Dacheindeckungen mit Blei war diese Eigenschaft bekannt. Entgegengewirkt wird der möglichen Zerstörung des Daches durch einen speziellen Unterbau.

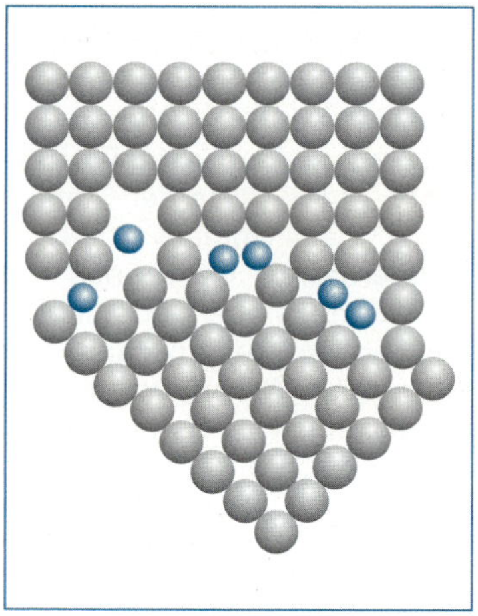

Bild 1: Fremdatomanlagerung an einer Korngrenze

In legierten Metallen sind Korngrenzen zumeist dicht mit Fremdatomen belegt **(Bild 1)**, weil dort Platz für die Einlagerung vorhanden ist. Eine solche Einlagerung behindert wirksam das Kriechen und verbessert so die Temperaturbeständigkeit eines Metalls. Die auf diese Weise erreichbare **Kriechbeständigkeit** spielt z. B. beim Einsatz von Metallen im Motorenbau eine wichtige Rolle.

Kriechen ist eine allmählich erfolgende plastische Verformung eines Metalls unter erhöhter Temperatur und langanhaltender statischer Last, zurückzuführen auf Gleitprozesse von Körnern entlang ihrer Korngrenzen.

Phasengrenzen treten in Legierungen mit **mehrphasigen Gefügen** auf. Eine **Phase** ist ein Kristallit (Korn) mit einer anderen Zusammensetzung als das eigentliche Grundmetall. Mehrphasige Gefüge entstehen beispielsweise bei der Kristallisation einer zweiten oder weiterer Phasen aus eine Schmelze, bei verschiedenen Wärmebehandlungen von Legierungen oder durch das Einbringen nichtmetallischer Einschlüsse (z. B. Oxide, Sulfide).

Die Größe dieser Kristallite kann unterschiedlich sein, wie beispielhaft im **Bild 2** dargestellt. So können die Kristallite von Phase 1 und Phase 2 ungefähr gleich groß sein (links), oder aber Phase 2 kann deutlich kleinere Kristallite (Teilchen) bilden. Möglich ist sogar, dass sich die zweite Phase in Form eines Netzes an den Korngrenzen der ersten Phase bildet (rechts, weitere mehrphasige Gefügebeispiele siehe **Bilder 2 bis 4, Seite 68**).

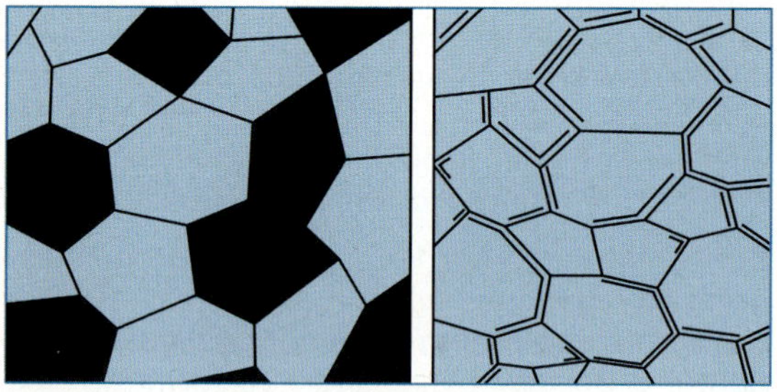

Bild 2: Beispiele für mehrphasige Gefüge

Es gibt drei **Arten von Phasengrenzen**. Die Unterscheidung erfolgt danach, wie die Anpassung beider Gitter erfolgt. Eine **kohärente Grenzfläche** bildet sich, wenn die beiden anzupassenden Kristallgitter keine großen Unterschiede haben. Die Anpassung beider Gitter erfolgt stetig, jedoch kommt es zu starken Verzerrungen **(Bild 1a, Seite 41)**.

Bei **inkohärenten Grenzflächen** **(Bild 1c)** im Falle großer Gitterunterschiede erfolgt keine Anpassung, folglich ergibt sich auch keine Verzerrung. **Teilkohärente Grenzflächen** **(Bild 1b)** ergeben sich bei mittleren Unterschieden. Die Anpassung ist noch in einer Richtung möglich, die Verspannung des Gitters bleibt daher im mittleren Bereich.

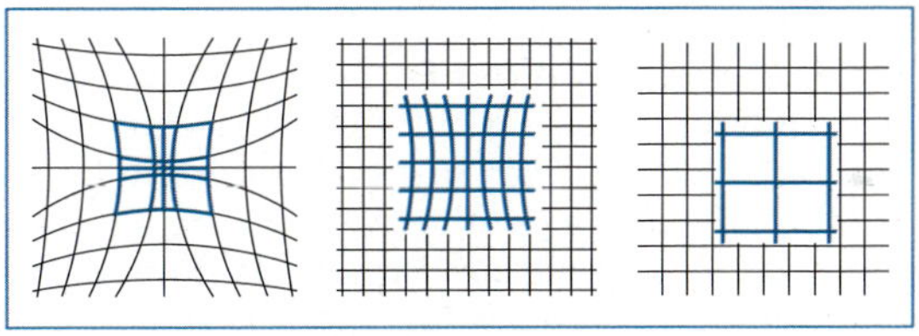

Bild 1: Phasengrenzflächen
a) kohärent b) teilkohärent c) inkohärent

Phasengrenzen sind Grenzflächen in mehrphasigen Gefügen, wie sie in den meisten Legierungen auftreten.

Zwillingsgrenzen gehören ebenfalls zu den zweidimensionalen Fehlern. Darunter versteht man Kristallbereiche, in denen das Gitter spiegelbildlich umgeklappt ist **(Bild 2)**. Im Gefügebild sind Zwillingsgrenzen als gerade Linien erkennbar, **Bild 3**.

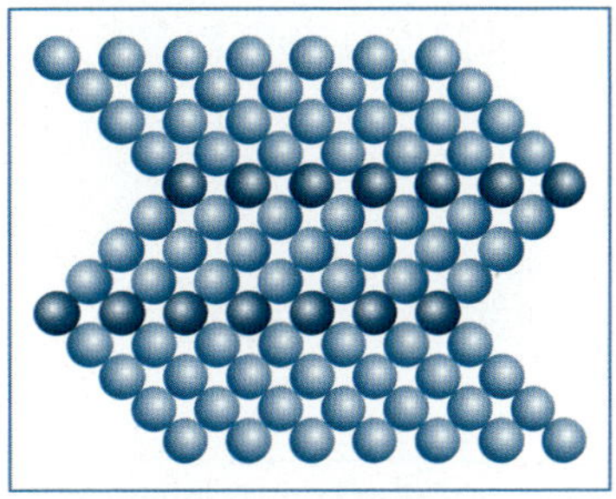

Bild 2: Zwillingsgrenze

Zwillinge bilden sich in manchen Metallen (z. B. Kupfer, Messing) bei der Erstarrung und auch beim Glühen. Über die Bildung von Zwillingen kann zudem in Metallen mit eingeschränkten Gleitmöglichkeiten eine plastische Verformung eines Metalls erfolgen. Dieser Mechanismus ist mitunter sogar hörbar: Beim Verformen von reinem Zinn tritt ein Knistern auf, der sog. **Zinnschrei**. Ähnlich verhält sich Indium.

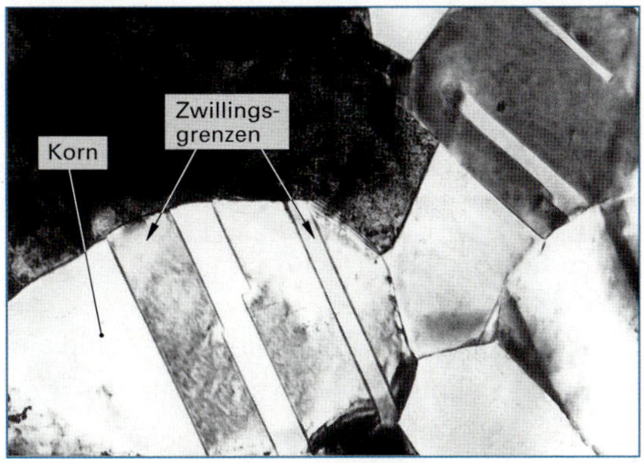

Bild 3: Zwillingsgrenzen im Gefüge von Messing

Dreidimensionale Fehler

Dreidimensionale Fehler entsprechen in ihrer Ausdehnung dem Raumgitter. Sie sind, sofern sie an der Oberfläche liegen, oft mit bloßem Auge sichtbar. Hierzu gehören z. B. Risse, Poren oder Lunker.

Risse können durch eine Anrissbildung beim Walzen entstehen. Möglich ist auch das Aufreißen von Blechen beim (zu starken) Tiefziehen oder Walzen durch zu große Spannungen im Material. Auch bei fehlerhafter Härtung von Stählen können Risse entstehen (Kap. 3.9.2).

Fremdeinschlüsse können aus bei der Fertigung verwendeten Hilfsstoffen bestehen. Beispielsweise kann beim Abguss eines Metalls in eine aus Sand gefertigte Form Gießsand in das Gussteil eingeschwemmt werden. Beim Walzen können fremde Bestandteile (z. B. Späne) eingewalzt werden und zu Schäden auf der Oberfläche führen.

Poren sind kleine Löcher im Metall. Sie können sich bei Erstarrungsvorgängen bilden, wenn sich Gase in der Schmelze befunden haben, die beim Erstarren als kleine Luftblasen zurückbleiben. Poren können im späteren Einsatz zu einem vorzeitigen Ausfall des Bauteils führen, da an ihnen die Bildung von Rissen starten kann.

Tabelle 1: Volumenänderungen einiger Metalle beim Erstarren

Metall	Kristallgitter	Volumenänderung in %
Zink	hdp	– 6,5
Aluminium	kfz	– 6,3
Silber	kfz	– 5,0
Kupfer	kfz	– 4,2
Eisen	kfz	– 4,0
Magnesium	hdp	– 3,8
Blei	kfz	– 3,4

Lunker sind Hohlräume im Inneren des Werkstoffs oder Krater an der Oberfläche **(Bild 2, Seite 47)**, die während des Fertigungsprozesses durch Wärmeschrumpfung in einem erstarrenden Bauteil oder Halbzeug entstehen. Ein Lunker kann auch in Form einer sehr dünnen Röhre durch den Block gehen. Dies tritt insbesondere bei langen, dünnen Gussblöcken als sog. **Fadenlunker** auf. Solche Lunker sind gefährlich, da sie oft so dünn sind, dass sie nicht bemerkt werden. Sie führen u. U. schnell zum Bruch des Bauteils. **Bild 1 und 2** zeigen Beispiele für Lunker in Zink und Aluminium. Bei diesen Metallen ist die Volumenschwindung beim Erstarren recht stark und damit die Gefahr der Bildung von Lunkern groß. Andere Metalle, wie z. B. Kupfer, neigen deutlich weniger dazu, wie auch die Werte für die Volumenschrumpfung verschiedener Metalle in **Tabelle 1, Seite 41** zeigen.

Bild 1: Großer Lunker in einem Zinkblock

Bild 2: Lunker in Aluminium

Aufgaben

1. Was zeigt das Gefüge eines Metalls?
2. Was ist ein Korn eines Gefüges?
3. In ein- und vielkristallinem Silicium wird der elektrische Widerstand in verschiedenen Richtungen gemessen. Beim Vielkristall ergibt sich in jeder Messrichtung ein Wert von ungefähr $2{,}3 \cdot 10^3\ \Omega m$, während beim Einkristall in verschiedenen Richtungen unterschiedlichste Werte im Bereich von $2{,}1 \cdot 10^3\ \Omega m$ bis $2{,}5 \cdot 10^3\ \Omega m$ gemessen werden. Warum kommt es zu dieser Erscheinung?
4. Wie unterscheiden sich ein Makro- und ein Mikroschliff?
5. Wodurch unterscheiden sich null-, ein-, zwei- und dreidimensionale Fehler in Metallkristallen?
6. Warum finden sich bei erhöhter Temperatur mehr Leerstellen im Kristallgitter?
7. Was besagt das Teppichfaltenmodell und was lässt sich daraus für die plastische Verformung von Metallen ableiten?
8. Beschreiben Sie die plastische Verformung von Metallen mithilfe von Versetzungen!
9. Erklären Sie, warum sich Kupfer (kfz-Gitter) bei Raumtemperatur sehr gut verformen lässt, Magnesium (hdp-Gitter) hingegen nicht!
10. Messing st eine Legierung aus Kupfer und Zink. Je nach Zinkgehalt ist Messing kubisch-raumzentriert bzw. kubisch-flächenzentriert, Die raumzentrierten Messinge heißen „Warmformmessing", die flächenzentrierten „Kaltformmessing". Geben Sie eine Erklärung!
11. Was ist unter dem „Kriechen" eines Metalls zu verstehen?
12. Wie können Legierungselemente, deren Atome sich an den Korngrenzen ablagern, das Kriechen beeinflussen?
13. Welche Vorgänge laufen bei der Umformung von Zinn ab, zu hören als „Zinnschrei"?
14. Wie entstehen Lunker in einem Metall?
15. Welche Konsequenzen können Poren in einem Bauteil haben?

3.4 Erstarrung von metallischen Schmelzen

In der Schmelze sind die Metallatome nicht mehr an feste Gitterplätze gebunden **(Bild 1)**, sondern relativ frei beweglich. Der metallische Bindungscharakter bleibt aber erhalten. Daher sind auch Metallschmelzen elektrisch leitfähig.

Wie **Bild 1** ebenfalls zeigt, existieren in der Schmelze noch kleinste gitterähnlich geordnete Bereiche, die **Schwärme** genannt werden. Steigt die Temperatur über die Schmelztemperatur hinaus, lösen sich diese Schwärme nach und nach auf. Liegt die Temperatur schließlich deutlich oberhalb der Schmelztemperatur, gibt es nur noch wenig bzw. gar keine Schwärme mehr. Dieser Zustand wird als **„überhitzte Schmelze"** bezeichnet.

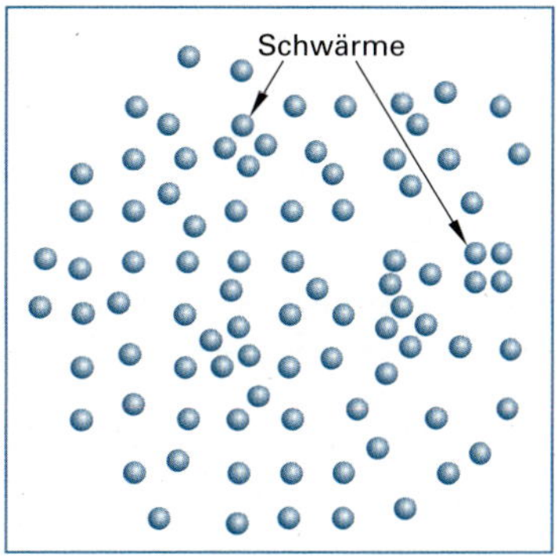

Bild 1: Frei bewegliche Atome und Schwärme in der Schmelze

Erst bei Absenkung der Temperatur auf Werte knapp unterhalb der Schmelztemperatur stellt sich überall ein wieder geordneter Zustand ein. Es kommt zur **Erstarrung** bzw. **Kristallisation** **(Bild 2)**. Die Atome nehmen jetzt feste Gitterplätze ein und sind nicht mehr frei beweglich.

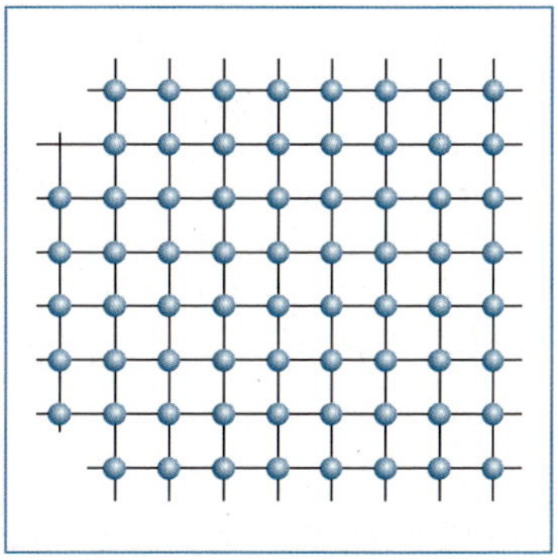

Bild 2: Nach der Erstarrung- Die Atome nehmen feste Gitterplätze im Kristallgitter ein

Die Kristallisation läuft wie in **Bild 3** gezeigt ab: In der Schmelze bilden sich gleichzeitig an vielen Stellen Zusammenlagerungen mehrerer Atome, **Keime** (gekennzeichnet mit 1 in **Bild 3a**).

Diese Keime wachsen nun durch fortgesetzte Atomanlagerung als unabhängige einkristalline Bereiche. Sie bilden die Körner (Kristallite) des Metallgefüges **(Bild 4, Seite 33)**. Das Wachstum der Körner erfolgt in der Schmelze bis zur gegenseitigen Berührung **(Bild 3b)**. Die Berührungsstellen sind die **Korngrenzen**. Gleichzeitig bilden sich immer weitere neue Keime (2 bzw. 3), während die bereits vorher gebildeten Keime weiter wachsen **(Bild 3c)**. Schließlich ist die gesamte Schmelze in Form eines Vielkristalls erstarrt **(Bild 3d)**.

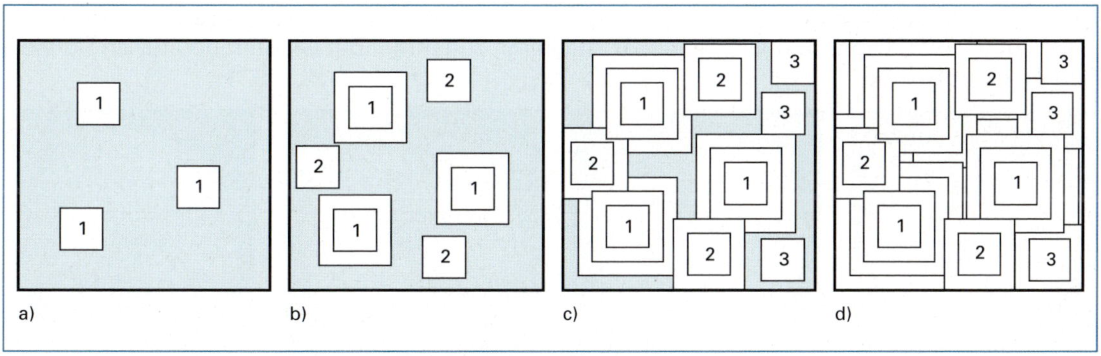

Bild 3: Ablauf der Erstarrung eines Vielkristalls aus der Schmelze

Die **Erstarrung einer Metallschmelze** verläuft über **Keimbildung** und **Keimwachstum**. Aus jedem Keim wächst ein Kristall (Korn), in dem die Atome regelmäßig in einem Kristallgitter angeordnet sind. Beim Zusammenstoßen der wachsenden Bereiche entstehen Korngrenzen.

Damit gilt für das entstehende Gefüge:

- Sind viele Keime vorhanden, wachsen daraus viele Kristalle, d. h. viele Körner. In diesem Fall entsteht ein **feinkörniges Gefüge** (Bild 1).
- Sind wenig Keime vorhanden, wachsen daraus wenige Kristalle, d. h. wenige Körner. In diesem Fall entsteht ein **grobkörniges Gefüge** (Bild 2).

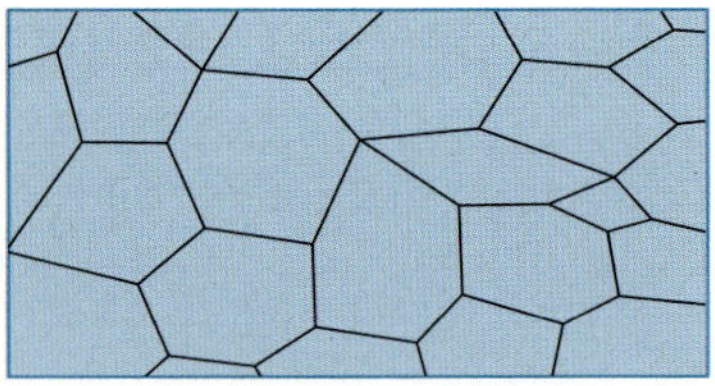

Bild 1: Feinkörniges Gefüge

Die **Korngröße** ist von erheblicher Bedeutung für die Eigenschaften des Metalls. Feinkörniges Material hat eine höhere Festigkeit als grobkörniges. Es lässt sich darüber hinaus besser weiterverarbeiten, z. B. durch Walzen oder Tiefziehen. Bei grobkörnigem Material besteht beim Verformen immer die Gefahr der bevorzugten Rissbildung an Korngrenzen. Ein feinkörniges Material lässt sich jedoch sogar zu dünnen Folien walzen, wie dies von Aluminium bekannt ist.

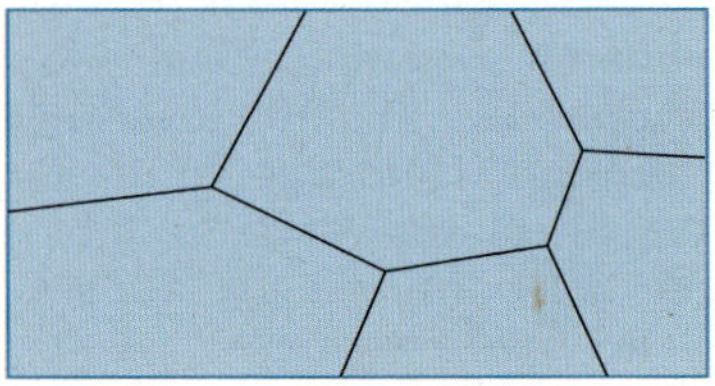

Bild 2: Grobkörniges Gefüge

In vielen Fällen ist es daher sinnvoll, die Keimbildung bei der Erstarrung zu steuern und zwar so, dass möglichst viele Keime entstehen.

Keime können im Fall der **homogenen Keimbildung** der Schmelze selbst entstammen. Gut vorstellbar wird dies mit den obengenannten Schwärmen. Diese können bei entsprechender Größe bereits als Keime wirken und werden daher auch als „vorgebildete" oder **präformierte Keime** bezeichnet. Gibt es viele Schwärme (Keime), entsteht ein feines Korn. Diese Verhältnisse sind gegeben, wenn die **Gießtemperatur** dicht oberhalb über der eigentlichen Schmelztemperatur liegt, d. h. die Schmelze nur wenig über die eigentliche Schmelztemperatur erhitzt wurde. Liegt die Gießtemperatur demgegenüber deutlich über der Schmelztemperatur, haben sich die Schwärme bereits weitestgehend aufgelöst, so dass dann nur wenige präformierte Keime bereitstehen – die Folge ist ein grobkörniges Gefüge.

Gut zeigen lassen sich diese Gesetzmäßigkeiten bei der Erstarrung von Reinaluminium. Die in den **Bildern 3 bis 6** gezeigten Proben wurden in Stahlformen (Kokillen) vergossen. Unterschiedlich war jeweils die Gießtemperatur: So liegt sie bei 680 °C **(Bild 3)** dicht über der Schmelztemperatur des Aluminiums (660 °C), es sind also viele Schwärme vorhanden. Die Keimzahl ist hoch, es entsteht folglich ein feinkörniges Gefüge. Wird die Schmelze hingegen auf 950 °C **(Bild 6)** überhitzt, liegen nur noch wenige Schwärme vor. Damit ist die Keimzahl klein, es wachsen nur wenige Körner. Diese können eine längere Zeit wachsen, bevor sie zusammenstoßen. Das Resultat ist ein grobkörniges Gefüge. Die **Bilder 4 und 5** zeigen Proben, deren Gießtemperatur zwischen 680 °C und 950 °C liegt. Deutlich erkennbar ist die mit zunehmender Gießtemperatur erfolgende Gefügevergröberung.

Bild 3: Reinaluminium, Kokillenguss, Gießtemperatur 680 °C

Bild 4: Reinaluminium, Kokillenguss, Gießtemperatur 750 °C

Bild 5: Reinaluminium, Kokillenguss, Gießtemperatur 850 °C

Bild 6: Reinaluminium, Kokillenguss, Gießtemperatur 950 °C

Eine **homogene Keimbildung** erfolgt an Keimen, die sich in der Schmelze selbst bilden.

Keime können aber auch von außen als **Fremdkeime** eingebracht werden. In diesem Fall findet eine **heterogene Keimbildung** statt. Man spricht vom **Impfen der Schmelze**, die Fremdkeime können daher auch als **Impfkeime** bezeichnet werden. Ein Impfen von Schmelzen ist in der Technik weit verbreitet, da sich auf diese Weise gut eine reproduzierbare feine Korngröße erreichen lässt. Wie dies abläuft, zeigt **Bild 1**: An jedem der von außen eingebrachten Fremdkeime wächst ein Korn, bis nach und nach die gesamte Schmelze erstarrt ist. Es entstehen wieder Körner und Korngrenzen.

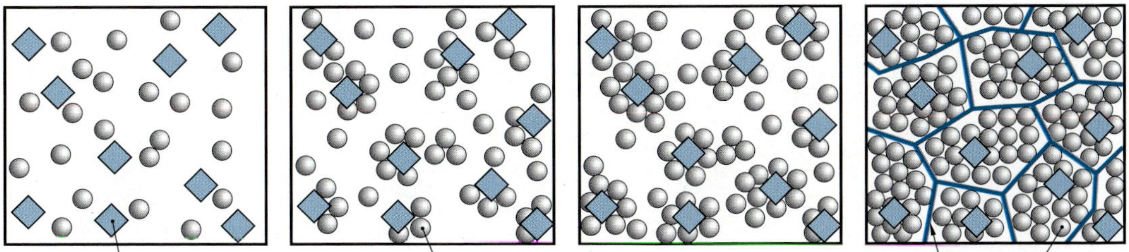

Bild 1: Heterogene Keimbildung an Fremdkeimen

Fremd- oder Impfkeime können von außen eingebrachte höher schmelzende Verbindungen sein, wie z. B. Nitride, Oxide oder Boride. Damit das gewünschte Feinkorn entsteht, werden Fremdkeime als **Keimbildungsmittel** in feiner Verteilung in die Schmelze gebracht.

Üblich ist z. B. eine **Kornfeinung** beim Abguss von Reinaluminiumblöcken, die, wenn sie zu dünnsten Aluminiumfolien ausgewalzt werden sollen, ein möglichst gleichmäßiges feines Korn haben müssen. Die Kornfeinung kann z. B. so erfolgen, dass ein speziell erzeugter Aluminiumdraht, der das hier übliche **Kornfeinungsmittel** Titanborid in der notwendigen feinen Form enthält, in die Schmelze gebracht wird. Dieser Draht schmilzt in der Schmelze auf und setzt das Kornfeinungsmittel in der gewünschten Verteilung frei. Das Ergebnis zeigt **Bild 3**: Im Gegensatz zu dem im **Bild 2** gezeigten, nicht korngefeinten Aluminium ist das Gefüge so fein, dass eine Struktur im Makroschliff nicht mehr erkennbar ist.

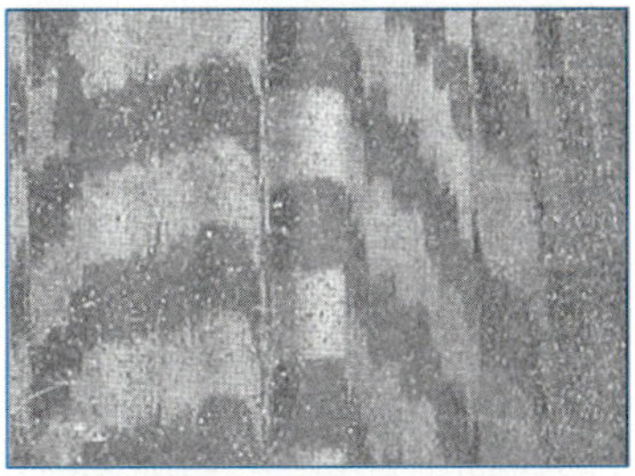

Bild 2: Reinaluminium, Makroschliff, Gießband ohne Kornfeinungsmittel

Bild 3: Reinaluminium, Makroschliff, Gießband mit Kornfeinungsmittel

> Eine **heterogene Keimbildung** erfolgt an Keimen, die von außen in die Schmelze eingebracht werden. Sie werden Impfkeime genannt.

Auch für das **Keimwachstum** gelten Gesetzmäßigkeiten. So erfolgt das Wachstum der Kristalle (Körner) ausgehend von den gebildeten Keimen in ganz **bestimmten Richtungen**, die sich aus dem jeweiligen Kristallsystem des Metalls ableiten. Zur anschaulichen Darstellung werden im **Bild 4** die an den Keim (grau gekennzeichnet) anzulagernden Atome als Würfel (blau) betrachtet. Der Keim ist von der Schmelze umgeben, die in der Regel (z. B. beim Gießen) in ständiger Bewegung ist.

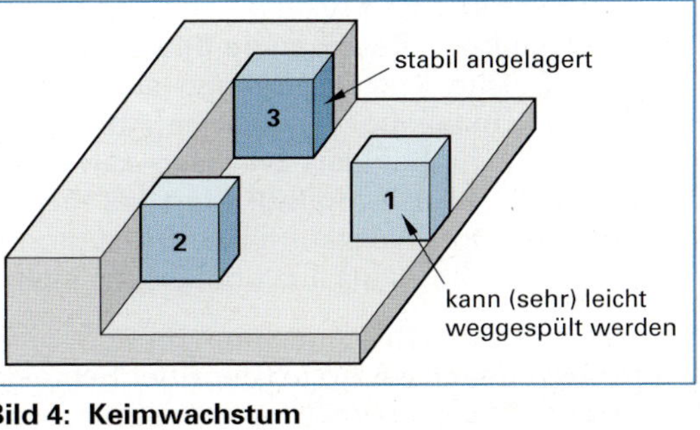

Bild 4: Keimwachstum

Deutlich sichtbar ist im **Bild 4, Seite 45**, dass Würfel 3 die besten Chancen hat, am Keim anzuwachsen: Er wird an drei Seiten festgehalten und wird daher nicht so leicht von der umgebenden Schmelze wieder weggespült werden können. Würfel 1 bzw. 2 werden hingegen nur an einer bzw. zwei Seiten gehalten. Sie können daher deutlich leichter wieder weggespült werden. Daher wird das Kristallwachstum vor allem in den Richtungen ablaufen, die den Verhältnissen des Würfels 3 entsprechen.

Im kubisch-flächenzentrierten Gitter **(Bild 1)** ergibt sich aus diesem Grund ein bevorzugtes Wachstum entlang der dichtest-gepackten Ebenen, im Bild durch die dunklen Würfel dargestellt. Die hellen Würfel können sich nun fortlaufend problemlos anlagern. Damit würde dieser Kristall aus dem Bild heraus wachsen.

Bild 1: Kristallwachstum im kubisch-flächenzentrierten Gitter

Kristalle wachsen entlang bevorzugter **Wachstumsrichtungen**, die sich aus dem jeweiligen Kristallsystem ableiten.

Zusätzlich streben Kristalle beim Wachstum danach, eine möglichst **kleine Oberfläche** zu haben. Dies ist günstig, da dann, wie **Bild 2** zeigt, weniger offene Bindungen (gekennzeichnet als schwarze Linienstücke) an der Oberfläche vorliegen.

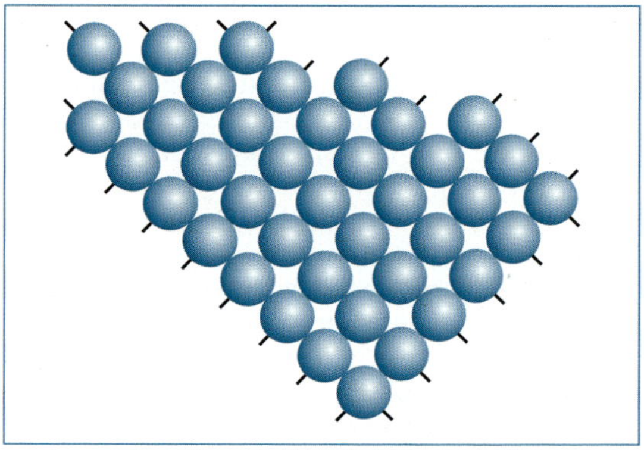

Bild 2: Kristallwachstum – Streben nach kleiner Oberfläche mit wenigen offenen Bindungen

Kristalle streben beim Wachstum nach einer **kleinen Oberfläche**.

Im Prinzip treffen die Gesetzmäßigkeiten des Kristallwachstums auch auf Vielkristalle zu, jedenfalls solange, bis sie mit einem anderen Kristall zusammenstoßen.

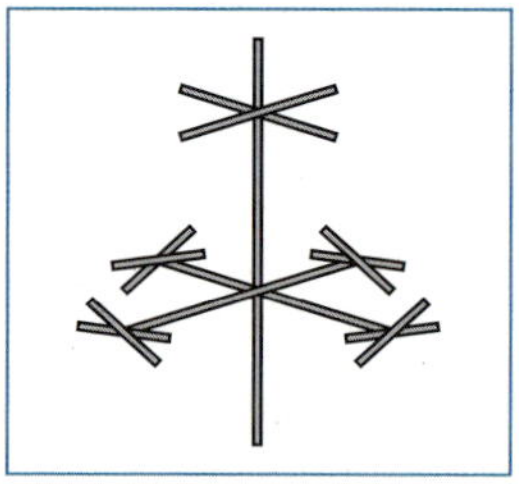

Bild 3: Dendritisches Wachstum

Bild 4: Eiskristall, dendritisch

Zu beobachten ist mitunter die Ausbildung tannenbaumartiger Kristalle, die **Dendriten** (griech. Dendros – Baum, siehe **Bild 3**) genannt werden. Solche Kristalle können sich bilden, wenn ein Kristall bei langsamer Abkühlung längere Zeit ungehindert wachsen kann und dabei den zwei Gesetzmäßigkeiten des Kristallwachstums folgt: Wachstum in bevorzugten Richtungen und Streben nach kleinster Oberfläche. Dies lässt sich übrigens auch bei Eiskristallen beobachten **(Bild 4)**.

Gemäß den Gesetzmäßigkeiten von Keimbildung und Keimwachstum ergibt sich auch in einem **Gussblock**, der durch Abgießen einer Schmelze in eine Kokille entstanden ist, ein ganz typisches Gefüge, in dem sich drei charakteristische Zonen erkennen lassen.

Bild 1 zeigt einen Makroschliff eines aufgesägten Kupferblockes, **Bild 2** stellt die auftretenden Gefügezonen schematisch dar. Zu erkennen sind drei Gefügezonen:

- Am Rand findet sich eine **feinkristalline Randzone**, die damit zu erklären ist, dass hier die Abkühlung sehr schnell erfolgt und die Kokillenwand als vorgebildete Keimfläche wirkt.
- Die zweite Zone wird nach der Form der hier zu findenden langgestreckten Kristalle **Stengelkristallzone** genannt. Die hier entstehenden Kristalle müssen entgegen dem Wärmestrom in die Schmelze wachsen. Diese sehr ungünstigen Bedingungen überstehen nur die Kristalle, die in den jeweils günstigen Richtungen wachsen. Daher erfolgt ein sehr einheitlich ausgerichtetes Wachstum der Stengelkristalle. Aufgrund der einheitlichen Kristallorientierung spricht man hier auch von der **Gusstextur**.
- Zone 3 heißt **globulare Kernzone**. Runde, d. h., globulare Körner können hier entstehen, weil die Stengelkristalle der Zone 2 Verunreinigungen vor sich herschieben, die sich dann in der Blockmitte ansammeln. Hier wirken die Verunreinigungen als Keime – die Folge ist ein relativ feinkörniges, rundes (globulares) Gefüge.

Wie stark die einzelnen Zonen ausgeprägt sind, hängt von den Gießbedingungen – Gießtemperatur und Abkühlungsgeschwindigkeit – ab. Am Beispiel des Kokillengusses zeigen dies die **Bilder 3 bis 6, Seite 44**. Die starke Wärmeabfuhr führt zur Ausbildung streng ausgerichteter Kristalle. Wird hingegen in eine Sandform vergossen, erfolgt die Wärmeabfuhr langsamer. Folglich werden, wie in den **Bildern 3 bis 6** gezeigt, die Kristalle unregelmäßiger.

Bild 1: Gussblock Reinkupfer, Makroschliff

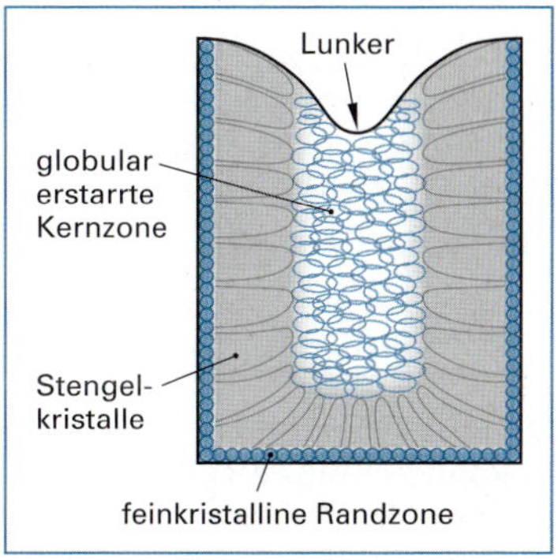

Bild 2: Gussblock schematisch

Bild 3: Reinaluminium, Sandguss, Gießtemperatur 680 °C

Bild 4: Reinaluminium, Sandguss, Gießtemperatur 750 °C

Bild 5: Reinaluminium, Sandguss, Gießtemperatur 850 °C

Bild 6: Reinaluminium, Sandguss, Gießtemperatur 950 °C

Prinzipiell gilt, dass das Gefüge gröber wird, wenn Erstarrung und Wärmeabfuhr langsamer erfolgen. Daher sind z. B. große Wanddickenunterschiede in einem Gussteil möglichst zu vermeiden, wenn es überall gleiche Eigenschaften (insbesondere gleiche Festigkeitswerte) aufweisen soll. Es ist zu erwarten, dass die dickeren Bereiche eine gröberes Korn aufweisen als die dünneren. Die Folge wären unerwünschte Eigenschaftsunterschiede.

Aufgaben

1. Welche zwei wichtigen Vorgänge laufen bei der Erstarrung einer Schmelze ab?
2. Warum ergibt sich ein feinkörniges Gefüge, wenn die Gießtemperatur einer Schmelze nur wenig über der Schmelztemperatur des betreffenden Metalls liegt?
3. Warum streben wachsende Kristalle nach einer kleinen Oberfläche?
4. Warum sollten größere Wanddickenunterschiede in einem Gussteil möglichst vermieden werden?

3.5 Verfestigung

Die Anforderungen, die an Metalle gestellt werden, können je nach Einsatzfall ganz unterschiedlich sein:

- In vielen Fällen wird eine hohe **Festigkeit** gefordert, z. B. dann, wenn es sich um einen Träger oder einen Fahrradrahmen handelt.
- Ein Karosserieblech hingegen muss **fest** und dennoch gleichmäßig **verformbar** sein, da innerhalb des Fertigungsprozesses Tiefziehoperationen eine wichtige Rolle spielen. Und auch im späteren Fahrzeug muss sich das Blech im Fall eines Unfalls noch verformen können, um Aufprallenergie abzubauen und so die Insassen zu schützen.
- Ein Kabel zur Stromübertragung hingegen muss eine gute **elektrische Leitfähigkeit** haben, aber dennoch **flexibel** und ausreichend **fest** sein.
- Metalle hingegen, die für Motorblöcke eingesetzt werden, müssen neben einer guten Festigkeit auch eine **Beständigkeit gegen hohe Temperaturen und Schwingungen** aufweisen.

Das Metallgefüge bestimmt wesentlich die Eigenschaften eines Metalls. Welches Gefüge sich im Einzelnen einstellt, wird wiederum über den Herstellungsprozess bestimmt. Neben dem Erstarrungsprozess (Kap. 3.4) spielen dabei insbesondere Umformprozesse und Wärmebehandlungen (Glühungen) eine wichtige Rolle, denn sie können eine Steigerung der Festigkeit bewirken – eine **Verfestigung** – oder aber auch zum Abfall der Festigkeit führen – zur **Entfestigung** (Kap. 3.6.3).

3.5.1 Verfestigungsmechanismen

Unter der **Festigkeit** eines Werkstoffes wird allgemein das Verhalten bei Verformung verstanden. Bekanntermaßen spricht man von einer hohen Festigkeit, wenn eine große Kraft zum Verformen notwendig ist – das Metall ist **hart**. Ist das Metall hingegen **weich**, ist nur eine kleine Kraft von außen zur Verformung aufzubringen.

> Die **Festigkeit** eines Metalls drückt sich aus in der Kraft, die zur plastischen, d. h. bleibenden, Verformung von außen aufzubringen ist.

Wie in 3.3.3 gezeigt wurde, verläuft die **plastische Verformung** von Metallen über das **Gleiten von Versetzungen**. Mit diesem Wissen lassen sich folgende Schlüsse ziehen:

- Das Metall ist gut verformbar, wenn Versetzungen leicht gleiten können. Die Festigkeit ist niedrig, denn es ist nur eine geringe Kraft von außen notwendig, um die Versetzung an den anderen Atomen vorbei zu bewegen – vorstellbar als „Gitterreibung". Diese Kraft lässt sich auch gut im Teppichfaltenmodell oder im Vergleich mit der sich bewegenden Raupe verstehen: Raupe bzw. Falte müssen beim Bewegen die Reibung mit der Unterlage überwinden. In Metallen wird diese „Reibungskraft" als **Peierlsspannung** oder **innere Reibspannung** bezeichnet. Sie ist sehr klein.
- Können Versetzungen hingegen nicht gut gleiten, ist mehr Kraft von außen aufzubringen, um eine Verformung zu erreichen. Dies ist der Fall, wenn Hindernisse im Gleitweg der Versetzung liegen **(Bild 1)**.
- Auch hier liefert der Blick zu gleitender Raupe und Teppichfalte einen anschaulichen Vergleich: Die Raupe im **Bild 2** braucht mehr Kraft, um über die Mauer zu kommen.

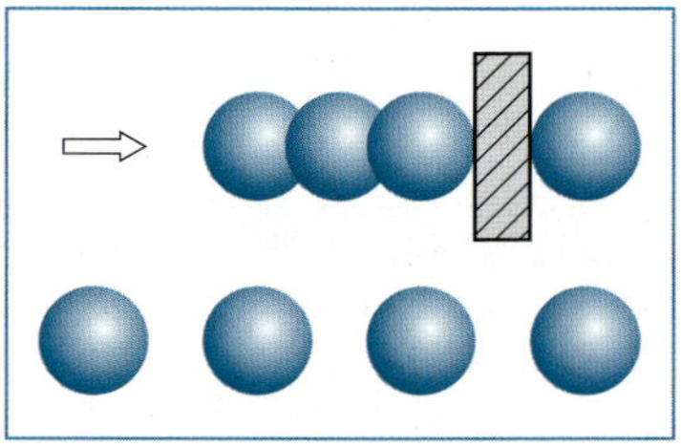

Bild 1: Hindernis im Gleitweg einer Versetzung

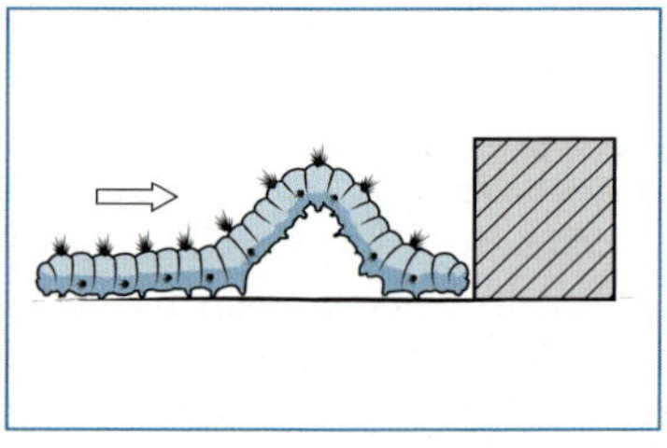

Bild 2: Hindernis im Gleitweg der Raupe

Die Teppichfalte im **Bild 1** schließlich lässt sich nicht mehr einfach bewegen, wenn ein Gegenstand auf dem Teppich liegt.

Daraus lässt sich ableiten, dass zur Steigerung der Festigkeit Hindernisse in den Gleitweg der Versetzungen einzubringen sind. Damit gleitende Versetzungen diese Hindernisse überwinden können, ist zur Verformung mehr Kraft von außen aufzubringen. Man merkt dies als größere Festigkeit.

> Um die Festigkeit eines Metalls zu steigern, müssen **Hindernisse** in den Gleitweg einer Versetzung eingebracht werden.

Wie bereits gezeigt wurde, gibt es in realen Kristallen immer Fehler. Genau diese können als Hindernisse im Gleitweg von Versetzungen liegen. Beispiele für mögliche Hindernisse sind:

- andere Versetzungen,
- Spannungsfelder im Kristallgitter,
- Fremdatome,
- Korngrenzen und
- Teilchen (auch als Ausscheidungen bezeichnet).

Nahezu alle Verfahren der Festigkeitsbeeinflussung von Metallen beruhen auf diesen Überlegungen: Hindernisse werden eingebracht, wenn die Festigkeit steigen soll. Soll die Festigkeit sinken, müssen Hindernisse abgebaut werden. Damit lassen sich die Festigkeitswerte optimal an einen bestimmten Anwendungsfall anpassen.

3.5.2 Kaltverfestigung

Ein bekannter Vorgang: Wird eine Büroklammer aufgebogen und wiederholt hin und her gebogen, muss immer mehr Kraft zum erneuten Biegen aufgebracht werden. Die Festigkeit wird größer. Dieser Effekt wird als **Kaltverfestigung** bezeichnet. Wird der Draht immer weiter gebogen, kommt es schließlich zum Bruch **(Bild 2)**.

Die Kaltverfestigung hat auch in der Produktion Konsequenzen, beispielsweise beim Walzen. Dieses erfolgt bei Metallen ähnlich wie beim Auswalzen eines Kuchenteiges mit einer Teigrolle **(Bild 3)**, jedoch kommen bei Blechen zwei Walzen zum Einsatz **(Bild 4)**. Zwischen diesen wird das Blech unter Kraft umgeformt und somit dünner und länger. Danach wird der Spalt zwischen den Walzen verkleinert und das Blech erneut hindurchgeschoben. So wird es noch dünner. Jeder Durchgang durch die Walzen wird als **Stich** bezeichnet.

Um eine starke Abnahme der Dicke zu erreichen (z. B. beim Herstellen von Folien), sind viele Walzstiche notwendig. Dabei zeigt sich aber, dass die notwendigen Umformkräfte, die durch die Walzen aufgebracht werden müssen, immer größer werden. Die Erklärung liegt auf der Hand: Nach jedem Umformschritt ist die Festigkeit des Metall größer geworden. Wird zu stark umgeformt, reißt das Blech an den Kanten oder bricht sogar ganz.

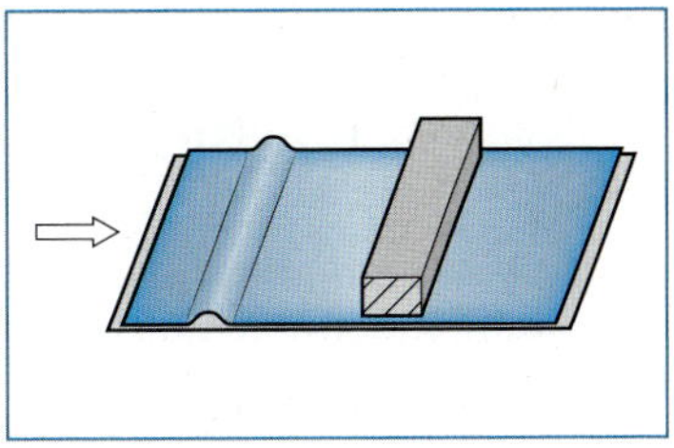

Bild 1: Hindernis im Teppichfaltenmodell

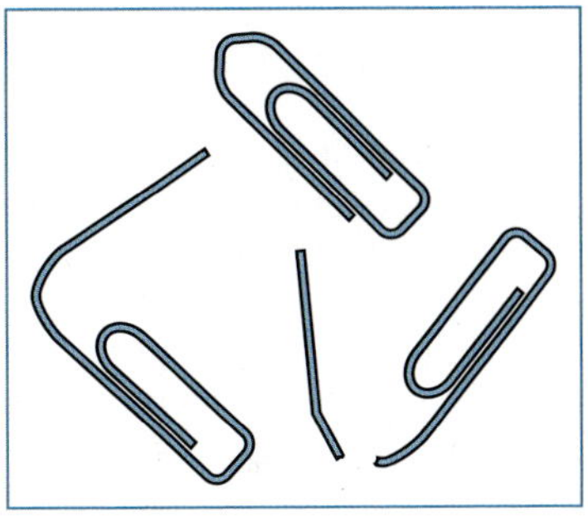

Bild 2: Biegen einer Büroklammer bis zum Bruch

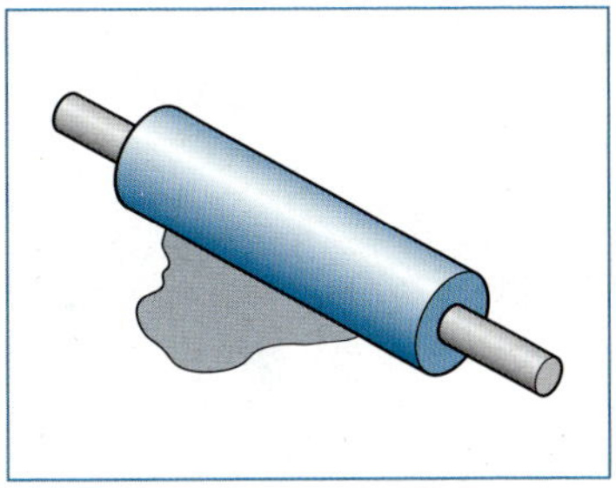

Bild 3: Walzen eines Kuchenteiges

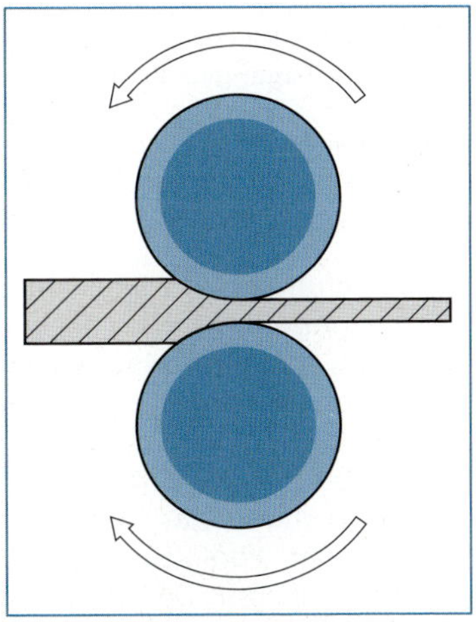

Bild 4: Walzen eines Bleches zwischen zwei Walzen

Bei der Verformung eines Metalls bei Raumtemperatur steigt dessen Festigkeit. Dieser Effekt heißt **Kaltverfestigung.**

Die zunehmende Festigkeit lässt sich in Abhängigkeit von der Stärke der erfolgten Umformung verfolgen, indem die Zugfestigkeit oder die Härte gemessen werden.

Maß für die Stärke der erfolgten Umformung ist der **Umformgrad** η. Er kann wie folgt als **prozentualer Verformungsgrad** definiert werden:

$$\eta = \frac{d_0 - d_1}{d_0} \cdot 100\ \%$$

Es bedeuten:

d_0 – Dicke des Blechs vor der Umformung

d_1 – Dicke nach der Umformung

Werden verschiedene Proben eines Bleches um unterschiedliche Umformgrade verformt und dann jeweils die Festigkeit bestimmt, lässt sich eine Verfestigungskurve aufstellen. Wie **Bild 1** zeigt, nimmt die Festigkeit mit zunehmendem Umformgrad zu. Die Verformbarkeit des Metalls, messbar z. B. in der Dehnung, nimmt dabei stark ab.

Gefügeuntersuchungen belegen, dass es beim Walzen zu einer zunehmenden Streckung der Körner **(Bild 2)** kommt. Es ist sogar möglich, dass sich dadurch eine Vorzugsausrichtung in den Körnern einstellt, die **Walztextur** genannt wird.

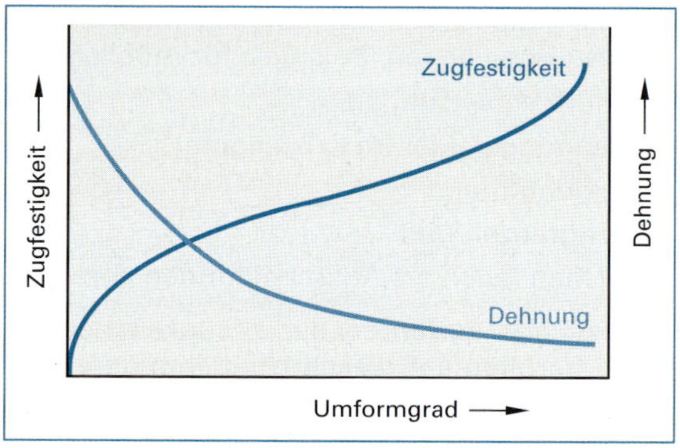

Bild 1: Verfestigungskurve, allgemein

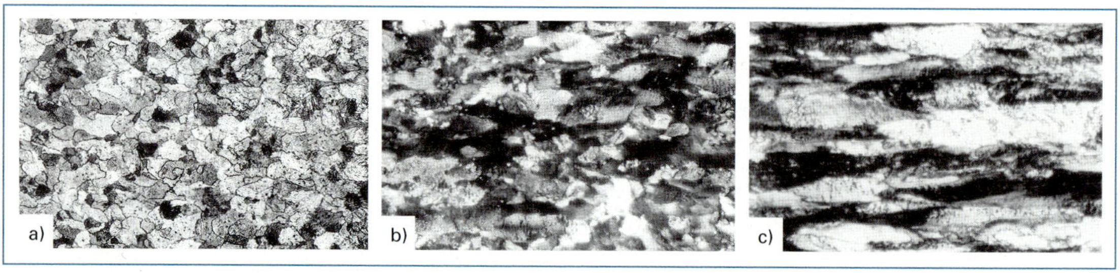

Bild 2: Gefügebilder von Reinaluminium, EN AW-Al 99,5, Kaltumformung, Vergrößerung 50:1
a) Ausgangszustand vor der Umformung b) nach 40 % Umformung c) nach 90 % Umformung

Bild 3 zeigt die den Gefügebildern im **Bild 2** entsprechende Verfestigungskurve von Reinaluminium.

Untersuchungen im Elektronenmikroskop sowie röntgenografische Messungen zeigen, dass bei allen Metallen eine Verformung zu einer deutlichen Zunahme der Versetzungszahl führt, d. h. die **Versetzungsdichte** steigt. Das bedeutet, dass es bei der Verformung neben dem Gleiten bereits vorhandener Versetzungen zur Entstehung neuer Versetzungen kommt, die dann ebenfalls gleiten. Je stärker umgeformt wird, d. h., je höher der Umformgrad ist, desto mehr neue Versetzungen gleiten durch den Werkstoff.

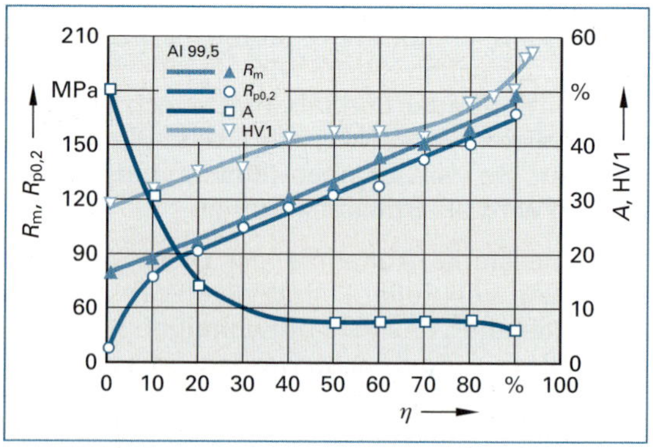

Bild 3: Verfestigungskurve von Reinaluminium, EN AW-Al 99,5, Kaltumformung

Bei der Verformung eines Metalls steigt die **Versetzungsdichte** deutlich an.

Die vielen nun gleitenden Versetzungen behindern sich schließlich gegenseitig in der Gleitung, so wie es die Raupen in **Bild 1** anschaulich verdeutlichen. Damit beide Raupen aneinander vorbei gleiten können, ist zusätzliche Kraft notwendig. Das bedeutet: Die Festigkeit steigt, man spricht von **Kaltverfestigung**.

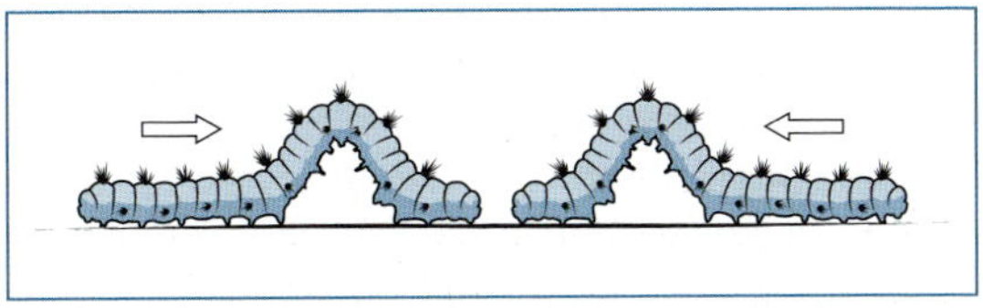

Bild 1: Zwei aufeinander treffende „Versetzungen"

Bei der **Kaltverfestigung** werden gleitende Versetzungen durch andere Versetzungen behindert.

Ist der Umformgrad sehr hoch, müssten sich, um beim Modell der gleitenden Raupen zu bleiben, sehr viele Raupen aneinander vorbei bewegen. Sind sie jedoch zu viele, können sie sich nicht mehr einigen, wie sie aneinander vorbeikommen. Auf Metalle übertragen hieße dies, dass sich bei hoher Versetzungsdichte sehr komplizierte Versetzungsanordnungen bilden, die nicht mehr gleiten können. Im Extremfall kommt es zum Bruch.

3.5.3 Korngrenzenverfestigung

Wie bereits im Kap. 3.4 gezeigt wurde, weisen Metalle mit feinkörnigem Gefüge höhere Festigkeiten auf als grobkörnige. Auch hier liegt die Ursache in der erschwerten Gleitung von Versetzungen. Hindernis sind in diesem Fall die Korngrenzen. Eine Vorstellung liefert **Bild 2**:

- Im **Teilbild 2a** gleitet im Korn 1 unter der Wirkung der von außen wirkenden Umformkraft *F* (dicker Pfeil) eine Versetzung (gekennzeichnet mit ⊥) auf ihrer Gleitebene (Linie). Dabei trifft die Versetzung schließlich auf die Korngrenze. Hier kann die Versetzung nicht mehr weiter gleiten.
- Wie **Bild 2b** zeigt, folgt eine weitere Versetzung. Sie kann ebenfalls nicht mehr weitergleiten. Die Versetzungen bleiben an der Korngrenze stecken, sie stauen sich auf. Weitere Versetzungen folgen und vergrößern den **Versetzungsaufstau**.
- **Bild 2c** zeigt, wie von außen eine zusätzliche Kraft F_z aufgebracht wird. Sie ist so groß, dass nun auch im Korn 2 Versetzungen gleiten können. Auf diese Weise kann eine weitere Verformung erfolgen. Die zusätzliche Kraft F_z ist genau der Betrag, um den sich die Festigkeit erhöht.

Das bedeutet: Sind viele Korngrenzen im Gefüge, treffen bei der Verformung gleitende Versetzungen auf viele Hindernissee. Um nun die Gleitung in benachbarten Körnern zur weiteren Verformung zu aktivieren, ist eine größere Kraft von außen notwendig – zu spüren und auch zu messen als größere Festigkeit. Dieser Effekt wird als **Korngrenzenverfestigung** oder **Feinkornhärtung** bezeichnet.

Bei der **Feinkornhärtung** (Korngrenzenverfestigung) fungieren Korngrenzen als Hindernis für gleitende Versetzungen.

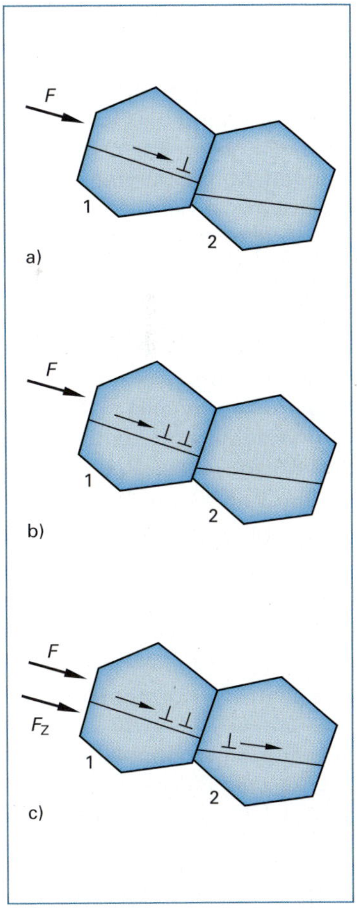

Bild 2: Versetzungsgleitung an einer Korngrenze

Es gilt stets, je feiner das Korn ist, desto höher ist die Festigkeit. Dies ist zu erwarten, denn ein feinkörniges Gefüge hat viele Korngrenzen und damit viele Hindernisse für gleitende Versetzungen.

Im grobkörnigen Gefüge hingegen ist die Zahl der Korngrenzen und folglich auch der Hindernisse kleiner. Versetzungen können hier länger ungehindert gleiten, daher ist die Festigkeit kleiner.

Beispiele für die möglichen Festigkeiten in Abhängigkeit von der Korngröße zeigt **Bild 1** für Aluminium. Deutlich wird, wie die Festigkeit mit zunehmender Korngröße ansteigt. Reines Aluminium hat recht große Körner und damit relativ niedrige Festigkeitswerte. Wird legiert, werden die Körner kleiner, die Festigkeit steigt. Hochfeste Aluminiumlegierungen (z. B. AlZnMg) haben noch kleinere Körner und erreichen teils beachtliche Festigkeiten von 500 bis 800 MPa. Im Labormaßstab wurden bereits nanostrukturierte Aluminiumlegierungen erzeugt, mit denen sich sogar höchste Festigkeiten von 1500 MPa einstellen lassen. Sie haben aber (noch) keine technische Bedeutung. Feinkörnige Gefüge werden in der Technik bevorzugt, da sie neben guten Festigkeitswerten auch gute Zähigkeit aufweisen. Die Einstellung eines feinkörnigen Gefüges ist über die geeignete Wahl der Erstarrungsbedingungen, Kornfeinungsmittel **(Kap. 3.4)** oder über abgestimmte Wärmebehandlungen möglich.

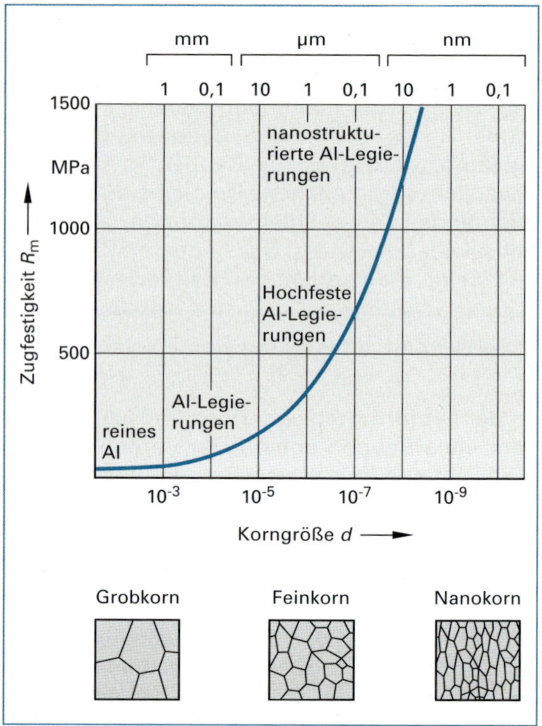

Bild 1: Zugfestigkeit bei Raumtemperatur in Abhängigkeit von der Korngröße für verschiedene Aluminiumwerkstoffe

> Werkstoffe mit Feinkorn haben eine höhere Festigkeit als Werkstoffe mit Grobkorn.

3.5.4 Mischkristallverfestigung

In den meisten technischen Anwendungen werden Metalle als **Legierung** eingesetzt. Das bedeutet, dass dem eigentlichen Grundmetall noch ein oder mehrere **Legierungselemente** zugesetzt werden, z. B. durch Zusammenschmelzen.

- Wird Kupfer mit Zink legiert, entsteht **Messing**.
- Eine Mischung von Eisen und Kohlenstoff heißt **Stahl**.
- Eine Mischung von Kupfer und Zinn wird als **Bronze** bezeichnet. Wird zu dieser Mischung noch Zink zugesetzt, spricht man von **Rotguss**.

Legierungen haben immer die typischen Metalleigenschaften, wie Glanz, Verformbarkeit und elektrische Leitfähigkeit.

> **Legierungen** sind Werkstoffe mit Metallcharakter aus mindestens zwei Elementen, von denen mindestens eines ein Metall ist. Insgesamt zeigt die Mischung metallisches Verhalten.

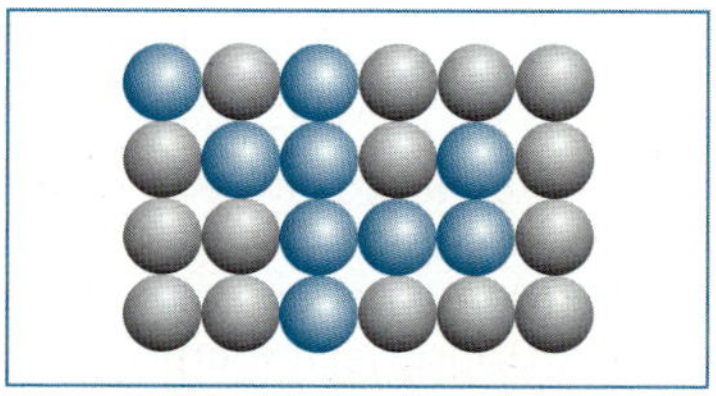

Bild 2: Austauschmischkristall

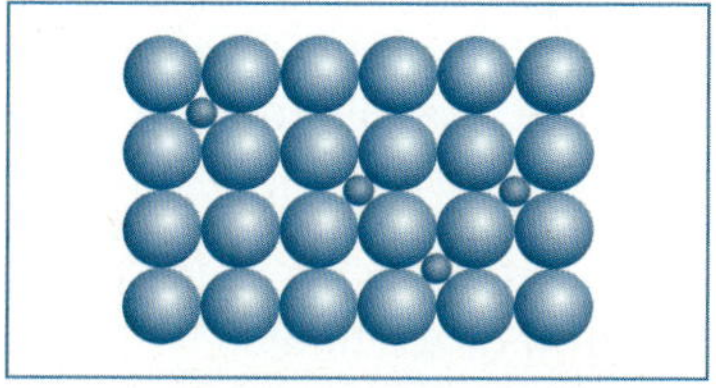

Bild 3: Einlagerungsmischkristall

Die Bezeichnung „Mischung" ist hier durchaus wörtlich zu nehmen, denn die Legierungspartner bilden Kristallgitter, in denen sich beide Elemente befinden. Es ist auch üblich, einen solchen **Mischkristall (Bild 2 und 3)** als feste **„Lösung"** zu betrachten. Man sagt daher auch, die Fremdatome sind im Grundgitter **„gelöst"**.

In **Mischkristallen** befinden sich die zulegierten Atome je nach Größe auf regulären Plätzen des Grundgitters oder zwischen den Grundgitteratomen. Man spricht von Austauschmischkristallen und Einlagerungsmischkristallen.

Austauschmischkristalle (auch Substitutionsmischkristalle genannt) entstehen, wenn Fremdatome auf Gitterplätzen des Matrixgitters untergebracht sind **(Bild 2 Seite 52)**. Dazu ist Voraussetzung, dass die Atome beider Metalle annähernd gleiche Durchmesser aufweisen und in gleichem Kristallgitter vorliegen (gleiche Modifikation). Die Anordnung der Fremdatome ist unregelmäßig. Mischkristalle der beschriebenen Art bilden z. B. Kupfer und Nickel, da sie die Bedingungen gut erfüllen: Beide Metalle haben ein kfz-Gitter, der Atomradius von Kupfer beträgt 0,127 nm, der des Nickels 0,124 nm.

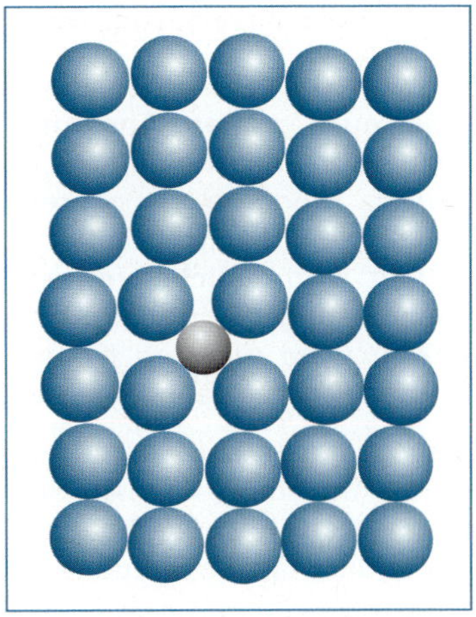

Bild 1: Verspannungen im Gitter durch Zwischengitteratom

Bei **Einlagerungsmischkristallen** (auch Interstitionsmischkristalle genannt) befinden sich Fremdatome auf Zwischengitterplätzen des Grundgitters **(Bild 3 Seite 52)**. Solche Kristalle können sich nur bilden, wenn die Fremdatome wesentlich kleiner sind als die Atome des Matrixgitters. Das ist z. B. der Fall bei der Einlagerung von Kohlenstoffatomen in ein Eisengitter (Stahl). Der Atomradius von Kohlenstoff beträgt nur 0,08 nm gegenüber 0,126 nm beim Grundgitter Eisen.

Die eingebrachten Fremdatome führen je nach Größe zu Verspannungen im Gitter **(Bild 1** sowie **Bild 2, Seite 36)**. Die bei einer Umformung gleitenden Versetzungen werden durch derartige Spannungsfelder stark behindert. Damit sie dennoch gleiten können, ist wiederum zusätzliche Verformungskraft von außen aufzubringen – zu spüren und auch zu messen als größere Festigkeit. Dieser Effekt wird als **Mischkristallverfestigung** bezeichnet.

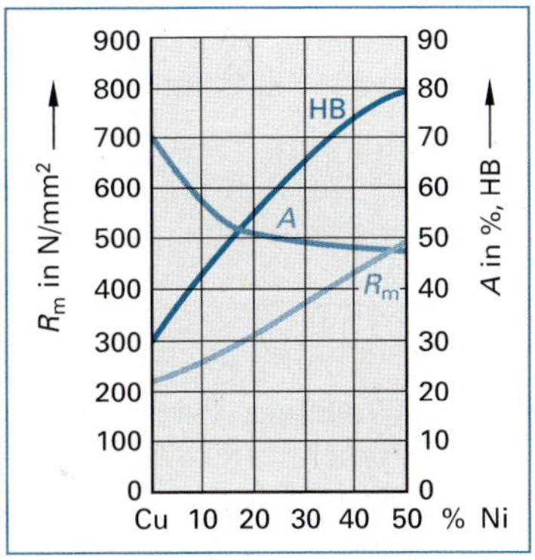

Bild 2: Zunahme der Zugfestigkeit R_m und der Härte HB von Kupfer durch Zulegieren von Nickel bei gleichzeitiger Abnahme der Dehnung: Ursache: Mischkristallverfestigung

> Bei der **Mischkristallverfestigung** fungieren die Spannungsfelder von Fremdatomen als Hindernis für gleitende Versetzungen.

Durch die eingebrachten Fremdatome steigt die Festigkeit deutlich an, wie **Bild 2** für das Beispiel Kupfer-Nickel zeigt.

Im Fall der Einlagerungsmischkristalle kann ein weiterer Effekt hinzukommen: Wie **Bild 3** zeigt, ist das Gitter unterhalb einer Versetzung aufgeweitet. Es gibt hier mehr Platz für Fremdatome. Daher wird die Versetzungslinie dicht mit Fremdatomen belegt. Es bilden sich sogenannte **Cotrell-Wolken (Bild 3)**.

Die Versetzung wird so von den Fremdatomen festgehalten, gewissermaßen „verankert". Soll eine solche Versetzung wieder gleiten, so muss sie erst von den Fremdatomen losgerissen werden. Dazu ist eine zusätzliche Kraft von außen aufzubringen, wiederum nachweisbar als Festigkeitszuwachs.

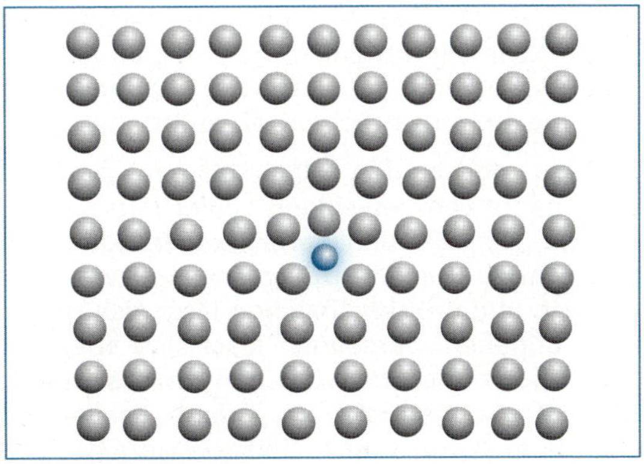

Bild 3: Cotrell-Wolke

3.5.5 Teilchenverfestigung

In Legierungen können die Fremdatome mitunter auch größere Ansammlungen, sog. **Teilchen** oder **Ausscheidungen**, bilden. Diese können als Hindernis für gleitende Versetzungen wirken und so die Festigkeit steigern. Man spricht von **Teilchenverfestigung** bzw. **Teilchenhärtung**. Für den erreichbaren Festigkeitsgewinn sind mehrere Kriterien entscheidend, z. B. die Art des Teilchens und seine Größe.

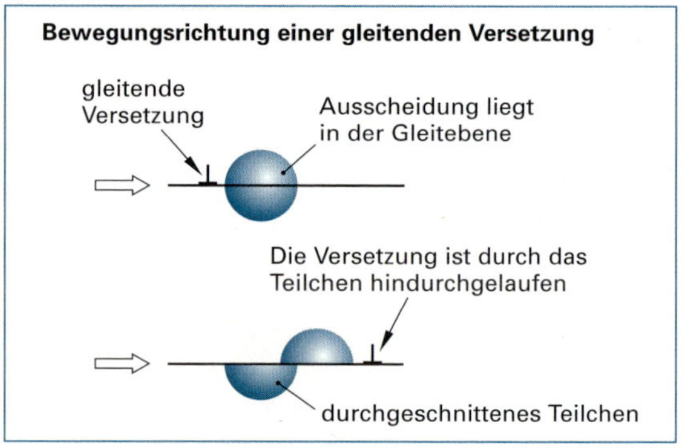

Bild 1: Schneiden eines Teilchens durch eine Versetzung

Die Teilchenart (Zusammensetzung, Kristallgitter) bestimmt die Art ihrer **Phasengrenzfläche** (siehe Kap. 3.3) mit dem Grundgitter und damit die Stärke eventueller Verspannungen:

- Starke Verspannungen, die bei einer **kohärenten** Grenzfläche auftreten (siehe Bild 1a, Seite 41), behindern aufgrund des starken Spannungsfeldes gleitende Versetzungen sehr wirksam, die Festigkeit steigt deutlich an.
- Im Fall **inkohärenter** Grenzflächen ist die Verspannung des Gitters klein, d. h., gleitende Versetzungen werden wenig behindert. Der erreichbare Festigkeitszuwachs ist gering.
- **Teilkohärente** Grenzflächen (Bild 1b, Seite 41) haben eine mittlere Verspannung und damit einen mittleren Festigkeitszuwachs zur Folge.

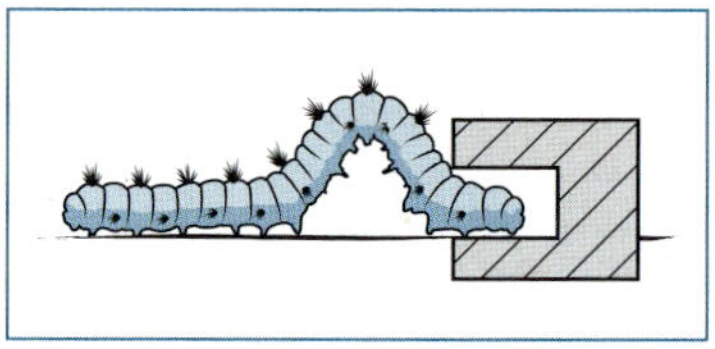

Bild 2: „Raupenmodell" zur Erläuterung des Schneiden eines Teilchens durch eine Versetzung.

Entscheidend für den durch Teilchen erreichbaren Festigkeitszuwachs ist aber auch die **Teilchengröße** selbst:

- **Kleine Teilchen** werden durch gleitende Versetzungen einfach durchgeschnitten wie in Bild 1 und Bild 2 (Raupenmodell) gezeigt. Man spricht vom **Schneidemechanismus**. Für dieses Schneiden ist eine zusätzliche von außen wirkende Kraft notwendig, diese ist der Beitrag zur Festigkeitssteigerung.
- **Große Teilchen** werden demgegenüber von der Versetzungslinie entsprechend dem **Orowan-Mechanismus** umgangen. Danach bauchen sich gleitende Versetzungen (im Bild 3 dargestellt als Linien) zwischen den Teilchen aus (Bild 3a und 3b). Sie bilden einen Versetzungsring und gleiten dann weiter. Dazu ist eine zusätzliche Kraft notwendig, die wiederum den Beitrag zur Festigkeitssteigerung darstellt. Anschaulicher zeigt dies der Vergleich mit der gleitenden Raupe im Bild 4: Zum Überwinden des im Weg liegenden Teilchens muss die Raupe eine zusätzliche Kraft aufbringen.

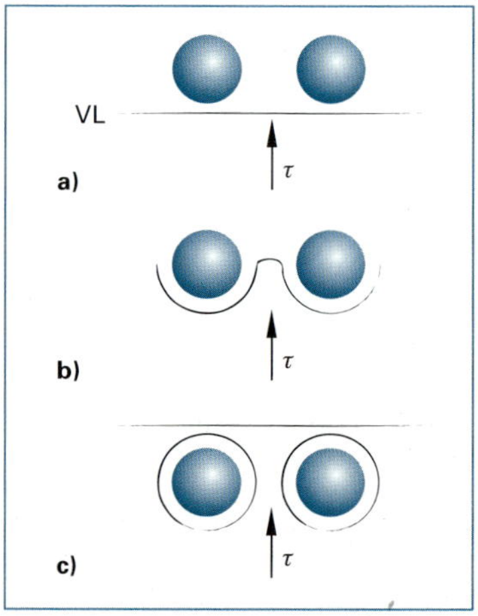

Bild 3: Orowan-Mechanismus (VL-Versetzungslinie)

Welcher der beiden Mechanismen gewählt wird, hängt vom jeweiligen Legierungssystem ab. Eine für alle denkbaren Legierungen gültige Zahl für den Grenzdurchmesser zwischen kleinem und großem Teilchen lässt sich daher nicht angeben. Berechnen lässt sich aber die zum Überwinden des Teilchen jeweils zusätzlich aufzubringende Kraft. Theoretisch ergibt sich dann die in Bild 1, Seite 55 gezeigte Abhängigkeit.

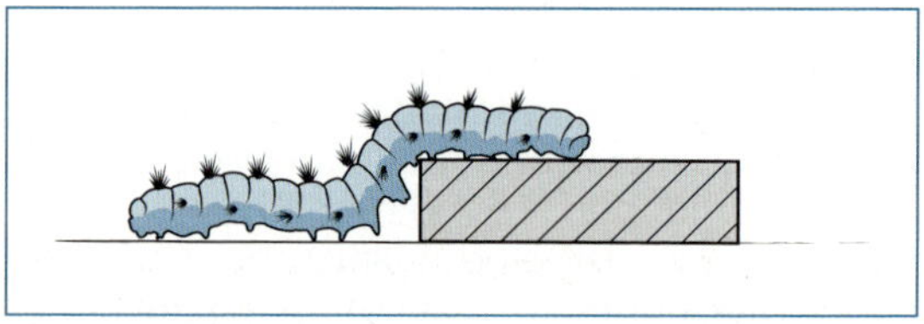

Bild 4: Orowan-Mechanismus im „Raupenmodell"

Es läuft jeweils der Mechanismus ab, für den die **kleinere zusätzliche Kraft** $\Delta\tau$ aufzubringen ist. Das bedeutet, bis zu einem kritischen Teilchendurchmesser d_{krit} ist dies der Schneidemechanismus ($\Delta\tau_S$), danach der Orowan-Mechanismus ($\Delta\tau_0$, ausgezogene Kurvenbereiche im **Bild 1**). Damit ergibt sich der maximal erreichbare Festigkeitsgewinn genau beim kritischen Teilchendurchmesser.

Schlussfolgerung ist:
Ein maximaler Festigkeitszuwachs lässt sich erreichen, wenn im Werkstoff Teilchen mit kohärenter Grenzfläche und kritischem Teilchendurchmesser vorliegen.

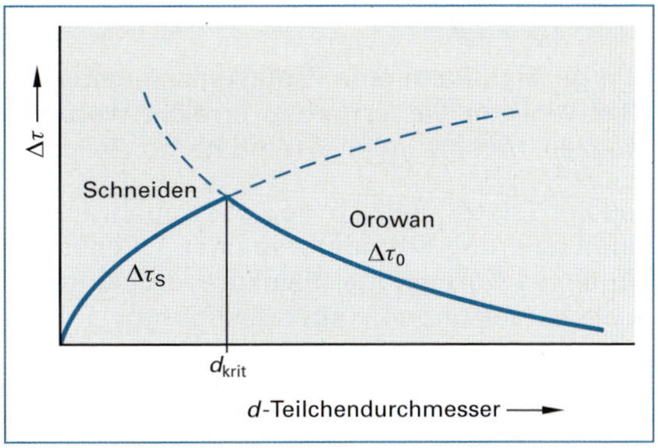

Bild 1: Einfluss der Teilchengröße auf den Mechanismus der Wechselwirkung zwischen Teilchen und Versetzungen

Damit möglichst viele Gleitebenen durch Teilchen blockiert werden, sollten die Teilchen zudem möglichst gleichmäßig im Grundmetall verteilt sein. Diese feine, gleichmäßige Verteilung wird auch als feine **Dispersion** bezeichnet, weshalb die **Teilchenhärtung** auch als **Dispersionsverfestigung** bezeichnet wird. Sie spielt z. B. in den **aushärtbaren Aluminiumlegierungen** (z. B. Al-Cu, Al-Mg-Si, Al-Zn-Mg) eine wichtige Rolle.

Im Fall der **Teilchenverfestigung** stellen Teilchen das Hindernis für gleitende Versetzungen dar.

Ob Teilchen geschnitten oder umgangen werden, hat zudem Konsequenzen hinsichtlich einer eventuellen **Versprödung** bzw. **Rissbildungstendenz** einer Legierung:

- Kleine Teilchen, die von einer Versetzung durchgeschnitten wurden, können von weiteren nachfolgenden Versetzungen problemlos durchquert werden. Die erste Versetzung hat praktisch den Weg gebahnt. In diesem Fall werden nur wenige Gleitebenen genutzt, denn die Versetzungen haben keinen Grund, auf andere Gleitebenen auszuweichen. Bei diesem als **Grobgleitung** bezeichneten Verhalten erfolgt die Gleitung auf bevorzugten Gleitebenen, den **Gleitbändern (Bild 2)**. Hier können sich schnell Risse bilden. Derartige Versprödungsprobleme führten in den 1960er Jahren dazu, dass Aluminium-Legierungen, die nur Lithium als Legierungselement enthielten, für Anwendungen in der Luftfahrt verboten wurden. Sie neigten bereits bei geringer Beanspruchung zur Rissbildung.
- Im Fall des Orowan-Mechanismus hingegen wird gleich beim ersten Durchgang einer Versetzung ein Versetzungsring um das Teilchen gebildet. Damit wird die Gleitebene für nachfolgende Versetzungen blockiert, sie müssen auf andere Gleitebenen ausweichen. Daher werden viele Gleitebenen angesprochen, man spricht von **Feingleitung (Bild 3)**. Sprödigkeitsprobleme sind hier weniger zu befürchten. Aus diesem Grund gibt es heute auch wieder Aluminium-Lithium-Legierungen in der Luftfahrt: Die Zugabe weiterer Elemente, wie Kupfer, Magnesium und Zirconium, bewirkte die Entstehung von Teilchen, die die Feingleitung begünstigen und damit die Gefahr einer Rissbildung minimieren.

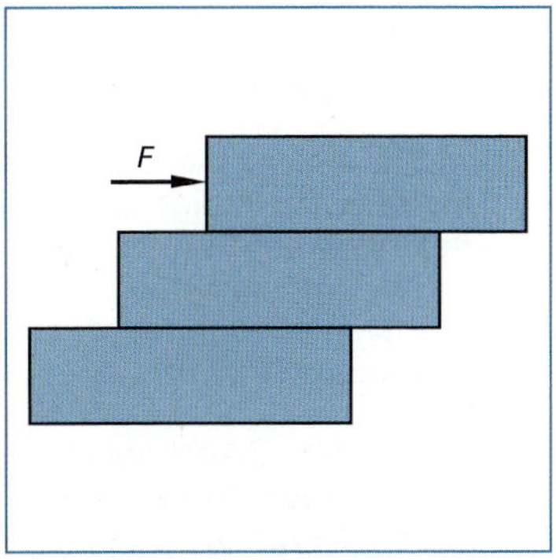

Bild 2: Grobgleitung mit wenigen Gleitebenen

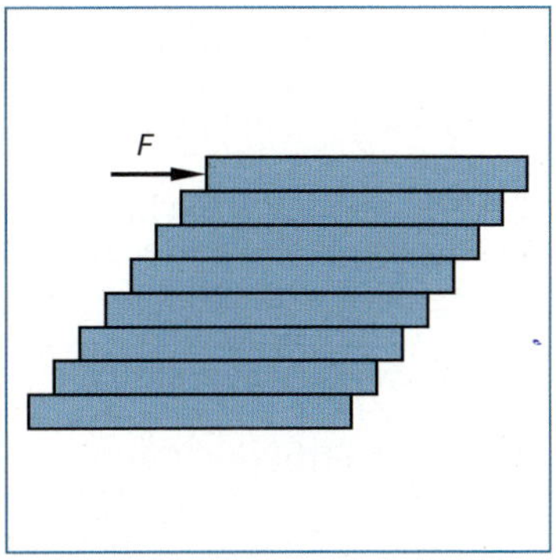

Bild 3: Feingleitung mit wenigen Gleitebenen

3.5.6 Überlagerung von Verfestigungsmechanismen

Wie gezeigt, kann eine Festigkeitssteigerung durch das Einbringen diverser Hindernisse in den Gleitweg von Versetzungen erreicht werden. Bisher wurden die einzelnen Hindernisse (Korngrenzen, Versetzungen, Fremdatome, Teilchen) gesondert betrachtet.

Jedoch ist es vielfach so, dass mehrere Faktoren gleichzeitig eine Rolle spielen: So kann eine Legierung Fremdatome oder Teilchen aufweisen (Mischkristall bzw. Teilchenverfestigung), ein feines Korngefüge (Feinkornverfestigung) haben und dann auch noch kaltverformt werden (viele Versetzungen, Kaltverfestigung).

In einem solchen Fall würden sich die verschiedenen Mechanismen ergänzen. Da sich die einzelnen Mechanismen aber auch gegenseitig beeinflussen, ist keine rechnerische lineare Addition der jeweils erreichbaren Festigkeitszuwächse möglich.

> In einem Werkstoff können mehrere Verfestigungsmechanismen gleichzeitig wirken.

Aufgaben

1. Ein Aluminiumdraht soll von 9,0 mm Durchmesser auf 0,9 mm kalt gezogen werden! Berechnen Sie den prozentualen Umformgrad!

2. Erläutern Sie, wie über eine Versetzung ein Gleitschritt vollzogen wird!

3. Was verstehen Sie unter der „Peierlsspannung"?

4. Welche Bedeutung haben Versetzungen für die Festigkeit eines Werkstoffes?

5. Reines Kupfer weist unverformt eine Zugfestigkeit von 200 N/mm^2 auf. Nach einer 40%-igen Umformung steigt der Wert auf 300 N/mm^2, nach 90 % Umformung sogar auf 500 N/mm^2. Gleichzeitig fällt die Dehnung von 50 % auf 5 % bzw. 3 %. Wie lässt sich das erklären?

6. Wird wenig Kohlenstoff zu Eisen zulegiert, bildet sich ein Einlagerungsmischkristall. Erläutern Sie diesen Begriff!

7. Sehr reines Eisen weist eine Zugfestigkeit von rund 200 MPa auf. Durch Zugabe von unter 0,5 % Kohlenstoff kann die Festigkeit auf über 400 MPa ansteigen. Geben Sie eine Erklärung! (Beachten Sie dazu auch Frage 6)

8. Wird wenig Nickel zu Kupfer zulegiert, bildet sich ein Austauschmischkristall. Erläutern Sie diesen Begriff!

9. Sehr reines Kupfer weist eine Zugfestigkeit von rund 200 MPa auf. Durch Zugabe von 20 % Nickel kann die Festigkeit auf rund 300 MPa ansteigen. Geben Sie eine Erklärung! (Beachten Sie dazu auch Frage 8)

10. Versuche an AlMg1,5 ergaben, dass sich bei unterschiedlicher Korngröße stark abweichende Zugfestigkeitswerte einstellen: mittlerer Korndurchmesser von 258 µm: Zugfestigkeit von 141 MPa; mittlerer Korndurchmesser von 25 µm: Zugfestigkeit von 192 MPa. Erklären Sie, warum trotz gleicher Zusammensetzung in Abhängigkeit von der Korngröße ein solcher Unterschied besteht! Welche Beziehung gilt für den Zusammenhang Korngröße – Festigkeit?

11. In aushärtbaren Aluminiumlegierungen werden durch eine spezielle Behandlung Teilchen gebildet, die die Festigkeit steigern sollen. Geben Sie Kriterien an, die diese Teilchen erfüllen müssen, um eine besonders effektive Festigkeitssteigerung zu erreichen!

12. Erläutern Sie die Begriffe „Feingleitung" und „Grobgleitung"!

3.6 Thermisch aktivierte Vorgänge

Ein **thermisch aktivierter Vorgang** ist ganz allgemein ein Prozess, der durch die Zufuhr von Wärme stimuliert wird. Wie aus der Physik bekannt ist, schwingen die Bausteine eines Werkstoffes – also auch die Atome eines Metallgitters **(Bild 1)** – umso stärker, je größer die Temperatur ist. Die Schwingungen nehmen ab, wenn die Temperatur sinkt.

Bei erhöhten Temperaturen ist es sogar möglich, dass einzelne Atome ihre Plätze verlassen und durch das Gitter wandern. Man spricht von **Diffusion**. Eine solche Wanderung von Atomen im festen Metallkristall findet z. B. statt, wenn Zwischengitteratome zu einer Versetzung bei der Bildung von Cotrell-Wolken wandern oder wenn sich aus einzeln verteilten Legierungsatomen bei einer Glühung Teilchen (Ausscheidungen) bilden.

Thermisch aktivierte Vorgänge spielen auch eine Rolle beim unter 3.3.3 erwähnten **Kriechen**, das zum Ausfall von Bauteilen führen kann, die lange Zeit bei erhöhter Temperatur belastet werden.

Auch die **Entfestigung** verformter Gefüge durch **Glühen** ist auf thermisch aktivierte Vorgänge zurückzuführen.

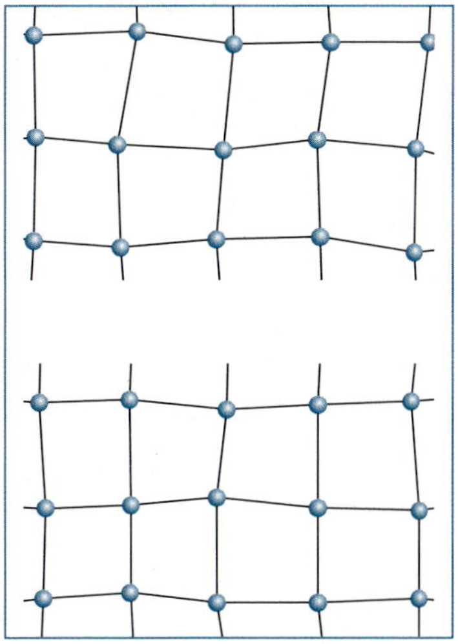

Bild 1: Wärmeschwingungen der Atome in einem Metallgitter (Momentbilder)

> **Thermisch aktivierbare Vorgänge** sind Prozesse, die unter Wärmezufuhr ablaufen.

3.6.1 Wärmebehandlung

Um die Eigenschaften eines Metalls zu verändern und so einem Einsatzfall optimal anzupassen, erfolgen in vielen Fällen **Glühungen**. In der Technik spricht man von **Wärmebehandlung** bzw. **thermischer Behandlung**.

Wärmebehandlungen können erfolgen an Halbzeugen (z. B. Brammen, Bolzen, Blechen, Profilen), aber auch an fertigen Teilen (z. B. Gussstücken, Schmiedeteilen). Eine Wärmebehandlung umfasst dabei, wie in **Bild 2** gezeigt, das

- Aufheizen und Durchwärmen,
- das Halten auf einer bestimmten Temperatur über eine bestimmte Zeit sowie
- eine nachfolgende Abkühlung.

Die Schritte können variieren, auch mehrfache Behandlungen oder zwischengeschaltete Weiterverarbeitungsprozesse (z. B. Umformungen) sind möglich. Erfolgt eine Kombination von Wärmebehandlung (thermisch) und Umformung (mechanisch), handelt es sich um eine **thermomechanische Behandlung**.

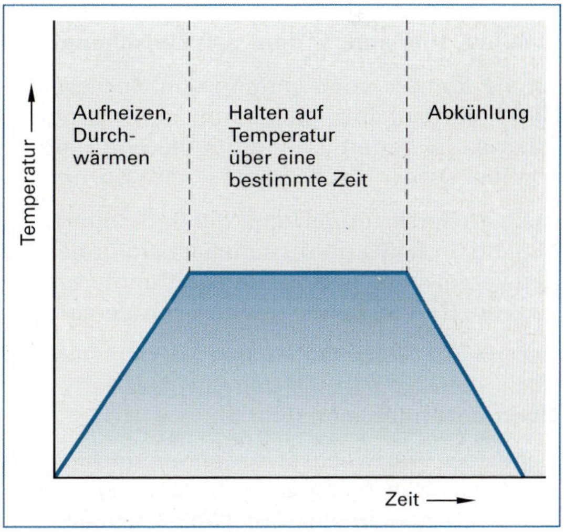

Bild 2: Ablauf einer Wärmebehandlung

> Ziel einer **Wärmebehandlung** ist es immer, die Eigenschaften des Werkstoffes dem vorgesehenen Anwendungszweck optimal anzupassen.

3.6.2 Diffusion

Die Atome eines Metalls sind nie völlig in Ruhe, sie schwingen unregelmäßig um ihre Gitterplätze. Mit zunehmender Temperatur, z. B. bei einer Wärmebehandlung, werden die Schwingungen stärker, Stöße zwischen den Atomen sind möglich.

Dies kann letztlich dazu führen, dass Atome ihre Plätze verlassen und durch das Gitter wandern. Eine derartige **Wanderung** von Atomen **im festen Zustand** durch das Kristallgitter wird als **Diffusion** bezeichnet.

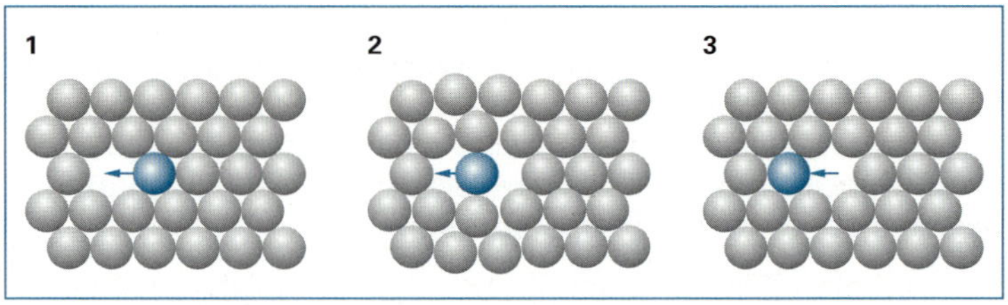

Bild 1: Diffusion eines ausgetauschten Atoms über Leerstellen

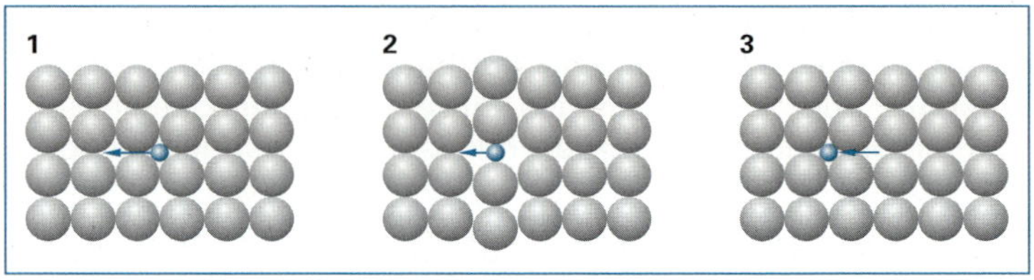

Bild 2: Diffusion eines Zwischengitteratoms über Gitterlücken

> **Diffusion** ist das Wandern von Atomen im festen Metallkristall unter Wirkung von Wärme.

Überall da, wo im Gitter etwas mehr Platz ist, können Atome gut wandern. Danach werden verschiedene Diffusionsmechanismen unterschieden:

Wie in **Bild 1** gezeigt, bewegt sich ein ausgetauschtes Atom von seinem Gitterplatz über eine Leerstelle auf einen anderen Gitterplatz. Es handelt sich um eine **Leerstellendiffusion**. Auch Atome des Metallgitters selbst können auf diese Weise wandern.

Möglich ist auch, wie in **Bild 2** dargestellt, dass ein Zwischengitteratom auf einen benachbarten Zwischengitterplatz wandert. Hier spricht man von **Zwischengitterdiffusion**.

Atome können auch entlang von Korngrenzen wandern. Wie **Bild 3** verdeutlicht, gibt es an den Korngrenzen relativ freie Räume, in denen sich diffundierende Atome gut bewegen können. Dieser Mechanismus heißt **Korngrenzendiffusion**.

Auch an Versetzungen sind die Bedingungen für eine Diffusion günstig. In **Bild 4** gut zu sehen ist ein größerer Raum unterhalb der Versetzungslinie, in dem diffundierende Atome wandern können. Hierbei handelt es sich um **Versetzungsliniendiffusion**.

Der meiste Platz findet sich an der Oberfläche des Metalls. Auch hier können Atome gut wandern, der Vorgang heißt **Oberflächendiffusion (Bild 5)**.

Derartige Platzwechselvorgänge sind für fast alle Gefügeänderungen in Metallen verantwortlich, sie spielen aber auch bei der Korrosion von Metallen eine Rolle.

> Diffusion läuft in einem Kristallgitter bevorzugt an **Gitterfehlern** bzw. an der **Oberfläche** ab, da hier mehr Platz vorhanden ist.

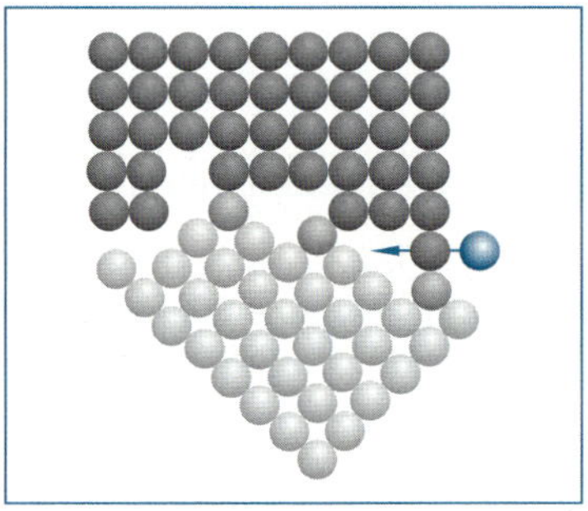

Bild 3: Diffusion entlang von Korngrenzen

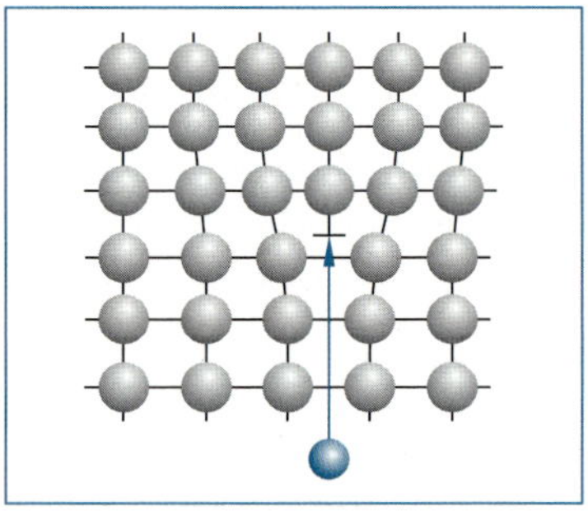

Bild 4: Diffusion an Versetzungen

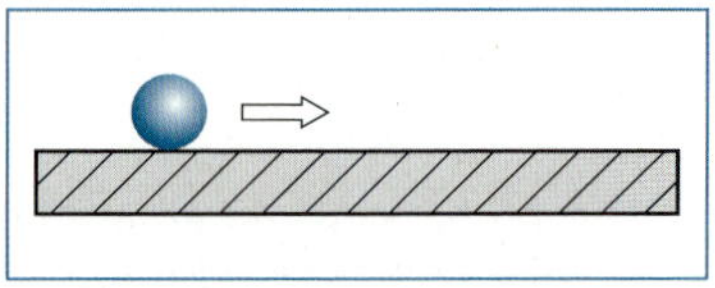

Bild 5: Diffusion an der Oberfläche

Eine Diffusion kann z. B. dem Abbau von **Konzentrationsunterschieden** (Bild 1) dienen. Bild 2 zeigt eine homogene Verteilung der unterschiedlichen Atome nach erfolgter Diffusion. Der Aufbau ist insgesamt gleichmäßiger, man sagt: Der Kristall hat nun eine **geringere innere Energie**. Dieses Streben nach **Minimierung der inneren Energie** lässt sich auch bei anderen Vorgängen beobachten (weitere Erläuterungen dazu in Kap. 3.6.3). Es ist ein Grundprinzip in der Natur.

> Eine Absenkung der inneren Energie des Systems Kristall ist Ziel aller thermisch aktivierbaren Vorgänge.

Für den Start von Diffusionsvorgängen ist immer eine bestimmte **Aktivierungsenergie** notwendig, die vom jeweiligen Metall abhängt. Diese Energie muss in Form von Wärme von außen zugeführt werden. Wie hoch sie ist, hängt vom jeweiligen Metall und den diffundierenden Fremdatomen sowie dem Diffusionsmechanismus ab. Beispielwerte für Aktivierungsenergien enthält Tabelle 1.

Die Wanderung von Atomen durch das Kristallgitter erfordert aber auch immer eine gewisse Zeit. Dabei gilt: Eine höhere Temperatur bringt mehr Energie in das Gitter ein, Diffusionsvorgänge laufen dann schneller ab. Bei einer niedrigeren Temperatur ist hingegen eine längere Zeit erforderlich, um denselben Effekt zu erreichen.

> **Diffusionsvorgänge** sind immer temperatur- und zeitabhängig.

Das Bestreben zur Diffusion, d. h. wie schnell die Wanderung erfolgt, ist bei den einzelnen Metallen recht unterschiedlich. Zudem ist wiederum zu berücksichtigen, welcher Diffusionsmechanismus vorherrscht und welche Legierungsatome in welchem Grundmetall wandern, d. h. welches Diffusionspaar vorliegt. Dieses Bestreben zur Diffusion wird im **Diffusionskoeffizienten *D*** ausgedrückt. Es gilt: Bei einem hohen Wert von *D* läuft die Atomwanderung schneller ab als bei einem niedrigen *D*-Wert. Beispiele zeigt Tabelle 1.

> Der **Diffusionskoeffizient** ist ein Maß für das Bestreben zur Diffusion.

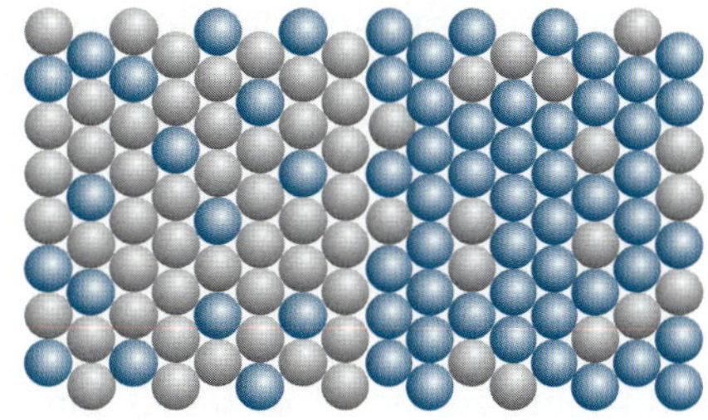

Bild 1: Konzentrationsunterschiede als treibende Kraft für die Diffusion (A grau, B blau)

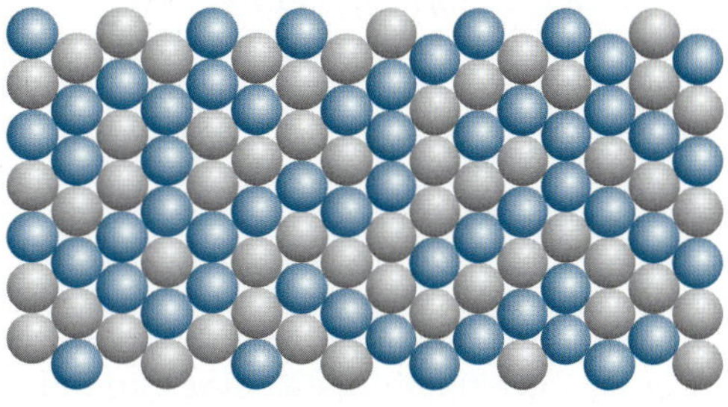

Bild 2: Konzentrationsausgleich nach der Diffusion

Tabelle 1: Aktivierungsenergie *Q* und Diffusionskoeffizient *D* für die Diffusion unterschiedlicher Metalle in einem bestimmten Grundmetall (Matrix)

Diffusionspaar		Aktivierungsenergie Q	Diffusionskonstante D_0
Element	Matrix	kJ/mol	cm^2/s
Leerstellendiffusion			
Ni	Cu	243	2,30
Cu	Ni	258	0,65
Zn	Cu	184	0,78
Ag	Au	168	0,075
Au	Ag	191	0,26
Zwischengitterdiffusion in Eisen			
C	α-Fe(krz)[1]	87,6	0,011
C	γ-Fe(krz)[2]	138	0,23
N	α-Fe(krz)[1]	76,7	0,0047
N	γ-Fe(krz)[2]	145	0,0034
H	α-Fe(krz)[1]	15,1	0,0012
H	γ-Fe(krz)[2]	43,2	0,0063

[1] bis 911 °C [2] 911 °C ... 1392 °C

Anschaulich lässt sich die Auswirkung der Diffusion beobachten, wenn extrem dünne Folien zweier Metalle mit sehr unterschiedlichen Diffusionskoeffizienten verbunden und dann geglüht werden. Bei erhöhter Temperatur stellen sich zwei unterschiedlich starke, entgegengesetzt gerichtete Diffusionsströme ein. Wie Bild 1 zeigt, strömt eine Vielzahl von Atomen des Metalls mit dem hohen Diffusionskoeffizienten (A im Bild 1) in das zweite Metall (B). Da das Metall B aber nur einen kleinen Diffusionskoeffizienten hat, wandern entsprechend wenige B-Atome zu Metall A. Daher bilden sich Poren und Löcher im Metall A, während sich Metall B aufwölbt (Bild 2).

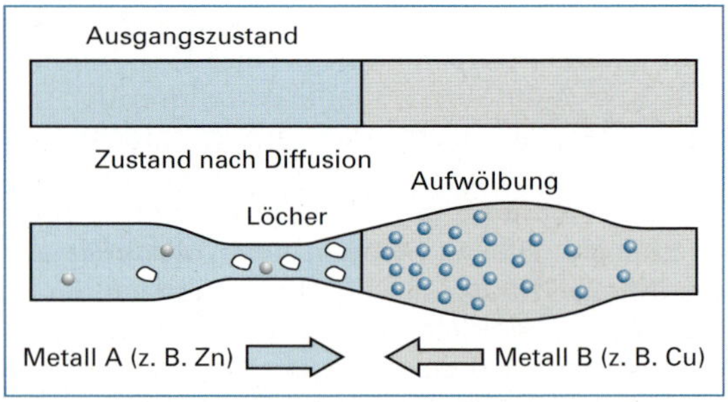

Bild 1: Zur Veranschaulichung des Kirkendall-Effektes (schematisch)

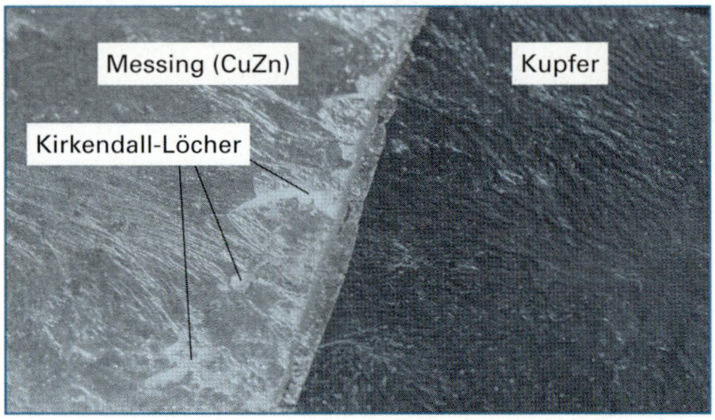

Bild 2: Kirkendall-Effekt am Beispiel des Paares Messing (Cu-Zn-Legierung) und Kupfer

Diese, nach ihrem Entdecker **Ernest Kirkendall** (1914 – 2005), als **Kirkendall-Effekt** bezeichnete Erscheinung muss z. B. beachtet werden, wenn dünne Schichten unterschiedlicher Metalle aufeinandertreffen, die dann noch höheren Temperaturen ausgesetzt werden müssen. Solche Verhältnisse finden sich u. a. bei elektronischen Bauteilen, in denen auf einen metallischen Trägerstreifen dünne Schichten eines anderen Metalls gebracht werden. Um hier einen vorzeitigen Ausfall eines im Betrieb möglicherweise erhitzten Bauelements sicher auszuschließen, ist darauf zu achten, dass sich die Diffusionskoeffizienten der Metalle nicht zu stark unterscheiden.

3.6.3 Erholung und Rekristallisation

Kaltverfestigte Metalle neigen, wie gezeigt, bei zu hohem Umformgrad zum Bruch – zurückzuführen auf hohe Festigkeit und geringe Verformbarkeit (Zähigkeit). Durch Glühen lässt sich die Verformbarkeit wieder verbessern, die Zähigkeit steigt dabei an, während die Festigkeit sinkt. Diese Wärmebehandlung heißt **Entfestigungsglühung**, wird jedoch nach dem hierbei ablaufenden Hauptvorgang meist als **Rekristallisationsglühung** bezeichnet.

Die dabei ablaufenden Vorgänge werden mit einer **Entfestigungskurve** verständlich, die folgendermaßen aufgenommen wird:

- Verformte Metallproben **eines Umformgrades** werden bei **einer Temperatur** über unterschiedlich lange Zeiträume geglüht. Anschließend werden im Zugversuch Zugfestigkeit und Dehnung bestimmt und über der Zeitachse in einem Diagramm aufgetragen (Bild 3). Es ergibt sich sowohl für die Festigkeit (fette Kurve, steigt an) als auch für die Dehnung (dünne Kurve, fällt) eine typische dreigeteilte Kurve.
- Ein analoger Kurvenverlauf ergibt sich, wenn Metallproben **eines Umformgrades** jeweils über **einen gleichen Zeitraum** bei **unterschiedlichen Temperaturen** geglüht werden (Bild 4) und dann die mechanischen Kennwerte für Festigkeit und Dehnung bestimmt werden. Bild 1, Seite 61 zeigt entsprechende Kurven für Messing. (Hinweis: Die logarithmische Achsenteilung wurde aufgrund der langen Zeiträume gewählt.)

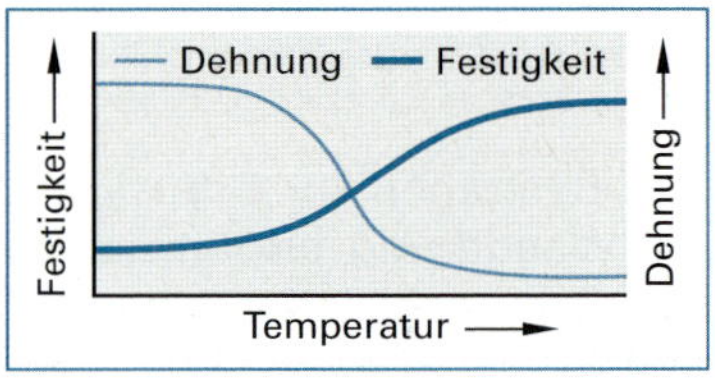

Bild 3: Entfestigungskurve für eine bestimmte Glühtemperatur

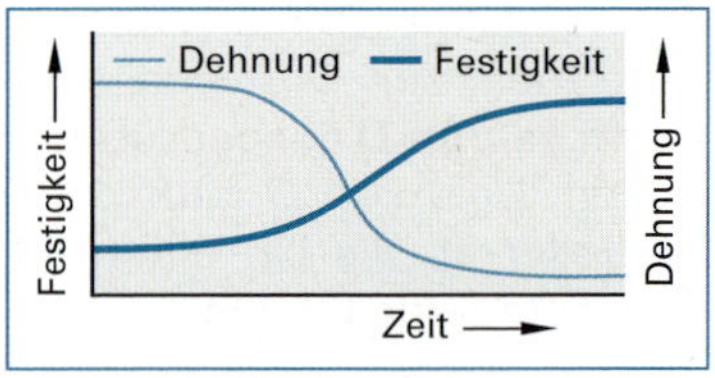

Bild 4: Entfestigungskurve für eine bestimmte Glühzeit

Das bedeutet, die ablaufenden Vorgänge sind wiederum temperatur- und zeitabhängig.

Die Kurven werden in drei Bereiche eingeteilt, die wie folgt bezeichnet werden (Bild 2):

I Erholung: Gekennzeichnet durch nur geringen Festigkeitsabfall/Dehnungsanstieg,

II Rekristallisation: Gekennzeichnet durch starken Festigkeitsabfall/Dehnungsanstieg,

III Kornvergröberung: Gekennzeichnet durch geringen Festigkeitsabfall/Dehnungsanstieg.

Das Ziel aller ablaufenden Vorgänge besteht wie bei allen thermisch aktivierbaren Vorgängen in der bereits genannten **Absenkung der inneren Energie** des Metalls. Dies geschieht hier durch Umordnung und Abbau von Gitterfehlern, insbesondere durch den Abbau von Versetzungen.

Wie gezeigt wurde, steigt beim Kaltverformen die Zahl der Versetzungen deutlich an. Die daraus resultierende gegenseitige Behinderung der Versetzungsgleitung war Ursache der beobachteten Verfestigung. Folglich muss der deutliche **Abfall der Festigkeit** im Verlauf der Glühung auf einen **Abbau von Versetzungen** zurückzuführen sein.

In den einzelnen Bereichen der Entfestigungskurve laufen im Metall unterschiedliche Vorgänge ab.

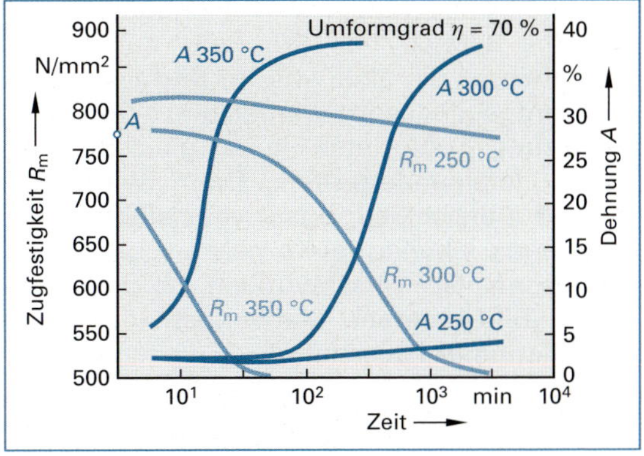

Bild 1: Rekristallisationskurven von Messing CuZn29Al, kalt gewalzt um 90 %, dann geglüht bei 250 °C, 300 °C und 350 °C

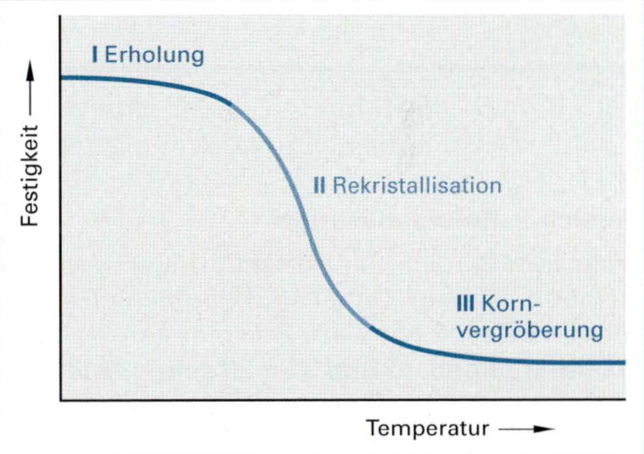

Bild 2: Bereiche der Entfestigungskurve

Bereich 1: Erholung

Im ersten Bereich der Entfestigungskurve erfolgt nur ein ganz geringer Festigkeitsabfall, die Kurve bleibt hier nahezu konstant. Über spezielle Messungen (Widerstand, röntgenografische Verfahren) und mithilfe des Elektronenmikroskops lässt sich zeigen, dass in diesem Bereich hauptsächlich Gitterfehler günstiger angeordnet werden. Ihre Zahl ändert sich aber kaum.

Zu verzeichnen sind z. B. die Diffusion (Wanderung) von Zwischengitteratomen und Leerstellen sowie die Bildung von Mehrfachleerstellen (Leerstellenclustern).

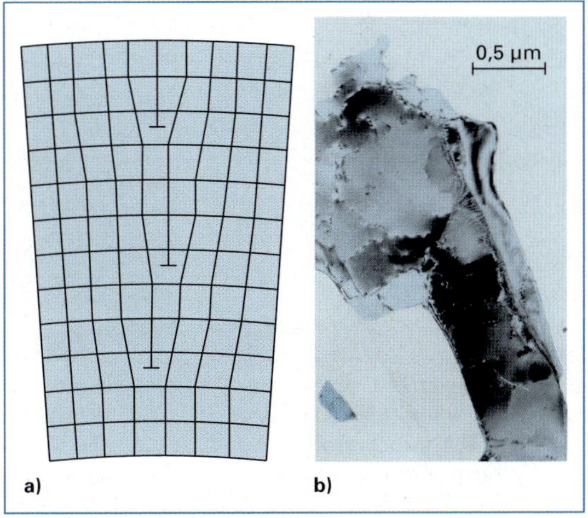

Bild 3: Polygonisation, a: schematisch b: Elektronenmikroskopische Aufnahme einer Zellstruktur in EN-AW Al99,5-Band (Reinaluminium) nach einer Erholungsglühung

Versetzungen können sich, wie im Bild 3a gezeigt, in Wänden anordnen. Dieser Vorgang heißt **Polygonisation**. Im Ergebnis konzentriert sich die Störung auf den Bereich in der Mitte, links und rechts davon ist das Gitter relativ gerade. Es verliert seine Krümmung sowie die damit verbundene Verspannung. Ein energetisch günstigerer Zustand wird erreicht. Im Elektronenmikroskop zeigen sich die Versetzungswände in den einzelnen Metallkörnern als neue Grenzen, die das Korn in Unterkörner, sog. **Subkörner** oder **Zellen**, einteilen (Bild 3b). Die Grenzen heißen daher auch **Subkorn- oder Zellgrenzen**.

Einzelne, sehr wenige Versetzungen können sich im Bereich der Erholung auslöschen. Dazu müssen sie aber, wie im **Bild 1 oben** gezeigt, entgegengesetzt (Versetzung 1 von oben, Versetzung 2 von unten) in der gleichen Gleitebene aufeinandertreffen. Dann wird, wie im **Bild 1** ersichtlich, aus zwei halben eingeschobenen Ebenen eine ganze Ebene. Die Versetzung ist verschwunden, d. h. ausgelöscht **(Bild 1 unten)**. Man spricht auch von **Annihilation** (Auslöschung).

Jedoch ist dieser Vorgang selten, da nur sehr wenige Versetzungen die notwendigen Voraussetzungen (gleiche Gleitebene, entgegengesetzt gerichtet) erfüllen. Daher beeinflusst die Annihiliation die Zahl der Versetzungen kaum und hat nahezu keine Auswirklungen auf die Festigkeit.

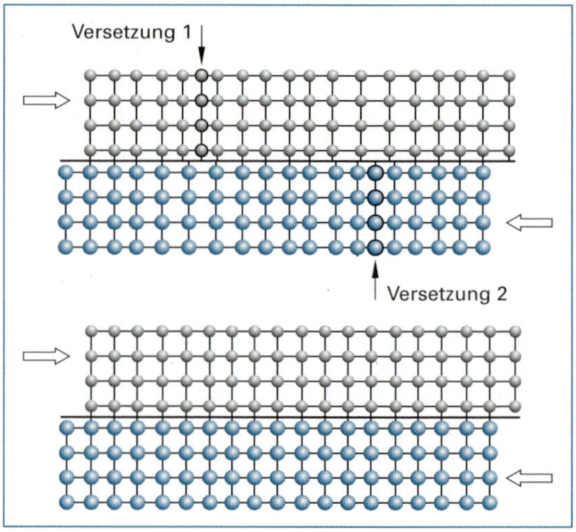

Bild 1: Auslöschung (Annihilation) von Versetzungen

> Im Bereich der Erholung findet eine Umverteilung der Fehler in günstigere Anordnungen statt. Die Fehlerdichte und damit die Festigkeit bleiben jedoch nahezu gleich.

Bereich 2: Rekristallisation

In diesem Bereich der Entfestigungskurve nimmt die Festigkeit stark ab, die Zähigkeit hingegen steigt deutlich an. Dabei sind deutliche Gefügeveränderungen im Lichtmikroskop zu beobachten, wie die **Bilder 2 bis 4** am Beispiel von stark verformtem Aluminium (Ausgangszustand verformt in **Bild 2**) zeigen. In **Bild 3** ist zu sehen, wie bei der Glühung im verformten Material einzelne neue Körner entstehen. Diese wachsen weiter, bis schließlich das gesamte Gefüge neu aufgebaut ist **(Bild 4)**. Röntgenografisch und elektronenmikroskopisch lässt sich zudem messen, dass die Zahl der Versetzungen deutlich abnimmt. Diese Abnahme der Versetzungsdichte ist schließlich die Ursache für den beobachteten starken Abfall der Festigkeit.

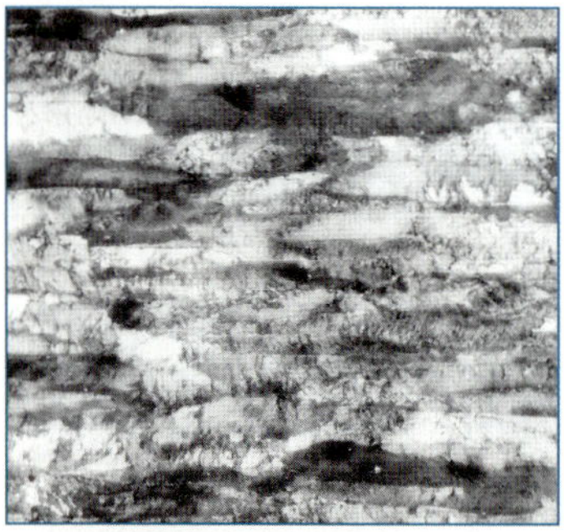

Bild 2: Verformtes Gefüge, Reinaluminium EN AW Al 99,5, Umformgrad 90 %, Vergrößerung für alle drei Bilder 50:1

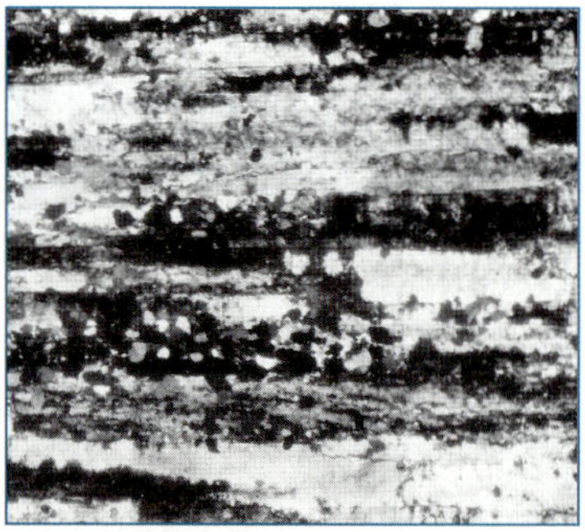

Bild 3: Erste rekristallisierte Körner in Reinaluminium EN AW Al 99,5, Umformgrad 90 %, geglüht bei 320 °C, 1 h

Bild 4: Vollständig rekristallisiertes Gefüge von Reinaluminium EN AW Al 99,5, Umformgrad 90 %, geglüht bei 320 °C, 10 h

Die hierbei ablaufenden Vorgänge lassen sich im Wesentlichen mit den Vorgängen bei der **Kristallisation** einer Schmelze vergleichen, denn auch hier läuft die Ausbildung des Gefüges über eine **Keimbildung** und nachfolgendes **Keimwachstum**. Daher trägt der Vorgang auch den Namen **Re-Kristallisation,** d. h. **erneute Kristallisation.**

Ziel bzw. treibende Kraft des gesamten Vorgangs ist die Absenkung der durch die vielen Versetzungen erhöhten inneren Energie des stark verformten Materials.

Zur **Keimbildung** selbst werden verschiedene Konzepte diskutiert. Beispielsweise kann der Fall eintreten, dass bei der Verformung einzelne Bereiche etwas stärker verformt wurden als andere. Folglich ist die Versetzungszahl in diesen Bereichen höher. Daher sind diese Bereiche instabiler (höhere innere Energie) als die weniger stark verformten Bereiche, die weniger Versetzungen aufweisen und damit stabiler sind (geringere innere Energie).

Liegen versetzungsarme und versetzungsreiche Bereiche genau nebeneinander, beginnt bei Wärmezufuhr der versetzungsärmere – stabilere – Bereich auf Kosten des versetzungsreicheren – instabileren – zu wachsen. Die Korngrenzen, die die Keime begrenzen, wandern weiter. Es kommt zum **Keimwachstum**. Dadurch wird der Keim größer, ein neues **Korn mit geringerer Versetzungsdichte** entsteht **(Bild 1)**.

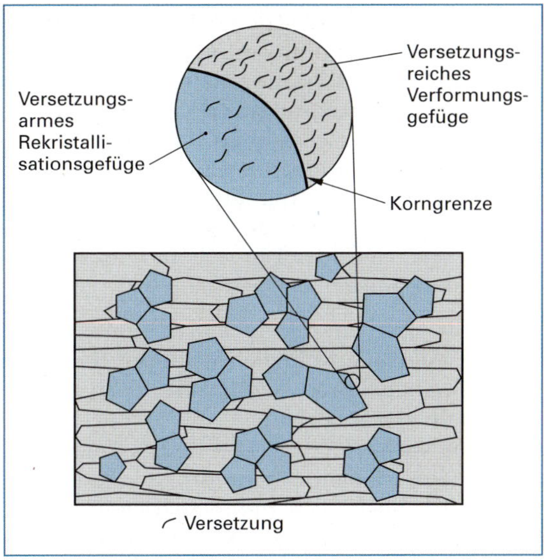

Bild 1: Wachstum versetzungsarmer Körner bei der Rekristallisation

Auf diese Weise baut sich beginnend von vielen Keimen das gesamte Gefüge neu auf. Korngrenzen verschieben sich, neue versetzungsarme Körner wachsen bis zur gegenseitigen Berührung aufeinander zu. Der Prozess läuft solange ab, bis das gesamte Gefüge vollständig aus neuen, kleinen Körnern aufgebaut ist. Verformungsgefüge ist dann im Mikroskop nicht mehr zu sehen.

> Die **Rekristallisation** beinhaltet die Bildung und Wanderung von Korngrenzen, wobei das gesamte Gefüge völlig neu mit erheblich reduzierter Fehlerdichte wieder aufgebaut wird.

Für die Rekristallisation wird eine charakteristische Temperaturschwelle angegeben, die **Rekristallisationstemperatur**. Sie wird in der Regel definiert als die Temperatur, bei der die Rekristallisation abgeschlossen ist, d. h. das Gefüge vollständig rekristallisiert ist.

Die im **Bild 2** genannten Rekristallisationstemperaturen sind mittlere Anhaltswerte, keine genau feststehenden Kenngrößen eines Metalls. Wie **Bild 2** zeigt, hängen sie von der Schmelztemperatur ab: Metalle mit niedriger Schmelztemperatur rekristallisieren bei geringeren Rekristallisationstemperaturen als Metalle mit hoher Schmelztemperatur.

> Die Rekristallisationstemperatur eines Metalles ist umso höher, je größer die Schmelztemperatur des Metalls ist.

Darüber hinaus hängt der Rekristallisationsablauf von weiteren Faktoren ab, u. a. von der Glühtemperatur **(Bild 1, Seite 61)**, von der Glühzeit, vom Umformgrad und von der Reinheit des Metalls.

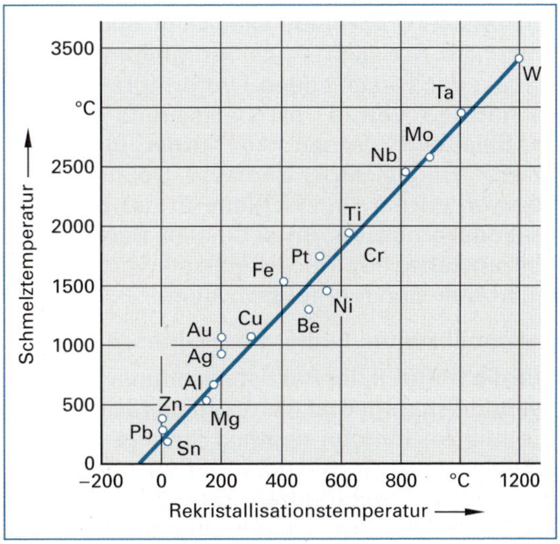

Bild 2: Abhängigkeit der Rekristallisationstemperatur reiner Metalle von der Schmelztemperatur nach vorhergehender starker Kaltumformung

Rekristallisation: Einfluss des Umformgrades

Nach starker Kaltumformung ist die Versetzungszahl deutlich größer als bei kleinen oder mittleren Umformgraden. Dementsprechend zeigen sich Unterschiede im Rekristallisationsverhalten: Stark verformte Proben rekristallisieren „früher", d. h. bei kürzeren Zeiten, bzw. geringeren Temperaturen als schwächer verformte, wie die **Bilder 1** und **2** am Beispiel von Kupfer und Aluminium belegen.

Weiterhin hat der Umformgrad einen deutlichen Einfluss auf die sich nach der Rekristallisation einstellende **Korngröße** (**Bild 3**, Diagramm oben).

- In stark verformten Proben ist das Bestreben zur Rekristallisation sehr groß. Folglich bilden sich wesentlich mehr Rekristallisationskeime, aus denen viele Körner wachsen. Es ergeben sich daher sehr feinkörnige Gefüge.
- Bei Umformung nach mittleren Umformgraden ist das Bestreben zur Rekristallisation kleiner. Aus diesem Grund bilden sich weniger Keime, die Folge ist ein gröberes Korn.
- Sehr schwach verformte Proben beginnen sehr spät zu rekristallisieren oder auch gar nicht, denn hier ist die Versetzungsdichte kaum angestiegen. Damit gibt es keinen oder nur wenig Anlass für Rekristallisationsprozesse. Die Rekristallisation beginnt somit erst ab einem sog. kritischen Umformgrad **(Bild 3, η_K)**.

Weist eine Probe verschiedene Umformgrade auf, ergeben sich nach erfolgter Glühung verschiedene Korngrößen. Dies zeigt **Bild 3,** Foto unten, am Beispiel eines Aluminium-Keilzugstabes, der verschiedene Umformgrade repräsentiert. Er wurde rekristallisierend geglüht, anschließend wurden die Körner über eine Makroätzung sichtbar gemacht. Deutlich sichtbar werden die Unterschiede in der Rekristallisationskorngröße: Im schmalen Bereich des Keilzugstabes erfolgte die stärkste Verformung, die Körner sind hier folglich klein.

Rekristallisation: Einfluss der Glühzeit

Wie die Glühzeit das Rekristallisationsverhalten beeinflusst, zeigt **Bild 4** am Beispiel von Kupfer. Die mit 24 Stunden deutlich längere Glühzeit bewirkt, dass die Rekristallisation bereits bei geringeren Temperaturen als nach 1 h abgeschlossen ist. Kürzere Glühzeiten (im Bild eine Stunde) hingegen machen höhere Glühtemperaturen erforderlich, um eine vollständige Rekristallisation zu erreichen.

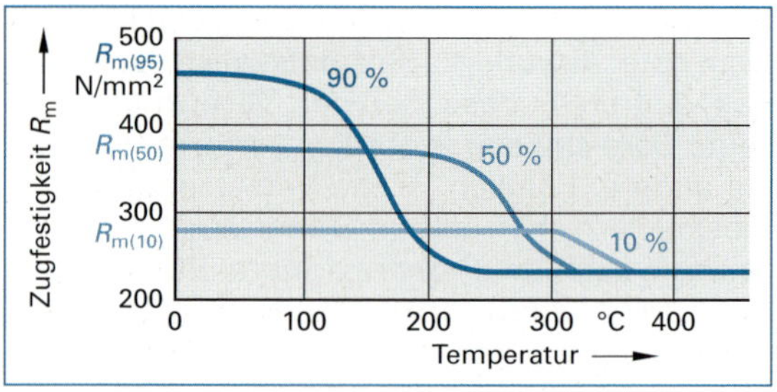

Bild 1: Entfestigung von reinem Kupfer in Abhängigkeit vom Umformgrad η (Zahlenwert an der Kurve)

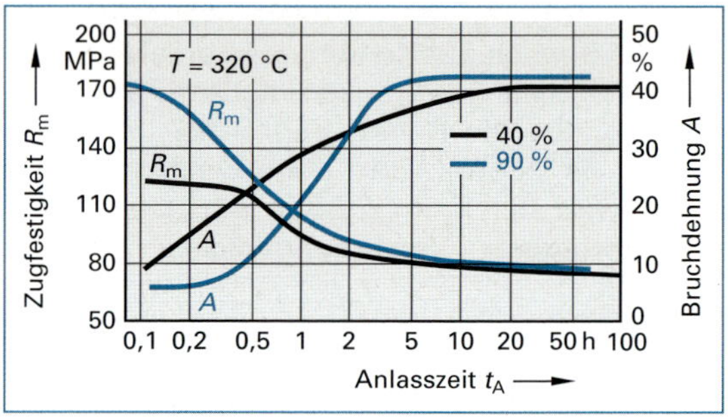

Bild 2: Entfestigung von Reinaluminiumband (EN-AW Al99,5), geglüht bei 320 °C, Vergleich verschiedener Umformgrade η

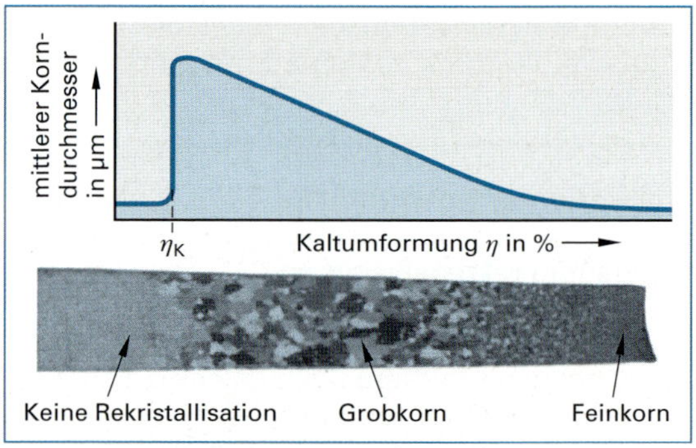

Bild 3: Abhängigkeit von Umformgrad und Rekristallisationskorngröße am Beispiel eines Aluminiumkeilzugstabs

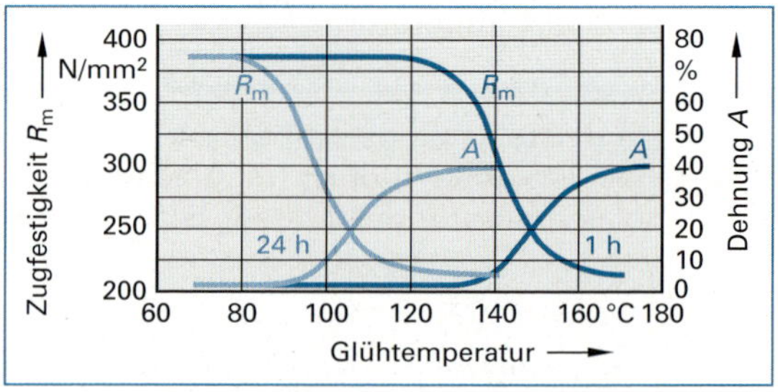

Bild 4: Entfestigung von im mittleren Bereich (ca. 50 %) verformtem Kupfer in Abhängigkeit von der Glühzeit

Einfluss des Reinheitsgrades

Legierungs- oder Verunreinigungselemente können sich an Korngrenzen anlagern (siehe **Bild 1, Seite 40**). Derart „verankerte". Korngrenzen können sich dann aber bei der Rekristallisation nicht so einfach bewegen, wie dies „freie" Korngrenzen könnten. Um sich bewegen zu können, müssen sich die verankerten Korngrenzen erst von ihren Fremdatomen lösen. Dazu ist mehr Energie (Wärme) oder mehr Zeit notwendig.

Das heißt, die für die Rekristallisation notwendige Bewegung der Korngrenzen wird durch Fremdatome behindert. Folglich wird die Rekristallisation etwas verzögert oder setzt erst bei etwas höheren Temperaturen ein, wie **Bild 1** für mit Magnesium legiertes Aluminium zeigt.

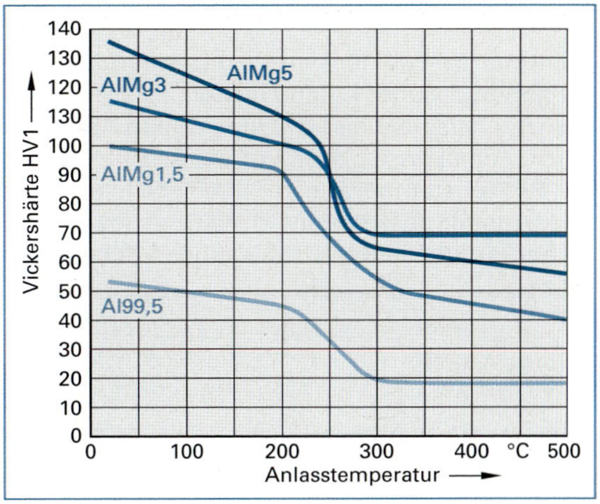

Bild 1: Einfluss des Legierungszusatzes Mg auf das Entfestigungsverhalten von Aluminium, Umformgrad 90 %; Anlasszeit 1 h

Eine solche Verzögerung muss nicht von Nachteil sein, denn ein solches Material behält auch bei höheren Temperaturen seine Festigkeit. Das heißt, die **Warmfestigkeit** ist größer.

Rekristallisationstextur

Wandernde Korngrenzen laufen vornehmlich in eine Richtung. Dadurch kann sich wieder eine Vorzugsorientierung (Ausrichtung) der neu entstandenen Körner ergeben, d. h., eine Textur stellt sich ein – die **Rekristallisationstextur**.

Bereich 3: Kornvergröberung

Im letzten Bereich der Rekristallisationskurve wachsen die durch Rekristallisation neu entstandenen Körner weiter **(Bild 2)**. Dies geschieht, indem große Körner in die kleineren hineinwachsen.

> Lange Glühzeiten bewirken die Ausbildung von **Grobkorn**.

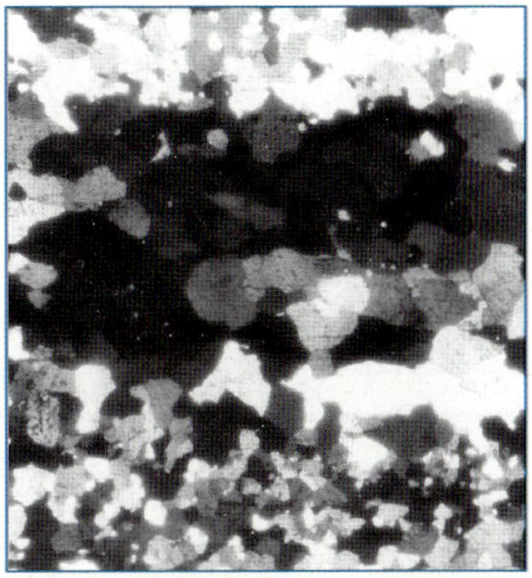

Bild 2: Reinaluminium EN-AW Al 99,5, Umformgrad 90 %, geglüht bei 450 °C, 10 h

Derartige Kornvergröberungsvorgänge sind übrigens nicht nur nach Rekristallisationsprozessen zu beobachten, sondern auch bei anderen Wärmebehandlungen oder beim Einsatz von Metallen bei hohen Temperaturen. Es gilt: Lange Glühzeiten bewirken eine Kornvergröberung. Da ein grobkörniges Korn weniger Korngrenzen und damit weniger Hindernisse für gleitende Versetzungen hat, fällt die Festigkeit etwas ab.

Ein grobes Korn hat zumeist ungünstige Verarbeitungseigenschaften. Beispielsweise kann sich beim Umformen auf der Oberfläche die Kornstruktur als **„Orangenhaut"** abzeichnen, wie **Bild 3** für Messing zeigt. Aus diesem Grund sollten lange Glühzeiten vermieden werden.

Bild 3: Orangenhaut nach Verformung von sehr grobkörnig geglühtem Messing

> Grobkorn kann zur Ausbildung einer **Orangenhaut** bei Umformprozessen führen.

3.6.4 Technische Bedeutung von Rekristallisationsvorgängen

Nicht nur im Fall der bereits gezeigten Zwischenglühungen sind Entfestigungsvorgänge wichtig, sie haben darüber hinaus in vielen Bereichen der Technik Bedeutung, Entfestigungsvorgänge begrenzen beispielweise die maximalen **Betriebstemperaturen** in den Fällen, in denen die Festigkeit einer Metallkonstruktion vor allem durch Kaltverfestigung des Metalls gewährleistet wird. Würde die Betriebstemperatur die Rekristallisationstemperatur erreichen oder überschreiten, käme es zum Ausfall des Bauteils durch Festigkeitsabfall. Legierte Metalle sind hier im allgemeinen beständiger, da die Rekristallisation durch Legierungselemente verzögert wird **(Bild 1)**.

Legierungen eines Metalls sind in der Regel bei hohen Temperaturen beständiger als das reine Metall.

Teilharte Werkstoffzustände

Über Entfestigungsvorgänge lassen sich **teilharte Zustände** einstellen, die eine mittlere Festigkeit und Verformbarkeit aufweisen (z. B. 3/4-,1/2-,1/4- oder 1/8-harte Zustände). Sie sind für Einsatzfälle notwendig, bei denen eine gute Festigkeit bei gleichzeitig ausreichender Zähigkeit gefordert wird z. B. bei Blechen für Autokarosserien. Diese müssen gut verformbar sein, um durch Umformen – zumeist Tiefziehen – in die gewünschte Form gebracht zu werden. Bei der Umformung verfestigen sie und es ergibt sich die notwendige Bauteilfestigkeit. Dennoch muss das fertige Karosserieteil weiterhin verformbar sein. Denn im Fall eines Unfalls muss es durch weitere Verformung Crashenergie abbauen können, um die Fahrzeuginsassen zuverlässig zu schützen.

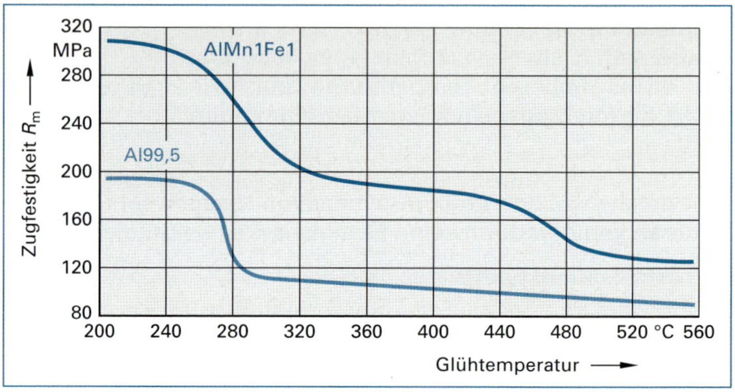

Bild 1: Verzögerte Rekristallisation von zurvor um 90 % verformten Aluminium durch Zusatz von 1 % Mangan und 1 % Eisen

Teilharte Werkstoffzustände haben eine mittlere Festigkeit und eine mittlere Zähigkeit.

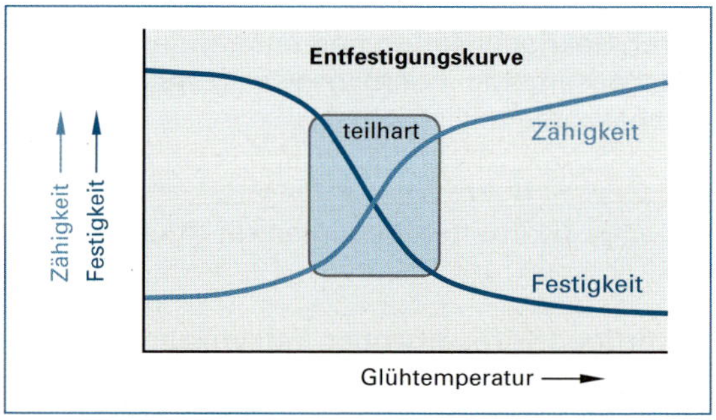

Bild 2: Teilrekristallisation zur Einstellung teilharter Werkstoffzustände (schematisch)

Teilharte Werkstoffzustände lassen sich prinzipiell über zwei unterschiedliche Wege einstellen:

- Die erste Möglichkeit beinhaltet eine **Teilrekristallisation**. Wie **Bild 2** zeigt, wird die Rekristallisationsglühung des kaltverformten Werkstoffs nicht vollständig durchgeführt, sondern vorher beendet. Im Bereich des Steilabfalls werden dann mittlere Festigkeiten und Verformbarkeiten erreicht.
- Eine mittlere Festigkeit bei immer noch guter Dehnung lässt sich auch durch ein geringes **Nachwalzen** voll rekristallisierter Zustände erreichen **(Bild 3)**.

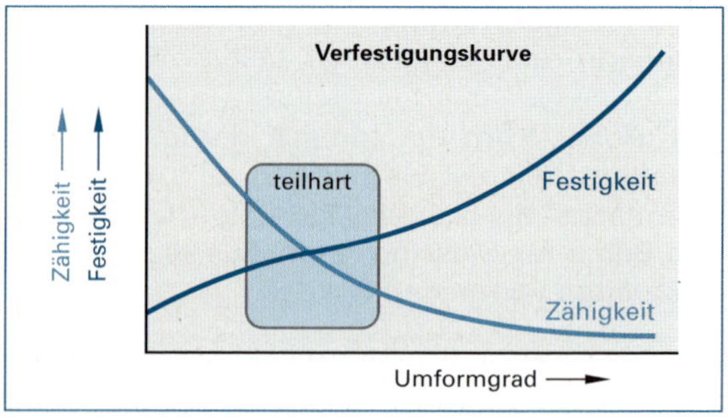

Bild 3: Nachwalzen zur Einstellung teilharter Werkstoffzustände (schematisch)

Zwischenglühungen bei der Kaltverformung

Wird ein Metall bei einer Temperatur unterhalb der Rekristallisationstemperatur verformt (z. B. Kaltwalzen), dann spricht man von einer **Kaltverformung**. Hierbei ist die Verformbarkeit durch die zunehmende Kaltverfestigung begrenzt. Hohe Umformgrade können zu Rissen oder sogar zum Bruch führen. Zudem müssen immer höhere Umformkräfte aufgebracht werden, was auch mit Blick auf die Belastung der Umformmaschinen und die Energiekosten nicht sinnvoll ist.

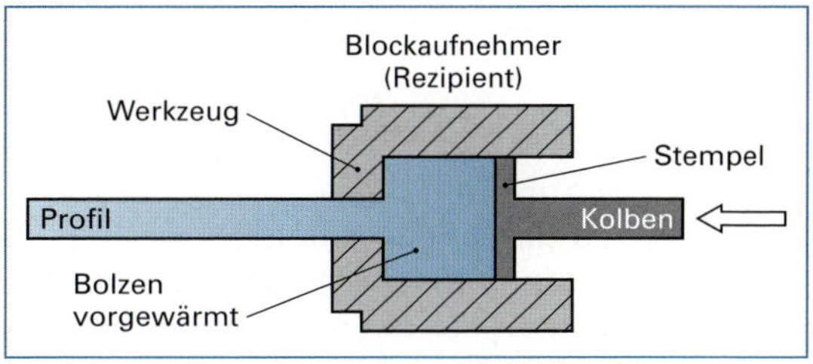

Bild 1: Eine typische Warmverformung – Strangpressen eines metallischen Werkstoffs

Muss dennoch um hohe Umformgrade kalt gewalzt werden – z. B. bei der Herstellung dünner Folien – sind rekristallisierende Glühungen als **Zwischenglühungen** zwischen den Walzschritten notwendig. Durch die beim Glühen erfolgende Entfestigung sind weitere Dickenabnahmen ohne Bruch des Materials durchführbar und auch die Umformkräfte blieben in einem technisch und ökonomisch vertretbaren Rahmen.

Warmumformung

Erfolgt die Umformung eines Metalls hingegen bei bei einer Temperatur oberhalb der Rekristallisationstemperatur, spricht man von **Warmumformung**. Hierzu gehören z. B. das Schmieden, das Warmwalzen oder das Strangpressen **(Bild 1)**. Aufgrund der hohen Temperatur laufen dabei **gleichzeitig** Verfestigung und Entfestigung ab.

Man spricht von **dynamischer Erholung und dynamischer Rekristallisation**. Das heißt, es werden gleichzeitig Versetzungen gebildet und wieder abgebaut. Damit ist die Verfestigung bei der Warmumformung deutlich geringer und stärkere Umformungen können vorgenommen werden. Jedoch ist die Oberflächenqualität eines warmverformten Werkstoffs verglichen mit der Kaltumformung schlechter, da es durch die hohe Temperatur zur Oxidation der Oberfläche kommen kann.

> Dynamische Erholung bzw. dynamische Rekristallisation laufen bei einer Warmumformung ab.

Aufgaben

1. Was verstehen Sie unter dem Kirkendall-Effekt? Worauf beruht er?
2. Kupferblech wird von 10 mm Ausgangsdicke bei Raumtemperatur auf eine Enddicke von 0,6 mm gewalzt. Warum wird eine solche Umformung normalerweise in mehreren Stichen mit Zwischenglühungen vorgenommen? Warum wären bei einer ähnlichen Umformung von Blei keine Zwischenglühungen erforderlich?
3. Über welche zwei Verfahrenskombinationen kann ein 3/4-harter Zustand eingestellt werden?
4. Warum darf bei einem halbharten Material die angegebene maximale Einsatztemperatur nicht überschritten werden?
5. Warum weisen legierte Metalle in der Regel bei höheren Temperaturen auch nach längerer Zeit bessere Festigkeitswerte auf als reine Metalle?
6. Worin besteht der Unterschied zwischen Warm- und Kaltumformung?
7. Welche Vorteile bietet eine Warmumformung?
8. Welche Vorteile bietet eine Kaltumformung?
9. Was ist unter einer dynamischen Rekristallisation zu verstehen?
10. Warum lassen sich beim Schmieden große Formänderungen erzielen?
11. Warum werden Bleche, die stark glänzen sollen – z. B. Aluminiumreflektorbleche für Lampen – kalt gewalzt?

3.7 Zustandsschaubilder

Die Verwendung **reiner Metalle** ist in der Technik eher selten. In den meisten Fällen werden **Legierungen** eingesetzt. Dafür gibt es mehrere Gründe: Zum einen ist die Herstellung reiner Metalle sehr aufwändig. Aus diesem Grund weisen technisch verwendete Metalle in der Regel immer **Verunreinigungen** auf. Sie bestehen damit also auch aus mehreren Komponenten. Zum anderen werden gezielt **Legierungselemente** eingebracht, um, wie gezeigt, die mechanischen und andere Eigenschaften nach Wunsch beeinflussen zu können.

Legierungen entstehen, indem ein Metall mit einem anderen oder mehr Elementen zumeist im schmelzflüssigen Zustand gemischt wird. Hierbei kann es sich um Metalle oder auch Nichtmetalle handeln, insgesamt zeigt die entstandene Legierung aber metallisches Verhalten. Das Metall selbst und die Legierungselemente bezeichnet man als **Komponenten** des jeweiligen Legierungssystems. Je nach Zahl der Komponenten werden unterschieden:

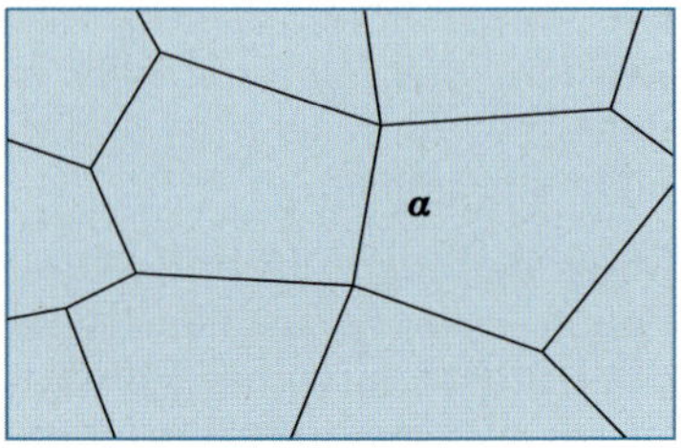

Bild 1: Einphasiges Gefüge, (z. B. Alpha-Messing wie CuZn30)

- **Binäre Legierungen** – aus **zwei** Komponenten,
  Beispiel: Stahl (Eisen und Kohlenstoff), Messing (Kupfer und Zink), Bronze (Kupfer und Zinn),
- **Ternäre Legierungen** – aus **drei** Komponenten,
  Beispiel: Rotguss (Kupfer, Zinn und Zink), Neusilber (Kupfer, Zink und Nickel), Rotgold (Gold, Kupfer und Silber)
- **Quaternäre Legierungen** – aus **vier** Komponenten,
  Beispiel: AlCuSiMn-Knetlegierungen
- **Höhere Systeme** – aus **mehr** als vier Komponenten,
  Beispiel: AlLiCuMgZr-Legierungen

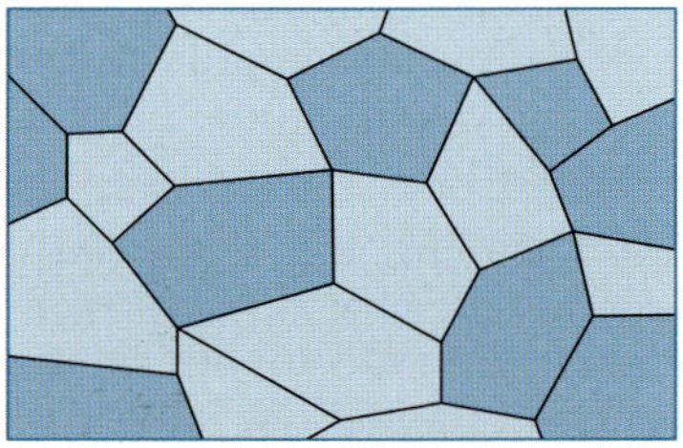

Bild 2: Zweiphasiges Gefüge, (z. B. Alpha+Beta-Messing wie CuZn37)

> **Komponenten** sind die voneinander unabhängigen Ausgangsstoffe einer Legierung.

Da eine Legierung immer aus zwei oder mehr Komponenten besteht, wird sie auch als **Mehrkomponentensystem** bezeichnet. Der Anschliff einer Legierung kann unter dem Mikroskop sehr verschiedene Gefüge **(Bilder 1 bis 4** sowie **Bild 2, Seite 40)** zeigen, je nachdem, ob die Legierung nur aus einer oder aus mehreren **Gefügephasen** besteht. Diese Phasen können je nach Legierungssystem die Legierungsmetalle selbst oder eventuell gebildete Mischkristalle bzw. Verbindungen sein.

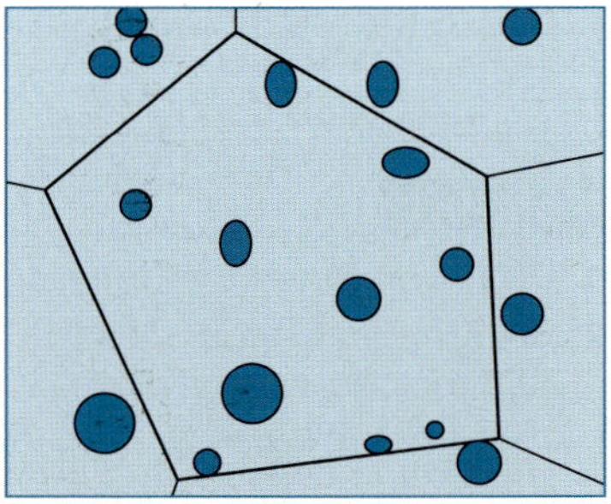

Bild 3: Zweiphasiges Gefüge, zweite Phase punktförmig angeordnet

Phasen sind in sich stofflich einheitlich (homogen) und grenzen sich voneinander durch **Phasengrenzflächen** ab (siehe **Bild 1, Seite 41**). Im Mikroskop können z. B. helle und dunkle Körner zu sehen sein, die wie in Messing CuZn37 den dort auftretenden Mischkristallen α und β entsprechen **(Bild 2)**. Phasen können auch, wie in **Bild 3** gezeigt, in anderer Anordnung vorliegen (dunkle Phase punktförmig in heller Phase eingelagert). Phasen können sogar gestreckt sein **(Bild 4)** oder Netze bilden **(Bild 2, Seite 40)**. Unterschiede kann es auch bei Mengenanteilen einzelner Phasen geben (viel mehr dunkle als helle Körner).

Bild 4: Zweiphasiges Gefüge, zweite Phase gestreckt

> **Phasen** sind stofflich einheitliche (homogene) Bereiche, die sich voneinander durch Phasengrenzflächen abgrenzen.

Wie in den vorherigen Kapiteln gezeigt wurde, hängen die Eigenschaften des Werkstoffes entscheidend vom Gefüge ab. Daher ist es auch bei metallischen Legierungen wichtig, vorhersagen zu können, wie sie erstarren und daraus folgend, welches Gefüge und damit welche Eigenschaften sich bei Raumtemperatur einstellen werden. Darüber hinaus ist es interessant zu wissen, ob beim Einsatz einer Legierung bei erhöhten Temperaturen Änderungen des Gefüges zu erwarten sind.

Antwort auf diese Fragen geben **Zustandsdiagramme**, die aus **Abkühlkurven** vieler verschiedener Zusammensetzungen eines Legierungssystems konstruiert werden. Nachfolgend werden die Grundlagen der wichtigsten **binären Systeme (Zweistoffsysteme)** erläutert. Für höhere Systeme wird auf die Fachliteratur verwiesen.

3.7.1 Abkühlungskurven

Eine **Abkühlungskurve** wird während der sehr **langsamen** Erstarrung einer Schmelze mittels eines Thermoelements aufgenommen. Die sich ergebenden Temperaturänderungen werden in Abhängigkeit von der Zeit aufgezeichnet. Dieses Vorgehen wird als **thermische Analyse** bezeichnet.

Bild 1 zeigt die Abkühlungskurve für die Erstarrung eines **reinen Metalls**, z. B. Kupfer oder Nickel. Deutlich sichtbar ist, dass die Temperatur während der Erstarrung über einen längeren Zeitraum konstant bleibt. In der Kurve ergibt sich damit ein **Haltepunkt**. Bei dieser Temperatur liegen Schmelze und Kristall nebeneinander vor, man sagt: sie stehen miteinander im **Gleichgewicht**. Erst wenn die ganze Schmelze fest geworden ist, sinkt die Temperatur weiter. Die Lage des Haltepunktes entspricht der Schmelztemperatur des Metalls, z. B. Kupfer 1083 °C, Nickel 1455 °C, Eisen 1536 °C.

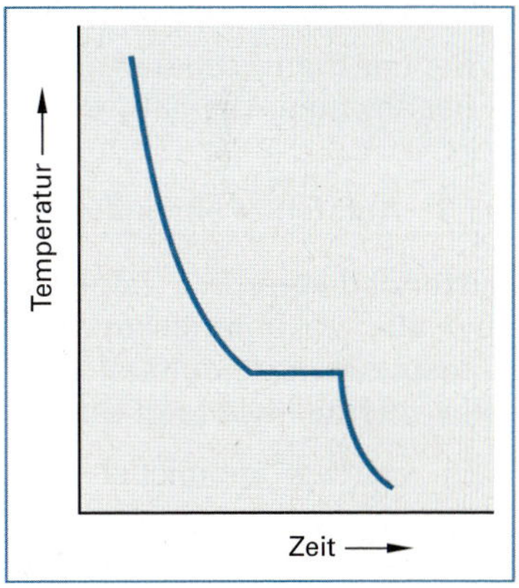

Bild 1: Abkühlkurve eines reinen Metalls mit typischem Haltepunkt

> **Gleichgewicht** bedeutet, dass zwei oder mehr Phasen unter den Bedingungen einer langsamen Abkühlung nebeneinander vorliegen.

Erklärbar ist der Haltepunkt mit der bei der Kristallisation frei werdenden **Kristallisationswärme**, ein von den im Winter erhältlichen Wärmekissen bekanntes Phänomen **(Bild 2)**: Diese Kissen sind mit einer speziellen Salzlösung gefüllt, die durch Knicken eines innenliegenden Metallplättchens zur Kristallisation gebracht wird. Dabei wird Kristallisationswärme frei, die angenehm über einen längeren Zeitraum die Hände wärmt.

Bei Metallen verhält es ähnlich, jedoch entsteht nicht so viel Kristallisationswärme. Die frei werdende Wärme reicht aber, um die Temperatur während der Erstarrung über einen längeren Zeitpunkt konstant zu halten. In der Abkühlungskurve ergibt sich daher ein **Haltepunkt**.

> Der **Haltepunkt**, der sich in der Abkühlungskurve eines reinen Metalls zeigt, ist auf die frei werdende Kristallisationswärme zurückzuführen.

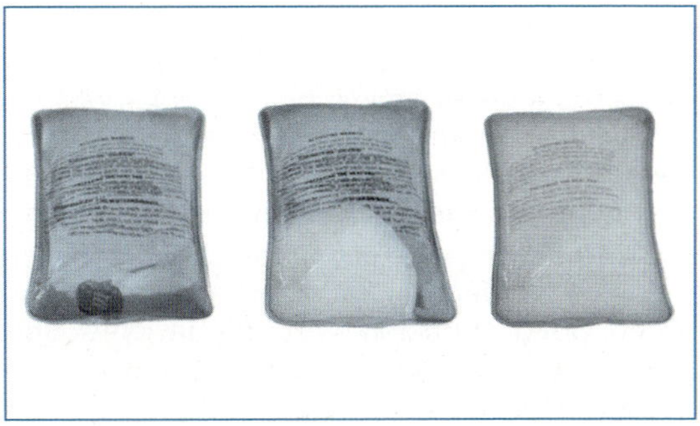
Bild 2: Wärmekissen in den einzelnen Phasen der Kristallisation

Bei Legierungen können sich ganz unterschiedliche Abkühlungskurven ergeben. Im Fall einer Kupfer-Nickel-Legierung entspricht die Kurve dem im **Bild 1** gezeigten Verlauf mit zwei **Knickpunkten**. Sie zeigen, dass auch hier Kristallisationswärme frei wird.

Oberhalb des oberen Knickpunktes liegt nur Schmelze S vor, d. h. die ganze Legierung ist **flüssig** (lat. *liquide*). Daher heißt dieser Punkt **Liquiduspunkt**. Unterhalb des unteren Knickpunkts ist ganze Legierung erstarrt als Mischkristall, der hier mit α bezeichnet wurde. Die Legierung ist somit **fest** (lat. *solide*), daher heißt dieser Punkt **Soliduspunkt**.

Dazwischen liegen beide Phasen – fester Kristall und Schmelze – nebeneinander – man sagt „im Gleichgewicht" – vor. In derartigen Legierungen gibt es somit keine genau definierte Erstarrungs- (bzw. Aufschmelztemperatur) sondern ein **Erstarrungs- bzw. Aufschmelzintervall**. In diesem Temperaturbereich existieren Mischkristall und Schmelze nebeneinander.

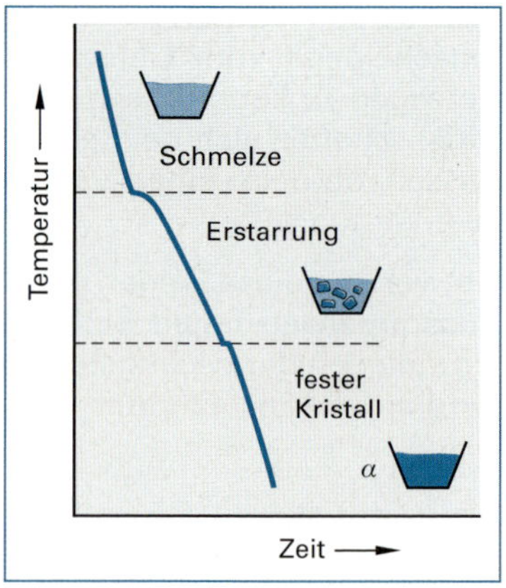

Bild 1: Abkühlkurve einer Cu-Ni-Legierung mit Erstarrungsintervall

Bei der thermischen Analyse zeigen reine Metalle **Haltepunkte**. Legierungen erstarren – von bestimmten Ausnahmen abgesehen – in einem Temperaturbereich.

3.7.2 Aufstellen eines Zustandsdiagramms

Zustandsdiagramme zeigen die Abhängigkeit der Konzentration von der Temperatur. In ihnen sind **alle** Abkühlungskurven eines Legierungssystems mit ihren charakteristischen Umwandlungspunkten, (Liquidus- und Soliduspunkte) zusammengefasst. Eine solches Diagramm wird experimentell wie folgt erstellt:

- Es werden möglichst viele Legierungszusammensetzungen der betreffenden Legierungssysteme erschmolzen, beispielsweise Kupfer und Nickel in vielen verschiedenen möglichen Kombinationen: 30 % Kupfer und 70 % Nickel, 50 % Kupfer und 50 % Nickel sowie 70 % Kupfer und 30 % Nickel und viele weitere.
- Von allen diesen Legierungen werden experimentell mit sehr langsamer Abkühlung die Abkühlungskurven aufgenommen. Damit sind deren Liquidus- und Soliduspunkte bekannt.
- Auch die Haltepunkte (Erstarrungstemperaturen) der reinen Komponenten, Cu und Ni, werden bestimmt.
- Alle bestimmten Umwandlungspunkte werden bei den entsprechenden Zusammensetzungen in ein Temperatur-Konzentration-Schaubild eingetragen, wie es die **Bilder 2** und **3** zeigen.
- Die einander entsprechenden Umwandlungspunkte werden miteinander verbunden. Aus den Soliduspunkten wird damit eine **Soliduslinie**, aus den Liquiduspunkten wird eine **Liquiduslinie**.
- Ein so entstandenes Zustandsdiagramm zeigt **Bild 1, Seite 71** für das System Kupfer-Nickel.

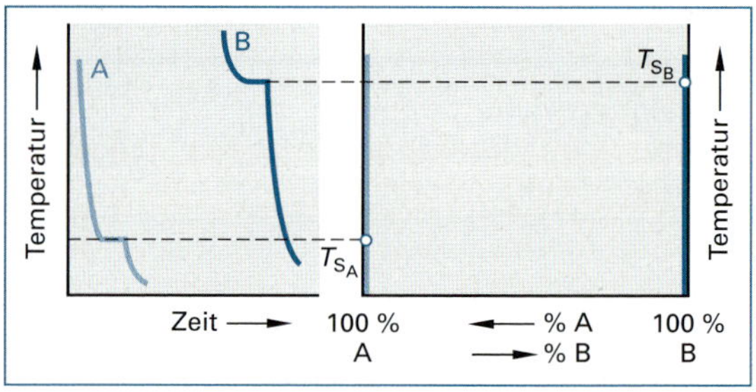

Bild 2: Eintragen der Haltepunkte der reinen Komponenten in das Temperatur-Konzentrations-schaubild – A entspricht Cu, B entspricht Ni

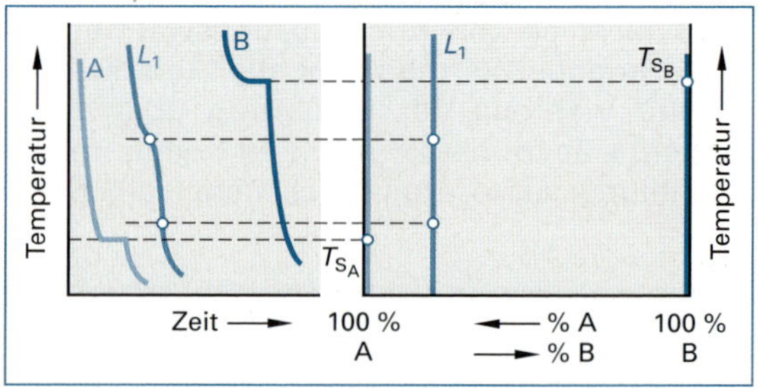

Bild 3: Eintragen von Liquidus- und Soliduspunkt einer Legierung in das Temperatur-Konzentrationsschaubild

Diese Legierungen sind alle sehr gut umformbar. (gute Knetlegierung)

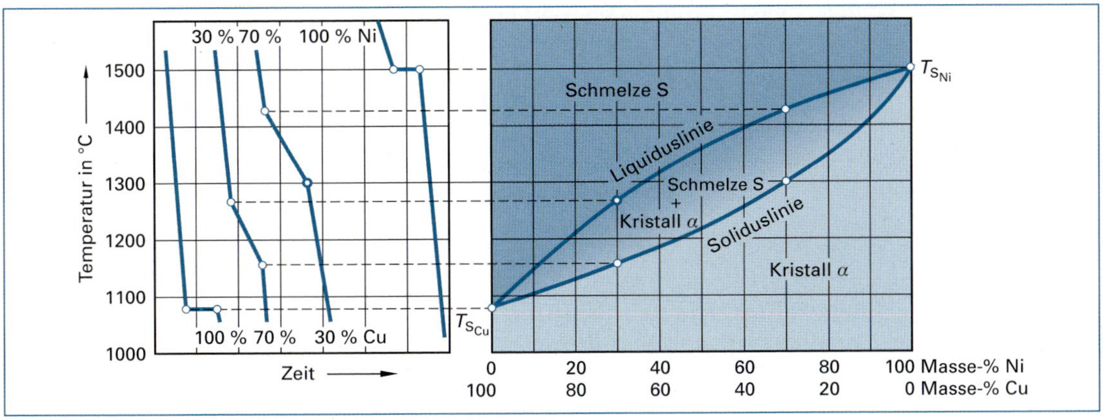

Bild 1: Zustandsschaubild Kupfer (Cu) – Nickel (Ni)

3.7.3 System mit vollkommener Löslichkeit im flüssigen und im festen Zustand

Das System Kupfer-Nickel **(Bild 1)** ist ein binäres **Diagramm mit vollständiger Löslichkeit der Komponenten im flüssigen und im festen Zustand**. Man spricht auch von **vollkommener Löslichkeit** (bzw. **vollkommener Mischbarkeit**).

Vollständige Löslichkeit im flüssigen Zustand heißt, dass sich aus beiden Komponenten – Kupfer und Nickel – beim Aufschmelzen eine einheitliche, homogene Schmelze S bildet.

Vollständige Löslichkeit im festen Zustand ist nur bei **Austauschmischkristallen** (siehe **Bild 2, Seite 52**) möglich. Wie **Bild 2** zeigt, können alle denkbaren Mischungen von A und B hergestellt werden – es bildet sich immer ein Mischkristall *α*. Ein theoretisch denkbares, stetiges Ersetzen von A-Atomen durch B-Atome führt irgendwann zum reinen B-Gitter. Auch in der Praxis sind alle möglichen Legierungszusammensetzungen der Komponenten A und B problemlos herstellbar. Sie bestehen immer wieder aus dem gleichen Mischkristall, der sich nur dadurch unterscheidet, dass er anfangs mehr A als B enthält (A-reich) und später mehr B als A (B-reich). Im Zustandsdiagramm wird ein Mischkristall in der Regel mit einem griechischen Buchstaben – hier *α* – gekennzeichnet.

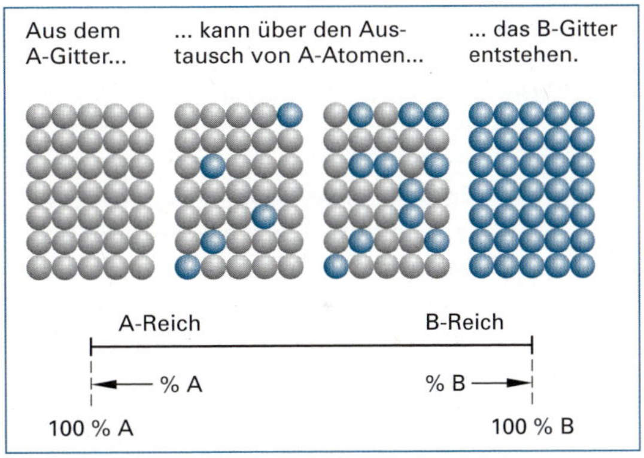

Bild 2: Vollständige Löslichkeit (Mischbarkeit) im Austauschmischkristall

Damit ein solcher lückenloser Austausch aber möglich ist, müssen die beteiligten Elemente bestimmte Voraussetzungen erfüllen. Notwendig ist ein gleiches Kristallgitter, was bei Kupfer und Nickel gegeben ist – beide kristallisieren im kfz-Gitter. Zudem dürfen sich die Atomgrößen nicht stark unterscheiden. Auch dies ist beim System Kupfer-Nickel der Fall: Nickel hat einen Atomradius von $1{,}25 \cdot 10^{-10}$ m, Kupfer von $1{,}28 \cdot 10^{-10}$ m. Diese Bedingungen für die **vollständige Löslichkeit** werden auch **Hume-Rothery-Regeln** genannt. Sind sie nicht erfüllt, gelten andere Zustandsdiagramme.

Das Zustandsdiagramm Cu-Ni im **Bild 1** weist drei Phasenfelder auf:

- Bei Temperaturen oberhalb der Liquiduslinie sind alle Legierungen flüssig, hier findet sich das Phasenfeld der **Schmelze S**.
- Bei Temperaturen unterhalb der Soliduslinie sind die Legierungen erstarrt. Das Phasenfeld der festen Phase wird erreicht. Die festen Legierungen bestehen dann aus **Austauschmischkristallen *α***.

- Zwischen den beiden Linien ergibt sich ein linsenförmiges **Zweiphasengebiet**, in dem **Schmelze und Mischkristall** (S + α) nebeneinander existieren. Hier liegt ein breiartiger, halbflüssiger Zustand vor.

Mithilfe eines solchen Zustandsdiagrammes ist es möglich, genau anzugeben, welche Gefügebestandteile sich bei einer bestimmten Legierungszusammensetzung nach langsamer Abkühlung (im Gleichgewichtsfall) einstellen werden.

Dies hat in dem als Beispiel betrachteten System Kupfer-Nickel durchaus technische Bedeutung, denn aus Legierungen dieses Typs (CuNi25 d. h. Kupfer mit 25 % Nickel) werden z. B. Münzen wie das frühere 5-DM-Stück oder der Ring der 2-Euro-Münze hergestellt **(Bild 1, Seite 174)**.

Zu erwarten ist bei Raumtemperatur gemäß des Systems immer ein Mischkristall α. Im festen Zustand zeigt der Anschliff daher stets ein homogenes α-Mischkristall-Gefüge (siehe **Bild 1, Seite 68**).

Jedoch kann es **Abweichungen** geben, wenn **nicht ideal langsam** abgekühlt wird. Da dies in der Technik nahezu immer der Fall ist, lohnt es sich, diese Abweichungen genauer zu betrachten: Wird eine bestimmte Legierung aus dem schmelzflüssigen Zustand heraus abgekühlt, beginnt beim Schneiden der Liquiduslinie gemäß **Bild 1** die Erstarrung, indem erste α-Mischkristalle aus der Schmelze ausfallen.

Die Zusammensetzung der entstehenden Mischkristalle lässt sich für **jede** Temperatur innerhalb des Zweiphasenfeldes am Diagramm selbst ablesen, wie **Bild 2** zeigt. Dazu wird in das Zweiphasengebiet bei der jeweils interessierenden Temperatur eine isotherme Linie gelegt, die **Konode**. Am Schnittpunkt der Konode mit der Soliduslinie kann, wie im **Bild 2** rechts gezeigt, die Zusammensetzung der α-Mischkristalle abgelesen werden – hier 60 % B und 40 % A. Am Schnittpunkt mit der Liquiduslinie links wird die Zusammensetzung der Schmelze abgelesen – hier 10 % B und 90 % A.

Bild 3 zeigt Werte, die sich so für eine Legierung mit 60 % A und 40 % B ergeben. Ersichtlich ist, die zuerst ausfallenden Mischkristalle enthalten viel B, was sich damit erklären lässt, dass B aufgrund seines höheren Schmelzpunktes zuerst erstarrt. Mit sinkender Temperatur werden die Mischkristalle dann ärmer an B, enthalten aber gleichzeitig mehr A.

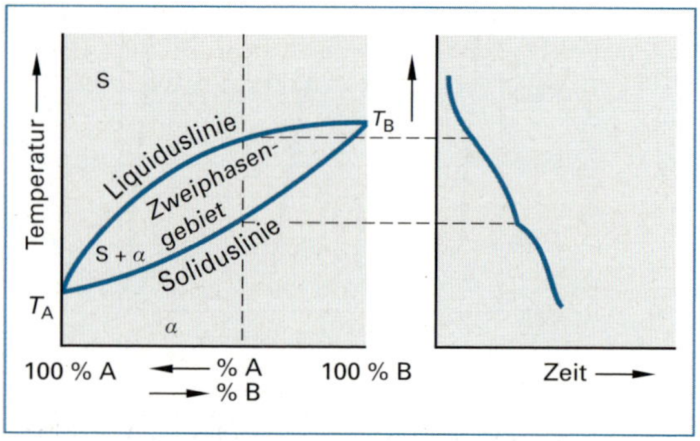

Bild 1: Erstarrungsablauf einer ausgewählten Legierungszusammensetzung

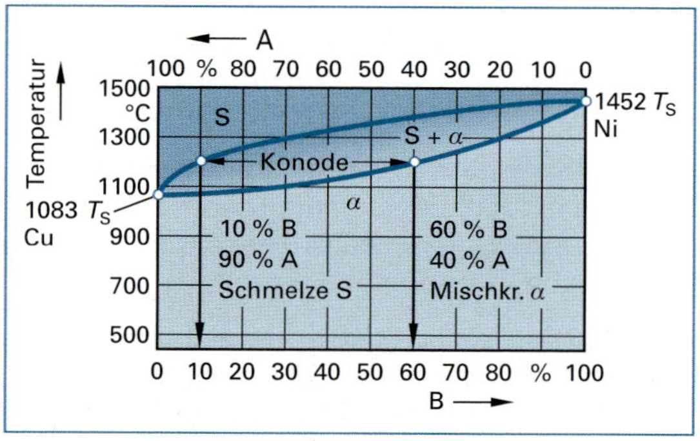

Bild 2: Ablesen der Zusammensetzungen von Schmelze und Kristall in System Cu-Ni bei 1200 °C

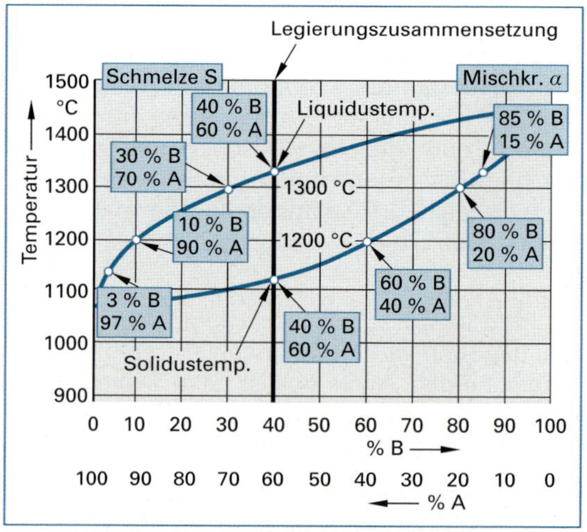

Bild 3: Änderung der Zusammensetzungen von Schmelze und Mischkristall im Zweiphasengebiet mit sinkender Temperatur, Solidus- und Liquidustemperatur gelten für eine Legierung mit 40 % A und 60 % B

Dies kann dazu führen, dass schichtenartig aufgebaute Kristalle entstehen: Das Wachstum beginnt mit einem B-reichen Kristall, an den dann A-reiche Schichten ankristallisieren.

Bild 1a verdeutlicht den Vorgang: In der Mitte ist ein Bereich zu sehen, der mehr blaue B-Atome enthält. An diesen kristallisierte ein Bereich an, der mehr graue A-Atome enthält. Nach und nach können so regelrecht Schichten entstehen. Bei extrem langsamer Abkühlung könnten sich derartige Konzentrationsunterscheide durch Diffusionsvorgänge ausgleichen **(Bild 1b)**.

Bei technischen Abkühlungsgeschwindigkeiten ist dies jedoch nicht der Fall. Die zur Verfügung stehende Zeit reicht nicht aus, die notwendigen Atomwanderungen laufen nicht oder nur unvollständig ab. Im Ergebnis enthalten die entstandenen Mischkristalle am Rand mehr Metall A, in der Mitte jedoch mehr Metall B. Sie weisen damit eine **Entmischung** auf, die als **Kristall-, Korn- oder Mikroseigerung** bezeichnet wird. Die schichtartig aufgebauten Kristalle heißen auch **Zonenmischkristalle (Bild 2a)**.

Kristallseigerungen sind umso ausgeprägter, je höher die Abkühlungsgeschwindigkeit ist. Sie können dazu führen, dass eine Legierung bei niedrigeren Temperaturen aufschmilzt als nach dem Zustandsdiagramm zu erwarten wäre. Aus diesem Grunde wird bei Wärmebehandlungen die bekanntlich im festen Zustand ablaufen sollen, nie genau bis an die Soliduslinie heran geglüht. Es wird immer ein gewisser Temperatur-„Sicherheitsabstand" zur eigentlichen Solidustemperatur eingehalten.

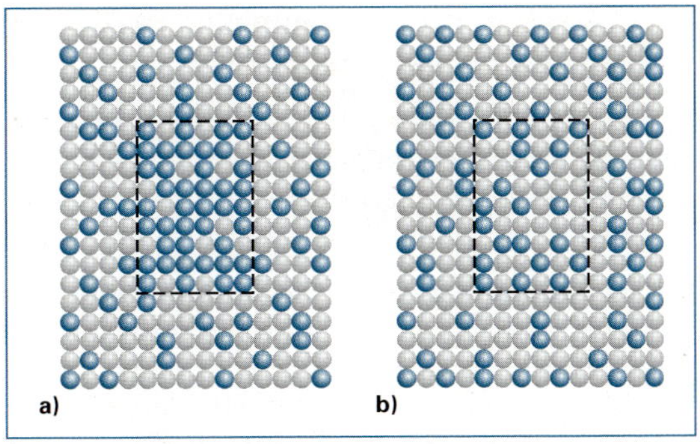

Bild 1: Kristallseigerung
a) Anreicherung von blauen Atomen in der Mitte des Kristalls
b) Ausgleich der Konzentrationsunterschiede durch Diffusion bei langsamer Abkühlung bzw. durch eine Homogenisierungsglühung

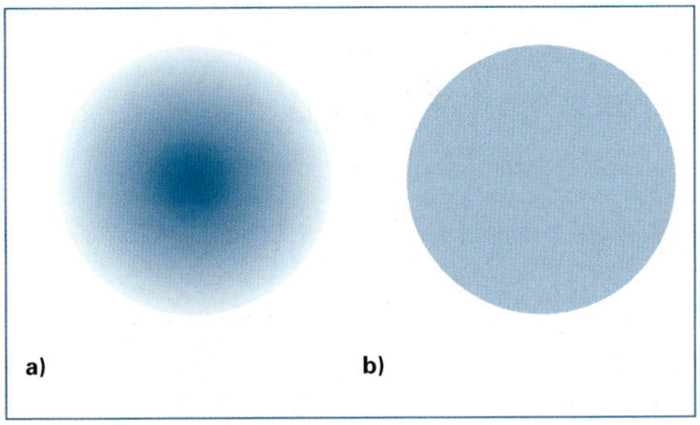

Bild 2: Kristallseigerung
a) Anreicherung eines Elements in der Mitte des Kristalls – Zonenmischkristall
b) Homogene Verteilung der Atome nach langsamer Abkühlung bzw. nach einer Homogenisierungsglühung

> **Seigerungen** sind Entmischungen. Treten sie innerhalb eines Kristalls auf, handelt es sich um Kristallseigerungen.

Es gibt Legierungen, die ganz besonders zu Seigerungen neigen. Ursache ist hier die sehr kleine Diffusionsgeschwindigkeit der beteiligten Elemente. Ein sehr großes Erstarrungsintervall erhöht ebenfalls die Neigung zur Bildung von Seigerungen. Für diese Fälle werden mitunter sogar spezielle Zustandsdiagramme aufgestellt, die nur für bestimmte Abkühlungsgeschwindigkeiten gelten, beispielweise für den Abguss in Sand (Erstarrung langsam) oder den Abguss in Stahlkokillen (Erstarrung schnell). Ein Beispiel für eine solche Legierung ist Bronze, eine Mischung aus Kupfer und Zinn.

Kristallseigerungen können durch Glühungen wieder ausgeglichen werden. Die Wärme bewirkt die Diffusion der Atome und damit einen Konzentrationsausgleich. Auf diese Weise stellt sich eine einheitliche, homogene Verteilung der Atome ein **(Bild 2b)**. Daher werden derartige Wärmebehandlungen auch **Homogensierungsglühungen** genannt.

> **Homogensierungsglühungen** führen durch Diffusion zum Abbau von Kristallseigerungen.

Difusionsglühen

3.7.4 System mit vollkommener Löslichkeit im flüssigen und mit fehlender Löslichkeit im festen Zustand (eutektisch)

Einige Metallkombinationen, z. B. Bismut Bi und Cadmium Cd, bilden keine Mischkristalle. Man sagt, sie lösen sich im festen Zustand nicht ineinander. Es gibt folglich keine Löslichkeit im festen Zustand. Eine Löslichkeit besteht nur im flüssigen Zustand, dann bildet sich eine homogene Schmelze. Für diesen Fall gilt das im **Bild 1** gezeigte Zustandsdiagramm.

Der Linienzug A-E-D ist die **Liquiduslinie**, der Linienzug P-E-K die **Soliduslinie**. Oberhalb der Liquiduslinie gibt es ein Phasenfeld für die Schmelze, darunter zwei Zweiphasenfelder. Im Feld I befinden sich in der Schmelze Kristalle aus reinem Cadmium, im Feld II sind in der Schmelze Kristalle aus Wismut vorhanden. Unterhalb der Soliduslinie liegt das Phasenfeld der festen Kristalle Bismut Bi und Cadmium Cd. Auffällig ist, dass sich alle Phasengrenzlinien in einem **Punkt E** treffen, der in diesem Bild bei 60 % Bi, 40 % Cd liegt.

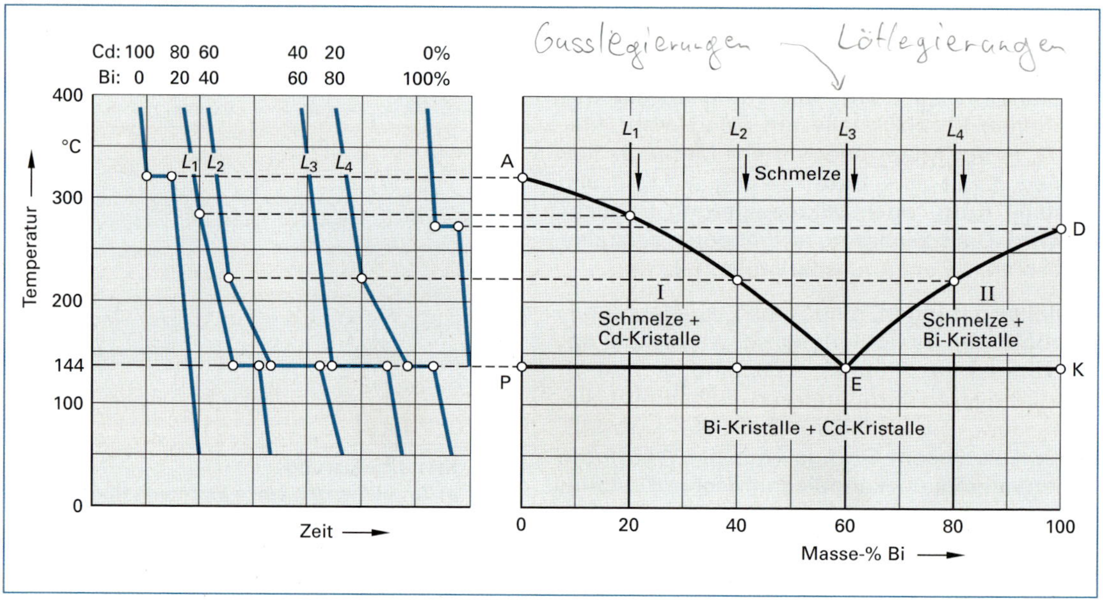

Bild 1: Zustandsschaubild Wismut (Bi) – Cadmium (Cd)

Bei Betrachtung der im Bild gezeigten Abkühlungskurven, sieht man, dass alle Legierungen einen Haltepunkt bei der gleichen Temperatur, nämlich 144 °C zeigen. Bis auf die dem Punkt E entsprechende Legierung mit 60 % Bi und 40 % Cd (L_3) erstarren alle Legierungen dieses Systems über einen Temperaturbereich, beginnend mit einem **Knickpunkt** (erreicht beim Schneiden der Liquiduslinie) und endend beim Erreichen des **Haltepunkts** (Schneiden der Soliduslinie).

Die spezielle Legierung L_3 hingegen weist in ihrer Abkühlkurve nur einen Haltepunkt auf, wie dies bei reinen Metallen der Fall ist. Das bedeutet, sie erstarrt genau bei dieser Temperatur, hier 144 °C. Eine solche Legierung wird **„eutektische" Legierung** genannt. Sie hat einen **festen Schmelzpunkt**, nämlich die **eutektische Temperatur** T_E, die im gezeigten Beispiel 144 °C beträgt. Bei Erreichen dieser Temperatur erstarrt diese Legierung in einer typischen, als **eutektisch** bezeichneten Reaktion gemäß **Schmelze (flüssig) → Kristall Bi (fest) + Kristall Cd (fest)**.

Eine **eutektische Legierung** hat einen festen Schmelzpunkt. Die Schmelztemperatur der eutektischen Legierung ist die niedrigste Schmelztemperatur innerhalb des Legierungssystems. Eine **eutektische Reaktion** erfolgt allgemein gemäß **S → A + B**.

Im festen Zustand findet sich in einer eutektischen Legierung ein Gefüge, in dem Metall A (hier Cd) und Metall B (hier Bi) in regelmäßigen Streifen, sog. **Lamellen**, nebeneinander vorliegen. Dieses regelmäßige Gefüge wird **Eutektikum** genannt (das gut Gebaute von gr.: *eutektos*, wohlgeformt), **(Bild 1)**.

Eutektische Legierungen haben aufgrund ihres definierten, niedrigen Schmelzpunktes große technische Bedeutung. So werden sie beispielsweise als **Lötlegierungen** eingesetzt. Von Vorteil ist hier, dass zum Löten mit einer solchen Legierung keine sehr hohe Temperatur notwendig ist, was die Gefahr einer Beschädigung des gelöteten Bauteils minimiert. Zudem erstarrt die Lotlegierung schnell, da kein Temperaturintervall durchlaufen werden muss.

Legierungen, die sich links von der eutektischen Zusammensetzung befinden, werden als **„untereutektisch"** bezeichnet (im **Bild 1, S. 74** L_1 und L_2) die rechts davon liegenden sind **„übereutektisch"** (hier L_4). Beide haben jeweils wieder ein Erstarrungsintervall, erst beim Schneiden der Soliduslinie sind sie fest.

Die Erstarrung einer **untereutektischen Legierung** (L_1 bzw. L_2) beginnt beim Erreichen der Liquidustemperatur (Schnittpunkt mit der Liquiduslinie) mit dem Ausfallen von primären A-Kristallen aus der Schmelze **(Bild 2)**. Durch diese Vorgänge innerhalb des Zweiphasenfeldes (Schmelze + A) verarmt die restliche Schmelze an A.

Die Änderung der Schmelzzusammensetzung lässt sich am System gemäß **Bild 3** mit Hilfe von Konoden ablesen. Beispielhaft ist hier in das Phasenfeld Schmelze + Metall A eine Konode für die Temperatur T_1 eingezeichnet. Am Schnittpunkt von Konode und Liquiduslinie (als heller Punkt P gekennzeichnet), wird die Zusammensetzung der Schmelze abgelesen, hier 70 % A und 30 % B. Die weiteren im Bild eingetragenen Werte wurden genauso ermittelt. Sie zeigen, dass sich die Zusammensetzung der Schmelze L_0 im Zweiphasengebiet beginnend bei der Liquidustemperatur T_L bis zur Solidustemperatur T_E durch das Ausfallen von primären A-Kristallen so ändert, dass die restliche Schmelze bei T_E die eutektische Zusammensetzung, hier 60 % A und 40 % B, hat.

Bei Erreichen der Soliduslinie wandelt die restliche Schmelze zwischen den schon festen Primärkristallen eutektisch um.

Das Gefüge besteht bei nach der Erstarrung aus primären A-Kristallen und Eutektikum **(Bild 4)**.

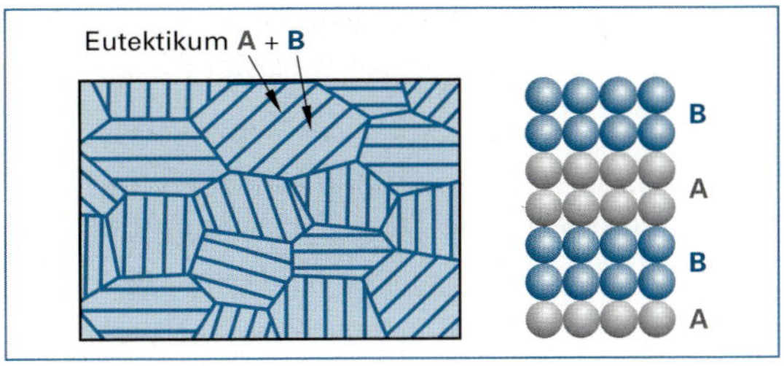

Bild 1: Gefüge einer eutektischen Legierung

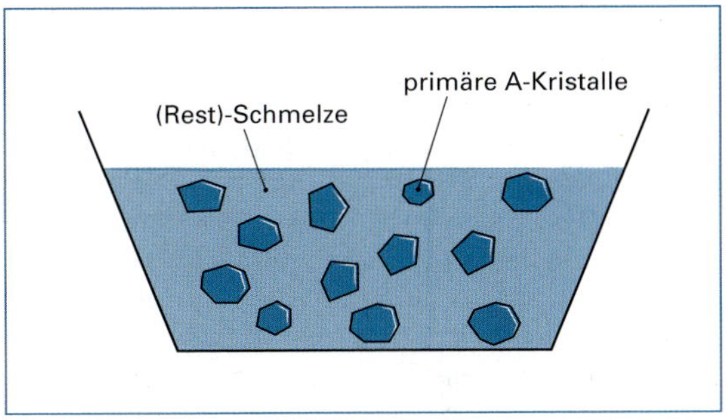

Bild 2: Bildung primärer A-Kristalle (z. B. Cd) in der Schmelze

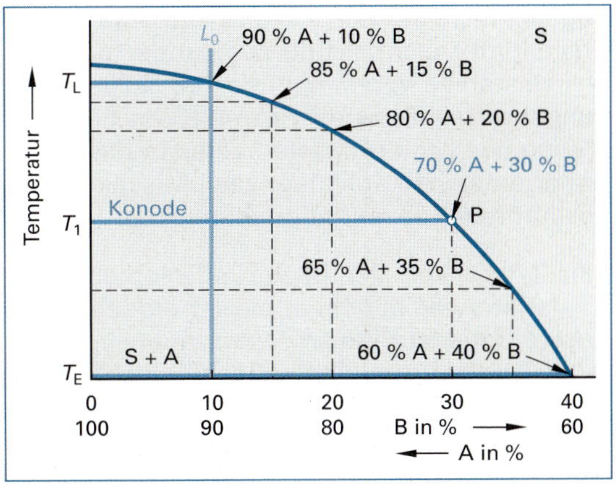

Bild 3: Ablesen der Zusammensetzung der Schmelze innerhalb des Zweiphasengebietes

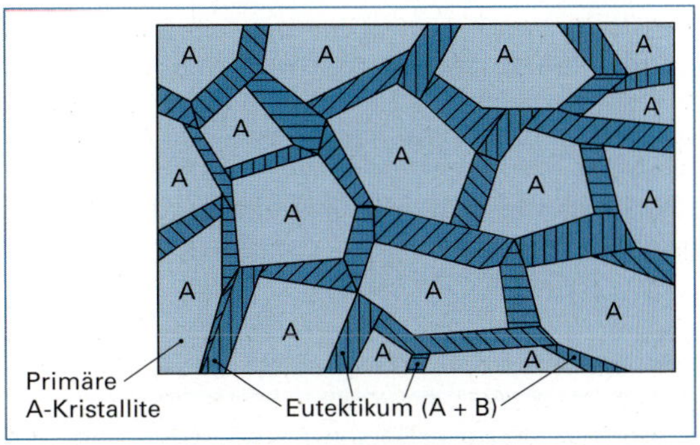

Bild 4: Gefüge einer untereutektischen Legierung

Analog verhält es sich bei einer **übereutektischen Legierung**, jedoch mit dem Unterschied, dass hier primär B-Kristalle (im Beispiel Bi) ausfallen. Sie finden sich dann im festen Metall ebenfalls umgeben von Eutektikum.

Bei Erreichen der Soliduslinie (P-E-K) findet stets eine eutektische Reaktion der (Rest-)Schmelze statt. Daher wird die Linie P-E-K auch **Eutektikale** genannt. Ähnliche Verhältnisse finden sich in den Systemen Pb–Sb, Al–Si, Bi–Sn.

3.7.5 System mit vollständiger Löslichkeit im flüssigen und teilweiser Löslichkeit im festen Zustand (eutektisch)

In Legierungssystemen, in denen **Einlagerungsmischkristalle** gebildet werden, ist eine vollständige Löslichkeit im festen Zustand nicht möglich. Selbst wenn theoretisch alle Gitterlücken, wie im **Bild 1** gezeigt, mit Fremdatomen besetzt würden, ergäben sich nicht 100 % B. Vielmehr ist es so, dass nur einige Gitterlücken besetzt werden, da sonst die Verzerrungen des Kristallgitters viel zu groß werden **(siehe Bild 1, Seite 53)**. Es ist nur ein gewisser Prozentsatz von B in A löslich. So bildet sich ein Mischkristall α. Es ist auch möglich, dass A-Atome in Metall B gelöst werden. Es entsteht ein Mischkristall β.

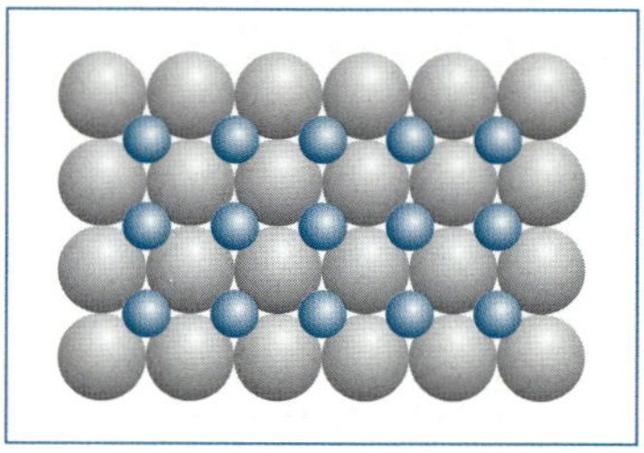

Bild 1: Keine vollständige Löslichkeit im Einlagerungsmischkristall möglich

Ähnlich ist es bei **Austauschmischkristallen**, die die Bedingungen für eine vollständige Löslichkeit, die **Hume-Rothery-Regeln**, nicht erfüllen. Wenn die Atomgrößen und/oder die Kristallgitter nicht richtig zueinander passen, kommt es auch hier zu starken Verspannungen im Kristallgitter. Diese Verspannungen erlauben wiederum nur den Einbau einer begrenzten Menge des Legierungselementes in das jeweilige Grundgitter. Daher entstehen auch hier zwei Mischkristalle α und β in ganz bestimmten Konzentrationsbereichen.

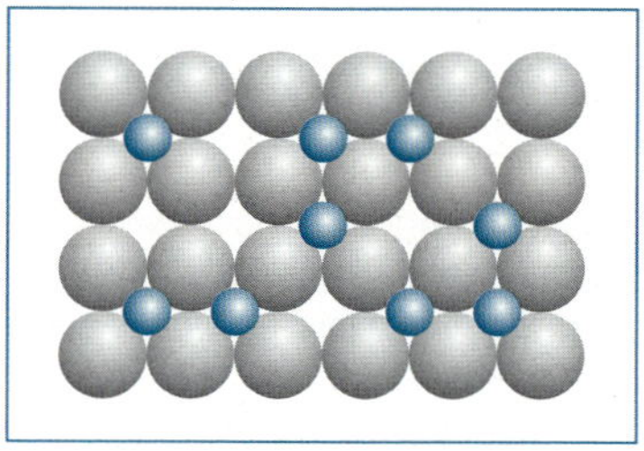

Bild 2: Einlagerungsmischkristall α: B-Atome sind im A-Gitter gelöst

Eine Löslichkeit der Legierungselemente im festen Zustand ist damit zwar gegeben, sie ist jedoch nicht über die ganze Konzentrationsbreite zwischen möglich. Man spricht dann von **teilweiser** bzw. **unvollständiger Löslichkeit im festen Zustand**.

Bis zu einer bestimmten Konzentration wird der Mischkristall α (B-Atome in Grundmetall A) gebildet. Auf der anderen Seite wird bis zu einer gewissen Konzentration der Mischkristall β (A-Atome im Grundmetall B) gebildet. In dem Konzentrationsbereich dazwischen liegen beide Mischkristalle nebeneinander vor und mischen sich nicht. Es gibt also eine **Mischungslücke** $\alpha + \beta$ **(Bild 3)**.

Die Löslichkeit für das jeweils andere Metall kann mit der Temperatur zunehmen.

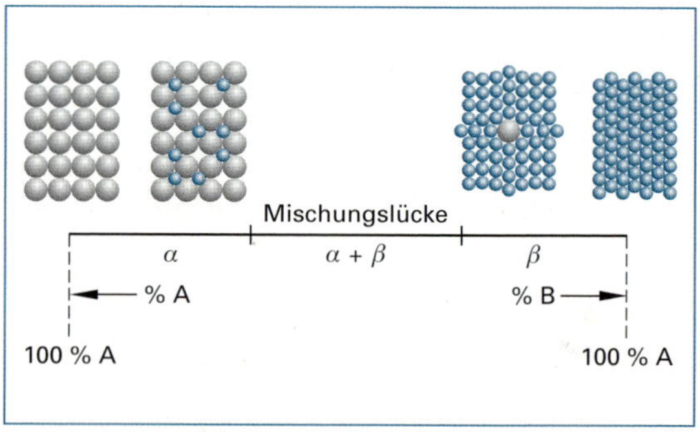

Bild 3: Mischungslücke

> Im Bereich einer Mischungslücke liegen zwei Mischkristalle nebeneinander vor.

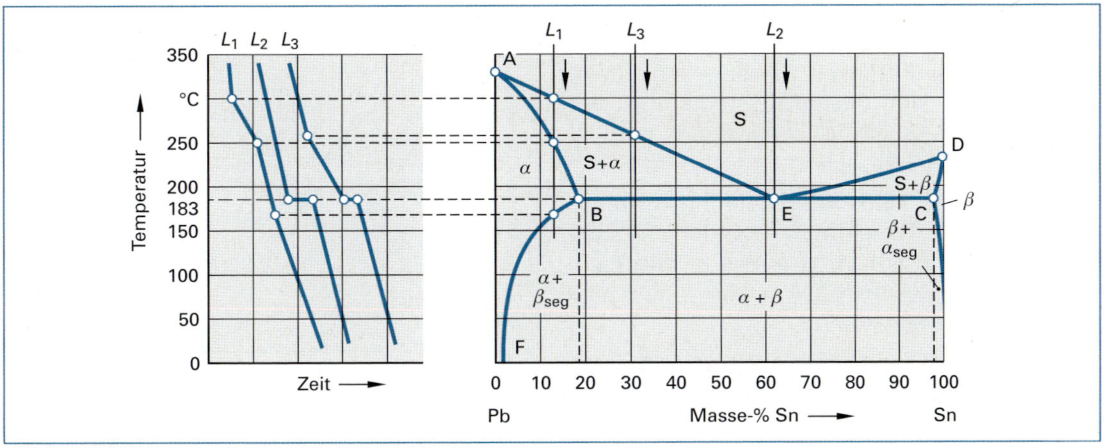

Bild 1: Eutektisches System mit vollständiger Löslichkeit im flüssigen und teilweiser Löslichkeit im festen Zustand

Siehe Seite 41

Ein entsprechendes Zustandsdiagram zeigt **Bild 1** mit dem Beispiel Blei – Zinn. Es ähnelt dem vorherigen eutektischen System, jedoch treten hier zwei Mischkristalle auf, erkennbar an den mit den griechischen Buchstaben bezeichneten Einphasenfeldern α und β. Dazwischen existiert mit dem Zweiphasenbereich $\alpha + \beta$ eine **Mischungslücke**. Der Linienzug A-B-E-C-D kennzeichnet die **Soliduslinie**, A-E-D die **Liquiduslinie**.

Die Gleichgewichtsverhältnisse ähneln dem vorher gezeigten System, denn auch hier tritt eine **eutektische Reaktion** auf: Am Punkt E wandelt die entsprechende Legierung (im Bild 1 Legierung L_2) gemäß $\mathbf{S \rightarrow \alpha + \beta}$ in ein festes **Eutektikum** um. α und β liegen in wiederum wohlgeordnet in **Lamellen** nebeneinander vor **(Bild 2)**.

Wie im vorherigen System bilden auch unter- bzw. übereutektische Legierungen (L_1 bzw. L_3) nach Ausscheidung von primären α- (untereutektisch) bzw. β-Kristallen bei Erreichen der Eutektikalen B-E-C aus der dann noch vorhandenen Restschmelze ein Eutektikum **(Bild 3)**.

Liegen die Zusammensetzungen jedoch außerhalb der **Eutektikalen** (Linie B-E-C), bildet sich kein Eutektikum. Legierung L_1 im **Bild 1** erstarrt mit Ausscheidung von α-Mischkristallen aus der Schmelze, schließlich ist ein reines α-Gefüge entstanden. Sinkt die Temperatur noch weiter, wird die **Löslichkeitslinie** B-F geschnitten, das Feld $\alpha + \beta$ wird erreicht. Nun scheiden sich aus dem α-Gefüge noch β-Kristalle als kleine Teilchen aus **(Bild 4)**.

Bild 2: Eutektikum aus α und β, entsprechend Legierung L_2

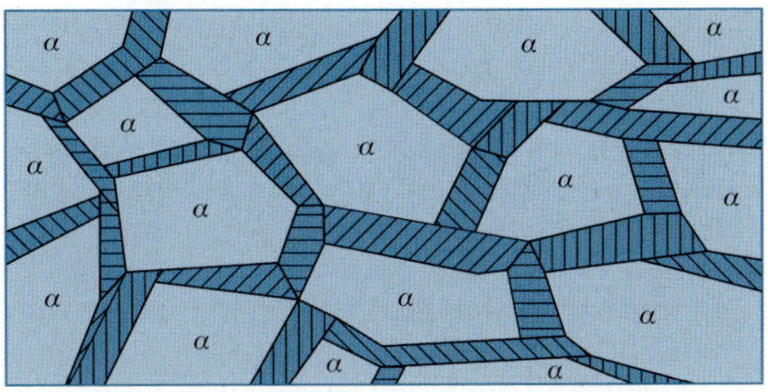

Bild 3: Untereutektische Legierung, entsprechend Legierung L_3: Primäre α-Kristalle (hell) in Eutektikum (gestreift)

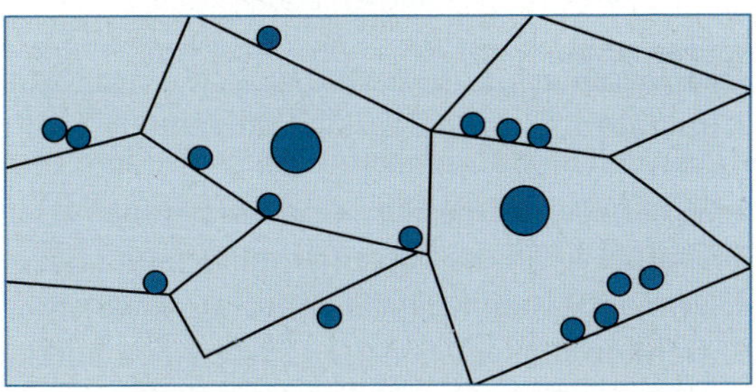

Bild 4: Untereutektische Legierung, entsprechend Legierung L_1: β-Ausscheidungen (dunkel) in α-Gefüge (hell)

45 3.5.5

Siehe Seite 41

Ausscheidungsprozesse wie diese können bei einigen Legierungssystemen zu einer starken Steigerung der Festigkeit führen – ein Effekt, der z. B. bei der Festigkeitssteigerung der **aushärtbaren** Aluminiumlegierungen genutzt wird. (Kap. 3.14.1.4)

Zurückzuführen sind Ausscheidungsprozesse auf die mit der Temperatur veränderliche **Löslichkeit**, die sich am System, wie in **Bild 1** gezeigt, für die Mischkristalle α bzw. β für jede Temperatur ablesen lässt.

Beispielsweise löst Metall A als Mischkristall α im gezeigten Beispiel bei 50 °C genau 5 % B, bei 100 °C sind es 10 % B und bei 150 °C schließlich 20 % B. Damit ist die **maximale Löslichkeit** erreicht, denn bei höheren Temperaturen nimmt die Löslichkeit wieder ab.

Die **maximale Löslichkeit** des β-Mischkristalls hingegen beträgt in diesem Beispiel 30 % A, ebenfalls bei 150 °C. Das Beispiel zeigt, dass die maximale Löslichkeit genau bei der eutektischen Temperatur erreicht wird.

Bild 2 zeigt das reale System Aluminium-Silicium. Hier gibt es ein Eutektikum bei 12,5 % Silicium und 577 °C. Die Schmelztemperatur des Eutektikums ist damit deutlich kleiner als die Schmelztemperaturen der reinen Komponenten Aluminium (660 °C) und Silicium (1430 °C). Außerdem zeigt das Eutektikum hervorragende Gießeigenschaften: Eine solche Schmelze fließt gut und klebt kaum an der Form. Daher werden eutektische oder naheutektische Al-Si-Legierungen in großem Umfang als Gusslegierungen eingesetzt. Aus ihnen entstehen beispielsweise Aluminium-Motorblöcke (Zylinderkurbelgehäuse). Das sich hier einstellende Eutektikum besteht aus relativ weichem α-Mischkristall und harten Silicium-Lamellen. Diese gewährleisten bei ausreichender Menge im Motorblock eine hohe Verschleißfestigkeit an den Laufflächen der Zylinder.

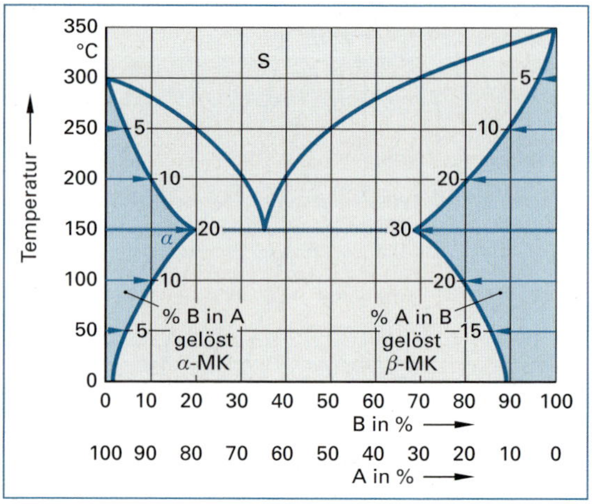

Bild 1: Ablesen der Löslichkeit der Mischkristalle – rechts α, links β

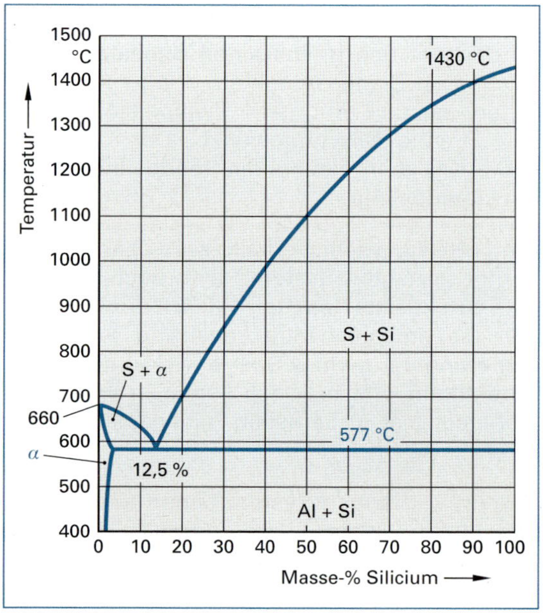

Bild 2: System Aluminium-Silicium

Aufgaben

1. Erläutern Sie den Begriff „vollständige Löslichkeit" und erklären Sie, worin der Unterschied im Vergleich zu einer teilweisen Löslichkeit besteht!
2. Was besagen die Hume-Rothery-Regeln?
3. Warum kann der Fall einer teilweisen Löslichkeit eintreten?
4. Wie entstehen Kristallseigerungen, welche Gegenmaßnahmen sind möglich?
5. Nennen Sie typische Merkmale eines Eutektikums!
6. Warum werden eutektische Legierungen als Lötwerkstoffe eingesetzt?
7. Lesen Sie im System Blei-Zinn **(Bild 1, Seite 77)** jeweils die maximale Löslichkeit des α-Mischkristalls und des β-Mischkristalls ab!

3.8 Eisenwerkstoffe

Auf Eisen basierende Werkstoffe sind die technisch am häufigsten eingesetzten Konstruktionsmetalle. **Reines Eisen** selbst ist jedoch viel zu weich für technische Anwendungen mit Ausnahme bestimmter Einsatzzwecke in der Elektrotechnik. Hier findet reines Eisen Verwendung zur Herstellung von Blechpaketen für Joche, Polschuhe und Rotorkörper.

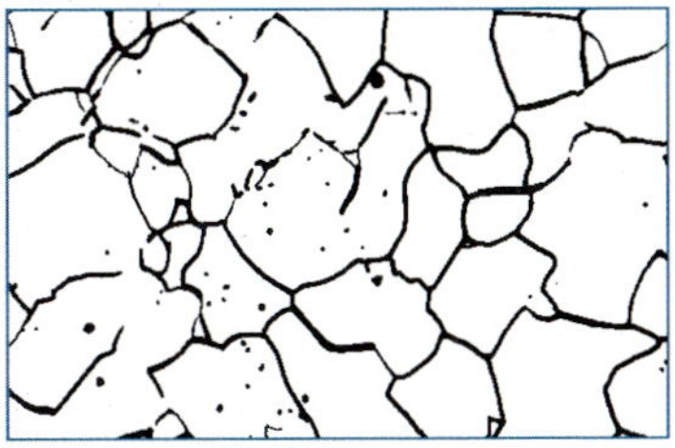

Bild 1: Gefügebild von reinem Eisen, schematisch

Um die für technische Konstruktionen wichtige mechanische Festigkeit zu steigern, wird Eisen mit verschiedenen Elementen legiert. **Kohlenstoff** ist das wichtigste Legierungselement des Eisens. Daher erhalten diese Legierungen auch spezielle Bezeichnungen:

- Eine Legierung aus Eisen und Kohlenstoff heißt **Stahl**, wenn sie bis zu 2,06 % Kohlenstoff enthält.
- Ist mehr Kohlenstoff enthalten, spricht man von **Gusseisen**.

Weitere Legierungselemente bedingen spezielle Eigenschaften. Bekannt ist z. B. der umgangssprachlich als „Edelstahl“ bezeichnete rostfreie Werkstoff, dessen Merkmal eine durch einen Zusatz von Chrom erreichte besondere Korrosionsbeständigkeit ist. Doch nicht nur im Legieren liegt das Geheimnis der sehr großen Palette von Eisenwerkstoffen, die nahezu für jedes anwendungstechnische Problem eine Lösung bieten. Eisen selbst bringt einige Besonderheiten mit, die ganz spezielle Eigenschaftsänderungen ermöglichen, die in dieser Form bei anderen Metallen so nicht möglich sind.

> Eine Legierung aus Eisen und Kohlenstoff, heißt **Stahl**, wenn sie weniger als 2,06 % Kohlenstoff enthält. Liegt der Kohlenstoffgehalt über 2,06 %, spricht man von **Gusseisen**.

Tabelle 1: Ausgewählte Eigenschaften des reinen Eisens

Eigenschaft	Wert/Einheit
Ordnungszahl	26
Relative Atommasse	55,85 u
Atomradius	$1{,}26 \cdot 10^{-10}$ m
Schmelztemperatur	1536 °C
Siedetemperatur	3000 °C
Zugfestigkeit R_m 99,9 % Fe, geglüht	200 … 300 MPa
Dehngrenze $R_{p0,2}$ 99,9 % Fe, geglüht	50 … 120 MPa
Dehnung A	40 … 50 %
Einschnürung Z	80 %
Härte	60 HB
Wärmeausdehnungskoeffizient α	$12 \cdot 10^{-6}$ 1/K (bei 20 °C)
Wärmeleitfähigkeit λ	80,3 W/(m · K)
Elektrische Leitfähigkeit σ	10,3 1/Ω · m

3.8.1 Reines Eisen

Eisen (chemisches Symbol Fe, von lat. *Ferrum*) ist mit einem Anteil von etwa 4,7 % in der Erdkruste das nach Aluminium (Anteil 7,5 %) am häufigsten vorkommende Metall. Innerhalb der Reihe der relativen **Elementhäufigkeit** steht es damit bezogen auf die Erdkruste auf Platz 4. Bezogen auf die gesamte Erde erreicht es sogar Platz 2, da der hohe Eisenanteil des Erdkerns einen Massenanteil der Gesamterde von 28,8 % ergibt.

Das Schliffbild des reinen Eisens **(Bild 1)** zeigt Eisenkörner mit Korngrenzen. Ausgewählte **Eigenschaften und Kennwerte des reinen Eisens** enthält **Tabelle 1**.

Eine spezielle Besonderheit des Eisens besteht darin, mehrfach in Abhängigkeit von den äußeren Bedingungen – **Temperatur und Druck** – sein Kristallgitter zu ändern. Man spricht von verschiedenen **Modifikationen** (Erscheinungsformen) des Eisens und bezeichnet das Element daher als **polymorph**. Unter normalem Druck tritt Eisen bei steigender Temperatur in drei kubischen, d. h. würfelförmigen **Modifikationen** mit verschiedenen **Gitterkonstanten a** (Würfelkante) auf **(Bild 1, Seite 80, Mitte)**.

- Ein **kubisch-raumzentriertes (krz)** Gitter mit einer Gitterkonstante a = 2,867 · 10^{-10} m ist bis zur Erwärmung auf 911 °C beständig. In dieser Form wird Eisen als **α-Eisen oder Ferrit** bezeichnet.
- Im **kubisch-flächenzentrierten (kfz)** Gitter tritt Eisen im Bereich von 911 °C bis 1388 °C auf. Die Gitterkonstante beträgt a = 3,646 · 10^{-10} m. Diese Modifikation heißt **γ-Eisen** bzw. **Austenit** (nach dem englischen Forscher Roberts-Austen).
- Nochmals **kubisch-raumzentriert (krz)** wird Eisen im Bereich von 1392 °C bis zur Schmelztemperatur T_s bei 1535 °C. Da die Gitterkonstante mit a = 2,932 · 10^{-10} m nun aber größer ist als im **α-Eisen,** spricht man von **δ-Eisen oder, δ-Ferrit.** α- und δ-Eisen kristallisieren somit beide im krz-Gitter, sie unterscheiden sich aber in der Gitterkonstante.

Eisen tritt in Abhängigkeit von der Temperatur unter normalem Druck in drei verschiedenen **Modifikationen** auf: Ferrit (krz), Austenit (kfz) und σ-Ferrit (krz).

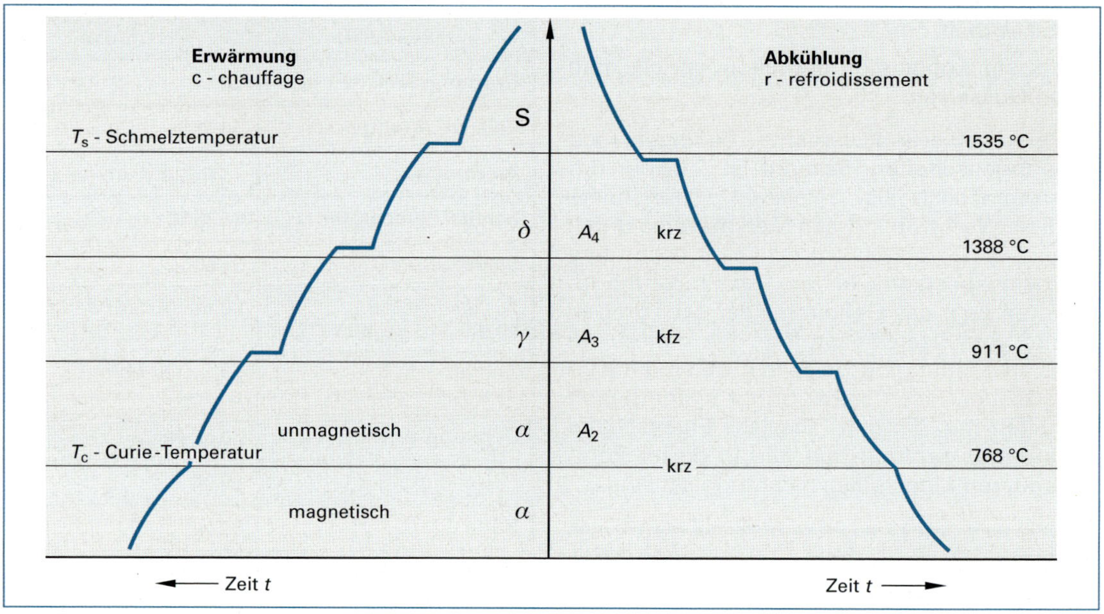

Bild 1: Abkühlungs- und Erwärmungskurve von reinem Eisen (schematisch, nicht maßstäblich)

In der **Abkühlungskurve von reinem Eisen** ergeben sich entsprechend dieser Umwandlungen mehrere **Haltepunkte (Bild 1, rechts)**, die mit A bezeichnet werden (A, franz. *arrêt*, Halt). Für eine **Abkühlung** aus der Schmelze ergeben sich mit sinkender Temperatur folgende Umwandlungen:

- Am **Haltepunkt T_s** = 1535 °C (Schmelztemperatur) erfolgt der Übergang vom flüssigen (Schmelze S) in den festen Aggregatzustand. Es entsteht zunächst δ-Eisen.
- Bei einer Temperatur von 1388 °C findet der Modifikationswechsel (die „Umgitterung") zu γ-Eisen statt. Die dabei entstehende Wärme zeigt sich als **Haltepunkt A_4**.
- Ein dritter **Haltepunkt A_3** ergibt sich schließlich bei 911 °C. Jetzt wandelt γ-Eisen in α-Eisen um.
- Am **Haltepunkt A_2 = 768 °C**, der **Curietemperatur**, wird das **unmagnetische** (paramagnetische) Eisen **magnetisch** (ferromagnetisch). Die hier frei werdende Energie hat ihren Grund in Veränderungen innerhalb der Elektronenhülle. Dieser Vorgang ist reversibel (umkehrbar).

Eisen durchläuft bei der **Curietemperatur 768 °C** eine magnetische Umwandlung vom magnetischen in den unmagnetischen Zustand.

Die genannten Umwandlungen zeigen sich auch in der Erwärmungskurve des reinen Eisens **(Bild 1, Seite 80, links)**.

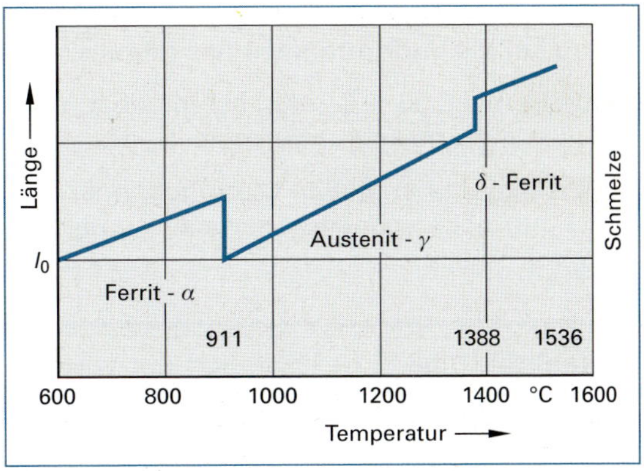

Bild 1: Ausdehnungsverhalten von reinem Eisen bei Erwärmung

Lange Zeit war eine spezielle Kennzeichnung der Haltepunkte je nach **Erwärmung A_c** (für franz. *chauffage*) bzw. **Abkühlung A_r** (franz. *refroidissement*) üblich. Die Angabe erfolgte, da die A_r- bzw. A_c-Werte keine echten Materialkonstanten sind. Sie hängen vielmehr von der Geschwindigkeit der Temperaturänderung ab. Das heißt, nur bei **extrem langsamer Abkühlung** bzw. **Erwärmung** werden genau die angegebenen Umwandlungstemperaturen erreicht. Schnellere Temperaturänderungen können diese Punkte wie im Bild 1, S. 80 gezeigt etwas nach unten bzw. nach oben verschieben – eine Erscheinung, die auch **thermische Hysterese** (griech. hysteros – hinterher) genannt wird. Daher finden sich in älterer Literatur häufig leicht voneinander abweichende Werte für die einzelnen Umwandlungstemperaturen. Heute werden oft aufgrund der nur geringen Temperaturunterschiede zwischen den A_c- und A_r-Punkten in der Regel nur A-Punkte vermerkt.

Die **Modifikationswechsel** des Eisens haben verschiedene Konsequenzen: Sie sind einerseits eine wichtige Ursache der bei Stählen durch Wärmebehandlungen erreichbaren vielfältigen Eigenschaftsänderungen, die in den nachfolgenden Abschnitten näher erläutert werden. Zum anderen sind sie auch verantwortlich für die **fehlende Hitzebeständigkeit** des reinen Eisens. Dies liegt daran, dass sich bei Erwärmung auf der Eisenoberfläche eine **Zunder** genannte Oxidschicht bildet. Steigt oder fällt dann die Temperatur, ändert sich das Kristallgitter und damit auch das Volumen des Eisens. Wie **Bild 1** verdeutlicht, ist Austenit wesentlich dichter gepackt als die beiden anderen Modifikationen. Die Folge ist, dass eine zum Zeitpunkt ihrer Entstehung die Oberfläche relativ gut abdeckende **Zunderschicht** bei anderen Temperaturen nun nicht mehr „passt". Es ergeben sich Spannungen zwischen Metalloberfläche und Oxidschicht, die schließlich zum Abplatzen der Zunderschicht führen. Das Bauteil verliert so an Masse.

Technisch reines Eisen enthält meist **Verunreinigungen** von C, Mn, P, S, Si, Cu, Ni. Eine Reinheit von 99,9 % ist bereits als sehr gut zu bewerten. Für Konstruktionsanwendungen wird Eisen gezielt mit verschiedenen Elementen – vor allem mit Kohlenstoff – legiert, um bestimmte Eigenschaften – z. B. eine erhöhte Festigkeit – zu erzielen. Eine Hitzebeständigkeit ergibt sich hingegen, wenn durch das Legieren der α-γ-Modifikationswechsel verhindert wird.

Die durch Legieren erzeugbaren Eisenbasis-Legierungen sind sehr zahlreich. Zusammen mit der Möglichkeit, die Eigenschaften durch Wärmebehandlungen und/oder durch den Zusatz weiterer Legierungselemente modifizieren zu können, besteht die Möglichkeit, Eisenwerkstoffe ganz gezielt einem speziellen Anwendungsfall anzupassen.

> Durch Legierungselemente können in Eisenbasiswerkstoffen gezielt **ferritische** oder **austenitische Gefüge** eingestellt werden, deren Eigenschaften einem spezifischen Anwendungsfall entsprechen.

3.8.2 Kohlenstoff als Legierungselement des Eisens

Kohlenstoff ist das wichtigste Legierungselement des Eisens, denn er beeinflusst die Festigkeit am stärksten. Die Zugfestigkeit der Stähle nimmt im gewalzten Zustand je 0,1 % C um etwa 90 MPa und die Streckgrenze um etwa 40 MPa bis 50 MPa zu. Vergleichsweise sind für ähnliche Festigkeitssteigerungen 1 % Mn, Si oder Cr erforderlich. Kohlenstoff wirkt also in etwa 10 mal stärker als diese Legierungselemente.

Der Kohlenstoffgehalt bedingt unterschiedliche **Verarbeitungseigenschaften**, insbesondere in Bezug auf die Verformbarkeit des Metalls:

- **Stähle** (bis 2,06 % C) sind schmiedbar, d. h., sie sind plastisch gut verformbar. Stähle lassen sich warm und kalt umformen.
- **Gusseisen** (über 2,06 % C) hingegen ist spröde und unelastisch. Nach dem Erstarren lässt es sich nur noch spanend bearbeiten und muss daher bereits beim Gießen seine ungefähre Endkontur erhalten.

Stahl (bis 2,06 % C) lässt sich gut verformen, **Gusseisen** (ab 2,06 % C) hingegen ist zum Verformen zu spröde.

In Eisenlegierungen kann Kohlenstoff in drei verschiedenen Formen auftreten, die nachfolgend genauer erläutert werden:

- gelöst in **Mischkristallen**,
- in Form einer als **Zementit** bezeichneten Verbindung oder
- als reiner Kohlenstoff in Form von **Grafit**.

Kohlenstoff im Mischkristall

Kohlenstoff kann je nach Temperatur in den einzelnen Modifikationen des Eisens in Form eines **Einlagerungsmischkristalles** gelöst werden. Die durch die Einlagerung von Kohlenstoff in das Eisengitter entstehenden Mischkristalle werden bezeichnet als:

- **Ferrit:** α-Eisen mit eingelagertem Kohlenstoff, kristallisiert im krz-Gitter.
- **Austenit:** γ-Eisen mit eingelagertem Kohlenstoff, kristallisiert im kfz-Gitter.
- **δ-Ferrit:** δ-Eisen mit eingelagertem Kohlenstoff, kristallisiert im krz-Gitter.

Um die Eigenschaften von Stählen verstehen und erklären zu können, sind die Mischkristalle **Austenit** und **Ferrit** besonders wichtig. **δ-Ferrit** hingegen spielt für die Gefüge der Stähle keine Rolle und wird daher nachfolgend nicht mehr betrachtet.

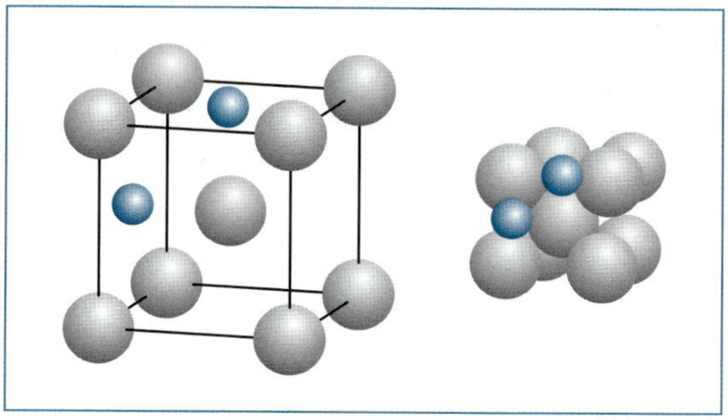

Bild 1: Ferritmischkristall mit Kohlenstoffeinlagerung auf den Flächenmitten. Links: Strich-Punkt-Modell, Rechts: Kugelmodell

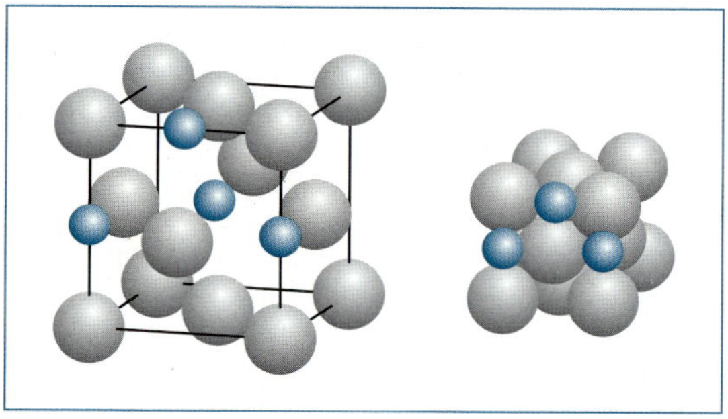

Bild 2: Austenitmischkristall mit Kohlenstoffeinlagerung auf den Kantenmitten und in der Mitte des Würfels. Links: Strich-Punkt-Modell, Rechts: Kugelmodell

In den **Einlagerungsmischkristallen** werden die viel kleineren Legierungsatome (Atomradius des Kohlenstoffs $0{,}8 \cdot 10^{-10}$ m) zwischen den viel größeren Atomen des Eisen-Grundgitters (Atomradius des Eisens $1{,}26 \cdot 10^{-10}$ m) in die Gitterlücken eingebaut. Letztere befinden sich – wie im **Bild 1** gezeigt – beim ferritischen Eisen (krz) auf den Flächenmitten der würfelförmigen Elementarzelle. Im austenitischen Eisen (kfz, **Bild 2**) gibt es Gitterlücken auf den Kantenmitten und in der Mitte des Würfels. Wie die beiden Bilder bereits andeuten, werden nie alle Gitterlücken mit Kohlenstoffatomen besetzt, da sonst die Verzerrungen im Kristallgitter zu groß würden.

Die **maximale Löslichkeit** für die Einlagerung von Kohlenstoff in Eisen beträgt:

- in Ferrit 0,02 % Kohlenstoff bei 723 °C und
- in Austenit 2,06 % bei 1147 °C.

Die Ursachen für die unterschiedliche Löslichkeit liegen hauptsächlich in der Größe der Gitterlücken. So sind die Gitterlücken des kfz-Gitters größer. Daher ist für die Einlagerung des Kohlenstoffes im Austenit mehr Platz vorhanden als im Ferrit. Die Einlagerung von Kohlenstoffatomen ist im Austenit somit besser möglich, das Eisengitter wird weniger verspannt als im Ferrit. Aus diesem Grund werden im Austenit – trotz der seines geringeren Volumens **(siehe Bild 1, Seite 81)** – mehr Kohlenstoffatome gelöst.

Kohlenstoff kann im Eisengitter in Form eines **Einlagerungsmischkristalls** gelöst werden. Die Kohlenstofflöslichkeit des Austenits ist wesentlich größer als die des Ferrits. Diese Tatsache ist eine wichtige Grundlage vieler Wärmebehandlungen von Stählen.

Die Eigenschaften der Mischkristalle sind unterschiedlich:

- **Ferrit** ist eine weiche, bis zu 768 °C magnetische Gefügephase.
- Auch **Austenit** ist relativ weich und gut verformbar. Austenit ist unmagnetisch.

Wenn mehr Kohlenstoff in der Legierung vorhanden ist, als in den Mischkristallen gelöst werden kann, findet sich der überschüssige Kohlenstoff bei technischen Abkühlungsgeschwindigkeiten in anderen Gefügephasen: als **Zementit** bzw. bei sehr langsamer Abkühlung als **Grafit**.

Kohlenstoff im Zementit

Zementit ist eine **metastabile Verbindungsphase** (gr.: meta = veränderlich; lat. stabil = fest) mit der Formel **Fe_3C**, die auch **Eisencarbid** genannt wird. Es handelt es sich um eine sehr harte Phase (etwa 1100 HV 10) mit einem komplizierten Kristallgitter **(Bild 1)** und überwiegend metallischem Bindungscharakter. Zementit ist praktisch nicht verformbar und weist eine sehr hohe Sprödigkeit auf. Daher verleiht Zementit als Gefügephase **Stählen** eine höhere Festigkeit.

Auch in **Gusseisen** kann Zementit vorliegen. Derartiges Gusseisen bezeichnet man als **weißes Gusseisen**, weil hier die Bruchflächen hell erscheinen. Reiner Zementit hat einen Kohlenstoffgehalt von rund 6,67 %.

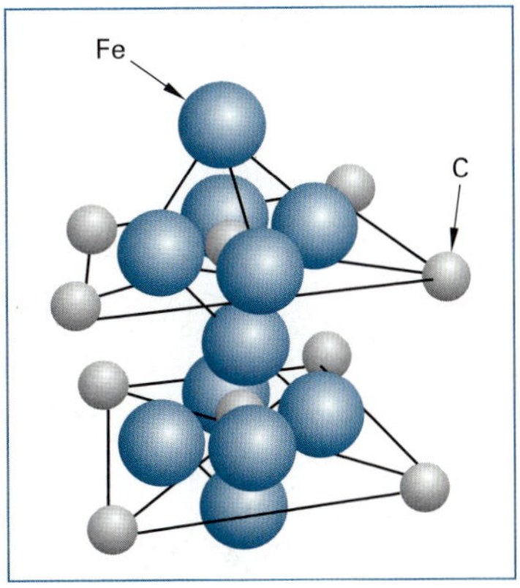

Bild 1: Kristallgitter des Zementits (vereinfacht)

Kohlenstoff als Grafit

Bei sehr langsamer Abkühlung kann Kohlenstoff als stabile Phase in Form von reinem Grafit ausgeschieden werden. Grafit ist elementarer Kohlenstoff mit einem hexagonalen Schichtgitter **(Bild 2)**. Zusätzlich begünstigt wird die Bildung von Grafit durch höhere Kohlenstoffgehalte und durch die Anwesenheit grafitstabilisierender Elemente (z. B. Si, Al, Ti, Ni).

Eisen-Kohlenstoff-Legierungen, in denen der Kohlenstoff als Grafit vorliegt, werden aufgrund ihrer dunklen Bruchflächen **graues Gusseisen** bzw. **Grauguss** genannt.

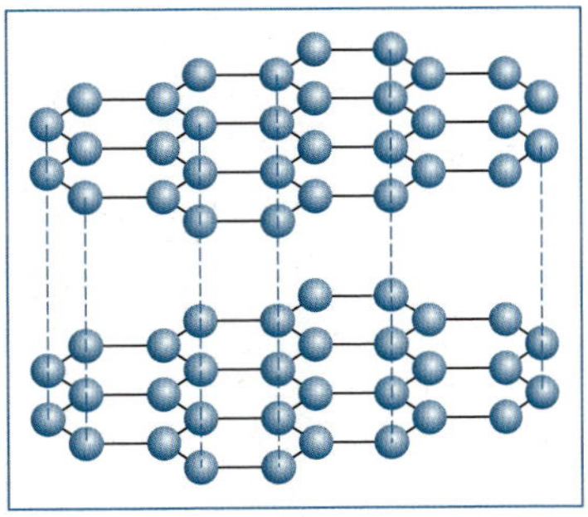

Bild 2: Schichtgitter des Grafits

Nicht in den Mischkristallen löslicher Kohlenstoff findet sich in Eisen-Kohlenstoff-Legierungen in Form von **Zementit** (metastabil, Verbindung Fe_3C) bzw. **Grafit** (stabil, reiner Kohlenstoff).

3.8.3 Das Eisen-Kohlenstoff-Diagramm

Welche Gefügeausbildung in Stählen bzw. Gusseisen zu erwarten ist, ist dem **Eisen-Kohlenstoff-Diagramm**, abgekürzt **EKD**, zu entnehmen. Dabei handelt es sich um das **Zustandsdiagramm Fe-C**, vereinfacht gezeigt in **Bild 1**. Da technisch bedeutsame Legierungen zwischen Eisen und Kohlenstoff Kohlenstoffgehalte bis maximal 5 % aufweisen, wird stets nur die eisenreiche Seite des Fe-C-Diagramms bis max. 6,67 % C dargestellt. Im Unterschied zu den bisher gezeigten Zustandsdiagrammen sind im **Bild 1** zwei Diagramme gleichzeitig dargestellt, die sich hier je nach Ausbildungsform des Kohlenstoffes in Zementit bzw. Grafit ergeben: das stabile und das metastabile System.

- Im **metastabilen System** (durchgezogene schwarze Linien im **Bild 1**) tritt der Kohlenstoff in Form von **Zementit Fe_3C** auf (System Fe-Fe_3C) Dieses System ist das technisch interessantere, da die meisten wichtigen Fe-C-Legierungen, insbesondere alle Stähle, danach erstarren.
- Das **stabile System** (gestrichelte blaue Linien im **Bild 1**) gilt für sehr langsame Abkühlung bzw. trifft nur auf einige Gusseisenarten zu, in denen der Kohlenstoff als **Grafit** auftritt (System Fe-Grafit).

Da sich vornehmlich die Verhältnisse des **metastabilen Systems** unter technischen Bedingungen einstellen, soll dieses nachfolgend näher betrachtet werden. Auf dieses beziehen sich auch die im **Bild 1** genannten Gefügephasen (z. B. Ferrit, Perlit, Ledeburit, Austenit) und Begriffe (Stahl, weißes Gusseisen) die im Folgenden genauer erläutert werden sollen.

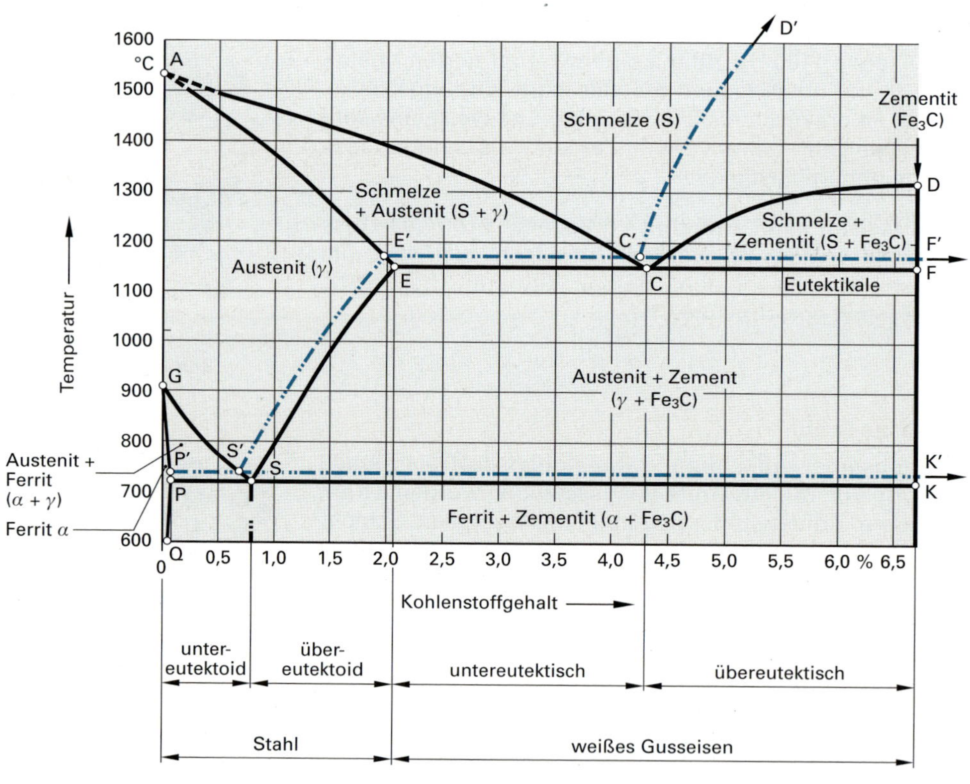

Bild 1: Zustandsschaubild Eisen – Kohlenstoff: Metastabiles System (Fe-Fe_3C, durchgezogene schwarze Linien) und stabiles System (Fe-C, gestrichelte blaue Linien),
Hinweis: Dieses Diagramm wurde hier vereinfacht dargestellt, indem die technisch nicht wichtigen Umwandlungen des δ-Ferrits nicht mit eingezeichnet wurden.

Tabelle 1 enthält die Temperatur- und Konzentrationsangaben zu den wichtigen Umwandlungspunkten im System, die üblicherweise mit Buchstaben gekennzeichnet werden.

Der Linienzug AECF wird als **Soliduslinie** bezeichnet. Unterhalb dieser Linie tritt keine flüssige Phase mehr auf. Der Linienzug ACD wird als **Liquiduslinie** bezeichnet. Oberhalb dieser Linie tritt keine feste Phase mehr auf.

Tabelle 1: Umwandlungspunkte im Zustandsdiagramm Eisen – Zementit

	Temperatur [°C]	Kohlenstoffgehalt [Masse-%]
A	1539	0
C	1147	4,3
E	1147	2,06
F	1147	6,67
G	911	0
K	723	6,67
M	769	0
O	769	magnetische Umwandlung
P	723	0,02
Q	20	0,006
S	723	0,8

Wichtige isotherme Umwandlungen im EKD

Bild 2 zeigt eine Darstellung des EKD mit einigen wichtigen Abkühlungskurven. Im EKD treten zwei **isotherme** (griech. für gleiche Temperatur) **Phasenänderungen** (Reaktionen, Umwandlungen) auf: eine eutektische und eine eutektoide.

Eutektische Umwandlung

Die **eutektische Reaktion** findet am Punkt C statt, d. h. bei 1147 °C und 4,3 % C. In der zugehörigen Abkühlungskurve 6 **(Bild 2, links)** zeigt sich ein Haltepunkt. Hier wandelt die Schmelze bei Abkühlung in Austenit und Zementit gemäß **$S \rightarrow \gamma + Fe_3C$** um. Das entstehende Gefüge aus Austenit und Zementit wird nach dem Freiberger Eisenforscher Adolf Ledebur **„Ledeburit I"** genannt.

Dieses Gefüge ist aber nicht bis Raumtemperatur stabil. Sinkt die Temperatur unter 723 °C, wandelt der Austenit im **Ledeburit I** zu Ferrit um. Auf diese Weise entsteht **Ledeburit II** aus Ferrit und Zementit **(α + Fe_3C)**. Ledeburit ist ein typisches eutektisches Gefüge mit lamellarer Ausbildung der in der Schmelze zuerst ungehindert gewachsenen Zementitkristalle **(Bild 1)**. Aufgrund seines typischen Aussehens nennt man es auch **„Tigerfellgefüge"**. Ledeburit ist spröde und hat als Eutektikum von allen Eisen-Kohlenstoff-Legierungen mit 1147 °C den niedrigsten Schmelzpunkt.

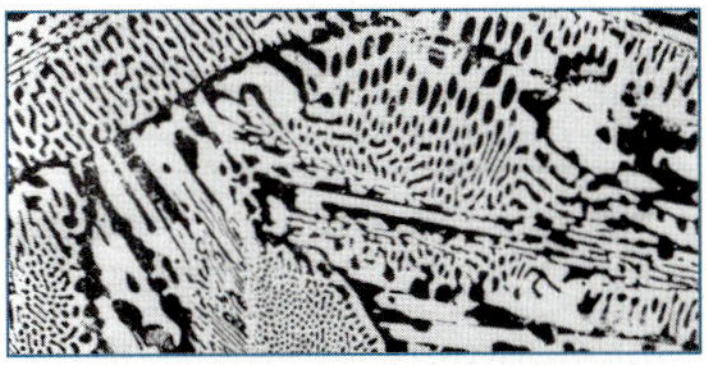

Bild 1: Ledeburit, „Tigerfellgefüge", Legierung mit 4,3% C, benannt nach dem Metallurgen Adolf Ledebur (1837 – 1906)

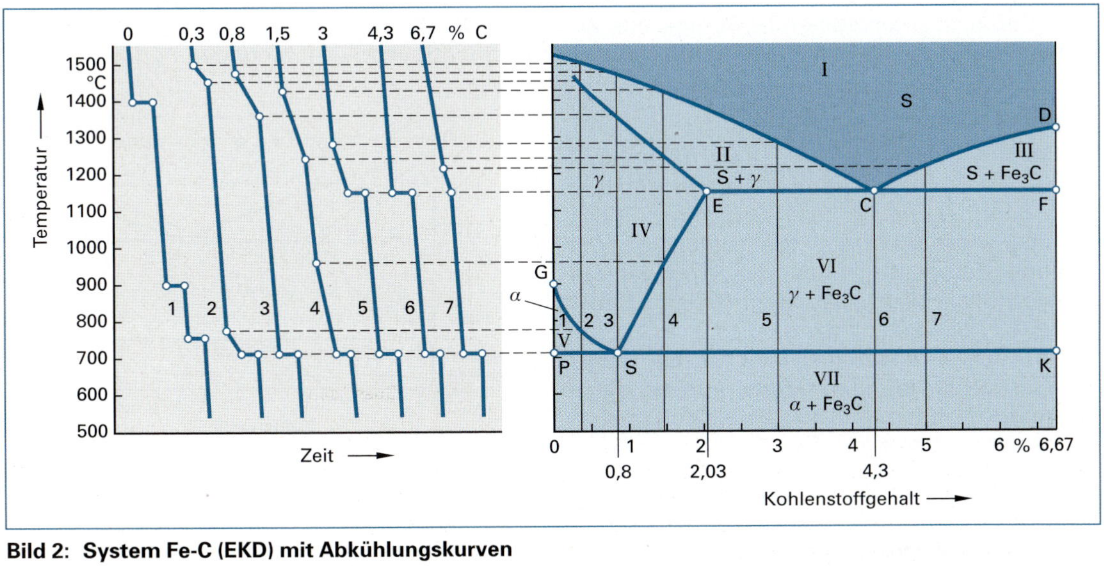

Bild 2: System Fe-C (EKD) mit Abkühlungskurven

Die Legierungen im Bereich von 2,06 bis 6,67 % C werden als weißes Gusseisen bezeichnet und je nach Lage zum eutektischen Punkt **(siehe Bild 1, Seite 84)** unterteilt in:

- **Untereutektisches Gusseisen** (2,06 % bis 4,3 % Kohlenstoff),
- **Eutektisches Gusseisen** (4,3 % Kohlenstoff),
- **Übereutektisches Gusseisen** (4,3 % bis 6,67 % Kohlenstoff).

Bild 1: Gefügebild Perlit, Legierung mit 0,8 % C

Eutektoide Umwandlung

Am Punkt S = 723 °C und 0,8 % C sind die Verhältnisse ähnlich wie bei einer eutektischen Umwandlung, es liegt jedoch keine flüssige Schmelze mehr vor. Daher wird die hier ablaufende Reaktion **„eutektoid"** genannt.

> Im Eisen-Kohlenstoff-Diagrammm laufen eine eutektoide und eine eutektische Umwandlung ab. Eine eutektische Umwandlung erfolgt mit Beteiligung der Schmelze, eine eutektoide Umwandlung findet ausschließlich im festen Zustand statt.

Konkret auf das EKD bezogen heißt dies, bei 723 °C und 0,8 % C erfolgt eine Umwandlung des Austenits (γ) zu Ferrit (α) und Zementit gemäß $\boldsymbol{\gamma \rightarrow \alpha + Fe_3C}$. In der Abkühlungskurve Nr. 3 im **Bild 1, Seite 84**, zeigt sich ein Haltepunkt.

Das eutektoid entstehende heterogene Gemenge aus α- und Fe_3C-Lamellen wird **Perlit** genannt **(Bild 1)**. Der Name entstand aufgrund der Tatsache, dass Perlit auf Anschliffen mitunter ähnlich bunt schillert wie Perlmutt.

Ferrit ist relativ weich, während Zementit deutlich härter ist. Entsprechend des durch den Kohlenstoffgehalt gegebenen Zementitanteils liegt die Härte des Perlits daher im Bereich von 180 HB bis 370 HB.

Je nach Kohlenstoffgehalt erfolgt für Stähle **(siehe Bild 1, Seite 84)**, die maximal 2,06 % Kohlenstoff (entsprechend der maximalen Kohlenstofflöslichkeit des Austenits) aufweisen können, eine Einteilung in

- **untereutektoide Stähle** (bis 0,8 % Kohlenstoff),
- **eutektoide Stähle** (genau 0,8 % Kohlenstoff) und
- **übereutektoide Stähle** (über 0,8 % Kohlenstoff).

→ unlegierte Baustähle

> Das eutektisch entstehende Gefüge aus Zementit und Austenit bzw. Ferrit wird Lebeburit genannt, das eutektoid entstehende Gefüge aus Zementit und Ferrit hingegen Perlit.

Ausscheidung von Zementit

Zementit Fe_3C kann sich jedoch nicht nur durch isotherme Umwandlungen bilden. Er entsteht auch dann, wenn die Löslichkeit einer Phase (Mischkristall, Schmelze) für Kohlenstoff mit fallender Temperatur unter den Wert der maximalen Löslichkeit sinkt (Begriff siehe **Bild 1, Seite 78**). Für Austenit waren dies 2,06 % C bei 1147 °C, für Ferrit waren es 0,02 % C bei 723 °C **(Bild 2)**. Sinkt die Temperatur unter diese Werte, wird nicht mehr zu lösender Kohlenstoff als Zementit ausgeschieden.

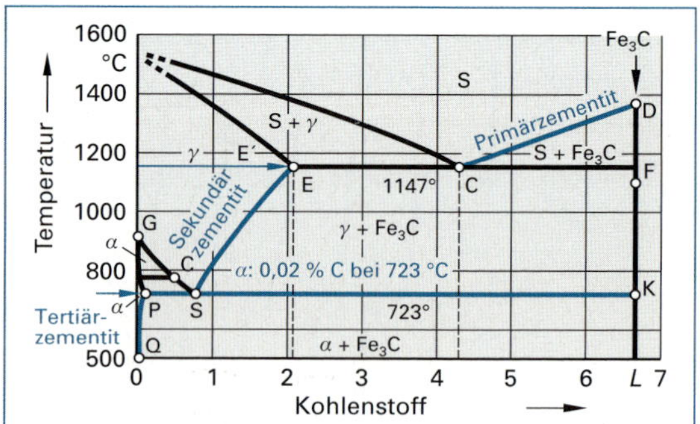

Bild 2: Ablesen der maximalen Kohlenstoff-Löslichkeiten von Austenit und Zementit mit Angabe der Löslichkeitslinien für die einzelnen Zementitformen

Je nach der Phase, aus der der Zementit ausgeschieden wurde, sind folgende Bezeichnungen üblich (siehe auch **Bild 2**):

- **Tertiärzementit** entsteht aus Ferrit (α), entlang der Linie P – Q. Dieser Zementit ist zumeist sehr fein, er findet sich in Kornzwickeln **(Bild 1)**.
- **Sekundärzementit** bildet sich aus Austenit (γ) beim Unterschreiten der Linie S – E. Sekundärzementit bildet oft ein Netz an den Austenitkorngrenzen **(Bild 2)**.
- **Primärzementit** hingegen fällt aus der Schmelze aus, wenn die Linie C – D beim Abkühlen geschnitten wird. Typisch für Primärzementit sind sehr grobe Nadeln **(Bild 3)**.

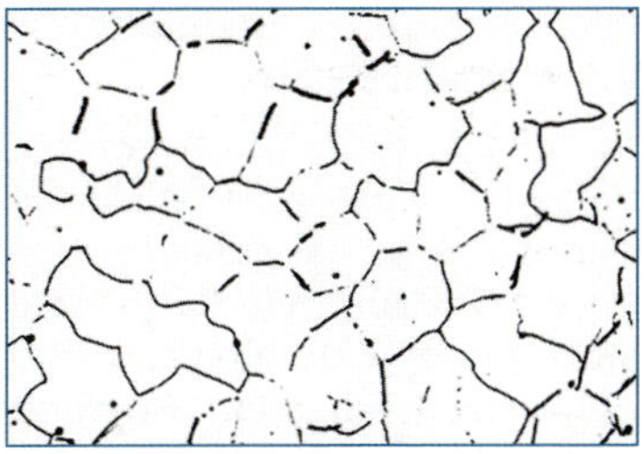

Bild 1: Tertiärzementit (dunkel) in Ferrit (hell), 0,008 % C

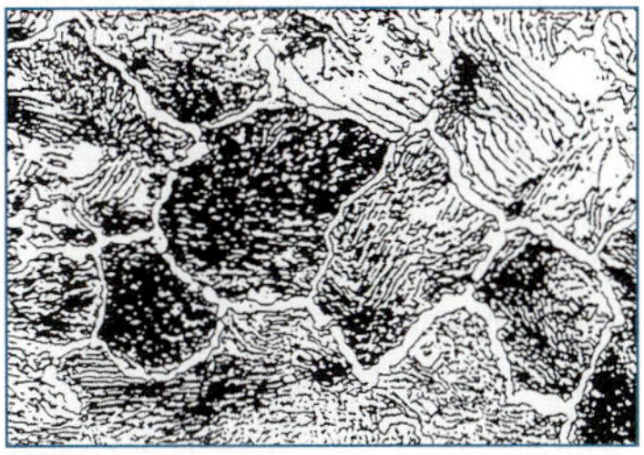

Bild 2: Sekundärzementit in Netzanordnung (hell) in Perlit (dunkel, lamellar), 1,3 % C

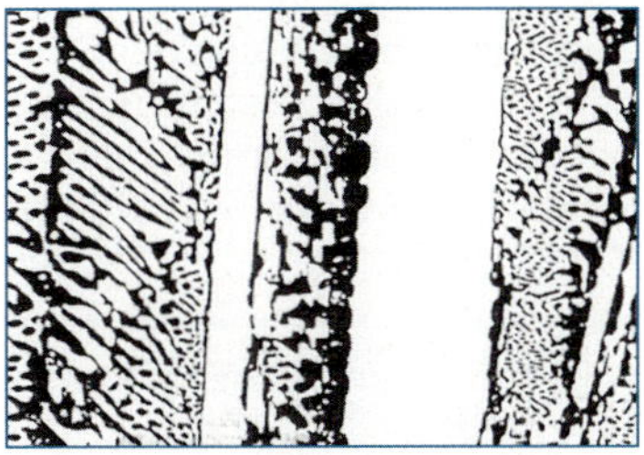

Bild 3: Grobe Primärzementitnadeln (hell) in Ledeburit (Tigerfell)

Diese Unterscheidung bezieht sich nur auf das metallografische Aussehen, chemisch gesehen handelt es sich bei allen drei Zementitarten um Fe_3C, d. h. die Zusammensetzung ist stets gleich.

> Metallografisch wird Zementit je nach Art der Entstehung unterschieden in Primär-, Sekundär- bzw. Tertiärzementit.

Gefügeausbildung im Stahl (bis 2,06 % C)

Mit diesem Grundwissen lassen sich nun die bei der Erstarrung von verschiedenen Eisen-Kohlenstoff-Legierungen entstehenden Gefüge ableiten. Dabei ist zu beachten, dass alle nachfolgenden Aussagen für eine langsame Abkühlung gelten.

Untereutektoide Stähle mit C-Gehalten von 0,02 % bis 0,8 % C

Legierungszusammensetzungen im Bereich von 0,02 % bis 0,8 % C (**Bild 2, Seite 85**, Abkühlungskurve 2) schneiden bei Abkühlung aus dem Austenitgebiet (γ) zunächst die Linie GS, so dass aus dem Austenit erste Ferritkristalle (α) ausfallen. Das Gefüge besteht nun aus γ und α. Sinkt die Temperatur weiter, wird bei 723 °C die eutektoidale Linie erreicht. Bei dieser Temperatur findet die eutektoide Umsetzung zu Perlit gemäß $\gamma \rightarrow \alpha + Fe_3C$ statt. Es wandelt jedoch nur der Austenit um, die bereits vorher gebildeten Ferritkristalle bleiben unverändert erhalten. Daher besteht das Gefüge dieser Legierungen aus **Ferrit**, d. h. primären α-Kristallen (direkt aus γ entstanden) und dazwischen liegendem **Perlit** ($\alpha + Fe_3C$), der eutektoid aus dem restlichen Austenit beim Schneiden der Eutektoidalen entstanden ist. Perlit ($\alpha + Fe_3C$) erscheint im Gefügebild dunkel **(Bilder 4 und 5)**, bei höherer Vergrößerung ist die lamellare Ausbildung erkennbar. Mit zunehmendem Kohlenstoffgehalt wird der Perlitanteil größer, der Ferritanteil entsprechend kleiner.

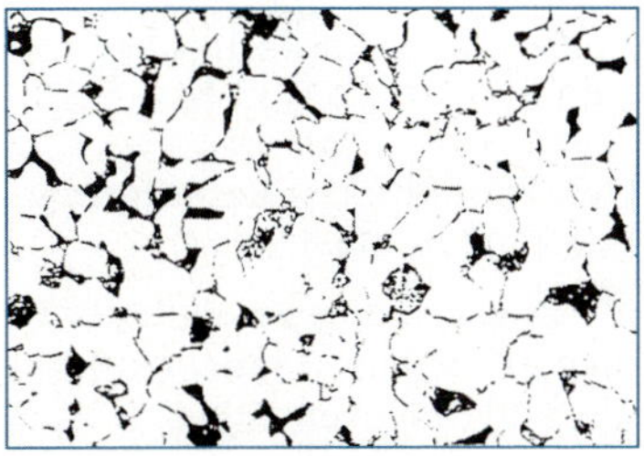

Bild 4: Stahl mit 0,3 % C, Ferrit (hell), Perlit (dunkel)

Bild 5: Stahl mit 0,5 % C, Ferrit (hell), Perlit (dunkel)

Eutektoider Stahl mit 0,8 % C

Dieser Stahl enthält genau 0,8 % C. Die Erstarrungsverhältnisse zeigt die Abkühlkurve 3 im **Bild 2, Seite 85**. Bei Schneiden der eutektoidalen Linie bei 723 °C wandelt hier das zuvor vollständig aus Austenit bestehende Gefüge eutektoid um zu Perlit ($\alpha + Fe_3C$) gemäß $\gamma \rightarrow \alpha + Fe_3C$. 0,8 % C. Das Gefüge ist rein **perlitisch (Bild 1, Seite 86)**.

Übereutektoider Stahl mit 0,8 % bis 2,06 % C

Im **Bild 2, Seite 85** entspricht diesem Zusammensetzungsbereich die Abkühlkurve 4 bei 1,5 % C. Bei langsamer Abkühlung entsteht aus der Schmelze zunächst Austenit. Aus diesem scheidet sich bei weiterer Temperaturabsenkung wie bereits erläutert Sekundärzementit aus. Das Gefüge besteht nun aus Austenit und Sekundärzementit. Sinkt die Temperatur bis auf 723 °C ab, wandelt noch vorhandener Austenit eutektoid zu Perlit um. Das Raumtemperaturgefüge besteht, wie in **Bild 2, Seite 87** ersichtlich, daher aus **Perlit** (dunkel, lamellar) und **Sekundärzementit** (hell).

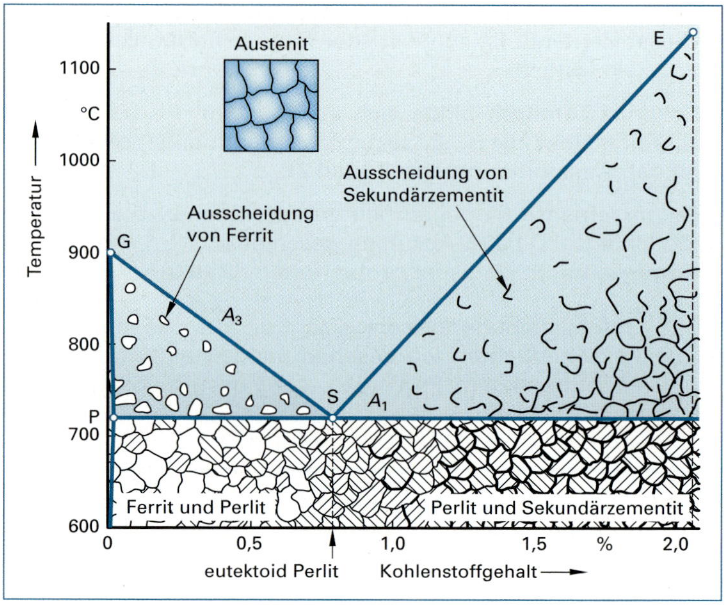

Bild 1: Gefüge der Stähle, schematisch

Bild 1 zeigt die Gefüge der Stähle zusammenfassend. Deutlich wird: Perlit allein tritt nur bei 0,8 % C, der eutektoiden Zusammensetzung, auf. Untereutektoide Stähle bestehen aus Ferrit und Perlit, wobei der Perlitanteil mit zunehmendem Kohlenstoffgehalt größer wird, der Ferritanteil entsprechend kleiner. Übereutektoide Stählen bestehen aus Perlit und Sekundärzementit. Mit zunehmendem Kohlenstoffgehalt wird hier der Perlitanteil kleiner, der Sekundärzementitanteil entsprechen größer.

> In einfachen Eisen-Kohlenstoff-Stählen gibt es die **Gefügephasen** Ferrit, Perlit und Sekundärzementit.

Gefügeausbildung im Gusseisen (metastabiles System)

Zum (weißen) Gusseisen zählen alle Legierungen mit 2,06 % bis 6,67 % Kohlenstoff.

Untereutektische Legierungen, mit 2,06 % bis 4,3 % C

Im **Bild 2, Seite 85**, entspricht diesen Zusammensetzungen die Abkühlkurve 5 bei 3 % C. Diese Legierungen erstarren, indem sich zunächst Austenit aus der Schmelze ausscheidet. Bei Erreichen der eutektischen Temperatur von 1147 °C bildet sich gemäß S $\rightarrow \gamma + Fe_3C$ Ledeburit I aus der Restschmelze, der bei weiterer Temperaturabsenkung zu Ledeburit II umwandelt. Die primären Austenitkristalle wandeln zu Perlit und Sekundärzementit um **(Bild 1, Seite 89)**.

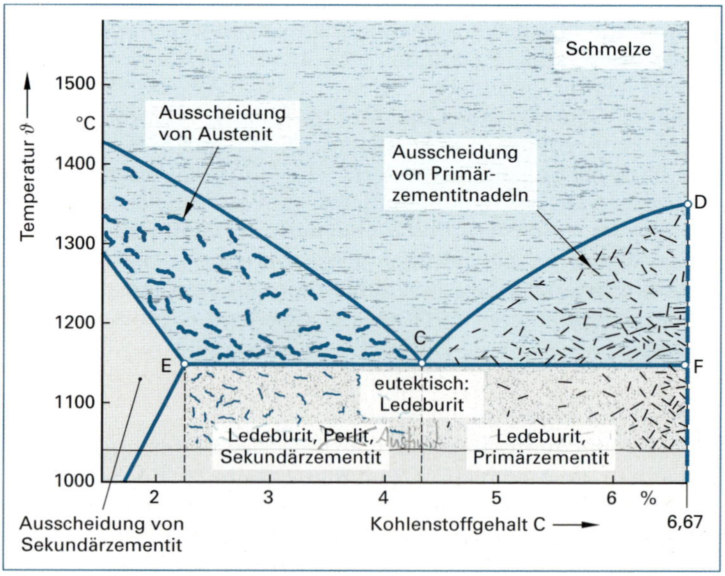

Bild 2: Gefüge im Gusseisen, schematisch

Eutektisches Gusseisen mit 4,3 % C
Diese Legierung (Abkühlungskurve 6, **Bild 2, Seite 85**) mit 4,3 % C erstarrt rein ledeburitisch. Das Gefüge zeigt **Bild 1, Seite 85** („Tigerfellgefüge").

Übereutektisches Gusseisen mit 4,3 % bis 6,67 % C
Im Diagramm, **Bild 2, Seite 85**, entspricht diesem Gusseisen die Abkühlkurve 7 bei 5,5 % C. Bei der Abkühlung fällt aus der Schmelze Primärzementit Fe_3C in Form grober Nadeln aus. Die Restschmelze wandelt bei 1147 °C eutektisch in Ledeburit I um. Bei 723 °C wandelt das in in Ledeburit I vorhandene γ eutektoid in $\alpha + Fe_3C$ um. Man spricht dann von Ledeburit II. Das entsprechende Gefüge aus Ledeburit und Primärzementitnadeln zeigt **Bild 3, Seite 87**.

Zusammenfassend zeigt **Bild 2, Seite 88** alle Gefüge des Gusseisens. Mit zunehmendem Kohlenstoffgehalt steigt der Zementitanteil. Damit verbunden ist eine starke Zunahme der Sprödigkeit. Aus diesem Grund kann Gusseisen nicht umgeformt werden.

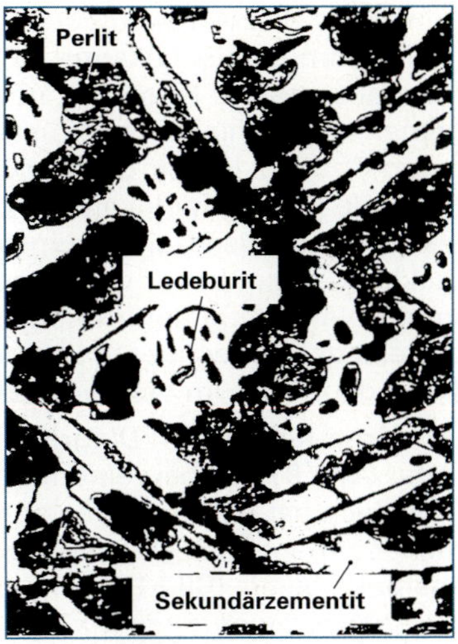

Bild 1: Gefüge eines Gusseisens mit 2,3 % C bestehend aus Ledeburit II („Tigerfell"), Sekundärzementit (hell) und Perlit (dunkel, lamellar)

> Typische Gefügephasen in **weißem Gusseisen** sind Perlit, Ledeburit und Zementit.

3.8.4 Weitere Legierungselemente im Stahl

Stähle, die nur aus Eisen und Kohlenstoff bestehen, werden als **unlegierte Stähle** bezeichnet. Dennoch enthalten auch diese Kohlenstoffstähle metallurgisch bedingt neben Kohlenstoff als dem erwünschten Legierungselement noch andere Bestandteile als **Verunreinigungen**, wie Si, Mn, P und S. Unterhalb bestimmter Grenzwerte **(siehe Tabelle 1, Seite 129)** werden diese Elemente jedoch vernachlässigt, der Stahl gilt als **„unlegiert"**.

Würde man diese Gehalte jedoch genau berücksichtigen, wäre unlegierter Stahl strenggenommen eine Sechsstofflegierung. Da aber die Gehalte an Eisenbegleitern so gering sind, ist die Bezeichnung „unlegiert" dennoch gerechtfertigt.

> Unlegierte Stähle sind Legierungen aus Eisen und Kohlenstoff. Andere Elemente sind nur unterhalb streng definierter Grenzwerte zulässig.

Legierten Stählen werden verschiedene Elemente gezielt als Legierungspartner zugesetzt. Je nach Legierungsgehalt wird zwischen niedrig- und hochlegierten Stählen unterschieden:

- **Niedriglegierte Stähle** haben im wesentlichen dieselben Eigenschaften wie die unlegierten Kohlenstoffstähle. Durch den Legierungszusatz werden aber bestimmte gewünschte Eigenschaften verbessert bzw. andere unerwünschte Eigenschaften gemildert.
- **Hochlegierten Stählen** wurden durch Legierungszusätze Eigenschaften verliehen, die den unlegierten Stählen fehlen, wie z. B. eine erhöhte Korrosionsbeständigkeit.

Um zu verstehen, welche Eigenschaftsänderungen nun die einzelnen Elemente im Stahl bewirken, muss zunächst untersucht werden, welche Phasen bzw. Zustandsänderungen sich beim Legieren des reinen Eisens mit einem bestimmten Legierungselement ergeben.

Als Beispiel für die Beeinflussung einer Zustandsänderung soll die bei der Abkühlung von reinem Eisen bei 911 °C erfolgende $\gamma \rightarrow \alpha$**-Umwandlung** (Austenit → Ferrit) betrachtet werden. Diese Umwandlung vom kfz- zum krz-Gitter erfolgt über **Diffusionsvorgänge**, d. h., Eisenatome wandern und bilden dabei das neue Gitter. Legierungselemente beeinflussen die Umgitterungsvorgänge, was sich z. B. in der Umwandlungstemperatur zeigt: Sie kann je nach Legierungszusatz sinken oder steigen.

Ein erstes Beispiel ist mit dem Legierungselement **Kohlenstoff** und damit dem Eisen-Kohlenstoff-Diagramm bereits bekannt: Hier ergibt sich ein relativ **großes Austenitgebiet**, d. h., das kubisch-flächenzentrierte Eisen tritt nach dem Legieren mit Kohlenstoff auch bei Temperaturen auf, bei denen es im unlegiertem Zustand nicht auftrat (unterhalb 911 °C). Das bedeutet, durch den Kohlenstoffzusatz ist die **Umwandlungstemperatur gesunken**. Die Ursache dafür ist, dass Kohlenstoff die Geschwindigkeit der diffusionsgesteuerten γ - α Umwandlung sehr stark erniedrigt, da es mit dem Eisen einen Einlagerungs-Mischkristall bildet. Dieser Mischkristall muss erst aufgelöst werden, bevor die eigentliche Umwandlung beginnen kann. Während des Gitterumbaus muss gleichzeitig der im neuen α-Gitter nicht mehr lösbare Kohlenstoff umverteilt werden. Wie bereits gezeigt wird er in Form von Zementit ausgeschieden. Daher dauert in Stählen der Umgitterungsprozess im Vergleich zu reinem Eisen bei gleicher Temperatur etwas länger.

Im Eisen-Kohlenstoff-Diagramm zeigt sich dies in einer Verschiebung der Umwandlungstemperatur A_3 = 911 °C bei reinem Eisen bis zu 723 °C bei Stählen mit 0,8 % Kohlenstoff. Austenit tritt nun auch bei Temperaturen auf, bei denen er bei reinem Eisen nicht mehr auftritt. Kohlenstoff hat daher den Austenit „stabiler“ gemacht, weshalb Elemente mit dieser Wirkung als **„austenitstabilisierend“** gelten (Bild 1). Weitere, wichtige **Austenitstabilisierer** sind N, Ni, Mn und Co. Bei einigen Eisenbasislegierungen mit diesen Elementen kann sogar bei Raumtemperatur Austenit vorliegen. **Austenitische Legierungen** sind aufgrund ihrer kfz-Gitterstruktur sehr gut verformbar, verfestigen dabei jedoch besonders stark. Sie sind auch bei Raumtemperatur unmagnetisch.

> Durch **austenitstabilisierende** Elemente wird das Austenitgebiet vergrößert (oder geöffnet). Es stellen sich Stähle mit austenitischer (kfz) Gefügeausbildung ein.

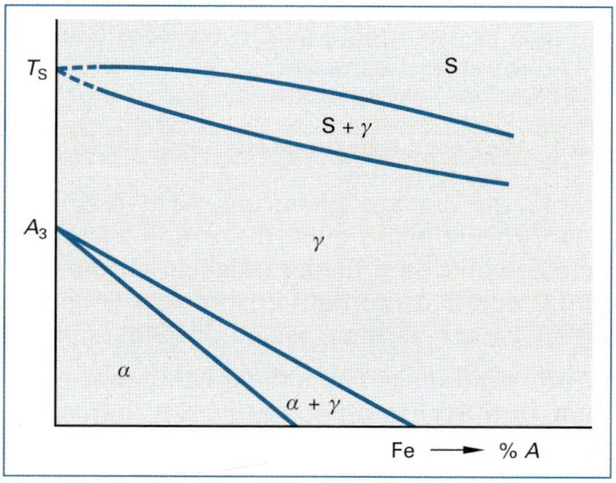

Bild 1: Aufweitung des Austenitgebietes durch austenitstabilisierende Elemente wie C, N, Ni, Mn, Co

Ebenso kann der entgegengesetzte Fall eintreten, d. h., ein Legierungselement bewirkt, dass Ferrit auch bei Temperaturen auftritt, bei denen dies im reinen Eisen nicht der Fall ist (oberhalb 911 °C). Ferrit wird stabiler, die entsprechenden Elemente heißen daher **„ferritstabilisierend“** (Bild 2). Wichtige **Ferritstabilisierer** sind Al, Si, Cr, W, Mo, Ti, P. Bei diesen Legierungen liegt bei Raumtemperatur Ferrit (krz) vor, die Kaltumformbarkeit ist im Vergleich zum kfz-Gitter etwas schlechter. Ferritische Stähle sind bis zur Curie-Temperatur magnetisch.

> Durch **ferritstabilisierende** Elemente wird das Austenitgebiet verkleinert (oder eingeschnürt). Es stellen sich Stähle mit ferritischer (krz) Gefügeausbildung ein.

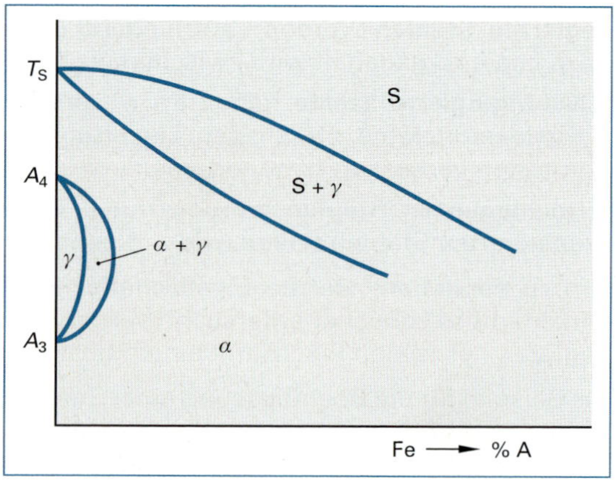

Bild 2: Einschnürung des Austenitgebietes durch ferritstabilisierende Elemente wie Al, Si, Cr, W, Mo, Ti, P

Die einzelnen Legierungselemente wirken hinsichtlich der Eigenschaften und des Verhaltens bei Wärmebehandlungen (Begriffserläuterungen unter 3.9) wie folgt:

Aluminium erhöht die Zunderbeständigkeit. Es wird zur Desoxidation, d. h. zur Entfernung von Sauerstoff genutzt. Weiterhin findet sich Al in Nitrierstählen, da es mit Stickstoff Aluminiumnitrid (AlN) bildet. Dieses bewirkt die Ausbildung eines stabilen feinen Korns und einer hohen Härte.

Chrom erhöht die Zähigkeit, die Zugfestigkeit, die Warmfestigkeit, die Zunderbeständigkeit, die Korrosionsfestigkeit (bei Gehalten über 13 % sind Stähle nichtrostend) sowie die Einhärtbarkeit (s. 3.9.2). Es vermindert die Verformbarkeit, die Schweißbarkeit und die Zerspanbarkeit.

Cobalt erhöht die Zugfestigkeit und die Härte. Es vermindert die Zähigkeit und die Empfindlichkeit gegen Überhitzung.

Kohlenstoff erhöht im nicht wärmebehandelten Zustand die Zugfestigkeit um etwa 90 N/mm^2 und die Streckgrenze um etwa 45 N/mm^2 je 0,1 % Kohlenstoff. Ferner steigt die Härte. Bis zu Gehalten von 0,2 % C ist die Schweißbarkeit gut, ab 0,3 % C wird der Stahl härtbar (s. 3.9.2). Der Zusatz von Kohlenstoff vermindert die Verformbarkeit, die Kerbschlagarbeit und die Schmiedbarkeit.

Mangan verbessert im nichtwärmebehandelten Zustand die Zugfestigkeit und die Streckgrenze um etwa 100 N/mm^2 je 1 % Mangan, ferner die Durchhärtbarkeit und die Verschleißfestigkeit. Mangan vermindert die Zerspanbarkeit und die Kaltverformbarkeit. Bei höheren Temperaturen neigen Manganstähle zur Grobkornbildung. Sie sind überzeitungs- und überhitzungsempfindlich (s. 3.9.1).

Molybdän steigert die Zugfestigkeit, die Härte, die Warmfestigkeit, die Verschleißfestigkeit, die Einhärtbarkeit (s. 3.9.2) und die Anlassbeständigkeit; es vermindert die Verformbarkeit und die Schmiedbarkeit.

Nickel erhöht die Zugfestigkeit, die Zähigkeit, die Einhärtbarkeit (s. 3.9.2), die Hitzebeständigkeit und die Korrosionsbeständigkeit. Es vermindert die Zerspanungsfähigkeit, die Tiefziehfähigkeit und die elektrische Leitfähigkeit.

Phosphor erhöht die Zugfestigkeit, die Sprödbruchneigung, die Korrosionsbeständigkeit und die Gießbarkeit; es vermindert die Verformbarkeit und die Schlagfestigkeit.

Schwefel verbessert die Zerspanbarkeit durch Einstellung kurz brechender Späne. Vermindert werden die Verformbarkeit, die Schweißbarkeit und die Schmiedbarkeit.

Silicium erhöht im nichtwärmebehandelten Zustand um etwa 100 N/mm^2 je 1 % Silicium die Zugfestigkeit und die Streckgrenze. Ferner wird die Härte größer. Schlechter werden die Zerspanbarkeit, die Schweißbarkeit und die Schmiedbarkeit;

Stickstoff steigert die Streckgrenze, die Zugfestigkeit und die Härte sowie den Verschleißwiderstand und die Warmfestigkeit; vermindert die Kaltverformbarkeit und begünstigt die Alterung;

Vanadium erhöht die Zugfestigkeit, die Härte, die Warmfestigkeit und die Anlassbeständigkeit; vermindert die Zerspanbarkeit, die Kaltverformbarkeit und die Überhitzungsempfindlichkeit;

Wolfram erhöht die Zugfestigkeit, die Streckgrenze, die Härte, die Korrosionsbeständigkeit und die Warmfestigkeit; vermindert die Verformbarkeit, die Schmiedbarkeit und die Zerspanbarkeit.

Zusammenfassend lässt sich feststellen: Legierungselemente beeinflussen viele Eigenschaften eines Stahls positiv, wie z. B. Festigkeit, Härte, Zähigkeit, Bearbeitbarkeit (Umform- und Spanbarkeit), Verschleißwiderstand, Eignung für Wärmebehandlung und Oberflächenbeschichtung, Korrosionsverhalten sowie die Eignung für tiefe bzw. hohe Betriebstemperaturen.

Legierungselemente können aber auch negative Wirkungen haben, wie z. B. der Auslöser von Sprödigkeit und Brüchigkeit sein. In diesen Fällen ist durch geeignete legierungstechnische Maßnahmen bzw. Wärmebehandlungen Abhilfe zu schaffen.

Aufgaben

1. Beschreiben Sie die unterschiedlichen Modifikationen des Eisens!
2. Erklären Sie die Begriffe Austenit und Ferrit!
3. Warum erhöht sich durch den Zusatz von Kohlenstoff die Festigkeit des Eisens?
4. Welche Eigenschaftsänderungen erwarten Sie, wenn der Zementitanteil in Stahl zunimmt?
5. Nennen Sie die im metastabilen EKD auftretenden technisch wichtigen isothermen Umwandlungsreaktionen einschließlich der zugehörigen Konzentrationen und Temperaturen!
6. Wie unterscheiden sich Tertiär-, Sekundär- und Primärzementit?
7. Erläutern Sie die Entstehung von Perlit und Ledeburit!
8. Zeichnen Sie schematisch das Gefüge von C60, d. h. einem Stahl mit 0,6 % Kohlenstoff!
9. Welche Legierungselemente wirken austenitstablisierend?

3.8.5 Gusseisen

Eisengusswerkstoffe erhielten ihren Namen nach dem Gießen als Formgebungsverfahren. Im festen Zustand sind die meisten Gusseisensorten aufgrund ihres erhöhten Kohlenstoffgehaltes **spröde**. Daher erfolgt die Formgebung durch Gießen, ggf. mit nachfolgendem Spanen, nicht aber durch Umformung.

Hauptsächlich wird **Gusseisen** verarbeitet, d. h. Eisen-Kohlenstoff-Legierungen, deren Kohlenstoffgehalte oberhalb von 2,06 % liegen. Es ist auch möglich, Stahl zu vergießen. Man spricht dann vom **Stahlguss**. Dieser hat aufgrund verschiedener gießtechnischer Schwierigkeiten geringere technische Bedeutung, weshalb nachfolgend nur auf „Gusseisen" eingegangen werden soll. Die Bedeutung der Werkstoffgruppe „Gusseisen" erklärt sich aus ihren spezifischen Eigenschaften, insbesondere dem guten **Gießverhalten**, gekennzeichnet durch ein gutes **Formfüllungsvermögen** und eine geringe **Schwindung**. Weitere Vorteile sind die vergleichsweise gute Korrosionsbeständigkeit und das z. T. hohe Dämpfungsvermögen.

Bild 1: Weißes und graues Gusseisen (Bruchfläche)

> Bei Gusseisen liegt der Kohlenstoffgehalt über 2,06 %, bei Stahlguss darunter.

Bei Gusseisen sind je nach Gefüge zwei Arten zu unterscheiden: Die nach dem **metastabilen System** des Eisen-Kohlenstoff-Diagramms erstarrenden Gusseisensorten heißen **weißes Gusseisen** (Bild 1a), da sie eine weiße (helle) Bruchfläche zeigen. Erfolgt die Erstarrung hingegen nach dem **stabilen System**, liegt der Kohlenstoff in Form von Grafit vor. Die Bruchfläche erscheint demzufolge dunkel, man spricht vom **grauen Gusseisen** (Bild 1b), kurz **Grauguss**.

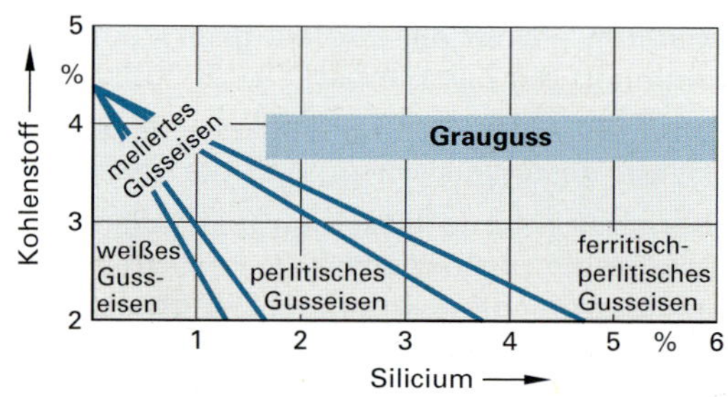

Bild 2: Gusseisendiagramm – Abhängigkeit der Gefügeausbildung von Silicium- und Kohlenstoffgehalt

Welche der beiden Gusseisensorten gebildet wird, hängt von der chemischen Zusammensetzung (Kohlenstoffgehalt, Siliciumgehalt) und der Erstarrungsgeschwindigkeit (Wanddicke, Gießverfahren – Sand- oder Kokillenguss) ab.

Der Einfluss der Zusammensetzung wird im Bild 2 verdeutlicht: Höhere Siliciumgehalte begünstigen das stabile System und damit die Ausbildung von Grafit. Ebenso gilt dies für größere Wanddicken und damit geringere Abkühlungsgeschwindigkeiten. Die Grundmasse des Gusseisen ist ledeburitisch oder perlitisch.

Graues Gusseisen enthält 0,5 % bis 3 % Silicium, um die Ausbildung von Grafit zu begünstigen. Je nach Ausbildungsform des Grafits wird unterschieden in **Gusseisen mit Lamellengrafit (GJL)**, **Gusseisen mit Kugelgrafit (GJS)** und **Gusseisen mit Vermiculargrafit (GJV)**. Zudem kann durch eine Wärmebehandlung, das **Tempern, Temperguss (GJM)** erzeugt werden.

Gusseisen mit Lamellengrafit (GJL)

Bild 1: Grafitlamelle

Diese Gusseisensorte, auch als **Grauguss** bezeichnet, wird derzeit (noch) am häufigsten vergossen. GJL liegen in ihrer Zusammensetzung mit 2 % bis 4 % C nahe der eutektischen Zusammensetzung von 4,3 % C und weisen dementsprechend mit 1100 °C bis 1250 °C relativ niedrige Schmelztemperaturen auf. Der Si-Gehalt liegt bei 0,3 bis 0,8 %.

Bei Erstarrung bilden sich bei Erreichen der Eutektikalen bei 1153 °C (stabiles System, **Bild 1, S. 84** - blaue Linien) aus der Schmelze Austenit und **Grafitblätter**. Sinkt die Temperatur auf 738 °C, zerfällt der Austenit eutektoid in Perlit und elementaren Kohlenstoff. Dieser Kohlenstoff kristallisiert an die primär gebildeten Grafitblätter an, die sich dann im Anschliff als **Lamellen** zeigen **(Bild 1)**.

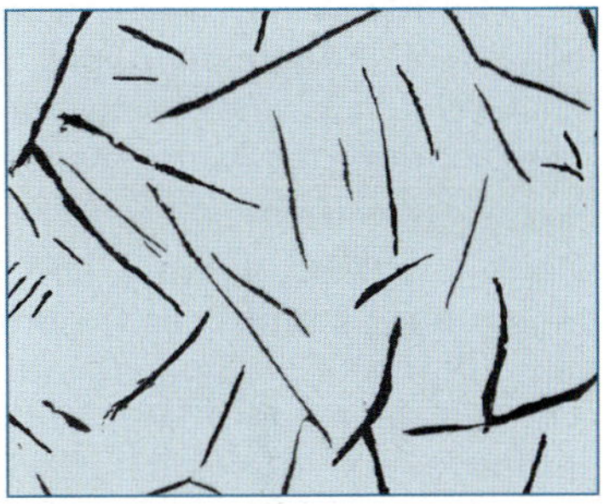

Bild 2: Gusseisen mit Lamellengrafit poliert

Grafitlamellen wirken als **innere Kerben (Bild 2)**. Daher ist die Zugfestigkeit im Vergleich zu Stahl oder anderen Gusseisensorten mit Werten von 100 MPa bis 450 MPa gering **(Tabelle 1)**. Grauguss sollte daher **auch nicht auf Biegung** oder schlagartig beansprucht werden. Vorteilhaft ist jedoch die hohe **Druckfestigkeit** des Werkstoffes, die um den Faktor 3 bis 4,5 über der Zugfestigkeit liegt **(Tabelle 1)**. Daher eignet sich Grauguss ideal für Konstruktionen, die vor allem auf Druck belastet werden.

Ein weiterer Vorteil ist das hervorragende **Dämpfungsvermögen** für Schwingungen und Schall, das eine Folge der inneren Reibung der Grafitkristalle ist. So klingt Grauguss anders als Stahl. Und noch ein weiterer Vorteil kommt hinzu: Die Grafitkristalle bewirken bei Reibbeanspruchung eine Selbstschmierung, der Grafit wird in feinverteilter Form auf die gleitenden Flächen übertragen. Daher ist die **Verschleißbeständigkeit** hoch.

- Eine sehr gute Wärmeleitfähigkeit!

Tabelle 1: Typische Eigenschaftswerte von Gusseisen mit Lamellengrafit in Abhängigkeit von der Wanddicke

Gusseisensorte				Mechanische Eigenschaften			
Bezeichnung nach DIN EN 1560		frühere Bezeichnung nach DIN 17006-4 bzw. DIN 17007-3		R_m (Zugfestigkeit)	Druckfestigkeit	A (Bruchdehnung)	E-Modul
Kurzname	Numerisch	Kurzzeichen	Wst.-Nr.	MPa	MPa	%	GPa
EN-GJL-150	EN-JL1020	GG-15	0.6015	150 ... 250	600	0,3 ... 0,8	78 ... 103
EN-GJL-200	EN-JL1030	GG-20	0.6020	200 ... 300	720	0,3 ... 0,8	88 ... 113
EN-GJL-250	EN-JL1040	GG-25	0.6025	250 ... 350	840	0,3 ... 0,8	103 ... 118
EN-GJL-300	EN-JL1050	GG-30	0.6030	300 ... 400	960	0,3 ... 0,8	108 ... 137
EN-GJL-350	EN-JL1060	GG-35	0.6035	350 ... 450	1080	0,3 ... 0,8	123 ... 143

Die **Korrosionsbeständigkeit** der Oberfläche ist relativ gut, wenn die Schmelze aus dem Formsand Silicium aufgenommen hat und so auf der Oberfläche beständige Silicate gebildet wurden. Damit diese nicht zerstört werden, darf die Gusshaut bei einer nachträglichen Bearbeitung nicht beschädigt werden. Für eine erhöhte Korrosionsbeständigkeit werden sogar noch höhere Siliciumgehalte eingestellt, z. B. 18 % Silicium bei hochsäurebeständigem Guss.

Grauguss lässt sich aufgrund seines guten **Fließverhaltens** (dünnflüssige Schmelze) und der mit 1 % vergleichsweise geringen **Schwindung** gut gießen. Die Kombination von hervorragender Schwingungsdämpfung und hoher Druckfestigkeit mit moderaten Werkstoff- und Verarbeitungskosten macht Grauguss zum geeigneten Werkstoff für schwere Maschinenbetten und -gestelle.

Gusseisen mit **Lamellengrafit** zeichnet sich durch ein gutes Dämpfungsvermögen und eine hohe Druckfestigkeit aus.

Gusseisen mit Kugelgrafit (GJS)

Das spröde Verhalten von Grauguss GJL wird vor allem durch die Grafitlamellen verursacht. Lamellen stören den Kraftfluss stark, **Kugeln** hingegen deutlich weniger **(Bild 1)**. Wenn der Grafit in kugliger Form ausgebildet wird **(Bild 2)**, ist die Schwächung des Materials wesentlich geringer. Erreicht wird die kuglige Grafitausbildung durch Zusätze von Magnesium.

Die innere **Kerbwirkung** der kugeligen Grafitbestandteile ist gegenüber Lamellen sehr gering. Daher ist Gusseisen mit Kugelgrafit in seinen Eigenschaften stahlähnlich und sogar warm- und in begrenztem Maße kaltumformbar. Es ist nicht mehr so spröde, weshalb es auch **duktiles Gusseisen** (*duktil*, biegsam) genannt wird. Eine andere Bezeichnungen ist **sphärolitisches Gusseisen (Sphäroguss)**.

Die Zugfestigkeit liegt bei 350 MPa bei vorwiegend ferritischem Grundgefüge, bei 900 MPa mit vorwiegend perlitischem Grundgefüge **(Tabelle 1)**.

Aufgrund seiner günstigen Eigenschaften wird Gusseisen mit Kugelgrafit in zunehmendem Maße verarbeitet. Die Gießbarkeit des Werkstoffes ist gut, jedoch ist das **Dämpfungsvermögen** im Verhältnis zu GJL um den Faktor 2 kleiner. Die **Korrosions- und Zunderbeständigkeit** ist besser als bei GJL.

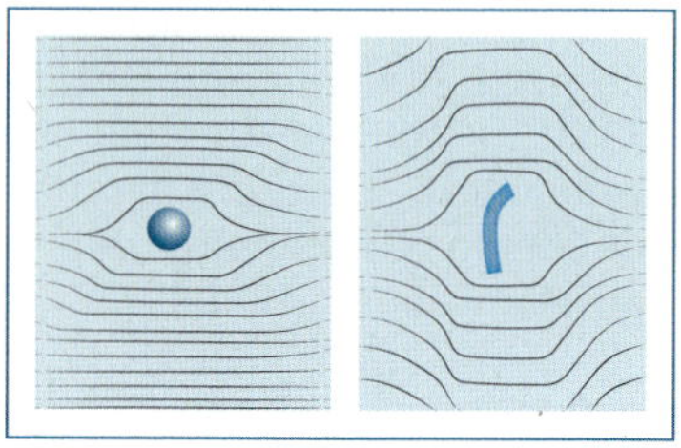

Bild 1: Lamellen stören den Kraftfluss deutlich mehr als kugelige Objekte

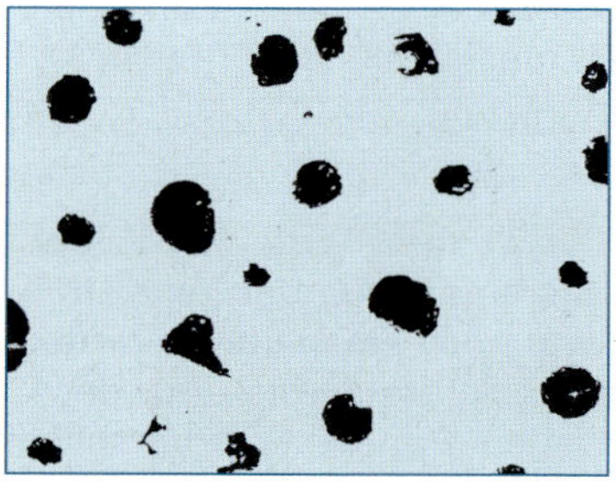

Bild 2: Gusseisen mit Kugelgrafit

Gusseisen mit **Kugelgrafit** ist in seinen Eigenschaften dem Stahl ähnlicher. Er zeichnet durch eine höhere Festigkeit und eine gewisse Duktilität aus.

Tabelle 1: Eigenschaften von Gusseisen mit Kugelgrafit

Gusseisensorte				Mechanische Eigenschaften				
Bezeichnung nach DIN EN 1560		frühere Bezeichnung nach DIN 17006-4 bzw. DIN 17007-3		R_m	$R_{p0,2}$	Druckfestigkeit	A	E-Modul
Kurzname	Numerisch	Kurzzeichen	Wst.-Nr	MPa	MPa	MPa	%	GPa
EN-GJS-400-15	EN-JS1030	GGG-40	0.7040	400	250	–	15	–
EN-GJS-500-7	EN-JS1050	GGG-50	0.7050	500	320	800	7	169
EN-GJS-600-3	EN-JS1060	GGG-60	0.7060	600	370	870	8	174
EN-GJS-700-2	EN-JS1070	GGG-70	0.7070	700	420	1000	2	176
EN-GJS-800-2	EN-JS1080	GGG-80	0.7080	800	480	1150	2	176
EN-GJS-900-2	EN-JS1090	–	–	900	600	–	2	176

Gusseisen mit Vermiculargrafit (GJV)

Gusseisen mit Vermiculargrafit stellt gewissermaßen eine „Mischung" der beiden bisher genannten Gusseisensorten dar und vereint somit einige Vorteile von Lamellen- und Kugelform. Grafit ist zwar in Lamellenform ausgeschieden worden, jedoch sind diese kürzer als bei GJL **(Bild 1)** und an den Enden abgerundet. Die **Kerbwirkung** ist somit geringer, die mechanischen Eigenschaften wie Festigkeit, Zähigkeit und Dauerfestigkeit daher besser als bei GJL. Gegenüber GJS ergeben sich Vorteile hinsichtlich einer besseren Gießbarkeit, verbesserten Dämpfung und besserer Zerspanbarkeit.

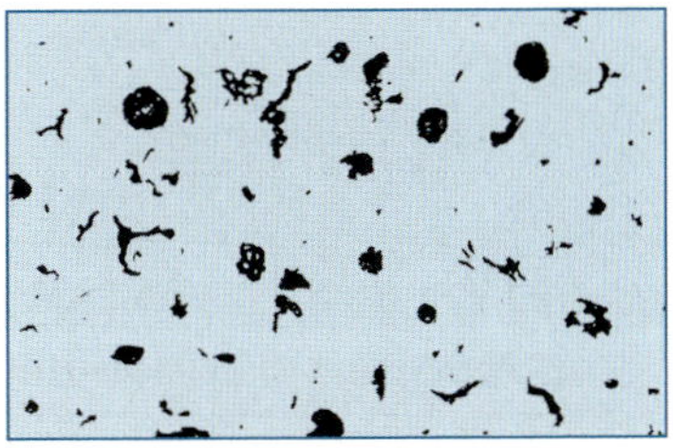

Bild 1: Gusseisen mit Vermiculargrafit, poliert

Die Herstellung von GJV erfolgt ebenfalls durch Zusätze von Mg, jedoch in geringerem Anteil.

> Gusseisen mit **Vermiculargrafit** vereint die Vorteile von GJL und GJS.

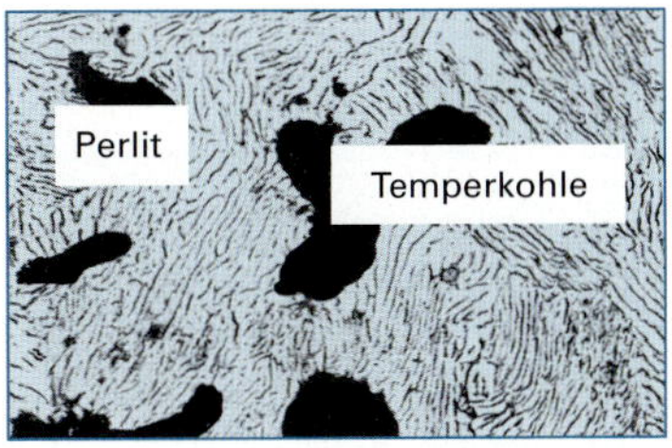

Bild 2: Weißer Temperguss

Temperguss (weißer Gusseisen)

Dünnwandige, schwierig gießbare Teile werden häufig aus Temperguss hergestellt. GJL wäre hier aufgrund der Lamellen problematisch, GJS oder Stahlguss sind hinsichtlich ihres Gießverhaltens nicht (gut) geeignet.

Temperguss weist eine untereutektische Zusammensetzung und erstarrt zunächst nach dem metastabilen System, d. h., es tritt kein Grafit auf. Kohlenstoff findet sich in Zementit. Durch eine spezielle Wärmebehandlung, das **„Tempern"**, wird nun aus dem zunächst weiß erstarrtem Gusseisen **Temperguss**. Beim Tempern wird der aus dem Zementit frei werdende Kohlenstoff in Form von Grafitflocken ausgeschieden, die als **Temperkohle** bezeichnet werden. Das so behandelte weiße Gusseisen weist eine wesentlich erhöhte Zähigkeit auf und lässt sich besser bearbeiten.

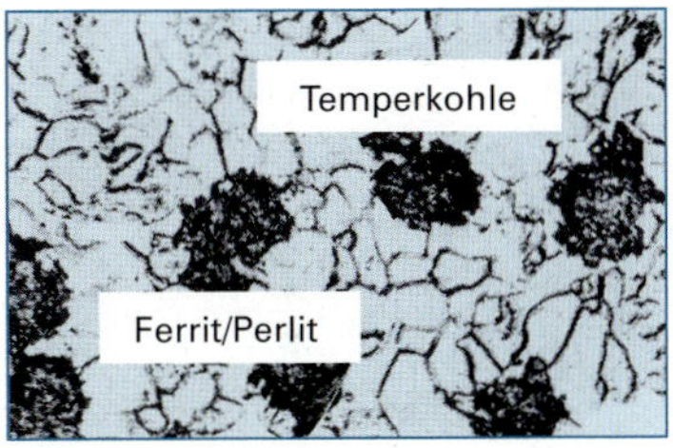

Bild 3: Schwarzer Temperguss

Das Tempern selbst kann in neutraler oder entkohlender Atmosphäre erfolgen. Nach dem sich dann ergebenden Aussehen der Bruchflächen sind zwei Arten von Temperguss zu unterscheiden, der **weiße Temperguss GJMW** und der **schwarze Temperguss GJMB**.

Weißer Temperguss entsteht durch Glühung unter erhöhtem Sauerstoffangebot bei 950 °C bis 1000 °C. Zementit zerfällt bei der Glühung in Austenit und elementaren Kohlenstoff, der Grafitflocken bildet. Die spezielle Ofenatmosphäre bedingt nachfolgend eine Entkohlung, indem der gebildete Kohlenstoff mit dem Sauerstoff reagiert, z. B. entsprechend der Oxidation $C + O_2 \rightarrow CO_2$. So ergibt sich eine entkohlte Randschicht mit ferritischem Gefüge, danach eine Übergangszone aus Ferrit, Perlit und erster Temperkohle und dann der Kern mit perlitischem Gefüge und Temperkohlenestern **(Bild 2)**. Weißer Temperguss ist zäh, schlagfest und schweißbar **(Tabelle 1, S. 96)**.

Schwarzer Temperguss (Bild 3) weist keine entkohlte Randschicht auf, da die Glühung in neutraler Atmosphäre erfolgt. Geglüht wird in zwei Stufen. In Stufe 1 zerfällt bei 900 °C bis 950 °C der Zementit zu Austenit und Temperkohle. Die zweite Glühstufe dicht oberhalb A_1 dient dann der Einstellung eines ferritischen oder perlitischen Grundgefüges. Schwarzer Temperguss weist eine höhere Festigkeit auf als weißer Temperguss **(Tabelle 1, Seite 96)**.

Tabelle 1: Eigenschaften von Temperguss

Gusseisensorte[1)]				Mechanische Eigenschaften			
neue Bezeichnung nach DIN EN 1560		alte Bezeichnung nach DIN 17006-4 bzw. DIN 17007-3		R_m	$R_{p0,2}$	A	Härte
Kurzname	Numerisch	Kurzname	Wst.-Nr	MPa	MPa	%	HB (max.)
EN-GJMW-350-4	EN-JM1010	GTW-35-04	0.8035	350	–	4	230
EN-GJMW-450-7	EN-JM1040	GTW-35-07	0.8045	450	260	7	220
EN-GJMW-550-4	EN-JM1050	–	–	550	340	4	250
EN-GJMB-350-10	EN-JM1130	GTS-35-10	0.8045	350	200	10	≤ 150
EN-GJMB-450-6	EN-JM1140	GTS-45-06	0.8145	450	270	6	150 ... 200
EN-GJMB-550-4	EN-JM1160	GTS-55-04	0.8155	550	340	4	180 ... 230

In **Temperguss** liegt Kohlenstoff als Grafit in Form von Temperkohle vor, die durch eine spezielle Wärmebehandlung, das Tempern, erzeugt wird.

Aufgaben

1. Definieren Sie die Unterschiede von weißem und schwarzem Gusseisen!
2. Nennen Sie Vorteile und Anwendungsgebiete von Gusseisen mit Lamellengrafit!
3. Welche Vorteile hat Gusseisen mit Kugelgrafit?
4. Worin besteht der Nutzen der Ausbildung eines Gusseisens mit Vermiculargrafit?
5. Warum lassen sich dünnwandige Gussteile nicht aus Gusseisen mit Lamellengrafit herstellen?
6. Erläutern Sie, warum weißer Temperguss eine schalenartige Gefügestruktur aufweist!
7. Warum ist das Gefüge bei schwarzem Termperguss an Rand und Kern gleich?

3.8.6 Erzeugung von Stahl und Gusseisen aus Roheisen

Der Hochofenprozess, in dem aus Eisenerz Roheisen entsteht, wurde bereits unter 3.2.1 erläutert. Um die einzelnen Stahl- bzw. Gusseisensorten zu erzeugen, sind weitere Verfahrensschritte notwendig, denn Roheisen enthält 4 % bis 5 % Kohlenstoff. Hinzu kommen weitere Begleitelemente, wie z. B. geringe Mengen an Phosphor und Schwefel, bis zu 3 % Silicium sowie bis zu 6 % Mangan. In dieser Zusammensetzung ist Roheisen sehr spröde.

Roheisen wird je nach Ausbildung des Kohlenstoffs in Form von Zementit oder Grafit in graues und weißes Roheisen unterschieden. Beide Roheisenarten sind, wie in **Bild 1, Seite 97** ersichtlich, Grundlage zur Herstellung verschiedener Eisenwerkstoffe.

Erzeugung von Stahl

Die bei Stahl erwünschte Umformbarkeit ist nur bei Kohlenstoffgehalten bis max. 2,06 % C gegeben. Ziel der Stahlerzeugung ist es daher, den Kohlenstoffgehalt des Roheisens deutlich zu senken und ggf. weitere Legierungselemente einzubringen.

Stahl entsteht durch das **Frischen**, ein Prozess, bei dem Roheisen Sauerstoff zugeführt wird. Mit diesem reagiert der im Roheisen enthaltene Kohlenstoff gemäß $C + O_2 \rightarrow CO_2$ zu Kohlenstoffdioxid CO_2, d. h., der Kohlenstoff wird reduziert. CO_2 entweicht als Gas.

Ziel der Stahlerzeugung ist es, durch **Frischen** den hohen Kohlenstoffgehalt des Roheisens abzusenken und ggf. Legierungselemente einzubringen.

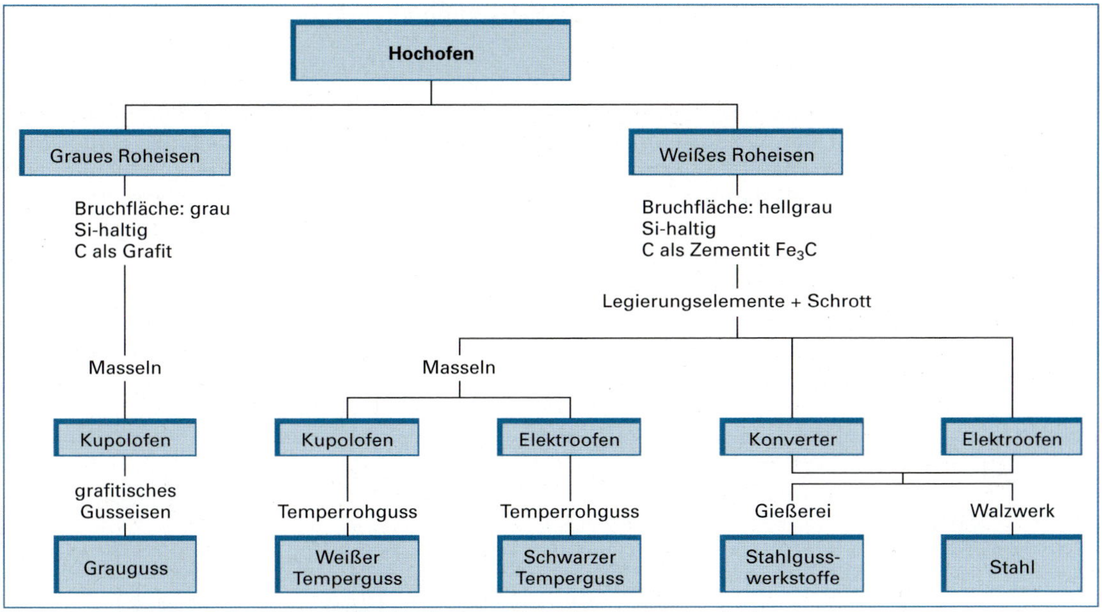

Bild 1: Übersicht über Verfahren zur Herstellung von Stahl und Gusseisen

Stahlherstellungsverfahren

Stahl wird aus weißem Roheisen sowie Schrotten durch **Blasverfahren** oder **Elektrostahlverfahren** erzeugt. Beiden Verfahren ist gemeinsam, dass die unerwünschten Eisenbegleiter durch Redox-Vorgänge aus der Schmelze entfernt werden.

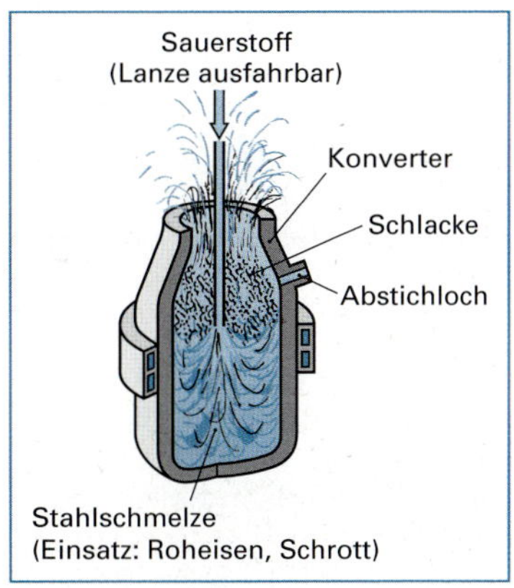

Bild 2: L-D Konverter

Bei den **Sauerstoffblasverfahren** wird das Schmelzgut in einem **Konverter** (Bild 2) mit reinem Sauerstoff behandelt, der entweder auf oder durch die Schmelze geblasen wird. Dabei entsteht ständig Eisenoxid FeO. Dieses Eisenoxid oxidiert die unerwünschten Eisenbegleiter in der folgenden Reihenfolge:

- Silicium ($2\,FeO + Si \rightarrow SiO_2 + 2\,Fe$)
- Mangan ($FeO + Mn \rightarrow MnO + Fe$)
- Kohlenstoff ($FeO + C \rightarrow CO + Fe$)
- Phosphor ($5\,FeO + 2\,P \rightarrow P_2O_5 + 5\,Fe$)
- Schwefel ($2\,FeO + S \rightarrow SO_2 + 2\,Fe$)

Der Oxidationsprozess, der den Kohlenstoffanteil senkt (das „Frischen"), liefert in diesen Verfahren genug Wärme, um den Stahl flüssig zu halten. Eine externe Wärmezufuhr ist in den Konvertern deshalb nicht notwendig.

Bei den verschiedenen **Elektrostahlverfahren** erfolgt die Behandlung des Einsatzgutes durch elektrisch erzeugte Wärme eines Lichtbogens (Bild 3) bei Temperaturen um 3000 °C. Elektroöfen werden vorwiegend zum Umschmelzen von Schrott und zur Erzeugung spezieller hochwertiger Stahlgüten eingesetzt, weniger zur Stahlherstellung aus reinem Roheisen.

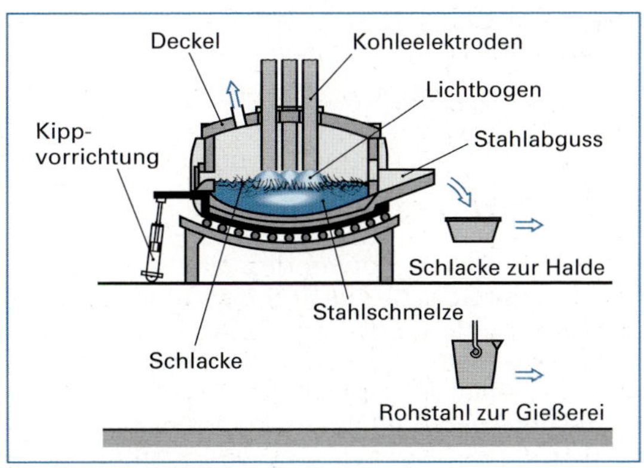

Bild 3: Elektroofen

Die Qualität der Stähle lässt sich durch weitere Behandlungen und den Zusatz von Legierungselementen weiter beeinflussen.

Üblich ist z. B. eine **Vakuumbehandlung** der Schmelze, bei der nahezu alle gelösten Gase entfernt werden, vor allem Wasserstoff und Stickstoff. Beim Vakuumheber-(DH)-Verfahren wird, wie im **Bild 1**, das Saugrohr des Vakuumbehandlungsgefäßes in die Schmelze gesenkt. Dabei wird ein Teil der Schmelze in das Gefäß gedrückt und in etwa 20 Sekunden entgast. Anschließend wird das Behandlungsgefäß gehoben. Der entgaste Stahl fließt dann in die Gießpfanne zurück. Diese Vorgänge lassen sich so lange wiederholen, bis der Gasgehalt in der ganzen Schmelze auf das gewünschte Maß reduziert worden ist. Zum Schluss schließlich können genau dosierte Mengen von Legierungselementen zugesetzt werden.

Eine weitere Verbesserung der Stahlgüte lässt sich durch **Umschmelzen im Vakuum**, z. B. in Vakuum-Induktionsöfen, in Vakuum-Lichtbogenöfen oder in Elektronenstrahlöfen, erreichen.

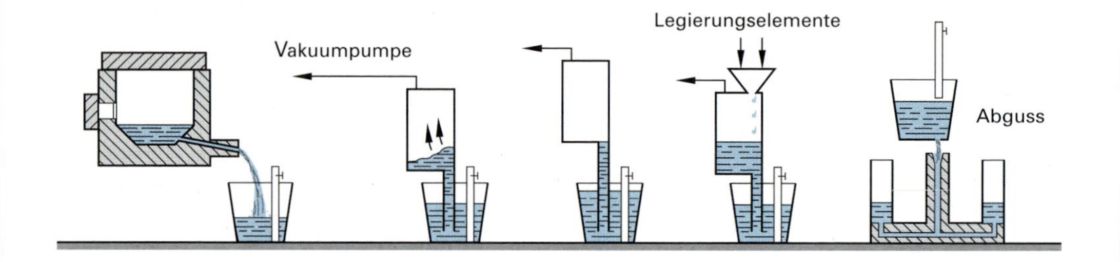

Bild 1: Vakuumbehandlung einer Stahlschmelze

Der fertige Stahl kann in einzelne Kokillen – Gussformen für Blöcke **(Bild 2)** – oder im Stranggießverfahren vergossen werden. Der unproduktivere Kokillenguss findet vor allem für hochwertige, hochlegierte Qualitäten Anwendung, die nur in geringen Mengen produziert werden. Nachteilig ist, dass ein solcher Stahl oft große **Kopflunker** (siehe auch **Bilder 1** und **2**, **Seite 42** sowie **Bild 2**, **Seite 47**) aufweist, weil der erstarrende Werkstoff ständig Schmelze nachzieht. Diese Lunker werden abgetrennt und wieder eingeschmolzen.

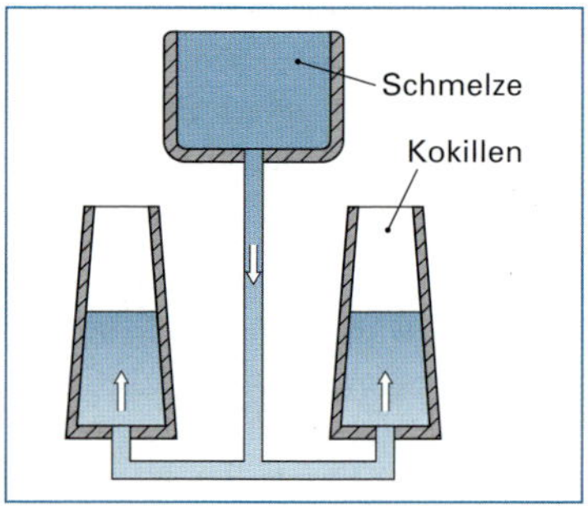

Bild 2: Kokillenguss

Die weitaus meisten Stähle werden aus wirtschaftlichen Gründen durch **Stranggießen (Bild 3)** zu Halbzeugen, wie Brammen, Blöcken oder Knüppeln verarbeitet. Beim **Stranggießverfahren** wird die Stahlschmelze kontinuierlich in eine wassergekühlte Kokille aus Kupfer vergossen. Hier erstarrt der Stahl zu einem zusammenhängenden Strang, der langsam abgesenkt und in den gewünschten Längen abgeschnitten wird.

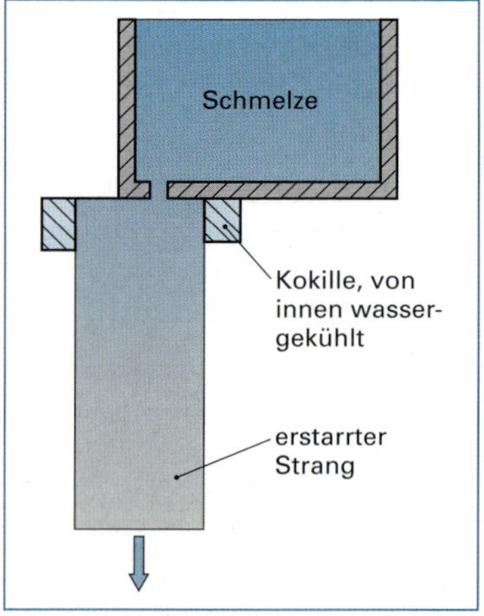

Bild 3: Strangguss

Herstellung von Gusseisen

Gusseisen wird aus Stahlschrott, Roheisen und Gusseisenbruch erzeugt. Die Erschmelzung erfolgt in gas- oder koksbeheizten Kupolöfen. Hochwertige Gusseisensorten werden meist noch in Induktionsöfen umgefüllt und dort nachbehandelt und legiert.

Aufgaben

1. Warum ist es notwendig, an den Hochofenprozess noch spezielle Schritte zur Stahlzeugung anzuschließen?
2. Was ist unter „Frischen" zu verstehen?
3. Beschreiben Sie das Blasstahlverfahren!
4. Warum werden nur wenige Stähle in Kokillen vergossen?
5. Beschreiben Sie das Stranggussverfahren!
6. Warum werden mit Lunkern behaftete Bereiche wieder eingeschmolzen?

3.9 Wärmebehandlung des Stahls

Die große technische Bedeutung von Stählen beruht vor allem darauf, dass sich die Eigenschaften von Stählen durch **Wärmebehandlungen (Glühung)** den jeweiligen Einsatzfällen geradezu „maßgeschneidert" anpassen lassen. Verfolgt werden verschiedenste Ziele, wie z. B. die Einstellung einer höheren Festigkeit bzw. besseren Zähigkeit, das Erreichen guter Verarbeitungseigenschaften (z. B. Spanbarkeit, Tiefziehverhalten) oder der Abbau von vorhandenen Spannungen. Der Vorteil der Stähle liegt gerade darin, dass sich die Eigenschaften durch Wärmebehandlungen in sehr weiten Grenzen verändern lassen.

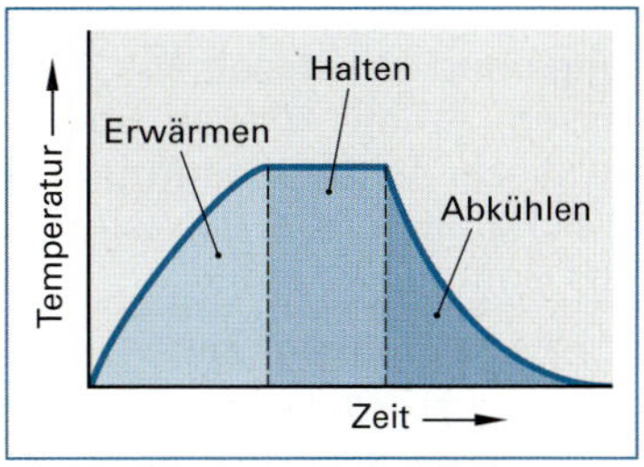

Bild 1: Ablauf einer einfachen Wärmebehandlung

Eine **Wärmebehandlung** erfolgt zur Einstellung gewünschter Eigenschaften im Stahl.

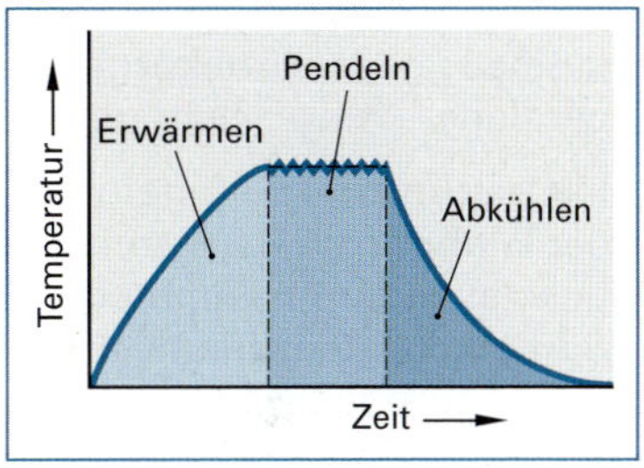

Bild 2: Pendelglühung

Die Wärmebehandlung umfasst dabei stets das **Hoch- und Durchwärmen** auf eine bestimmte Temperatur, das **Halten** auf dieser Temperatur für einen zuvor festgelegten Zeitraum sowie ein nachfolgendes **Abkühlen** zum Erzielen einer bestimmten Gefügeausbildung oder zum Vermindern vorhandener Spannungen **(Bild 1)**.

Neben dem o. g. Hoch- und Durchwärmen mit anschließendem Halten kann die Glühung auch als sog. **Pendelglühung** ausgeführt werden. Hierbei lässt man die Temperatur um die eigentliche Glühtemperatur pendeln **(Bild 2)**.

Wärmebehandlungen laufen im **festen Zustand bei gleichbleibender chemischer Zusammensetzung** des Materials ab.

Bei genügend langer Wärmebehandlungs- und Abkühlzeit laufen **Diffusionsprozesse** ab, d. h., unter Wirkung der von außen zugeführten Energie (Wärme) können Atome über bestimmte Strecken wandern. Neben der Glühtemperatur ist für die Diffusion die Glühzeit ein bestimmender Faktor. Bei niedrigen Glühtemperaturen bewegen sich die Atome langsamer, folglich wird eine längere Zeit zur Einstellung des gewünschten Ergebnisses als bei höheren Temperaturen gebraucht. Diese Prozesse werden als **diffusionsgesteuert** bezeichnet.

Wird hingegen extrem schnell abgekühlt, reicht die Zeit nicht aus, um Diffusionsvorgänge ablaufen zu lassen. In diesem Fall kommt es nur zu Verschiebungen der Atome um sehr kleine Strecken, die als **„Scherung"** bezeichnet werden. Diese Prozesse werden als **diffusionslose** Umwandlungen bezeichnet.

Das bedeutet: Je nach Ablauf (Temperatur/Zeit) einer Wärmebehandlung können Diffusionsprozesse eine Rolle spielen oder nicht. Daher ist zu unterscheiden in **diffusionsgesteuerte** und in **diffusionslos** ablaufende Wärmebehandlungsverfahren.

Zu den diffusionsgesteuerten Verfahren gehören z. B. das Normal- und das Weichglühen, das rekristallisierende Glühen sowie das Anlassen nach einer Härtung. Diffusionslos sind hingegen die bei einer Härtung ablaufenden Vorgänge.

Wärmebehandlungsverfahren von Stahl werden, je nachdem, ob genügend Zeit für die Wanderung von Atomen (Diffusion) zur Verfügung steht, in **diffusionslose** und **diffusionsgesteuerte** Verfahren unterschieden.

(Hinweis: in diesem Kapitel wird nur die Wärmebehandlung von Stählen, d. h. Fe-C-Legierungen mit maximalen Kohlenstoff-Gehalten von 2,06 % betrachtet.)

3.9.1 Diffusionsgesteuerte Verfahren

Bei diffusionsgesteuerten Verfahren reichen Wärmebehandlungs und Abkühlzeit aus, um Diffusionsvorgänge ablaufen zu lassen. Atome können über relativ große Strecken wandern. Zu dieser Verfahrensgruppe gehören das Normalisieren, das Weichglühen, die Rekristallisation, das Grobkornglühen und das Homogenisieren.

3.9.1.1 Normalglühen

Das Ziel des Normaiglühens oder Normalisierens besteht in der Einstellung des nach dem metastabilen EKD zu erwartenden Gleichgewichtsgefüges. Ein Normalglühen kann notwendig sein, wenn sich nach der Erstarrung nicht das „normale" Gleichgewichtsgefüge eingestellt hat, sondern ein ungleichmäßiges oder grobkörniges Gefüge. Dies kann z. B. bei Schmiede-, Walz-, Zieh- und Härtegefügen der Fall sein.

Eine ungünstige Gefügeform kann sich auch beim Schweißen oder Gießen von Stahl einstellen. Typisch ist dieses Gefüge übrigens auch für Eisenmeteoriten (Bild 1). Man spricht dann vom **Widmannstättenschen Gefüge**, das sehr grob ist. Das Material ist sehr spröde und brüchig.

Widmannstättensches Gefüge entsteht durch ungünstige Bedingungen bei der Ferritbildung aus dem Austenit. Normalerweise beginnt die Umwandlung des Austenits zu Ferrit an den Austenitkorngrenzen bei gleichzeitiger Zementitbildung. Sind die **Austenitkörner aber sehr grob und/oder erfolgt die Abkühlung zu schnell**, beginnt die Umwandlung in den Austenitkörnern durch Bildung grober Ferritnadeln. Diese Nadeln bleiben dann bis Raumtemperatur erhalten und wirken sehr stark versprödend.

Bild 2 zeigt die Verhältnisse in der Umgebung von Schweißnähten. Kritisch ist vor allem der Bereich IIIa, in dem es beim Schweißen zu einer starken Grobkornbildung und damit zur Ausbildung des Widmannstättenschen Gefüges kommen kann. Die Umgebung der Schweißnaht ist dann sehr brüchig. Die Beseitigung dieses Gefügezustandes ist daher unbedingt notwendig.

Erreicht wird dies über eine zusätzliche Glühbehandlung, das **Normalisieren**. Dabei wird das Widmannstättensche Gefüge aufgelöst, indem durch eine **Glühung dicht oberhalb** der Austenitisierungstemperatur A_3 das gesamte Gefüge in Austenit überführt wird (Bilder 3 und 4). Dann wird langsam abgekühlt, sodass die nach dem Eisen-Kohlenstoff-Diagramm zu erwartende Umwandlung zu Ferrit/Perlit abläuft.

Das **Normalglühen** dient der Einstellung des Gleichgewichtsgefüges. Es umfasst ein Austenitisieren und eine langsame Abkühlung.

Beim Normalglühen kommt es somit zu einem nochmaligen Durchlaufen der γ-α-Umwandlung. Als Ergebnis stellt sich **diffusionsgesteuert** ein ferritisch-perlitisches Gefüge (Bilder 3 und 4, S. 87) ein bzw. bei eutektoiden Stählen ein feines perlitisches Gefüge (Bild 1, S. 86).

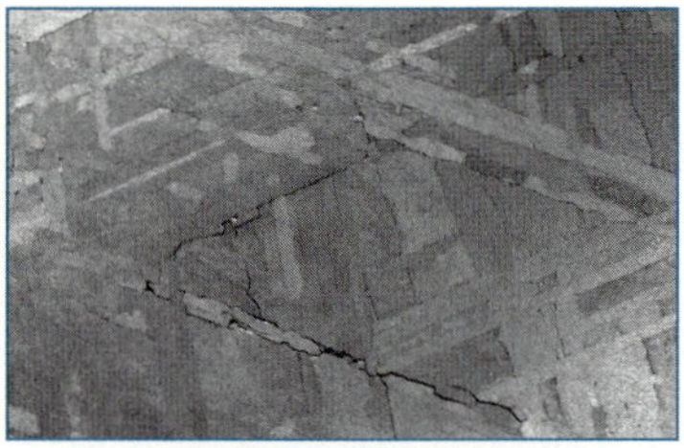

Bild 1: Widmannstättensches Gefüge in einem Eisenmeteoriten.

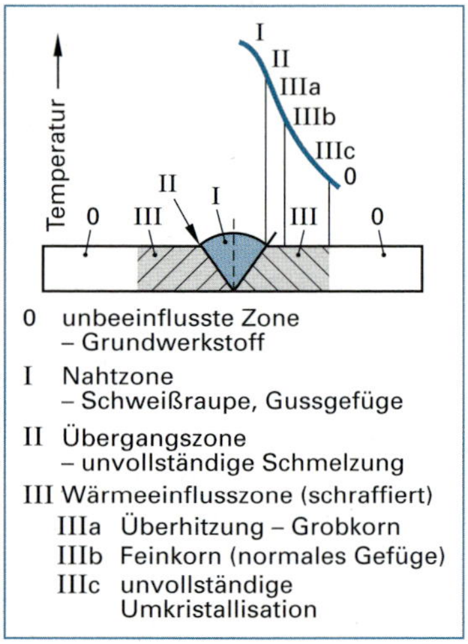

Bild 2: Schweißnaht, Gefügeausbildung und Temperaturverlauf

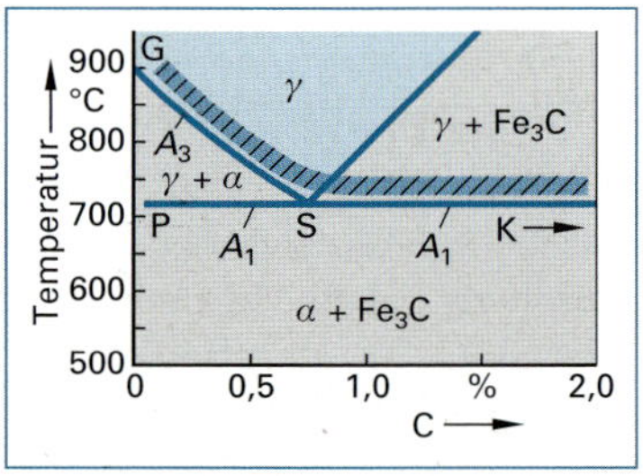

Bild 3: Normalisierungstemperaturen der Kohlenstoffstähle

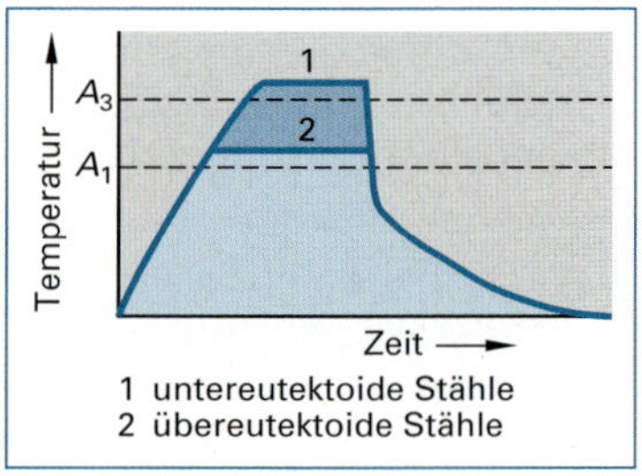

Bild 4: Ablauf einer Normalglühung

Das Austenitisieren soll möglichst rasch erfolgen, weil dabei viele kleine Körner entstehen. Auch darf die Glühzeit dabei nicht zu lang sein, sonst kommt es durch das **„Überzeiten"** wieder zur Vergröberung der Austenitkörner. Das Werkstück wird daher nur so lange auf der Austenitisierungstemperatur belassen, bis es mit Sicherheit vollständig durchgewärmt ist. Die erforderliche **Haltedauer *t*** lässt sich gemäß $t = 60 + D$, mit D = maximaler Durchmesser des zu glühenden Werkstücks, abschätzen.

Untereutektoide, unlegierte **Stähle** werden auf eine Temperatur von 30 °C bis 50 °C, legierte Stähle auf 50 °C bis 100 °C über die jeweilige Austenitisierungstemperatur A_3 erwärmt. Anschließend wird das Werkstück an ruhiger Luft abgekühlt **(Bilder 3 und 4, S. 100)**.

Durch das Normalglühen tritt, wie **Tabelle 1** zeigt, eine erhebliche Verbesserung der mechanischen Eigenschaften ein.

Auch **übereutektoide Stähle** lassen sich normalisieren. Sie werden, wie in den **Bildern 3 und 4, Seite 100**, auf 30 °C bis 50 °C über die jeweilige A_1-Temperatur (723 °C) erwärmt. Eine Glühung über die S-E-Temperatur würde bei diesen Stählen zwar zu vollständigem Austenitgefüge führen, jedoch ergäbe die dann relativ hohe Austenitisierungstemperatur grobes Korn. Bei der Abkühlung würden sich in diesem Fall grobe, von einem Netzwerk aus Zementit umschlossene Perlitkörner einstellen. Ein solches Gefüge wäre spröde und schwer bearbeitbar. Um dennoch das vorteilhafte Feinkorn zu erreichen, werden übereutektoide Stähle auf etwa 40 °C über ihre A_1-Temperatur (723 °C) erwärmt. Dabei verfeinert sich der Perlitanteil und das Zementitnetz formt sich zu kleinen rundlichen Körnern, die dann von Perlitkörnern eingeschlossen werden.

Sollte die Behandlung nicht erfolgreich gewesen sein, ist auch ein zweites Normalisieren möglich. Zu beachten ist dann aber die Gefahr einer möglichen **Randentkohlung** (Verarmung an Kohlenstoff) und der damit verbundene Verlust an Randfestigkeit.

Tabelle 1: Mechanische Eigenschaften von Stahlguss mit unterschiedlichem C-Gehalt durch Normalglühen im Vergleich zum nicht geglühten Gusszustand (nach Schumann)

Stahlguss	C %	R_e MPa	R_m MPa	A %
ungeglüht	0,26	230	430	13
850 °C geglüht	0,26	290	480	24
ungeglüht	0,53	250	620	7
820 °C geglüht	0,53	350	700	16
ungeglüht	0,85	300	620	1
720 °C geglüht	0,85	320	720	9

3.9.1.2 Weichglühen

Das nach dem Normalglühen eingestellte perlitische Gefüge ist für eine spanende Bearbeitung von Nachteil, denn an den sehr harten, aus dem Ferrit herausragenden Zementitlamellen nutzen sich die Schneiden der Werkzeuge schnell ab **(Bild 1)**. Das Material ist zudem schlecht umformbar, da bei der plastischen Verformung die Zementitlamellen brechen und der Stahl infolge der **Kerbwirkung** aufreißen kann.

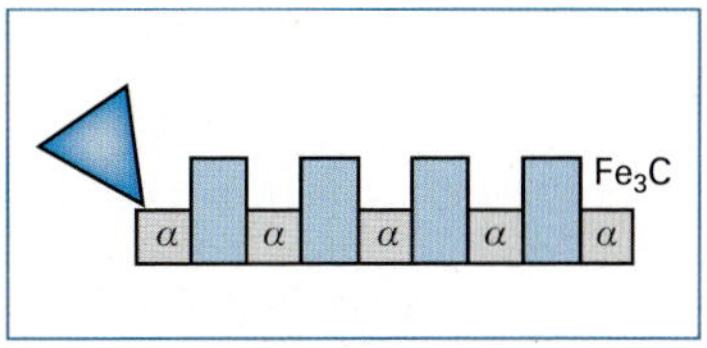

Bild 1: Spanen von perlitischen Gefügen, Seitenansicht

Diese Nachteile bestehen nicht, wenn der Zementit in kugeliger Form im weichen Ferrit vorliegt. Ein solches Gefüge wird durch das **Weichglühen** erreicht, das daher auch **GKZ** – **G**lühen auf **K**ugeligen **Z**ementit – heißt.

Das Weichglühen ist eine Wärmebehandlung des Stahls bei Temperaturen dicht bei A_1 über lange Haltezeiten (100 h) mit nachfolgender langsamer Abkühlung. Durch das langzeitige Halten formen sich die im Stahl enthaltenen Zementitlamellen über **Diffusionsvorgänge** zu Kugeln um, die regellos in der ferritischen Grundmasse verteilt vorliegen.

Das Ziel des **Weichglühens** besteht im kugeligen Einformen von Zementitlamellen. So wird ein möglichst weicher, gut spanbarer Werkstoffzustand erzielt.

Die **Weichglühtemperaturen** von unlegierten Kohlenstoffstählen liegen, wie im **Bild 1** gezeigt, im Bereich zwischen 650 °C und 750 °C. Die Wärmebehandlung kann, insbesondere bei übereutektoiden Stählen, auch als **Pendelglühung** um A_1 erfolgen. Daher wurde im Bild 1 im Bereich der Weichglühtemperatur an dieser Stelle ein Knick eingezeichnet. Durch die Pendelglühung werden die Haltezeiten verkürzt, eine merkliche Umwandlung des Perlits in Austenit muss aber sicher vermieden werden.

Im Ergebnis dieser Behandlung entsteht, wie in den **Bildern 2 und 3** gezeigt, **kugeliger** bzw. **körniger Zementit**, der mehrere Vorteile hat:

- Eine spanabhebende Bearbeitung wird wesentlich erleichtert, da die Werkzeugschneide nur noch den weichen Ferrit zu schneiden braucht. Die harten Zementitkörnchen werden bei der Zerspanung zur Seite gedrückt oder herausgerissen, nicht aber zerschnitten.
- Das Material weist eine bessere Verformbarkeit auf, da kuglige Zementitteilchen nicht mehr als bevorzugte Anrissstellen fungieren. Der Werkstoff fließt in der weichen ferritischen Grundmasse, die kleinen Karbidkörnchen behindern das Fließen wenig.
- Die Festigkeit des weichgeglühten Materials ist geringer, die Zähigkeit besser **(Tabelle 1)**.
- Der weichgeglühte Materialzustand eignet sich mitunter besser für ein nachfolgendes Härten. (siehe Kapitel 3.9.2.).

Die Wahl der Glühbedingungen erfolgt mit dem Ziel, eine gleichmäßige, mittlere Größe der Zementitkörnchen einzustellen. Sind sie zu fein, steigt die Härte. Die Folge wäre eine schlechte Bearbeitbarkeit. Sind die Zementitteilchen demgegenüber zu grob, wird der Stahl zu weich und würde beim Zerspanen schmieren. Daher sind Zeit und Glühtemperatur so aufeinander abzustimmen, dass die günstigste Zementitteilchengröße eingestellt wird. Zu beachten ist außerdem, dass eine zu lange Glühzeit und/oder eine zu hohe Glühtemperatur neben der **Vergröberung** der Zementitteilchen die Gefahr einer **Randentkohlung** mit sich bringen.

Übereutektoide Stähle werden vor dem Weichglühen oft erst noch normalgeglüht, um ein gleich förmiges perlitisches Gefüge einzustellen. Das Weichglühen kann aber auch nach dem Härten vorgenommen werden. Um diese Materialzustände zu unterscheiden, wird gekennzeichnet nach **GKZ-N** Ausgangsgefüge normalgeglüht (Ferrit und Perlit) und **GKZ-H** Ausgangsgefüge gehärtet (Martensit, Begriff siehe 3.9.2).

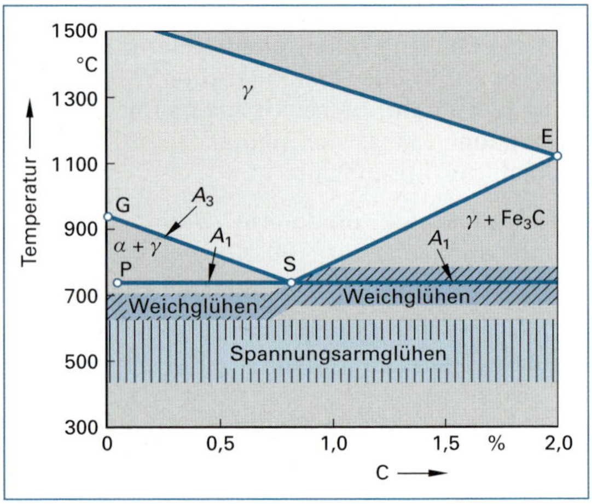

Bild 1: Glühtemperaturen bei Stahl

Tabelle 1: Mechanische Eigenschaften von weichgeglühtem Stahl C80 (nach Schumann)

	lamellarer Perlit (normal)	globularer Perlit (Weichglühen)
R_e (MPa)	600	280
R_m (MPa)	1050	550
A (%)	8	25
HB	300	155

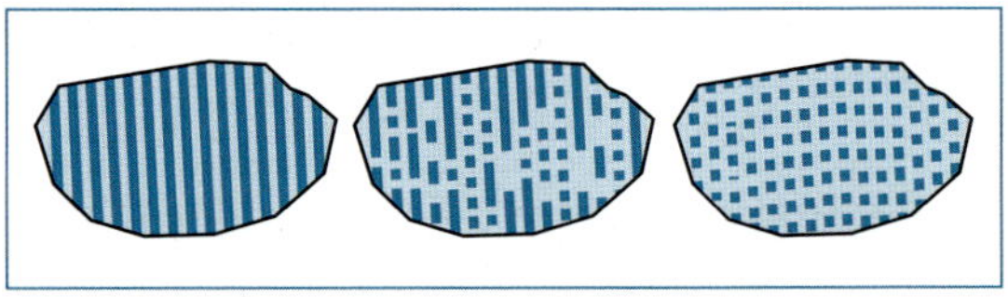

Bild 2: Schematische Darstellung der Zementiteinformung im Perlit beim Weichglühen mit zunehmender Glühzeit (Zementit – dunkel, Ferrit – hell)

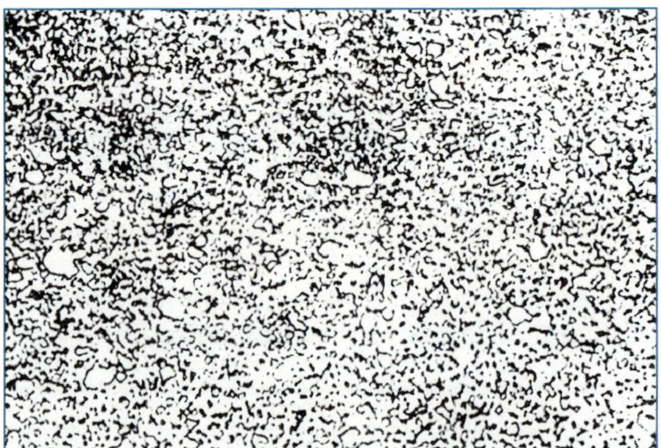

Bild 3: C100, Gefüge nach Weichglühung

3.9.1.3 Spannungsarmglühen

Werkstücke können aus verschiedensten Ursachen **Eigenspannungen** aufweisen, sowohl im mikroskopischen als auch im makroskopischen Bereich. Hierfür kommen die unterschiedlichsten Ursachen in Betracht, so z. B.:

- **Gusseigenspannungen** durch unterschiedliche Volumenkontraktion beim Erstarren von Gussstücken,
- **Wärmespannungen** beim ungleichmäßigen Abkühlen und/oder behinderter Schrumpfung beim Schweißen **(Bild 1)**,
- **Wärmespannungen** beim ungleichmäßigen Umwandeln bei einer Wärmebehandlung (z. B. bei Behandlung der Oberfläche), oder
- **Bearbeitungseigenspannungen** durch ungleichmäßige Verformung beim Zerspanen (z. B. Drehen, Fräsen) oder Kaltumformen (z. B. Biegen, Hämmern, Tiefziehen).

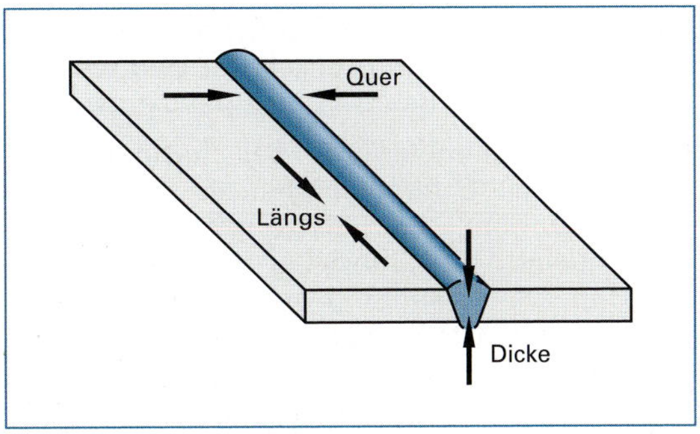

Bild 1: Schrumpfungsvorgänge in einer Schweißverbindung

Durch diese inneren Spannungen können sich Maßänderungen des Werkstückes ergeben, die zum **Verzug** des Werkstücks führen **(Bild 2)**. Sie treten z. B. beim Walzen oder bei einer spanenden Bearbeitung auf und bedingen meist teure Nacharbeit.

Darüber hinaus ist es möglich, dass sich — insbesondere bei Überlagerung mit Betriebskräften – nach gewisser Zeit mikroskopische oder sogar makroskopische Risse einstellen, die zum Bruch des Werkstücks führen können.

Die **Dauerschwingfestigkeit** eines solchen Werkstücks ist beeinträchtigt, da die plastischen Verformungsreserven des Werkstoffs deutlich beeinträchtigt sind.

Abhilfe schafft das **Spannungsarmglühen** im Temperaturbereich von 450 °C bis 650 °C, d. h. unterhalb A_1 (723 °C, s. **Bild 1, Seite 102**). Die genaue Glühtemperatur ist von der Werkstoffzusammensetzung abhängig. Je nach Werkstückdicke wird die Dauer der Glühung festgelegt.

Anschließend erfolgt ein langsames Abkühlen, das so langsam und gleichmäßig vorgenommen werden muss, dass keine neuen Spannungen entstehen. Aus demselben Grund muss auch das Aufheizen möglichst langsam erfolgen. Da sich das Gefüge nicht ändert, bleiben auch die mechanischen Kennwerte des Materials nahezu unverändert.

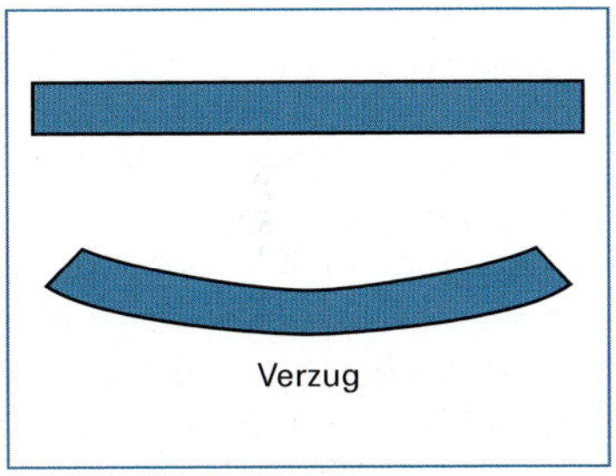

Bild 2: Verzug eines Bleches nach dem Walzen

> Das **Spannungsarmglühen** bei Temperaturen zwischen 450 °C und 650 °C mit anschließender langsamer Abkühlung dient dem Abbau innerer Spannungen. Es kommt nicht zur Änderung der Gefügeausbildung, daher ändern sich die Werkstoffkennwerte kaum.

Zu beachten ist: Beim Spannungsarmglühen verschwinden die Spannungen nicht allesamt vollständig, d. h., gewisse Spannungen sind auch nach der Glühung noch im Werkstück vorhanden – daher auch der Name Spannungs**ARM**glühen. Der zum Teil umgangssprachlich verwendete Begriff „Spannungsfreiglühen" sollte daher vermieden werden.

Vor allem bei Schweißkonstruktionen oder dickwandigen Bauteilen wird das Spannungsarmglühen angewendet, da in diesen Fällen schon bei geringen Temperaturänderungen zwischen Rand und Kern deutliche Spannungen entstehen. Werden Risse befürchtet, sollte die Glühung möglichst schnell nach dem Zeitpunkt der Entstehung der Spannungen erfolgen.

3.9.1.4 Grobkornglühen/Hochglühen

Durch **Hochglühen bzw. Grobkornglühen** soll das Gefüge von untereutektoiden Stählen (Kohlenstoffgehalte bis ca. 0,5 %) grobkörnig werden. Dadurch sinken zwar die Festigkeit und die Zähigkeit, die Stähle lassen sich jedoch in diesem Zustand leicht und damit wirtschaftlich spanend bearbeiten. Im Gegensatz zu weichgeglühten Stählen mit weniger als 0,5 % Kohlenstoff schmieren hochgeglühte Stähle bei spanender Formgebung nicht. Bei der Bearbeitung von grobkörnigem Material entsteht ein bröckelnder und wenig kaltverfestigter **Span**. Letztlich verlängert sich die Lebensdauer der Bearbeitungswerkzeuge.

Das Hochglühen erfolgt bei Temperaturen, die etwa 150 °C höher liegen als die A_3-Temperaturen, d. h., das Gefüge wird vollständig austenitisiert. Die Glühdauer beträgt mehrere Stunden. Die Abkühlung erfolgt bis zum Umwandlungspunkt A_1 (723 °C) langsam, danach kann schneller abgekühlt werden. Das gewünschte grobe Korn entsteht während des langen Glühens bei hoher Temperatur durch das Zusammenwachsen von Austenitkörnern. Nach langsamer Abkühlung besteht das Gefüge dann aus grobem Ferrit und Perlitkörnern (**Bild 1**). Beim Hochglühen (Grobkornglühen) kommt es also absichtlich zu einer **Überhitzung** mit dem Ziel der Einstellung eines **Grobkorns**.

Demselben Ziel dient auch die **Überzeitung**, d. h. ein langzeitiges Halten bei geringerer Temperatur. Die Glühtemperaturen liegen je nach Behandlung im Bereich zwischen 950 °C (ggf. niedriger siehe **Bild 2**) und 1100 °C (mitunter auch bis 1300 °C).

Das Grobkornglühen wird relativ selten angewendet, da es durch die erforderlichen hohen Temperaturen kostenaufwändig ist. Zudem weist das Material schlechte Zähigkeits- und Festigkeitswerte auf und ist dafür so nur für wenige Einsatzfälle geeignet.

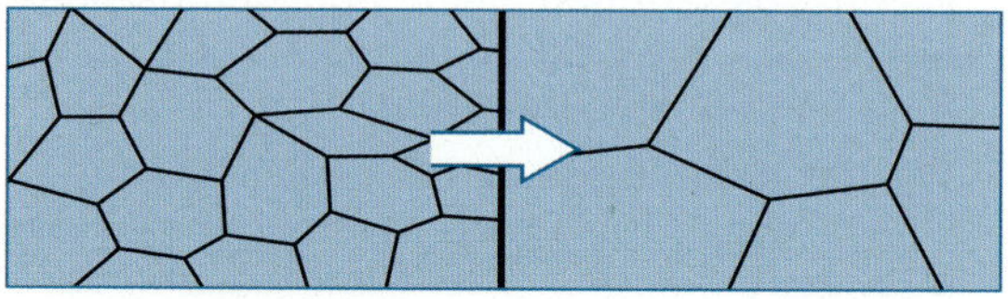

Bild 1: Umwandlung von Feinkorn zu Grobkorn

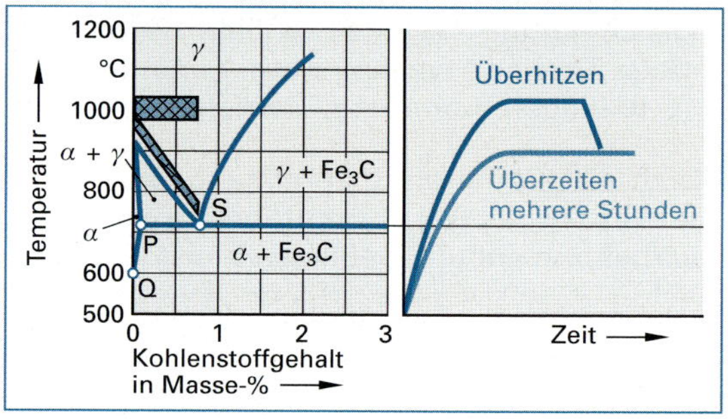

Bild 2: Temperaturen und mögliche Behandlungsregimes beim Grobkornglühen von Stahl, Überhitzen – kürzere Glühzeit, Überzeiten – längere Glühzeit

> Das **Hochglühen** zur Einstellung eines gut spanbaren Grobkorns erfolgt über mehrere Stunden bei Temperaturen die etwa 150 °C höher liegen als die A_{c3} Temperaturen Die Abkühlung erfolgt langsam.

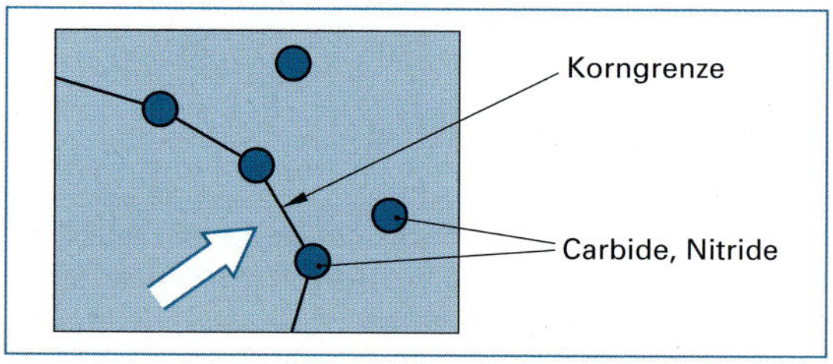

Bild 3: Verzögerung der Grobkornbildung in legierten Stählen durch an den Korngrenzen liegende Carbide und Nitride (Pfeil — Bewegungsrichtung der Korngrenze)

In legierten Stählen wird, wie **Bild 3** zeigt, die Bildung von Grobkorn durch an den Korngrenzen liegende Carbide (Verbindungen des Kohlenstoffs mit Eisen, z. B. Zementit oder Legierungselementen) und Nitride (stickstoffhaltige Phasen) verzögert, indem diese die für ein Kornwachstum notwendige Korngrenzenbewegung behindern. Dieser Effekt wird genutzt, um Stähle für hohe Temperaturen geeignet zu machen.

3.9.1.5 Rekristallisationsglühen

Das Rekristallisationsglühen beinhaltet, wie in 3.6.3. gezeigt, die Glühung eines kaltverfestigten Stahls oberhalb der Temperatur des Rekristallisationsbeginns zum **Beseitigen der Kaltverfestigung** und **Erzielen einer bestimmten Korngröße** ohne Phasenumwandlung. Auch bei Stählen spielt diese Behandlung eine wichtige Rolle. Geglüht werden kaltverformte Werkstücke, Bleche und Bänder, um eine weitere Verformung durch z. B. Ziehen, Walzen, Hämmern oder Biegen zu ermöglichen. Bei der Rekristallisationsglühung werden die mit der **Kaltumformung** verbundenen Gefügeänderungen **partiell oder vollständig** beseitigt.

> Die **Rekristallisationsglühung** dient dem Abbau einer Kaltverfestigung

Bei reinem Eisen ist der Steilabfall der Rekristallisation bei ca. 400 °C (bei einem Umformgrad $\eta \sim 90\,\%$ **Bild 2, Seite 63**) zu erwarten. **Bild 1** zeigt die Temperaturbereiche für die Rekristallisationsglühung von Stählen. Sie liegen, in Abhängigkeit von der Zusammensetzung und dem vorliegenden Umformgrad des Stahls, im Bereich von 550 °C bis 700 °C. Die Glühzeit wird in Abhängigkeit von der Glühtemperatur gewählt. Sie kann wenige Minuten bis zu einigen Stunden betragen. Abgekühlt wird langsam, eine Kornvergröberung sollte vermieden werden.

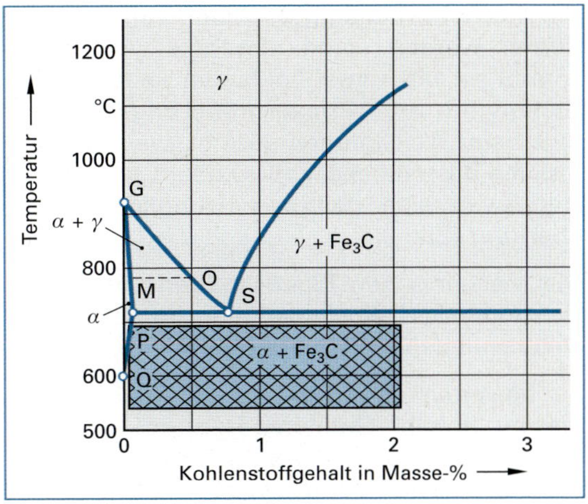

Bild 1: Temperaturbereich der Rekristallisationsglühung von Stahl (550 °C – 700 °C)

Die in 3.6.3 erläuterten Gesetzmäßigkeiten der Erholung und Rekristallisation gelten im Wesentlichen für alle Metalle. Auch im Fall von Stahl stellt sich ein versetzungsarmes Gefüge ein, das eine geringere Festigkeit und eine bessere Zähigkeit hat und so gut weiter verformt werden kann.

Als Besonderheit ist bei Stählen zu berücksichtigen, dass verformte Carbide erst bei Temperaturen oberhalb A_1 wieder eine globulare Form erhalten können (s. Weichglühen). Ausscheidungen, wie beispielsweise Sulfide (Schwefelverbindungen), lassen sich hingegen nicht verändern. Da in den meisten Fällen ein feinkörniges Gefüge angestrebt wird, dürfen kritisch verformte Bauteile (Umformgrad $\eta = 5$ bis 15 % bei Stählen mit $\leqq 0{,}2\,\%$ C, s. auch **Bild 3, Seite 64**) nicht rekristallisierend geglüht werden. Sie würden sonst ein Grobkorn bilden. In diesen Fällen sollte eine Normalglühung erfolgen.

In allen anderen Fällen hat das Rekristallisationsglühen gegenüber dem Normalglühen Vorteile. So sind niedrigere Temperaturen notwendig, um ein feinkörniges Gefüge zu erreichen. Die Gefahr einer Verzunderung ist geringer, der Energieverbrauch ebenfalls. Zudem ist die Maßhaltigkeit rekristallisierend geglühter Teile besser. Die Glühung wird auch angewandt, um Werkstücken eine für eine Wechselbeanspruchung ausreichende Festigkeit zu verleihen.

3.9.1.6 Diffusionsglühen

Bei einer Diffusions- bzw. Homogenisierungsglühung wird (insbesondere in legierten Stählen) das Ziel verfolgt, bei der Erstarrung eventuell entstandene **Kristallseigerungen (Bild 2)**, d. h. Konzentrationsunterschiede in der Verteilung der von Legierungselementen **(siehe Bild 1, Seite 73)** abzubauen.

Kristallseigerungen führen z. B. bei einer Warmumformung zur Ausbildung eines unerwünschten „Zeilen"-Gefüges und sollten daher vorher beseitigt werden. Um Konzentrationsunterschiede abzubauen, müssen Atome wandern. Daher ist hier die **Diffusion** der entscheidende Vorgang.

Notwendig sind hohe Glühtemperaturen und lange Haltezeiten. Das Diffusionsglühen erfolgt bei Temperaturen zwischen 1100 °C und 1300 °C über max. 50 h. **(Bild 1, Seite 106)**. An die Glühung schließt sich ein in der Länge vom jeweiligen Seigerungsgrad bedingtes, langzeitiges Halten an. Es folgt ein nachfolgendes beliebiges Abkühlen, um eine gleichmäßige Verteilung löslicher Bestandteile zu erzielen (s. auch **Bild 2, Seite 73**).

> Das **Diffusionsglühen** dient dem Abbau von Konzentrationsunterschieden.

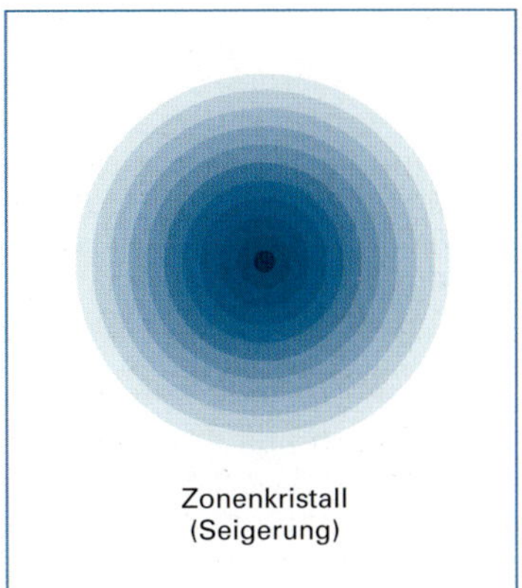

Bild 2: Kristallseigerung vor dem Diffusionsglühen

Die **Konzentrationsunterschiede** innerhalb der Körner werden somit abgebaut. Außerdem kommt es, wie immer bei länger andauernden Glühungen, zur **Kornvergröberung**. Wie bereits beim Weichglühen gezeigt, werden nichtlösliche Bestandteile, z. B. Oxide, Carbide und Nitride, in eine globulare (rundliche) Form überführt **(Bild 2)**.

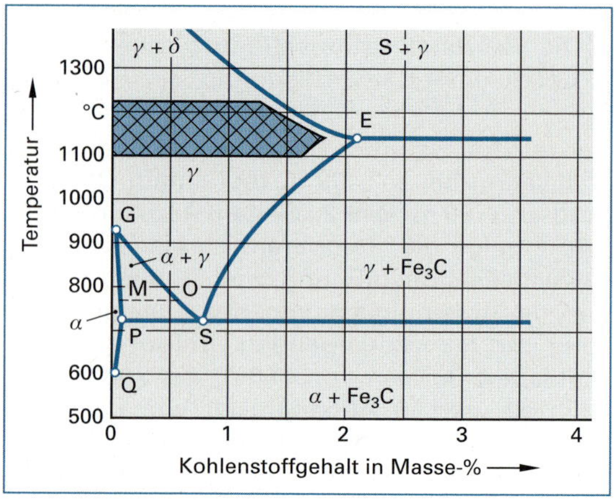

Bild 1: Diffusionsglühtemperaturen von Stahl

Die mechanischen Eigenschaften verbessern sich durch das Diffusionsglühen, indem sich die Unterschiede von Rand und Kern angleichen.

Zu beachten ist, dass Stahloberflächen bei diesen hohen Glühtemperaturen und langen Glühzeiten stark **verzundern** (Oxidation). Müssen Stähle dennoch zur Verbesserung der Qualität diffusionsgeglüht werden, sollte dies am besten am Halbzeug, nicht am fertigen Produkt, vorgenommen werden. Dann können alle negativen Nebeneffekte wie Verzundern, Entkohlung und Grobkornbildung durch die bei den nachfolgenden Bearbeitungsschritten ablaufenden Vorgänge wieder beseitigt werden.

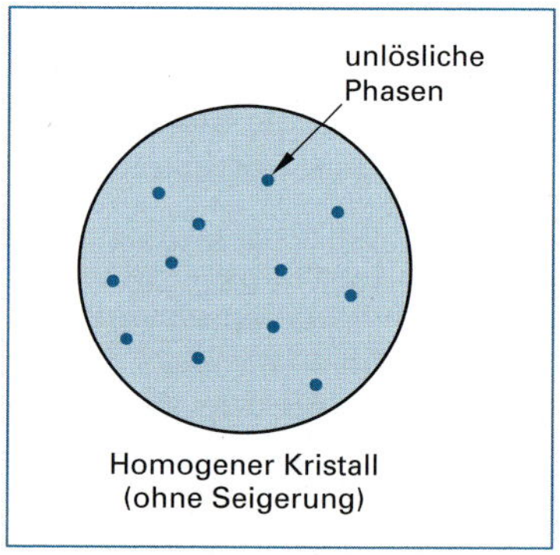

Bild 2: Kristallseigerung abgebaut nach dem Diffusionsglühen

Aufgrund der hohen Glühtemperaturen und damit einhergehenden hohen Energiekosten ist das Verfahren teuer. In der Regel wird das Diffusionsglühen nur für Stahlguss, insbesondere für legierte Sorten, angewendet, da auf diesem Wege die Kerbschlagzähigkeit deutlich verbessert werden kann.

Diffusionsglühen bewirkt eine Angleichung der Eigenschaften von Kern und Randbereich.

Aufgaben

1. Charakterisieren Sie das allgemeine Ziel und den prinzipiellen Ablauf einer Wärmebehandlung!
2. Warum ist die Diffusion zeit- und temperaturabhängig?
3. Wie unterscheiden sich diffusionsgesteuerte und diffusionslose Wärmebehandlungsverfahren?
4. Beim Abguss eines Stahlteiles ist ein grobes Gefüge entstanden, der Werkstoff ist daher sehr spröde. Erläutern Sie, wie dieser Gefügezustand beseitigt werden kann!
5. Geben Sie eine Temperatur an, bei der Sie einen Stahl mit 0,6 % Kohlenstoff (C60) normalglühen würden und erläutern Sie die ablaufenden Vorgänge!
6. Was verstehen Sie unter dem Widmannstättenschen Gefüge?
7. Warum kann ein Material genau neben einer Schweißnaht brechen?
8. Skizzieren Sie das Gefüge von C100, einem Stahl mit 1,0 % Kohlenstoffl! Erläutern Sie, wie und warum Sie diesen Stahl weichglühen würden und geben Sie an, welche Vorgänge bei der Glühung ablaufen!
9. Ein Stahlblech ist wellig und lässt sich nicht bearbeiten — es weist Spannungen auf. Welche Ursache haben diese Spannungen und wie können sie beseitigt werden!
10. Benennen Sie Probleme, die beim Stahlguss auftreten können!
11. Ein Blech soll auf eine sehr dünne Blechdicke gewalzt werden. Warum wird zwischen den einzelnen Walzschritten geglüht?
12. Was ist unter dem „Verzundern" zu verstehen, inwiefern stellt es ein Problem dar?
13. Was soll mit einer Diffusionsglühung beseitigt werden?
14. Grobkorn ist im Allgemeinen ein unerwünschter Materialzustand. Dennoch kann es notwendig sein, eine Hochglühung mit dem Ziel der Grobkornbildung vorzunehmen. Nennen Sie die Gründe dafür!

3.9.2 Diffusionslose Verfahren: Härten

Ziel eines Härtevorganges ist es, dem Stahl eine große Härte und damit hohe Festigkeit zu verleihen.

Das Härten beinhaltet zunächst eine **Austenitisierung**, d. h. eine Glühung im Austenitbereich, bei der das gesamte Gefüge in Austenit umgewandelt wird. Anschließend wird schnell abgeschreckt **(Bild 1)**. Dabei stellt sich ein neues Gefüge ein, das **Martensit** genannt wird. Dieses ist Ursache der hohen Härte.

> Das **Härten** umfasst ein **Austenitisieren** und eine rasche Abkühlung **(Abschrecken)**.

Diese Behandlung führt zu einer erheblichen Steigerung der Festigkeitskennwerte, wie **Bild 2** am Beispiel der Härte im Vergleich von nach dem Austenitisieren in Eiswasser abgeschreckten bzw. langsam abgekühlten (normalgeglühten) Proben zeigt. Ersichtlich wird hier aber auch, dass die durch Abschrecken erreichbare Härte nur bis zu einem Kohlenstoffgehalt von ungefähr 0,7 % steil ansteigt. Danach verläuft der Anstieg flacher.

Die notwendigen **Austenitisierungstemperaturen** verdeutlicht **Bild 3**:

- **Untereutektoide Stähle** werden etwa 40 K über den A_3-Punkt (Linie G-S) erwärmt, dort solange gehalten, bis das Gefüge vollständig in Austenit, also in γ-Eisen, umgewandelt ist, und dann abgeschreckt.
- **Übereutektoide Stähle** werden bei der Abschreckhärtung etwa 40 K über die A_1-Temperatur von 723 °C erwärmt. (Über die Umwandlungslinie S–E hinaus wird nicht erwärmt, weil sich sonst zu grobes Austenitkorn bilden würde und die Härtesteigerung damit kleiner wäre).

Um zu verstehen, warum sich eine so hohe Härte einstellt, müssen die Änderungen des Gefüges bei der Abkühlung von der Austenitisierungstemperatur betrachtet werden. Bekannt ist: Bei Unterschreiten von A_3 (G-S) bzw. A_1 **muss** sich das Eisen vom kubisch-flächenzentrierten (Austenit, γ) in ein kubisch-raumzentriertes (Ferrit, α) Gitter umwandeln. Das kubisch-flächenzentrierte Gitter ist in einfachen Eisen-Kohlenstoff-Stählen unterhalb 723 °C nicht mehr beständig.

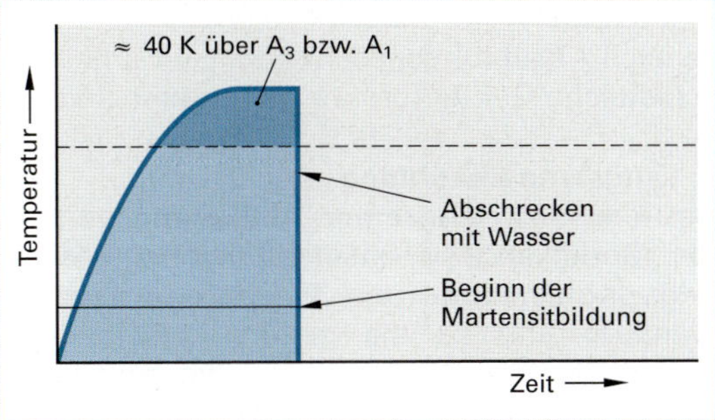

Bild 1: Behandlungsregime beim Härten von Stahl: Austenitisieren (Aufheizen und Halten) und Abschrecken (Abschreckgeschwindigkeit kann variieren)

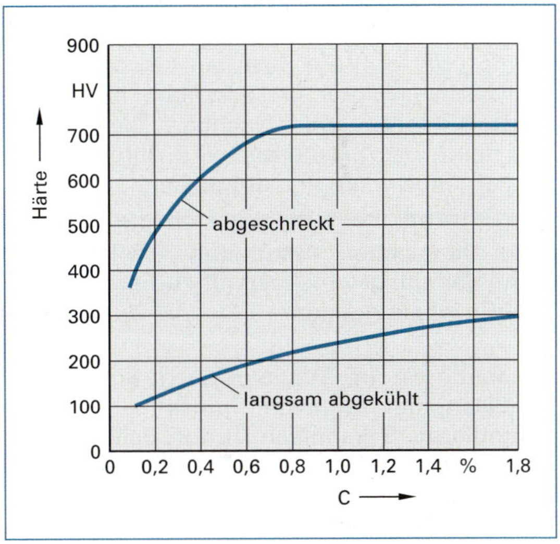

Bild 2: Härte von Stählen in Abhängigkeit vom Kohlenstoffgehalt und der Abkühlgeschwindigkeit aus dem Austenitgebiet

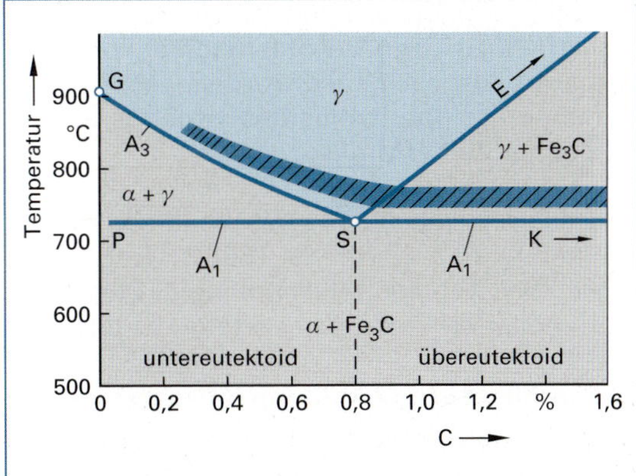

Bild 3: Austenitisierungstemperaturen für untereutektoide (bis 0,8 % C) und übereutektoide Stähle (ab 0,8 % C)

3.9.2.1 Umwandlung von Austenit zu Ferrit

Je nach Abkühlungsgeschwindigkeit ergeben sich bei Stahl nach der $\gamma \rightarrow \alpha$-Umwandlung unterschiedliche Gefügeformen mit unterschiedlichen Eigenschaften.

a) Langsame Abkühlung

Bei normaler, **langsamer Abkühlung** verläuft der Modifikationswechsel diffusionsgesteuert, d. h., Kohlenstoff- und Eisenatome können wandern und so die neuen Phasen Ferrit und Zementit (= Perlit) bilden, die dem Eisen-Kohlenstoff-Diagramm entsprechen **(Bild 1)**.

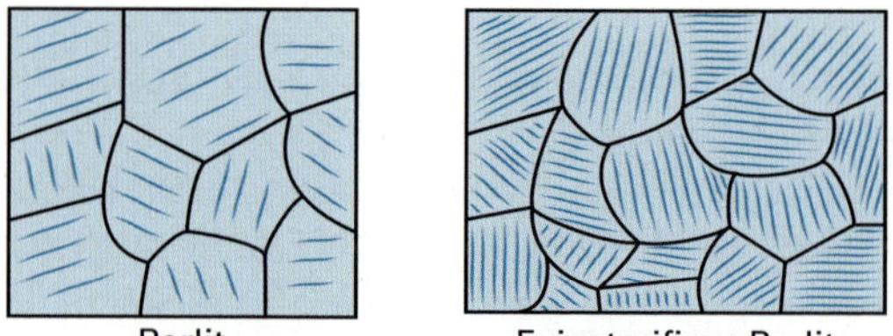

Bild 1: Perlitische Gefüge nach unterschiedlicher Abkühlung aus dem Austenit, rechts höhere Abkühlgeschwindigkeit

Bild 2 verdeutlicht, wie aus einer kfz-Elementarzelle des Eisens zwei krz-Elementarzellen werden. Die eingetragenen Zahlen zeigen: Alle 14 im kfz-Gitter (oben) blau gezeichneten Fe-Atome finden einen Platz in den zwei krz-Zellen (unten). Deutlich sichtbar wird auch, dass sich Atome über größere Strecken bewegen müssen. Nach erfolgter Umwandlung haben die meisten Atome neue Nachbarn bekommen. Das heißt, das Eisengitter wird durch Diffusionsvorgänge völlig neu aufgebaut.

> Bei **langsamer Abkühlung** erfolgt die Umwandlung von Austenit zu Ferrit über **Diffusionsvorgänge**.

Ist aber, wie in Stählen, noch Kohlenstoff im Eisengitter enthalten, muss auch dieser diffundieren. Bekanntlich ist die Löslichkeit für Kohlenstoff in den einzelnen Eisenmodifikationen unterschiedlich. Bei 723 °C löst Austenit 0,8 % C Kohlenstoff, Ferrit aber nur 0,02 %. Im **Bild 2** wird dies verdeutlicht durch die kleineren, grau gezeichneten Kohlenstoffatome. Von diesen finden sich im Austenit-Gitter deutlich mehr als im Ferritgitter. Das bedeutet, beim Umgitterungsprozess von kfz zu krz muss der nicht mehr zu lösende **Kohlenstoff** in Form von **Zementit** ausgeschieden werden – ein Prozess, der ebenfalls über **Diffusionsvorgänge** abläuft und daher **Zeit** erfordert.

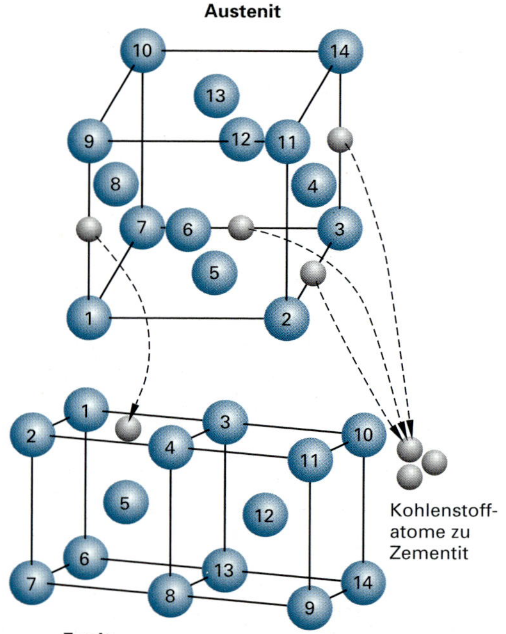

Bild 2: Umgitterung einer Austenitelementarzelle (oben) zu zwei Ferritelementarzellen (unten), schwarz – Kohlenstoffatome

Letztlich bildet sich das typische lamellare Ferrit-Perlit-Gefüge, das nach dem Eisen-Kohlenstoff-Diagramm zu erwarten ist **(Bild 1)**. Der Lamellenabstand ist dabei von der Diffusionsgeschwindigkeit des Kohlenstoffes abhängig. Dies zeigt sich darin, dass der Lamellenabstand kleiner wird, je schneller die Abkühlung erfolgt. Es bildet sich feinstreifiger Perlit.

b) Beschleunigte Abkühlung/Abschrecken

Auch bei **höherer Abkühlungsgeschwindigkeit (Abschrecken)** besteht das Bestreben zum Modifikationswechsel (Umgitterung). Allerdings steht für die notwendigen Diffusionsprozesse nicht mehr genügend Zeit zur Verfügung. So kann bei der Abkühlung der nicht mehr lösbare Kohlenstoff kaum noch abtransportiert werden, er bleibt „zwangs"gelöst und bewirkt eine Steigerung der Festigkeit. Auch Eisenatome können nicht mehr diffundieren.

Daher kann das kfz-Austenit-Gitter nur noch „umklappen“, d. h., die einzelnen Atome verschieben sich nur etwas, behalten aber alle ihre Nachbarn. Im Ergebnis einer solchen „Scherung“ entsteht ein stark verzerrtes Gitter, das nach Adolf Martens, dem Begründer der wissenschaftlichen Metallprüfung **„Martensit“** genannt wird. Die Umwandlung selbst heißt daher **martensitische Umwandlung**.

Bei der sog. **martensitischen Umwandlung** verschieben sich die einzelnen Atome nur ganz wenig. Es entsteht ein verzerrtes Gitter, der Martensit.

3.9.2.2 Martensitische Umwandlung

Eine anschauliche Erklärung für den Umwandlungsmechanismus der martensitischen Umwandlung liefert das **Modell von E. C. Bain**, einem amerikanischen Chemiker.

Wie im **Bild 1** gezeigt, klappen nach diesem Modell zwei kubisch-flächenzentrierte Eisenelementarzellen in ein tetragonal-raumzentriertes (trz) Gitter um. Bei einem tetragonalen Gitter sind die a- und b-Achsen gleich (d. h. die Grund- und Deckfläche sind Quadrate), jedoch ist die c-Richtung (Achse nach oben) länger.

Um zum kubischen Gitter zu gelangen, müssten alle Achsen gleich lang werden. Dazu bedarf es nun noch der **Bainschen Deformation**, bei der das Gitter senkrecht gestaucht und seitlich aufgeweitet wird **(Bild 2, links)**. Dann wären alle Gitterachsen gleich lang, ein kubisch-raumzentriertes Gitter ist entstanden **(Bild 2, rechts)**. Dieser Vorgang wird auch als **gitterverändernde Scherung** bezeichnet. Die Atome haben sich nur um sehr kleine Strecken verschoben, alle haben ihren Nachbarn behalten. Diffusion hat nicht stattgefunden.

Bisher wurde jedoch der Kohlenstoff nicht berücksichtigt. Er befindet sich, wie **Bild 3, (links)** zeigt, in den Gitterlücken des Austenitgitters und verbleibt aufgrund der beschleunigten Abkühlung auch dort. Der Kohlenstoff ist somit zwangsgelöst, d. h. im Fe-Gitter findet sich mehr Kohlenstoff, als dies nach dem Eisen-Kohlenstoff-Diagramm zu erwarten wäre. Wie **Bild 3** zeigt, ist dann die Bainsche Deformation aber nur an den Stellen möglich, an denen kein Kohlenstoff sitzt **(Bild 3, Mitte)**. Bei den durch Kohlenstoff belegten Gitterachsen erfolgt die Stauchung nicht. Daher kann die Stauchung an einigen Stellen erfolgen, an anderen hingegen nicht. Somit entsteht an Stelle eines krz-Gitters ein stark verzerrtes tetragonal-raumzentriertes-Gitter, der **Martensit (Bild 3, rechts)**. Die im Modell deutlich sichtbaren Spannungen tragen zu einer erheblichen Festigkeitssteigerung bei.

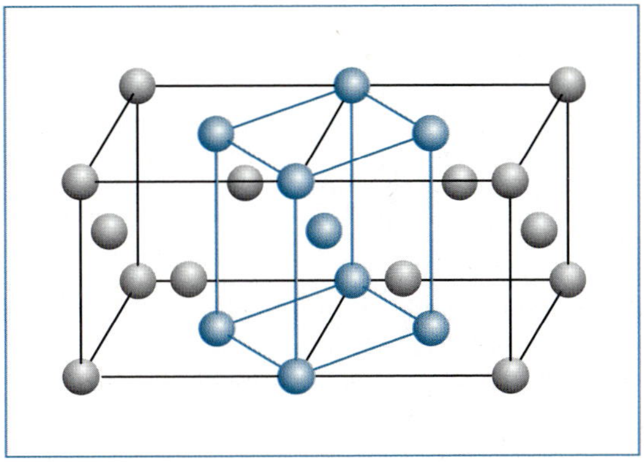

Bild 1: Bainsches Modell der martensitischen Umwandlung – gitterverändernde Scherung von kfz zu trz

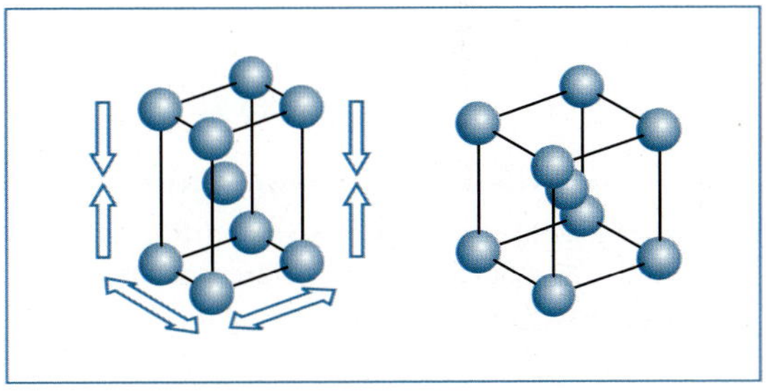

Bild 2: Bainsche Deformation von trz zu krz

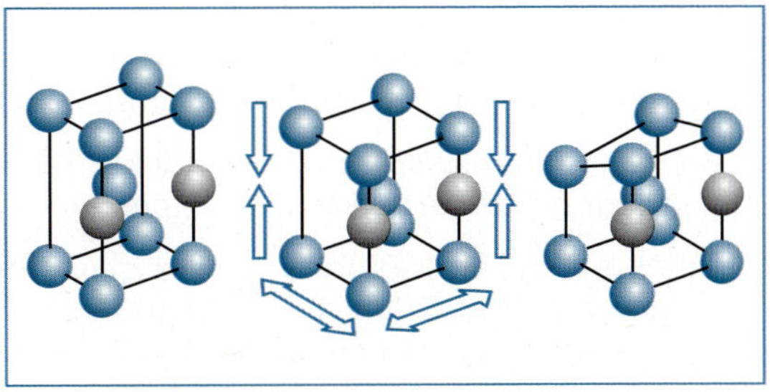

Bild 3: Behinderung der Bainschen Deformation durch zwangsgelösten Kohlenstoff

Aber: Wandelt jeder Kristall wie oben gezeigt um, verändert sich, wie im **Bild 1** gezeigt, seine äußere Form. Wenn nun jeder zum Gefüge gehörende Kristall nach Belieben umwandelt, würden die einzelnen Teile nicht mehr aneinander passen. Damit käme es zum Auseinanderbrechen des Werkstoffs und zur Änderung seiner äußeren Form.

Da dies nicht der Fall ist, muss noch eine zweite Scherung ablaufen, die das Gitter nicht weiter verändert, aber die äußere Kristallform ungefähr erhält.

Diese Scherung wird als **gitterinvariante Scherung** (nicht das Gitter verändernd) bezeichnet. Sie kann sowohl als Gleitung als auch als Zwillingsbildung, wie im **Bild 2** gezeigt, erfolgen. Die äußere Form, gekennzeichnet durch die seitlichen Linien, bleibt dabei in gewissen Grenzen gewahrt. Der Zusammenhalt mit den benachbarten Kristalliten bleibt so – wenn auch unter gewissen **Spannungen** – erhalten.

Durch die Vorgänge der **gitterinvarianten Scherung** kommt es zur Bildung neuer **Gitterbaufehler**, insbesondere von Versetzungen und Grenzflächen. Sie tragen ebenfalls zur Festigkeitssteigerung bei.

Martensit ist ein **Ungleichgewichtsgefüge**, das sich nur bei beschleunigter Abkühlung bildet. Im Eisen-Kohlenstoff-Diagramm ist es nicht zu finden, da dieses nur für eine langsame Abkühlung (Gleichgewicht) gilt. Im Gefügebild erscheint Martensit als eine plattenförmige, nadelig-eckige Gefügeform **(Bild 3)**.

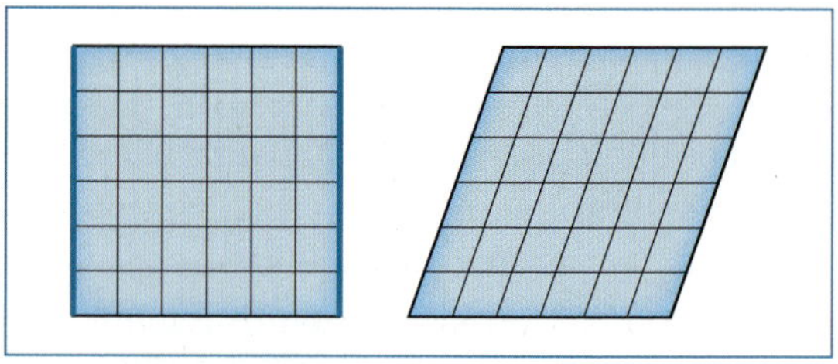

Bild 1: Martensitische Umwandlung – gitterverändernde Scherung, links vor, rechts nach der Umwandlung

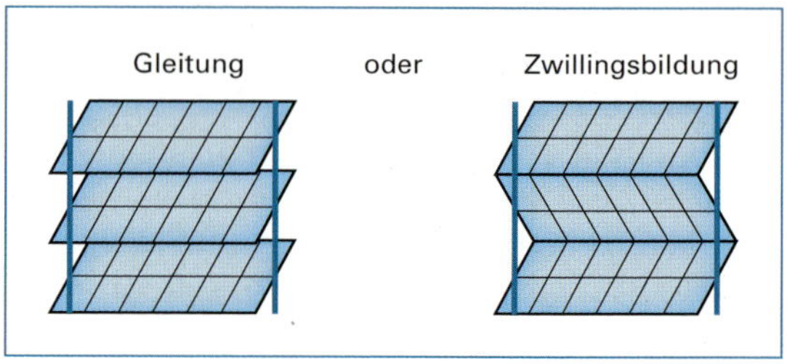

Bild 2: Martensitische Umwandlung – gitterinvariante Scherung

Bild 3: Martensitgefüge

> **Martensit** ist ein Ungleichgewichtsgefüge, das nur nach beschleunigter Abkühlung entsteht. Im EKD ist Martensit nicht zu finden, da dieser nur für das Gleichgewicht mit langsamer Abkühlung gilt.

Zusammenfassend lassen sich gleich **vier Ursachen für die hohe Härte des Martensits** angeben, die alle gleichzeitig wirksam sind:

1. Martensit ist **tetragonal verzerrt**. Das bedeutet den Aufbau von starken Spannungsfeldern im Kristall, die zu einer hohen Härte führen.
2. Bei der martensitischen Umwandlung ist eine Vielzahl neuer innerer **Grenzflächen** (Hindernisse für gleitende Versetzungen) entstanden.
3. Durch die innere Verformung sind gleichzeitig sehr viele **Gitterbaufehler**, insbesondere Versetzungen, entstanden. Wie bei einer äußeren Verformung behindern sich diese gegenseitig bei der Gleitung, was einem stark kaltverformten Gefüge entspricht.
4. Der **Kohlenstoff** bleibt im Mischkristall zwangsgelöst und wirkt mischkristallverfestigend, da es zu einer weiteren Verspannung des Gitters kommt.

Wie zu Beginn des Kapitels gezeigt, liegt die höchste erreichbare Härte bei Kohlenstoffgehalten von ca. 0,6 % bis 0,7 % **(Bild 2, Seite 107)**. Ein weiterer Anstieg des Kohlenstoffgehalts bringt keinen weiteren Härtezuwachs, denn die höchste Härte ergibt sich genau dann, wenn das gesamte Gefüge zu Martensit umgewandelt ist. Dies ist nur bei sehr hohen Abkühlgeschwindigkeiten und Kohlenstoffgehalten bis ca. 0,7 % der Fall. Bei höheren C-Gehalten bleibt eine als **Restaustenit** bezeichnete, nicht umgewandelte Gefügephase übrig, die dann zwischen den Martensitplatten vorliegt. Restaustenit setzt als weichere Phase die beim Härten von Stahl erreichbare Höchsthärte deutlich herab. Eine Gefüge aus Restaustenit und Martensit wird **Plattenmartensit** genant. Liegt kein Restaustenit vor, sondern nur Martensit – so wie es bei Kohlenstoffgehalten bis ca. 0,6 % möglich ist, spricht man von **Massivmartensit**.

Wie gezeigt wurde, kann durch die martensitische Umwandlung die Festigkeit eines Stahls beachtlich gesteigert werden. Leider lässt sich aber nicht jedes Metall auf diese Weise härten, denn es müssen zwei Voraussetzungen erfüllt sein:

1. Das Metall muss einen **Modifikationswechsel** aufweisen, im Falle des Eisens von kfz → krz.
2. Die **Löslichkeit des Legierungselements** (hier Kohlenstoff) muss mit fallender Temperatur abnehmen.

Zu beachten ist zudem, dass eine Martensitbildung nur dann erfolgt, wenn die **kritische Abschreckgeschwindigkeit** erreicht wird. Dies ist die Abkühlungsgeschwindigkeit, bei der zum ersten Mal **Martensit** entsteht. Sie ist weitgehend vom Kohlenstoffgehalt abhängig und beträgt etwa 1100 K/s bei einem Stahl mit 0,2 % und etwa 250 K/s bei einem Stahl mit 1,2 % Kohlenstoffgehalt. (Zum Vergleich finden sich Abkühlgeschwindigkeiten auf Seite 112).

3.9.2.3 Bainitbildung

Bei mittleren Abkühlungsgeschwindigkeiten entsteht an Stelle der beiden bisher genannten Gefügen – Perlit (langsame Abkühlung) und Martensit (schnelle Abkühlung) – eine Gefügephase, die **Zwischenstufe- bzw. Bainit**. Diese Gefügeart wird je nach Kohlenstoffgehalt (und Gehalten sonstiger Legierungselemente) im Bereich von 500 °C bis 200 °C beobachtet.

Bainit besteht aus einem Gemenge von Ferrit und Carbiden, ähnlich wie Perlit, jedoch können Größe, Form und Verteilung dieser Phasen erheblich schwanken. Damit stellt Bainit kein einheitliches Gefüge dar.

Bei der **bainitischen Umwandlung** sind diffusionsgesteuerte und diffusionslose Vorgänge beteiligt, was sich vereinfacht folgendermaßen beschreiben lässt: Im Austenit kommt es infolge der geringen Temperatur zunächst nicht zur Diffusion von Kohlenstoff. Mit weiter abnehmender Temperatur klappt der Austenit langsam diffusionslos in Ferrit um, wodurch ein an Kohlenstoff stark übersättigter Ferritkristall entsteht. Erst jetzt kommt es zur Diffusion des Kohlenstoffes, da die **Diffusionsgeschwindigkeit** von Kohlenstoff in Ferrit größer ist als in Austenit. Der Kohlenstoff scheidet sich auf diese Weise in runden Zementitkristallen aus. Der Prozess verläuft kontinuierlich weiter und beinhaltet ein diffusionsloses, allmähliches Umklappen von Austenit zu Ferrit und Anwachsen der Ferritkristalle, daneben die diffusionsgesteuerte Bildung von Zementit.

Zwischenstufengefüge (Bainit) ist von nadeliger Struktur. Es entsteht bei mittlerer Abkühlungsgeschwindigkeit. Die Härte liegt unter der des Martensits. Bainit ist relativ fest und zäh.

Aufgaben

1. Welche Arbeitsschritte beinhaltet das Härten?
2. Erklären Sie die Vorgänge, die zur Bildung von Martensit führen!
3. Nennen Sie die vier Ursachen der hohen Martensithärte!
4. Welche zwei Voraussetzungen müssen erfüllt sein, damit die Festigkeit eines Metalls durch Härten gesteigert werden kann?
5. In welche drei Gefügearten kann Austenit beim Abkühlen in Abhängigkeit von der Abkühlungsgeschwindigkeit umwandeln?

3.9.2.4 Zeit-Temperatur-Umwandlungs-Schaubilder (ZTU)

Die beim Härten von Stahl erreichbare Höchsthärte hängt davon ab, ob das gesamte Gefüge oder nur Teile davon in Martensit umgewandelt wurden. Wie weit dies gelingt, wird wiederum von der Abkühlungsgeschwindigkeit bestimmt.

Wie gezeigt wurde, wandelt Austenit je nach Abkühlungsgeschwindigkeit um in

- **Ferrit/Perlit** – bei langsamer Abkühlung,
- **Bainit** – bei mittlerer Abkühlung,
- **Martensit** – bei schneller Abkühlung.

Eine Umwandlung des **gesamten Gefüges zu Martensit** (ggf. mit Restaustenit) und damit die Höchsthärte ergeben sich nur bei sehr hohen Abkühlgeschwindigkeiten.

Die Gefüge der langsamen bzw. mittleren Abkühlung Ferrit, Perlit und Bainit sind alle weicher als Martensit. Daher ist die erreichbare Härte bei langsamerer bzw. mittlerer Abkühlungsgeschwindigkeit kleiner als nach dem Abschrecken.

Die **Abkühlungsgeschwindigkeit** hängt von der Wahl des Abkühlmediums ab. So ergeben sich z. B. bei

- Eiswasser/Salzwasser 500 – 600 K/s,
- Wasser mit 20 °C, ca. 450 K/s,
- Öl ca. 200 K/s,
- Druckluftabkühlung 35 K/s sowie bei
- Abkühlung in ruhender Luft mit Raumtemperatur ca. 5 K/s (siehe Kap. 6.2).

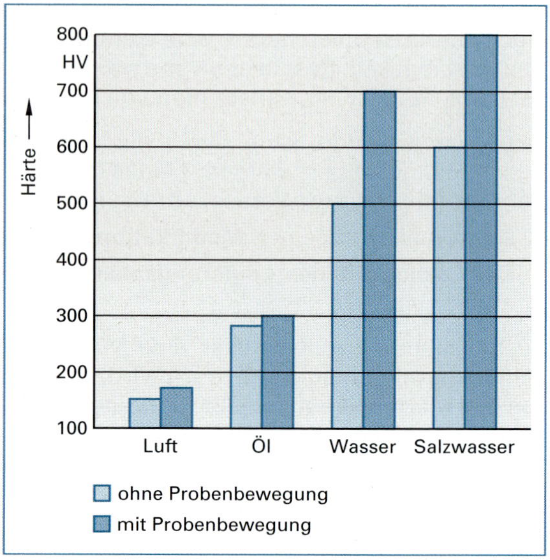

Bild 1: Härtewerte (HV30) nach Härten von C45 mit unterschiedlicher Abkühlung (Austenitisierung 870 °C/30 min)

In der genannten Reihenfolge nimmt die **Abkühlgeschwindigkeit** ab. Es wird demzufolge immer weniger Martensit im Gefüge entstehen. Dies lässt sich experimentell belegen: **Bild 1** zeigt Härtewerte für kleine Stahlproben mit 0,45 % C, die bei 880 °C über 30 min austenitisiert und dann abgeschreckt wurden. Im Ergebnis ist die erreichte Härte bei langsamerer Abkühlung deutlich geringer. Wird die Probe bewegt, verstärkt sich der Härteeffekt, da die Wärme schneller abgeführt wird. Salzwasser bringt einen besseren Effekt als Leitungswasser, da durch das Salz die Siedephase zu höheren Temperaturen verschoben wird. Die sich sonst bildende Dampfhaut bildet sich erst bei höheren Temperaturen. Die Kühlung ist daher besser, die Wärmeabfuhr und der Härteanstieg sind somit größer.

Die beim Härten von Stahl erreichbare **Höchsthärte** wird von der Abkühlgeschwindigkeit aus dem Austenitgebiet und damit vom Abschreckmedium bestimmt.

Um vorhersagen zu können, bei welcher Abkühlgeschwindigkeit sich welches Gefüge ergibt und damit welcher Festigkeits- bzw. Härtewert sich einstellen wird, wurden **ZTU-Schaubilder** entwickelt. ZTU steht dabei für **Zeit – Temperatur – Umwandlung**. Dementsprechend zeigt das Diagramm Beginn und Ende der jeweils ablaufenden Umwandlungen in Abhängigkeit von Zeit und Temperatur. Weiterhin lassen sich mithilfe von ZTU-Diagrammen die Volumenanteile der jeweils entstandenen Gefüge und die erreichbare Härte abschätzen. Damit sind derartige Diagramme ein unverzichtbares Hilfsmittel bei Wärmebehandlungen.

Zu beachten ist aber: Ein ZTU-Diagramm gilt jeweils nur für **einen** bestimmten Stahl, d. h. für einen bestimmten Kohlenstoffgehalt. Zudem sind zwei Arten dieser Schaubilder zu unterscheiden, die auch unterschiedlich gelesen und interpretiert werden müssen: Das **isotherme** und das **kontinuierliche ZTU-Schaubild**.

ZTU-Diagramme sind für die meisten Stähle verfügbar, beispielsweise in den diversen Wärmebehandlungsvorschriften oder im „Atlas zur Wärmebehandlung der Stähle".

a) Kontinuierliches ZTU-Schaubild

Im kontinuierlichen ZTU-Schaubild ist direkt die Abkühlgeschwindigkeit ablesbar. Es ist daher gut geeignet, um die optimale Behandlungsvorschrift zum Härten durch Abkühlung aus dem Austenitgebiet festzulegen. Entsprechend dieser Vorgaben werden derartige Diagramme wie folgt aufgestellt: Von einer bestimmten Legierung, z. B. vom untereutektoiden Kohlenstoffstahl mit 0,45 % C (C45), wird eine Anzahl Proben vorbereitet. Diese Proben werden alle unter definierten gleichen Bedingungen austenitisiert. Im Beispiel kleiner C45-Proben wäre dies eine Temperatur von 880 °C, aufgeheizt wird in 2 min, die Haltedauer beträgt 10 min. Anschließend werden die einzelnen Proben mit verschiedenen definierten Geschwindigkeiten abgekühlt, z. B. durch verschiedene Abschreckmedien (Wasser, Öl, Luft ...).

Dabei wird, ähnlich wie schon bei der Aufstellung von Zustandsdiagrammen erläutert, für jede Abschreckgeschwindigkeit je eine Abkühlungskurve aufgenommen. Hierfür gibt es verschiedenste Verfahren, z. B.

- die magnetische Untersuchung (γ ist magnetisch, α ist unmagnetisch),
- die thermische Analyse (Bestimmung charakteristischer Umwandlungspunkte),
- die Mikroskopie (Gefügearten – Ferrit/Perlit, Bainit, Martensit)
- und die dilatometrische Messung (Längenänderung der Probe, da γ dichter gepackt ist als α).

Die aufgenommenen Abkühlungskurven werden, wie im **Bild 1** gezeigt, in ein Zeit-Temperatur-Schaubild gezeichnet (schwarze Linien). Da sich die Zeitpunkte von Beginn und Ende einer Umwandlung oft stark unterscheiden, wird für die Zeit ein logarithmischer Maßstab gewählt. Schließlich werden die bestimmten einander entsprechenden Umwandlungspunkte für Beginn und Ende einer bestimmten Umwandlung mit den „Umwandlungslinien" (blaue Linien) verbunden.

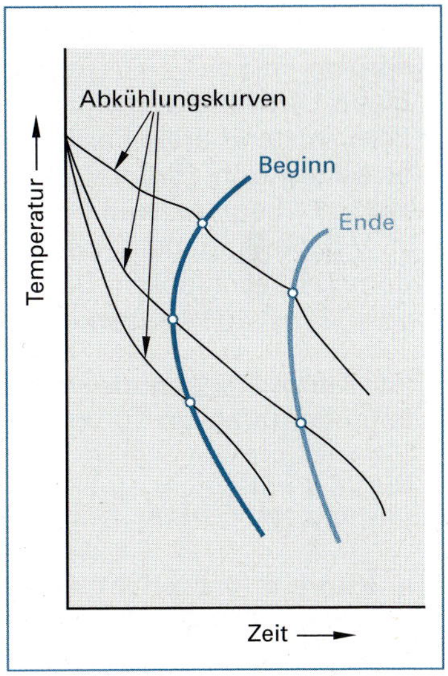

Bild 1: Aufstellen eines kontinuierlichen ZTU-Diagramms

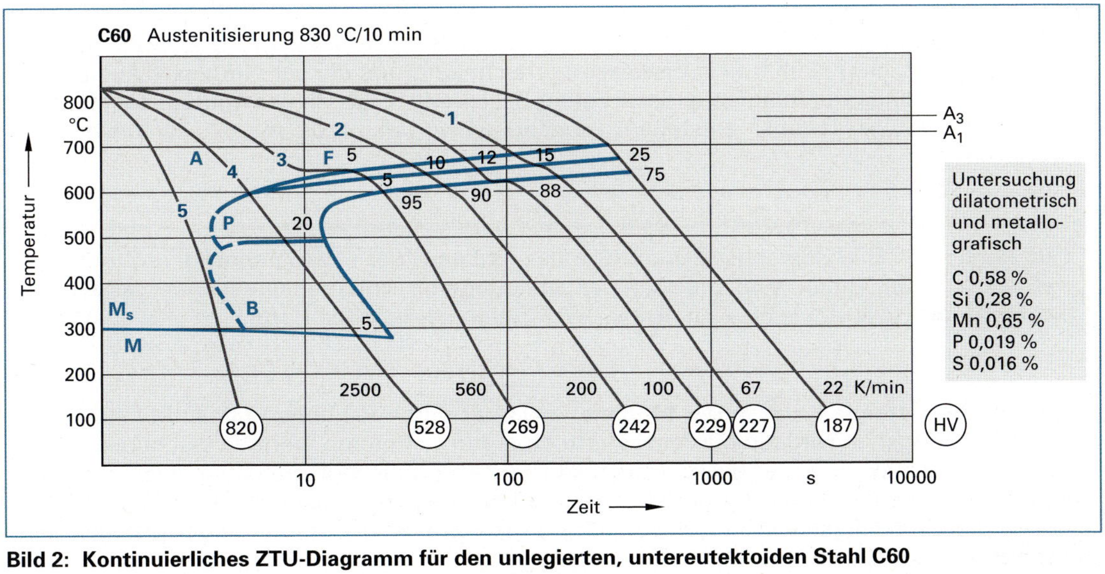

Bild 2: Kontinuierliches ZTU-Diagramm für den unlegierten, untereutektoiden Stahl C60

Bild 2, Seite 113 zeigt das so entstandene kontinuierliche ZTU-Diagramm für C60 mit eingetragenen Härtewerten. Entnehmen lassen sich diesen Diagrammen Härtewerte (hier HV) sowie die Gefügeausbildung, die je sich nach Erreichen der jeweiligen Umwandlungsstufen (Felder „F", „P", „B", „M") bei einer bestimmten Abkühlung einstellen werden. Es lässt sich ablesen, wieviel Vol -% einer bestimmten Gefügephase entstehen. Darüber hinaus lässt sich dem Diagramm entnehmen, bei welcher Abkühlung die Umwandlung vollständig zu Martensit erfolgt. Dies geschieht durch Angabe der **unteren** kritischen Abkühlungsgeschwindigkeit, bei der zum ersten Mal Martensit entsteht und der **oberen kritischen Abkühlgeschwindigkeit** bei der nur Martensit gebildet wird. Die mit M_s-Linie bezeichnete Linie ist die **Martensitstarttemperatur**.

Das Diagramm in **Bild 2, Seite 113 muss**, da es ein kontinuierliches ZTU-Schaubild ist, entlang der schwarz gekennzeichneten Abkühlkurven gelesen werden. Wie vorzugehen ist, sollen **Ablesebeispiele** zeigen:

- Verfolgt man die **Kurve 1** (ganz rechts, entspricht Luftabkühlung) beginnend von ihrem Ursprung im Feld „A" (Austenit) bei ca. 830 °C, so schneidet diese bei 700 °C erstmalig eine blaue Umwandlungslinie. Erreicht wird damit das Feld „F", was bedeutet, dass sich nun aus dem Austenit erste Ferritkristalle ausscheiden. Die Zahl „25" gibt den Volumenanteil an, d. h., es bilden sich 25 Vol.-% Ferrit. Bei 640 °C wird eine weitere Umwandlungslinie erreicht, das Feld „P" beginnt. Nun bildet sich Perlit bis zum Schneiden der nächsten Umwandlungslinie, zu 75 Vol.-% (Angabe neben der Kurve, 75). Damit sind 100 % umgewandelt, die Umwandlung damit abgeschlossen. Das Gefüge besteht zu 25 % aus Ferrit und 75 % Perlit und hat eine Härte von 187 HV10 (Angabe im Kreis unten am Ende der Kurve).

- Für **Kurve 2** liegen die Verhältnisse ähnlich, jedoch werden jetzt aufgrund der schnelleren Abkühlung (Wasser) 10 Vol.-% Ferrit und 90 Vol.-% Perlit gebildet. Die Härte beträgt 242 HV10.

- **Kurve 3** entspricht einer noch schnelleren Abkühlung (Eiswasser). Es entstehen 5 Vol-% Ferrit und Vol.-95 % Perlit. Die Härte beträgt 269 HV.

- In **Kurve 4 (entspricht einer Ölabkühlung)** erfolgt die Abkühlung noch schneller. So werden zunächst 20 Vol-% Perlit gebildet, angegeben an den Schnittpunkten von Abkühlungskurve (schwarz) und entsprechender Umwandlungslinie (blau). Dann wird das Feld „B", erreicht, in dem die Bildung von Bainit stattfindet. Die „5" am Ende des Feldes bei weiterem Verfolgen der Abkühlungskurve gibt an, dass sich 5 Vol.-% Bainit bilden. Der dann noch vorhandene restliche Austenit wandelt bei Schneiden der Linie „M_S" (Martensit Start) zu Martensit um, hier zu 75 Vol.-%. Die Härte beträgt 528 HV10.

- **Kurve 5** schließlich (Abkühlung in Eiswasser) erreicht aufgrund der sehr hohen Abkühlungsgeschwindigkeit ohne Durchlaufen anderer Felder bei ca. 340 °C gleich das Martensitgebiet, d. h., hier werden 100 % Martensit entstehen. Verständlich wird damit die mit 820 HV10 sehr hohe Härte.

> Das kontinuierliche Zustandsdiagramm muss entlang der Abkühlungskurven gelesen werden. Zu entnehmen sind die Gefügeausbildung mit Volumenanteilen der einzelnen Gefügebestandteile sowie die sich nach der Abkühlung ergebende Härte.

Typisch ist der gezeigte Knick in der **M_s-Linie**, erklärbar durch folgenden Effekt: Mit zunehmendem Kohlenstoffgehalt wird die Martensitstarttemperatur zu tieferen Werten verschoben. Dieses Phänomen zeigt sich auch hier bei eigentlich konstantem Kohlenstoff-Gehalt in einer Legierung: Die Zwischenstufenumwandlung verläuft mit starken Abweichungen vom Gleichgewicht. Dabei reichert sich der Austenit mit Kohlenstoff an. Die Folge ist die Abnahme der Martensitstarttemperatur.

b) Isothermes ZTU-Schaubild

Ein isothermes Schaubild ist am besten geeignet, um die optimale Behandlungsvorschrift für alle Wärmebehandlungen festzulegen, bei denen ein möglichst einheitliches Endgefüge eingestellt werden soll. Auf diese Weise können Eigenspannungen vermieden werden, die z. B. dann auftreten, wenn das Werkstück dicker ist und so in der Mitte und am Rand ganz unterschiedlich abkühlt **(Bild 1)**. Um dies zu vermeiden, wird „isotherm“, d. h. bei einer festen Temperatur, umgewandelt.

> Die isotherme Umwandlung eines Werkstückes hilft Eigenspannungen nach der Wärmebehandlung zu minimieren.

Die Behandlung beginnt mit einer Austenitisierung, jedoch wird dann nicht sofort auf Raumtemperatur, sondern auf eine Temperatur zwischen Raum- und Austenitisierungstemperatur abgekühlt. Bei dieser wird nun, z. B. in Warmbädern (Kap. 6.2) eine gewisse Zeit gehalten, sodass der Austenit in das dieser Temperatur entsprechende Gefüge umwandeln kann. Welche Gefügephase(n) das jeweils sind, wird einem **isothermen ZTU-Diagramm** entnommen, das ebenfalls in der Fachliteratur für die wichtigen Stähle zu finden ist.

Bild 2 verdeutlicht, wie ein solches Diagramm aufgenommen wird. Wieder werden zunächst viele Proben eines Stahls, z. B. C45 bei 880 °C, austenitisiert. Danach wird je eine Probe auf eine bestimmte Temperatur abgekühlt und dort gehalten (z. B. $T_1 = 700$, $T_2 = 650$, $T_3 = 600$ ... °C). Während des Haltens wird verfolgt, wie viel Austenit in Abhängigkeit von der Haltezeit umgewandelt ist. Verschiedene Messverfahren können genutzt werden, z. B. magnetische Messungen, thermische Analyse, Mikroskopie oder Dilatometrie. Es ergeben sich die im **Bild 2, oben**, gezeigten Kurven, in denen nun Beginn und Ende einer Umwandlung bei der jeweils untersuchten Temperatur bestimmt werden.

Hierzu wird in den erhaltenen Umwandlungskurven **(siehe oberes Teilbild im Bild 2)** festgelegt, wie viel % Austenit bei Beginn (x) und Ende der Umwandlung (y) umgewandelt sein müssen. Die erhaltenen Werte für Beginn und Ende einer Umwandlung werden in ein Zeit-Temperatur-Diagramm übertragen. Die einander entsprechenden Punkte werden verbunden. Das so ermittelte Diagramm für C45 zeigt **Bild 1, Seite 116**.

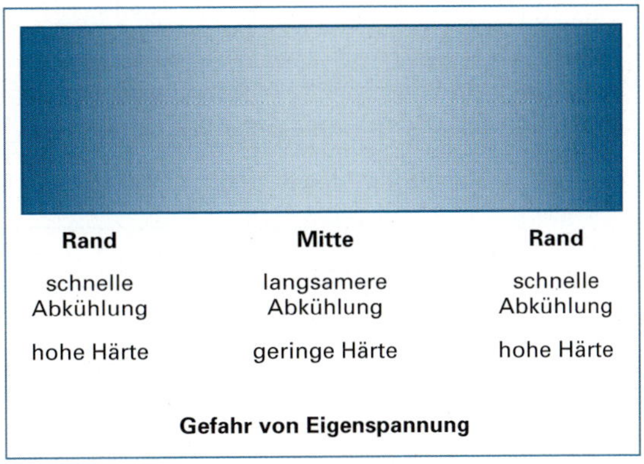

Bild 1: Entstehung von Eigenspannungen durch unterschiedliche Abkühlung von Kern und Rand

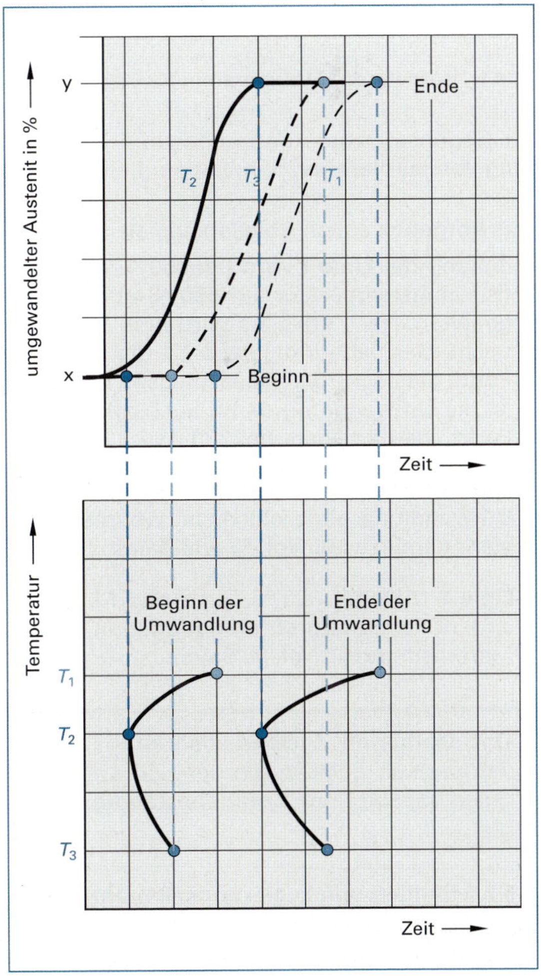

Bild 2: Aufstellen eines isothermen ZTU-Diagramms, oben: Aufnahme der Umwandlungskurven, unten: Aufstellen des ZTU-Diagramms

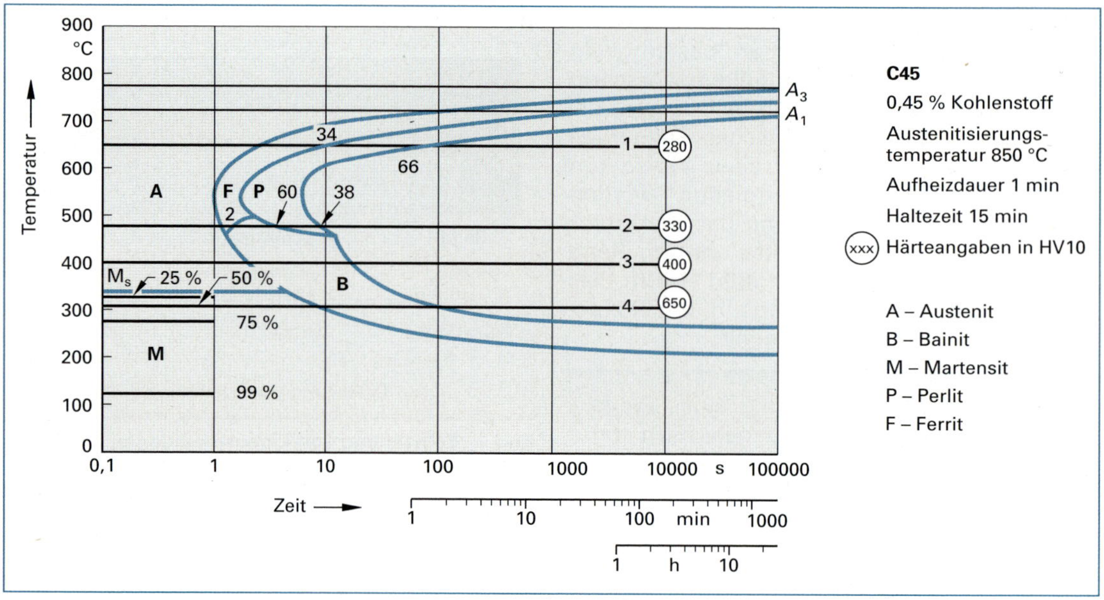

Bild 1: Isothermes ZTU-Diagramm für C45

Im Gegensatz zum kontinuierlichen ZTU-Diagramm **muss** das isotherme ZTU-Diagramm entlang von **Isothermen**, d. h. Linien gleicher Temperatur, gelesen werden.

Das Vorgehen sollen Ablesebeispiele verdeutlichen:

- Entlang der **Linie 1** wird bei 650 °C abgelesen. Das heißt, diese Probe wurde von der Austenitisierungstemperatur auf 650 °C abgekühlt und wird bei dieser Temperatur über längere Zeit gehalten. Nach etwa 2 s wird eine blaue Umwandlungslinie geschnitten und das Feld „F" erreicht. Das bedeutet, jetzt setzt die Bildung von Ferrit ein. Nach 10 s beginnt die Bildung von Perlit, die nach 70 s abgeschlossen ist. Wie die Angaben der jeweiligen Volumenanteile zeigen, ist die Umwandlung damit auch abgeschlossen. Es entstanden 34 Vol.-% Ferrit und 66 Vol.-% Perlit. Die Härte liegt bei 280 HV1.

- **Linie 3** führt bei 400 °C nach 2 s in das Feld „B", d. h. es wird Bainit gebildet. Nach 18 s ist die Umwandlung abgeschlossen, weitere Gefügephasen werden nicht gebildet. Das Gefüge besteht damit zu 100 Vol.-% aus Bainit, die Härte beträgt 400 HV1.

- **Linie 4** trifft bei 300 °C auch das Martensitfeld. Die Gefügeanteile müssen anhand der für andere Temperaturen eingetragenen Werte abgeschätzt werden und liegen bei ca. 60 Vol.-% Martensit und 40 Vol.-% Bainit.

> Das isotherme Zustandsdiagramm muss entlang von **Isothermen**, d. h. Linien gleicher Temperatur, gelesen werden. Zu entnehmen sind die Gefügeausbildung mit Volumenanteilen der einzelnen Gefügebestandteile sowie die sich nach der Abkühlung ergebende Härte.

3.9.2.5 Einfluss von Legierungselementen

Legierungselemente können bekanntlich das Aussehen des Eisen-Kohlenstoff-Diagramms und damit die Art und Menge auftretender Gefügephasen stark beeinflussen. Dies gilt auch für das Umwandlungsverhalten bei beschleunigter Abkühlung, wie die schematischen ZTU-Diagramme legierter Stähle in den **Bildern 1b, c und d, Seite 117** im Vergleich zu dem eines unlegierten Stahls im **Bild 1a, Seite 117** verdeutlichen.

Deutlich wird, die Umwandlungen erfolgen bei Anwesenheit der meisten Legierungselemente wesentlich langsamer und bei tieferen Temperaturen, sie werden also im Diagramm nach rechts und nach unten verschoben. Ursache ist die durch die Legierungselemente (z. B. Cr, Mo, B, Ni, V und W) herabgesetzte **Diffusionsgeschwindigkeit**. Austenit wird dadurch stabiler, das Austenitfeld A wird größer. Herabgesetzt wird auch die kritische Abkühlungsgeschwindigkeit (dicke blaue Linien im **Bild 1b**), was die Bildung von Martensit erleichtert.

Zu beachten ist auch, dass Legierungselemente nicht nur die Diffusion verlangsamen, sondern auch Carbide (Verbindungen mit dem Kohlenstoff) bilden. Wie stark dies erfolgt, wird von der Diffusionsgeschwindigkeit des Kohlenstoffes und von der der carbildbildenden Legierungselemente (z. B. Cr, Mo, W, V, Nb, Ti) bestimmt. Da gerade in der Perlitstufe (P) die Bildung von Carbiden abläuft, wird das Feld der Perlitbildung P zu deutlich höheren Temperaturen und längeren Zeiten verschoben **(Bild 1c)**. Das nun sehr große Bainitfeld B bedeutet auch: Bei geringerer Unterkühlung wandelt Austenit vorzugsweise in Bainit um, nicht mehr in Ferrit und Perlit.

Ist der Anteil carbidbildender Elemente im Stahl sehr groß, ist sogar zu beobachten, dass Perlit- und Bainitstufe deutlich voneinander getrennt sind **(Bild 1d)**. Dazwischen entsteht ein Bereich mit stark verringerter Umwandlungsneigung.

Bild 1a zeigt, dass in **unlegierten Stählen** hauptsächlich ferritisch-perlitische oder martensitische Gefüge erzeugt werden. Bainit ist seltener. Die **Bilder 1b bis d** belegen hingegen, dass in **legierten Stählen** durch eine Wärmebehandlung ein deutlich breiteres Spektrum an Gefügen und damit Eigenschaften einstellbar ist als in unlegierten Stählen.

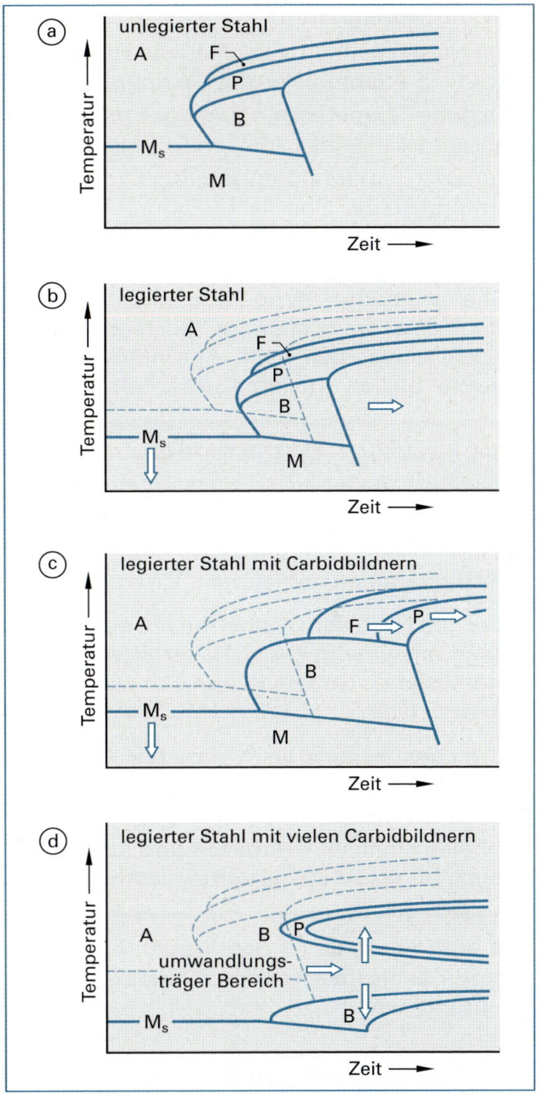

Bild 1: Einfluss der Legierungselemente und anderer Faktoren auf das Umwandlungsverhalten des Austenit

> Legierungselemente verschieben die Umwandlungsprozesse beim Abkühlen von Stählen zu längeren Zeiten und tieferen Temperaturen

Damit verbunden sind verschiedene Vorteile, z. B. weist Bainit mitunter gute mechanische Kennwerte auf und kann bei kontinuierlicher Abkühlung in definierter Menge erzeugt werden. Martensit ist in einem großen Bereich von Abkühlgeschwindigkeiten leicht einstellbar. So lassen sich die Härtewerte einfach variieren.

Aufgaben

1. Welche Aussagen liefert ein ZTU-Diagramm?
2. Wie unterscheiden sich isothermes und kontinuierliches ZTU-Diagramm?
3. Warum sind die Gefügephasen Bainit und Martensit nicht im Eisen-Kohlenstoff-Diagramm, sondern nur im ZTU-Diagramm zu finden?
4. Erklären Sie, warum Carbide Umwandlungen verlangsamen!

3.9.2.6 ZTA-Diagramme

Beim Härten können verschiedene **Härtefehler** auftreten, deren Ursache hauptsächlich in falsch gewählten **Austenitisierungsbedingungen** liegt:

- Zu hohe Temperaturen und/oder zu lange Haltezeiten führen zu groben Austenitkörnern. Beim Abschrecken eines solchen Gefüges können sich **Härterisse** bilden.
- Zu hohe Temperaturen und/oder zu lange Haltezeiten können zudem zu einer Kohlenstoffverarmung an der Oberfläche führen. Diese **Entkohlung** führt dazu, dass nach dem Abschrecken oberflächennahe Bereiche ein anderes Gefüge haben als die Probenmitte und folglich auch andere Festigkeitswerte.
- Eine zu geringe Temperatur und/oder zu kurze Haltezeit beim Austenitisieren hingegen bedingt eine unvollständige Austenitbildung. Noch nicht zu Austenit umgewandelte Gefügebereiche wandeln beim Abschrecken nicht zum Härtungsgefüge Martensit um. Es bleiben weiche Stellen erhalten. Dieser Härtefehler wird als **Weichfleckigkeit** bezeichnet.

> Die typischen Härtefehler **Risse**, **Weichfleckigkeit** und **Randentkohlung** sind auf falsch gewählte Austenitisierungsbedingungen zurückzuführen.

Die optimalen Bedingungen für das **Austenitisieren** – Temperatur und Zeitdauer – lassen sich **ZTA-Diagrammen** entnehmen. ZTA steht dabei für **Zeit – Temperatur – Austenitisierung**.

Dabei gilt: Nach dem Aufheizen auf eine bestimmte **Austenitisierungstemperatur** ändert sich das Gefüge mit zunehmender Haltezeit vom Ferrit/Perlit bis hin zum Austenit. Wird ein vollständig austenitisiertes Gefüge dann noch weiter auf dieser Temperatur gehalten, wachsen die Austenitkörner.

Zu beachten ist aber auch, dass das Aufheizen auf eine bestimmte Austenitisierungstemperatur nicht immer ideal langsam erfolgt. Ein beschleunigtes Aufheizen, beispielsweise bei einer induktiven Aufheizung, führt zu einer Verschiebung der charakteristischen Umwandlungspunkte.

Um beide Einflüsse – **Haltezeit und Aufheizgeschwindigkeit** – im Detail bewerten zu können, gibt es auch für die Austenitisierung isotherme und kontinuierliche Schaubilder.

> In der Regel soll vor dem Härten ein vollständiges **Austenitkorn** in einer bestimmten Korngröße eingestellt werden. Die dazu notwendigen Bedingungen werden ZTA-Schaubildern entnommen.

Isothermes ZTA-Diagramm

In isothermen ZTA-Diagrammen lässt sich ablesen, welche Gefügeumwandlungen nach welcher Zeit bei einer bestimmten Haltetemperatur zu erwarten sind.

Bild 1 zeigt, wie ein solches Diagramm entsteht: Mit einer definierten Aufheizgeschwindigkeit wird eine erste Stahlprobe auf die Temperatur T_1 aufgeheizt und dann bei dieser Temperatur gehalten. Mit geeigneten Untersuchungsverfahren, z. B. metallografisch, wird nun verfolgt, wie sich das Gefüge ändert. Verfolgt man die bei T_1 eingetragene waagerechte, d. h. isotherme Linie, findet man bis zum Punkt I das Ausgangsgefüge Ferrit und Zementit (F + Z). Dann beginnt die Bildung von Austenit. Daher liegen bis zum Punkt II Ferrit, Zementit und Austenit (F + Z + A) vor.

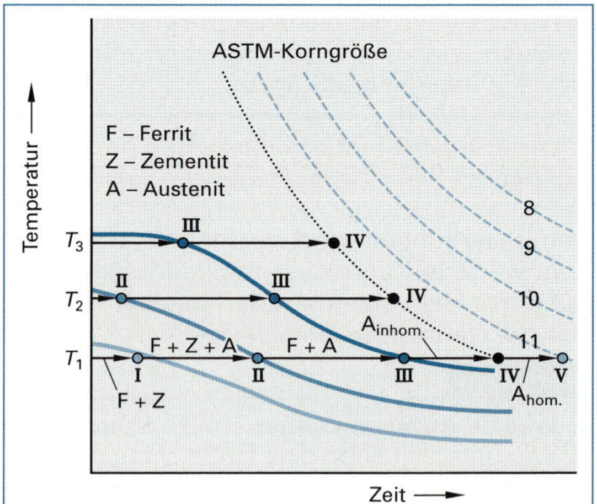

Bild 1: Entstehung eines isothermen ZTA-Diagramms

Wird noch länger gehalten, verschwindet der Zementit (F + A). Dies liegt daran, dass der mit längerer Haltezeit mengenmäßig immer größer werdende Austenitanteil mehr Kohlenstoff lösen kann. Diesen holt er sich aus dem Zementit und zwar solange, bis der Zementit aufgebraucht ist.

Ab Punkt III ist alles umgewandelt. Es gibt nur noch Austenit, der jedoch noch eine etwas ungleichmäßige Verteilung von Kohlenstoffatomen aufweist ($A_{inhom.}$). Diese befinden sich vor allem dort, wo vorher Zementit vorlag. Daher wird dieses Gefüge **„inhomogener Austenit"** genannt.

Wird noch etwas länger gehalten, gleichen sich die Unterschiede aus, der Kohlenstoff wird gleichmäßig verteilt: Der **Austenit** ist dann (ab Punkt IV) **homogen** ($A_{hom.}$).

Wird dann aber immer noch weiter gehalten, **wachsen** die Austenitkörner (Punkt V).

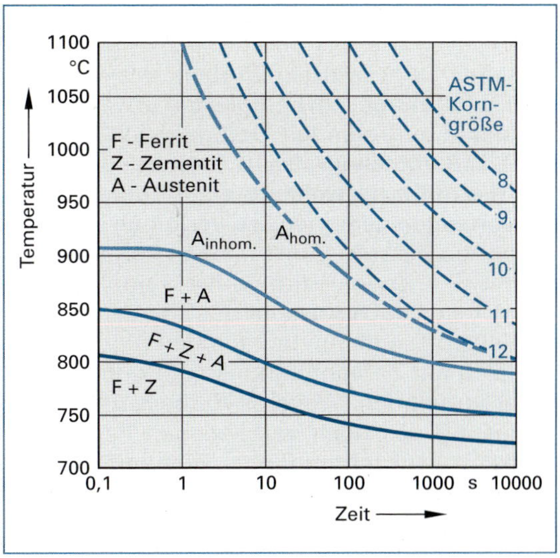

Bild 1: Isothermes ZTA-Diagramm für den Stahl C45, Aufheizgeschwindigkeit 130 K/s

Die sich dann einstellenden mittleren **Austenitkorngrößen** können ebenfalls im Diagramm eingetragen werden. Üblicherweise geschieht dies durch die Angabe der **ASTM-Korngrößenzahl**, die sich aus der **Korngrößenrichtreihe** der ASTM (American Society for Testing Materials) ableitet. Beispielsweise wird am Punkt V die ASTM-Korngrößenzahl 11 erreicht. Dies entspricht einem mittleren Korndurchmesser von rund 7 µm. Würde noch weiter gehalten werden, wachsen die Körner weiter. Erreichte man die ASTM-Kornzahl 8, läge der mittlere Korndurchmesser bereits bei rund 20 µm, eine 6 entspräche rund 40 µm, eine 4 wären rund 80 µm.

In analoger Weise wie für T_1 entstehen die Linien für die Temperaturen T_2 und T_3 im **Bild 1, Seite 118**. Genau **entlang dieser isothermen Linien** (Temperatur T_2, Temperatur T_3) ist das isotherme ZTA-Diagramm dann auch zu lesen.

Das reale ZTA-Diagramm des Stahls C45 für eine Aufheizgeschwindigkeit 130 K/s zeigt **Bild 1**. Wird hier bei 870 °C gehalten, muss entlang einer waagerechten Linie bei 870 °C abgelesen werden. Nach ca. 10 Sekunden Haltedauer liegt inhomogener Austenit vor. Homogener Austenit ist bei 870 °C nach rund 100 Sekunden entstanden.

> Ein isothermes **ZTA-Schaubild** muss entlang isothermer Linien gelesen werden. Ablesbar ist, welche Gefügephasen (Ferrit/Perlit, Zementit, Austenit) und welche Korngröße nach einer bestimmten Haltedauer zu erwarten sind.

Nicht immer ist ein homogener Austenit vor dem Härten erwünscht, denn die dazu notwendige längere Haltezeit führt auch immer zur Kornvergröberung. Außerdem können nicht vollständig aufgelöste Carbide (insbesondere in legierten Stählen) verschleißhemmend wirken und sind daher bei Stählen für Werkzeuge – den Werkzeugstählen – durchaus erwünscht.

Mithilfe isothermer ZTA-Diagramme werden **Haltezeiten** für die Austenitisierung festgelegt, die in der Regel bei 15 min bis 20 min liegen. Wird länger geglüht, kommt es zum Kornwachstum. In welchem Ausmaß dies geschieht, lässt sich ebenfalls dem Diagramm entnehmen.

Zu beachten ist, dass ein isothermes ZTA-Diagramm immer nur für die angegebene Aufheizgeschwindigkeit gilt. Für andere Aufheizgeschwindigkeiten kann es nicht herangezogen werden, da es hierbei bereits bei der Aufheizung zu Umwandlungsvorgängen kommen kann. Wie die Aufheizgeschwindigkeit die Austenitisierungsvorgänge beeinflusst, ist dem kontinuierlichen ZTA-Diagramm zu entnehmen.

> Ein **isothermes ZTA-Diagramm** gilt nur für eine bestimmte Aufheizgeschwindigkeit.

Kontinuierliches ZTA-Schaubild

Bild 1 zeigt, wie das isotherme ZTA-Schaubild entsteht. Dazu werden Proben mit verschiedenen Aufheizgeschwindigkeiten erwärmt und die dabei auftretenden Gefügeänderungen erfasst, z. B. metallografisch. Zur Verdeutlichung soll die mit a bezeichnete erste Kurve dienen, die von unten beginnend zu verfolgen ist. Beim Aufheizen bis zum Punkt I liegen Ferrit und Zementit (F + Z) vor. Wird weiter aufgeheizt, bildet sich nun auch Austenit (F + Z + A), der mehr Kohlenstoff aufnehmen kann. In Folge dessen löst sich der Zementit und ist ab Punkt II nicht mehr vorhanden. Weiteres Aufheizen führt zur Auflösung des noch verbliebenen Ferrits. Ab Punkt III liegt **inhomogener Austenit** vor, der bei weiterer Temperaturerhöhung ab Punkt IV in **homogenen Austenit** umwandelt. Auch hier sind die sich einstellenden **Austenitkorngrößen** mit eingetragen (blaue Zahlenwerte). Am Punkt V wäre die Korngrößenzahl 9 erreicht, die einem ungefähren mittleren Korndurchmesser von 15 µm entspricht. Die Kurven b, c und d entstehen in analoger Weise für weitere Aufheizgeschwindigkeiten. In der Reihenfolge a bis d nimmt die Aufheizgeschwindigkeit ab. **Bild 2** zeigt ein reales, kontinuierliches ZTA-Schaubild für den Stahl 34CrMo4. Deutlich wird, bei kontinuierlicher Aufheizung stellt sich ein homogener Austenit erst bei verhältnismäßig hoher Temperatur bzw. längerer Zeit ein.

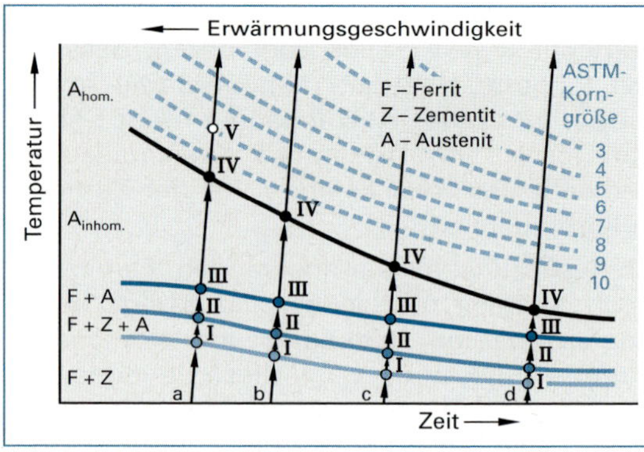

Bild 1: Entstehung eines kontinuierlichen ZTA-Diagramms

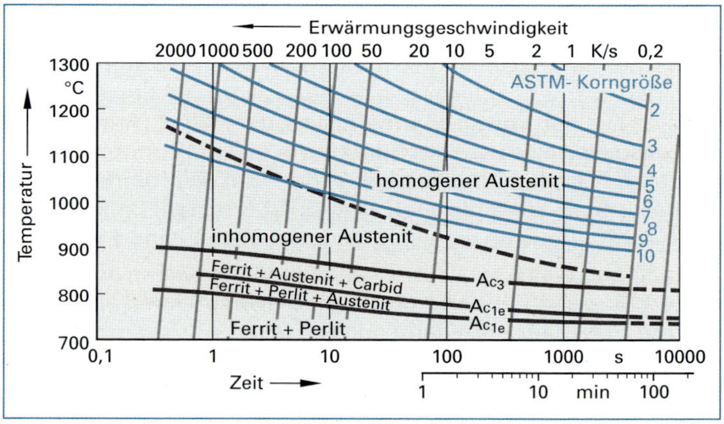

Bild 2: Kontinuierliches ZTA 34CrMo4 mit Linien konstanter Korngröße

> Ein **kontinuierliches ZTA-Schaubild** ist entlang isothermer Linien zu lesen.

Zudem zeigt **Bild 2** die Verschiebung der charakteristischen Umwandlungspunkte mit zunehmender Aufheizgeschwindigkeit (Aufheizkurven im linken Bereich des Bildes) zu deutlich höheren Temperaturen. Bei den ebenfalls im Diagramm enthaltenen geringeren Aufheizgeschwindigkeiten (Aufheizkurven im rechten Teil des Bildes) erfolgen die entsprechenden Umwandlungen bei bei deutlich geringeren Temperaturen. So wird in der ersten Kurve (ganz links, hohe Aufheizgeschwindigkeit) inhomogener Austenit bei 900 °C erreicht, in der letzten (ganz rechts, geringe Aufheizgeschwindigkeit) bereits bei rund 800 °C. Das Ausgangsgefüge hat ebenfalls einen Einfluss und muss daher im Diagramm immer mit angegeben werden. So wandelt ein Stahl mit perlitisch/ferritischem Gefüge schneller in Austenit um als derselbe Stahl mit martensitischem Gefüge.

> Eine beschleunigte Abkühlung verschiebt die charakteristischen **Umwandlungspunkte** zu deutlich höheren Temperaturen.

Aufgaben

1. Nennen Sie typische Härtefehler und erklären Sie, wie diese entstehen und leiten Sie daraus Maßnahmen ab, wie diese Fehler zu vermeiden sind!
2. Wo können Aussagen zu den optimalen Austenitisierungsbedingungen gefunden werden?

3.10 Anlassen und Vergüten

Nicht immer ist es sinnvoll, die höchste Härte einzustellen. Sehr harte Werkstücke können sehr spröde sein und schnell brechen sowie Eigenspannungen aufweisen. Ist eine gewisse Zähigkeit gefordert bzw. sollen Eigenspannungen abgebaut werden, kann ein gehärteter Stahl angelassen bzw. vergütet werden.

Unter dem **Anlassen** ist ein **Erwärmen gehärteter Werkstücke** auf eine Temperatur zwischen Raumtemperatur und A_1 (Linie PSK im EKD, 723 °C) sowie das Halten auf dieser Temperatur mit nachfolgender zweckentsprechender Abkühlung zu verstehen. (DIN EN 10052).

- Ein Anlassen bei niedrigen Temperaturen (ca. 100 °C bis 250 °C) soll die Sprödigkeit herabsetzen und Spannungen abbauen.
- Das Anlassen bei höheren Temperaturen (rund 500 °C bis 680 °C) wird als **Vergüten** bezeichnet. Es zielt auf die Verbesserung der Zähigkeit bzw. auf die Einstellung eines bestimmten Festigkeits-/Zähigkeits-Verhältnisses ab.

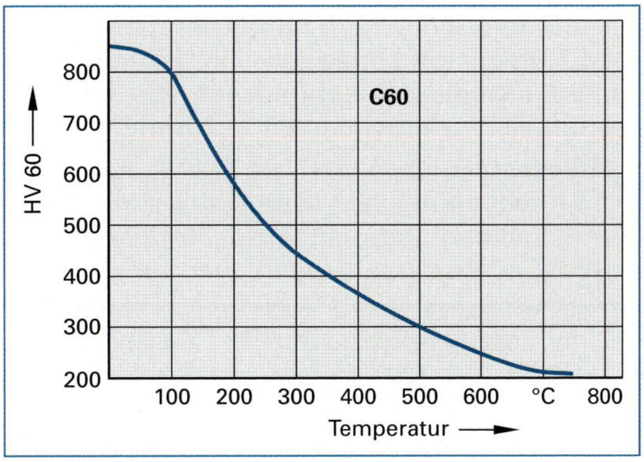

Bild 1: Anlasskurve des Stahls C60

> Unter dem **Vergüten** ist die kombinierte Wärmebehandlung aus Härten und nachfolgendem Anlassen zu verstehen. Es wird im oberen Temperaturbereich der Anlasstemperaturen durchgeführt (zumeist zwischen 500 °C und 680 °C).

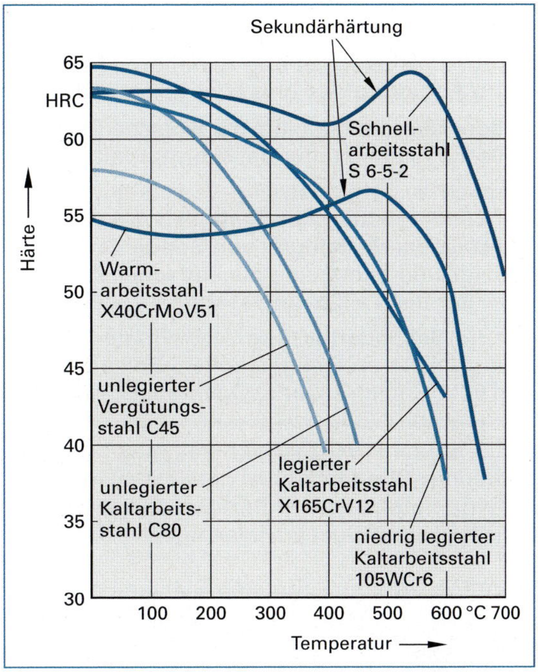

Bild 2: Anlasskurven verschiedener Stähle im Vergleich

Beim Anlassen ist ausreichend lange zu glühen, sodass im Werkstoff **Diffusionsvorgänge** ablaufen können. Insbesondere wird der zwangsgelöste Kohlenstoff durch Diffusion abtransportiert, wodurch sich schließlich Zementit Fe_3C bildet. Dadurch und durch den Abbau von Gitterfehlern nähert sich das Ungleichgewichtsgefüge Martensit, das ggf. mit Bainit und Restaustenit durchsetzt ist, zumindest teilweise wieder dem Gleichgewichtszustand an. In der Folge sinkt die Festigkeit (s. **Bild 1** und **Bild 2**) und die Zähigkeit steigt wieder an. Außerdem werden Eigenspannungen abgebaut.

Je nach Anlasstemperatur werden verschiedene **Anlassstufen** unterschieden. (Die Anlassdauer ist von untergeordneter Bedeutung.)

1. Anlassstufe (ca. 100 °C bis 200 °C)
Die erste Anlassstufe im Bereich von 100 °C bis 200 °C wird auch als Entspannen bezeichnet, zurückzuführen auf die wichtigsten Vorgänge: Kohlenstoff diffundiert aus dem Martensit und bildet ε-Karbid Fe_2C, eine **metastabile Vorstufe** des Fe_3C (Zementit). Dadurch geht die starke Verspannung des tetragonalen Martensitgitters etwas zurück und es bildet sich der weniger stark verzerrte **kubische Martensit**.

2. Anlassstufe (ca. 200 °C bis 320 °C)
In diesem Bereich von **ca. 200 °C bis 320 °C** scheidet sich Fe_3C (Zementit) feinverteilt aus, da die Beweglichkeit des Kohlenstoffs aufgrund der höheren Temperatur deutlich größer ist. Technisch ist dieser Temperaturbereich von untergeordneter Bedeutung, da es hier zu einer als **Anlassversprödung** bezeichneten Versprödung des Stahls kommen kann. Als Ursache werden versprödend wirkende Verunreinigungselemente (z. B. P, As, Sb, Sn) an den Korngrenzen diskutiert.

3. Anlassstufe (ca. 320 °C bis 400 °C)
Bei den nun schon sehr hohen Temperaturen von 320 °C bis 400 °C wird der gesamte zwangsgelöste Kohlenstoff abtransportiert. Es entstehen Ferrit und Zementit. Mit zunehmender Haltedauer runden sich die Zementitteilchen ab – ein Vorgang, der auch **Globularisierung** genannt wird. Zementitteilchen können auch zusammenwachsen. Man spricht von **Koagulation**.

4. Anlassstufe (ca. 400 °C bis 723 °C, A_{c1})
Die Umwandlung des Martensits zum Gleichgewichtsgefüge ist bei Temperaturen ab 400 °C weitestgehend abgeschlossen. Jetzt werden **Rekristallisationsvorgänge** beobachtet, d. h. Fehler (insbesondere Versetzungen) werden abgebaut.

> Nach dem Vergüten weist der Stahl eine bessere **Zähigkeit** auf, da die durch das Härten aufgebauten Verspannungen und Fehler – zumindest teilweise – abgebaut wurden.

Enthält der Stahl neben Kohlenstoff noch weitere **Legierungselemente**, kann das Anlassverhalten abweichen, je nachdem, ob die Legierungselemente **Carbide** (d. h. Verbindungen eines Metalls mit Kohlenstoff) bilden oder nicht. Bild 2, Seite 121 zeigt den Vergleich. Zunächst finden sich verschiedene Stähle, die keine Carbide bilden. Es sind dies der unlegierte Kaltarbeitsstahl C80, der unlegierte Vergütungsstahl C45, ein niedrig legierter Kaltarbeitsstahl sowie der legierte Kaltarbeitsstahl X165CrV12.

Bis auf eine Verschiebung zu höheren Festigkeitswerten und höheren Legierungsgehalten ist hier keine Änderung des Anlassverhaltens im Vergleich zum unlegierten Stahl zu sehen.

Anders ist es bei Stählen, die typische Carbidbildner (z.B. Cr, Mo, W, V, Nb, Ti) enthalten. Im Bild 2, Seite 121 stehen dafür der Warmarbeitsstahl X40CrMoV51 und der Schnellarbeitsstahl S 6-5-2.

Deutlich zu sehen ist eine Verschiebung des Festigkeitsabfalls zu höheren Temperaturen und ein **Wiederanstieg der Festigkeit** bei Anlasstemperaturen zwischen 400 °C und 600 °C. Dieser Effekt ist auf die **Bildung von Sondercarbiden** zurückzuführen, die als legierte Carbide wesentlich stabiler und feiner sind als einfacher Zementit. (Hinweis: Die Bildung von Sonderkarbiden wird mitunter auch als **4. Anlassstufe** bezeichnet.)

Der als **Sekundärhärtung** bezeichnete Effekt wird bei Stählen ausgenutzt, die bei hohen Temperaturen nicht entfestigen sollen. Beispiele sind Warmarbeitsstähle, die bei Arbeitstemperaturen von 600 °C noch zuverlässig ihre Festigkeit behalten müssen.

> Ein **Sekundärhärteeffekt** stellt sich beim Härten ein, wenn mit bestimmten Legierungselementen **Sondercarbide** gebildet werden. Er bewirkt einen Festigkeitsanstieg bei erhöhter Temperatur, der bei Stählen ausgenutzt wird, die im Einsatz höhere Temperaturen ohne Festigkeitsverlust ertragen sollen.

Beim Einsatz von vergüteten Stählen ist zu beachten, dass die Betriebstemperatur unter der jeweiligen Vergütungstemperatur liegen muss. Anderenfalls laufen die Entfestigungsvorgänge weiter ab.

Aufgaben

1. Begründen Sie, wann es sinnvoll sein kann, einen durchgehärteten Stahl wieder zu glühen!
2. Benennen Sie die Hauptvorgänge, die beim Vergüten ablaufen und zeigen Sie, wie sich diese Vorgänge auf die mechanischen Eigenschaften des Werkstoffes auswirken!
3. Warum muss die Einsatztemperatur vergüteter Stähle unter der jeweiligen Vergütungstemperatur liegen?
4. Was verstehen Sie unter einem Sekundärhärtungseffekt, wie kann man ihn technisch ausnutzen?
5. Warum werden beim Vergüten Glühungen im Bereich zwischen 200 °C und 300 °C möglichst vermieden?
6. Was sind Carbide?

3.11 Oberflächenhärten

Bei bestimmten Werkstücken und Maschinenteilen wird eine erhöhte Härte nur auf der Oberfläche gewünscht **(Bild 1)**. Dies hat verschiedene Vorteile:

- Die Werkstückoberfläche erhält die geforderte **Verschleißfestigkeit** bzw. **Druckbelastbarkeit**, aber das Werkstückinnere behält dabei die vorherige geringere Festigkeit, es bleibt also zäh.
- Im Werkstück ergeben sich deutlich geringere **Eigenspannungen** und **Maßänderungen** nach dem Härten, da nicht der gesamte Werkstückquerschnitt von Gefügeänderungen betroffen ist.
- Es wird in der Regel weniger **Energie** verbraucht, da nur die Oberfläche behandelt, d. h. aufgeheizt, werden muss, nicht das gesamte Werkstück.

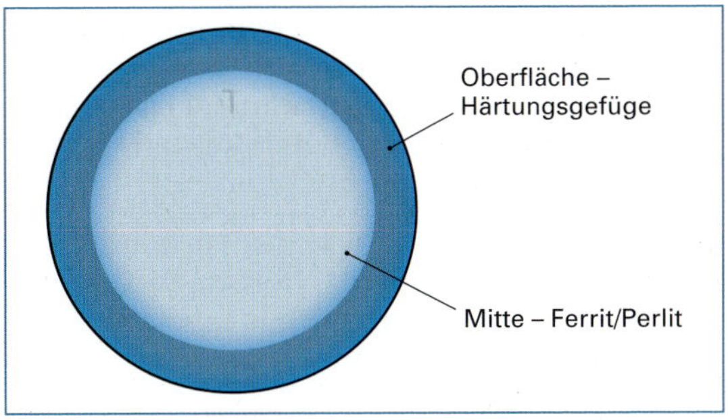

Bild 1: Erhöhte Härte auf der Oberfläche

Die Oberflächenhärte kann bei verschiedenen Belastungsfällen ein großer Vorteil sein, z. B. bei Kurbelwellen, Nockenwellen, Bolzen, Achsen und auch Zahnrädern. Die Oberfläche soll jeweils verschleißfest sein, das Bauteil soll jedoch aufgrund einer inneren Zähigkeit auch in gewissem Maße einer Biegebelastung nachgeben können.

> Ziel des **Oberflächenhärtens** ist die Einstellung einer harten Werkstückoberfläche bei einem gleichzeitig zähen Kern.

Bild 2 verdeutlicht einige der zur Oberflächenhärtung Verfügung stehenden Möglichkeiten.

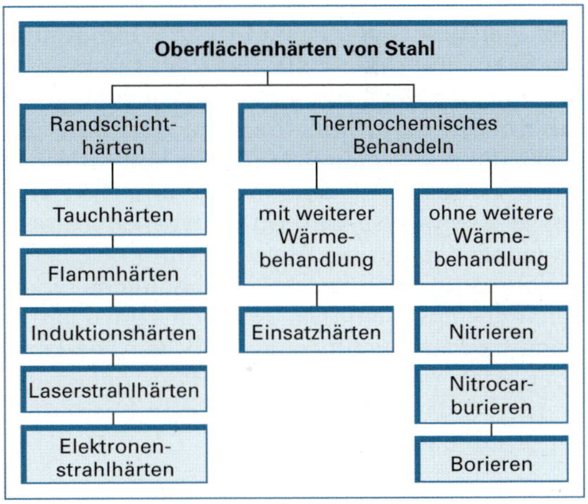

Bild 2: Beispiele für Wärmebehandlungsverfahren zum Härten von Oberflächenschichten

3.11.1 Randschichthärten

Beim **Randschichthärten** (DIN 17022-5) wird zunächst die Oberfläche intensiv mit hoher Geschwindigkeit erwärmt und so austenitisiert. Unmittelbar danach wird abgeschreckt. Um eine sichere Austenitisierung zu gewährleisten, müssen bei der schnellen Aufheizung um etwa 50 °C bis 100 °C höhere Härtetemperaturen gewählt werden. Ursache ist die bereits erwähnte, bei schneller Aufheizung zu verzeichnende Verschiebung der Umwandlungspunkte zu höheren Temperaturen. Die richtigen Bedingungen können den kontinuierlichen ZTA-Diagrammen **(Bilder 1 und 2, Seite 120)** entnommen werden.

Je nach Aufheizart werden verschiedene Verfahrensvarianten unterschieden, u. a. Tauchhärten, Flammhärten, Induktionshärten und Strahlhärten.

> Das **Randschichthärten** umfasst ein schnelles, alleiniges Austenitisieren der Probenoberfläche mit einer nachfolgenden raschen Abschreckung.

Tauchhärten

Beim **Tauchhärten** wird die Werkstückoberfläche durch Tauchen in eine Flüssigkeit hoher Temperatur erhitzt. Infolge ihrer guten Wärmeleitfähigkeit sind dafür vor allem Metallschmelzen, wie Zinnbronzebäder (Legierung aus Kupfer und Zinn), als Tauchmedium geeignet. Auch die Verwendung von Salzbädern ist üblich (z. B. KCl – Kaliumchlorid). Nach dem Aufheizen wird rasch abgeschreckt.

Die Einhärtetiefe lässt sich jedoch nur schwierig genau festlegen **(Bild 1)**. Sie variiert je nach Stahlsorte, Badtemperatur und Tauchzeit.

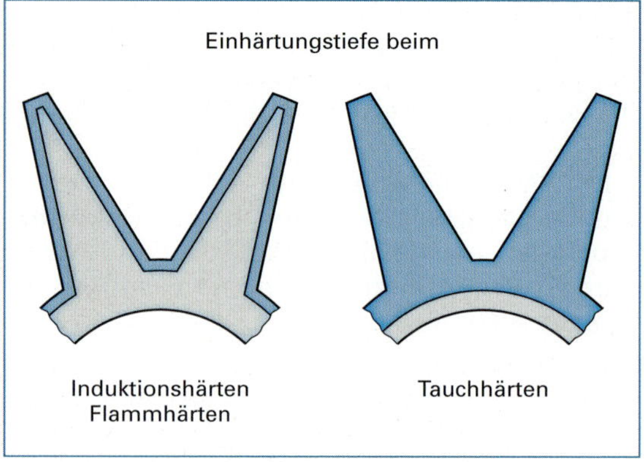

Bild 1: Einhärtungstiefe in Abhängigkeit vom Verfahren (schematisch)

Flammhärten

Beim **Flammhärten** wird, wie **Bild 2** zeigt, die Aufheizung der Werkstückoberfläche mit Gasbrennern vorgenommen, z. B. mit dem Brenngas Acetylen (chemisch Ethin). Unmittelbar nachdem die Oberfläche die Härtetemperatur erreicht hat, wird mit einer Wasserbrause abgeschreckt. Die Brennerleistung bestimmt die Dicke der gehärteten Schicht. Sie liegt üblicherweise zwischen 1,5 mm und 15 mm. Die Form der Wasserbrause wird an die Werkstückform angepasst, damit die Abschreckung möglichst gleichmäßig erfolgt und sich einheitliche Eigenschaften einstellen. Die Anlagen zum Flammhärten können vollmechanisiert sein, es kann aber auch mit einfachsten Mitteln gearbeitet werden. Das Verfahren eignet sich besonders für große Bauteile.

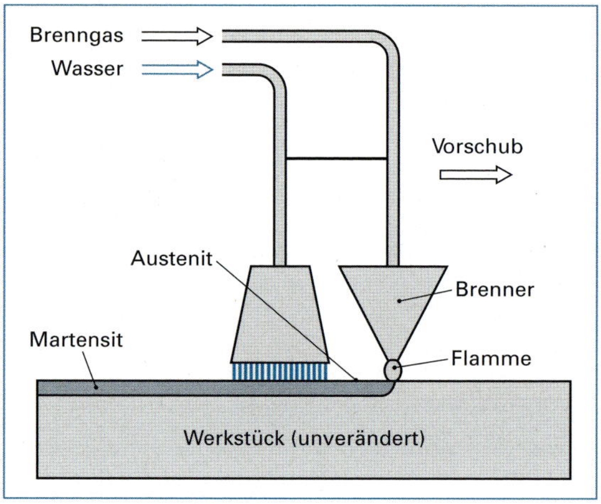

Bild 2: Vorschub-Flammhärten

Induktionshärten

Wie **Bild 3** zeigt, erfolgt beim **Induktionshärten** der Wärmeeintrag durch von einem Magnetfeld in der Probe induzierte Wirbelströme. Im Gegensatz zum Flammhärten wird hier also die Wärme nicht von außen eingebracht, sondern entsteht im Inneren des Werkstücks. Auf diese Weise sind sehr hohe Aufheizgeschwindigkeiten möglich. Eine dem Induktor folgende Wasserbrause übernimmt die notwendige Abschreckung und damit das Härten.

Die induzierten Wirbelströme konzentrieren sich vor allem an der Probenoberfläche – eine Erscheinung, die **Skineffekt** genannt wird. So erwärmen sich insbesondere die oberflächennahen Bereiche. Die Dicke der erwärmten Schicht und damit die Härtetiefe **(Bild 1)** hängen von der Frequenz des Erregerstroms und den elektromagnetischen Eigenschaften des Werkstücks ab.

Infolge der geringen Aufheizzeit ist die Gefahr einer Grobkornbildung gering. Das Verfahren lässt sich leicht automatisieren.

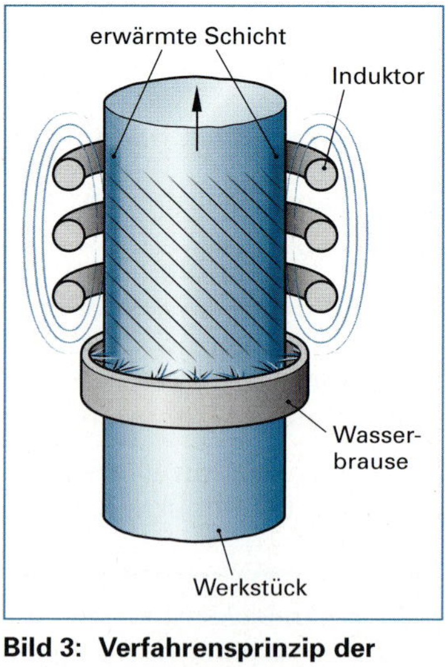

Bild 3: Verfahrensprinzip der Induktionshärtung

Strahlhärten

Neben den genannten Verfahren erfolgt beim Strahlkasten der Wärmeeintrag in die Probenoberfläche über einen Laserstrahl oder einen Elektronenstrahl.

Randschichthärtungstiefe

Nach DIN EN 10328 wird für die **Randschichthärtungstiefe SHD** (von engl. *Surface Hardening Depth*) an einem Querschliff die Härte in Abhängigkeit von Abstand von der Oberfläche gemessen. Die Randschichthärtungstiefe SHD ist dann der senkrechte Abstand von der Oberfläche, bei der die Härte dem Grenzhärte erreicht. Letztere ist definiert als 80 % der in den Fertigungsvorschriften vorgegebenen Mindesthärte.

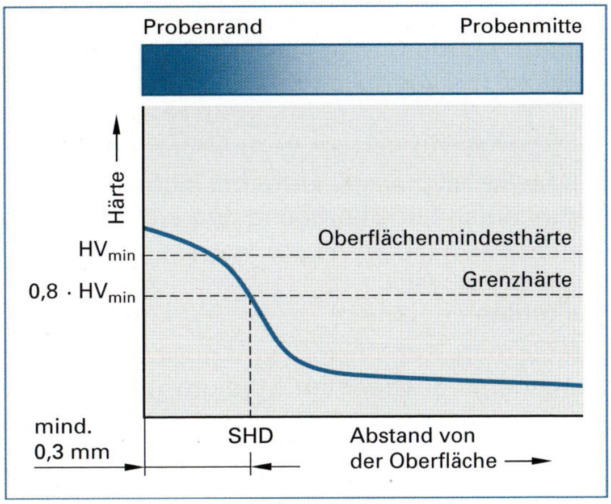

Bild 1: Definition und Ermittlung von Grenz- und Kernhärte

3.11.2 Thermochemisches Behandeln

Thermochemische Verfahren sind Härteverfahren für die Werkstückoberfläche, bei denen es zur Änderung der chemischen Zusammensetzung kommt. Wie **Bild 2, Seite 123**, zeigt, gibt es hierfür eine Vielzahl von Verfahrensvarianten. Neben dem jeweils eingebrachten Legierungselement unterscheiden sich die Verfahren vor allem danach, ob nach dem Auflegieren noch eine Wärmebehandlung (Härten) erfolgen muss oder nicht. Als Beispiel für das erstgenannte Verfahren wird hier das **Einsatzhärten** erläutert, als Beispiel für ein Verfahren ohne nachfolgende Wärmebehandlung das **Nitrieren.**

> **Thermochemische Behandlungsverfahren** sind Härteverfahren für die Werkstückoberfläche, bei denen es zur Änderung der chemischen Zusammensetzung kommt.

3.11.2.1 Einsatzhärten

Beim Einsatzhärten wird in die Oberfläche eines kohlenstoffarmen Stahles, eines **Einsatzstahles**, durch Diffusion von außen zusätzlicher Kohlenstoff gebracht. Nach diesem **Aufkohlen** bzw. **Einsetzen** oder auch **Zementieren** erfolgt eine Härtung mit dem Ziel der Martensitbildung in der Randschicht.

Das **Aufkohlen** erfolgt in einer kohlenstoffhaltigen Atmosphäre durch eine Glühung bei Temperaturen oberhalb A_{c3}. Dabei wird der Werkstoff austenitisiert. Die hohe Temperatur ist notwendig, denn nur dann kann, wie vom Eisen-Kohlenstoff-Diagramm bekannt, der erforderliche hohe Kohlenstoffgehalt von $\leq$ 0,8 % gelöst werden. Außerdem wird die Bildung von sprödem Zementit vermieden.

Trotz der hohen Temperatur sind relativ lange **Aufkohlungszeiten** notwendig. Beispielsweise erfordern unlegierte Stähle für eine technisch sinnvolle Aufkohlungstiefe von 2 mm bis 3 mm eine Glühzeit von ca. 16 Stunden. Grund dafür ist die im Austenit im Vergleich zum Ferrit wesentlich geringere **Diffusionsgeschwindigkeit**. Außerdem nimmt die Diffusionsgeschwindigkeit mit zunehmendem Kohlenstoffgehalt noch zusätzlich ab. Daher sind trotz der hohen Temperaturen die **Aufkohlungszeiten** verhältnismäßig lang, wobei die Gefahr einer **Grobkornbildung** besteht.

Der maximale Kohlenstoffgehalt von Einsatzstählen liegt bei ungefähr 0,25 %. Nur so wird eine ausreichende Zähigkeit des Kerns gewährleistet. Durch das Aufkohlen wird zumeist der eutektoide Kohlenstoffgehalt von 0,8 % in der Oberflächenschicht angestrebt. Höhere Gehalte führen zu unerwünschten Zementitausscheidungen. Sie würden nach dem Härten zu einer Oberflächenschicht führen, die leicht reißen oder abblättern kann.

Die Oberfläche muss vor dem Aufkohlen metallisch blank sein. Daher müssen Rost und Zunder entfernt werden. Möglich ist auch ein teilweises Härten, wenn die nicht zu härtenden Probenbereiche mit speziellen Pasten beim Aufkohlungsprozess abgedeckt werden.

> Das **Einsatzhärten** wird bei kohlenstoffarmen Stählen vorgenommen. Es beinhaltet ein Aufkohlen der Oberfläche und ein nachfolgendes Härten.

Aufkohlen

Der atomare Kohlenstoff wird nur aus der **Gasphase** aufgenommen. Daher muss er in jedem Fall aus jedem verwendeten Medium (fest, flüssig, gasförmig) zunächst in die Gasphase überführt werden.

Als **festes Medium** kann **Holzkohle** verwendet werden. Zusätze von Bariumkarbonat oder Calciumcarbonat erleichtern die Gasbildung. Beim Erhitzen kommt es bei 800 °C zur Bildung von Kohlenstoffmonooxid gemäß $2\,C + O_2 \rightleftarrows 2\,CO$ und zum Eindiffundieren von Kohlenstoff in die Probenoberfläche. CO ist hier der eigentliche C-Lieferant, denn nach einer als **Boudouard-Gleichgewicht** aus der Chemie bekannten Gesetzmäßigkeit bildet sich atomarer Kohlenstoff C aus CO gemäß $2\,CO \Leftrightarrow CO_2 + C$. Der gebildete Kohlenstoff diffundiert in die Probe. Nachteilig ist, dass aufgrund der schlechten Wärmeleitfähigkeit der Holzkohle sehr lange Glühzeiten notwendig sind und es zur Kornvergröberung kommt.

Flüssige Aufkohlungsmedien sind **Salzschmelzen** von Cyansalzen, z. B. NaCN, mit Zusätzen von Chloriden. Bei rund 900 °C wird das Cyan zersetzt, atomarer Kohlenstoff wird frei und diffundiert in die Werkstückoberfläche. Der Vorteil liegt in der besseren Wärmeleitfähigkeit der Salzbäder. Dadurch verkürzt sich die Behandlungszeit erheblich, sodass der Verzug und die Neigung zur Kornvergröberung deutlich abnehmen. Problematisch sind jedoch die Giftigkeit dieser Salze und die damit sehr hohen Kosten für Umweltschutz, Entsorgung und Anlagentechnik.

Auch **Gase** kommen als Aufkohlungsmedium in Betracht, beispielsweise **Methan**-(CH_4)-haltige Gase, Luft-Gas-Gemische mit Zusätzen von Propan oder kohlenstoffhaltige Abgase. Bei hoher Temperatur von 850 °C bis 950 °C zersetzen sich die Gase, z. B. Methan gemäß $CH_4 \rightarrow C + 2H_2$. Der gebildete Kohlenstoff diffundiert in die Probenoberfläche. Die aufkohlende Wirkung wird direkt durch die Gaszusammensetzung gesteuert. Jeder beliebige Kohlenstoffgehalt ist im Gegensatz zu den anderen Medien erreichbar, bei denen stets Werte um 0,8 % C erreicht werden. Die gehärteten Teile sind sehr sauber. Jedoch sind die Anlagenkosten hoch.

Härten nach dem Aufkohlen

Zur Gewährleistung einer hohen Verschleißfestigkeit soll die nach den oben gezeigten Verfahren aufgekohlte **Randschicht martensitisch** umwandeln. Dazu ist eine Wärmebehandlung notwendig, für die es zwei verschiedene Verfahrenswege gibt.

Zum einen kann die Behandlung als **Direkthärten** unmittelbar nach dem Aufkohlen, d. h. als Abschrecken von der Einsatztemperatur vorgenommen werden **(Bild 1)**. Die Methode ist zwar kostengünstig, hat aber den Nachteil der Ausbildung von sehr grobkörnigem Martensit mit hohem Gehalt an Restaustenit.

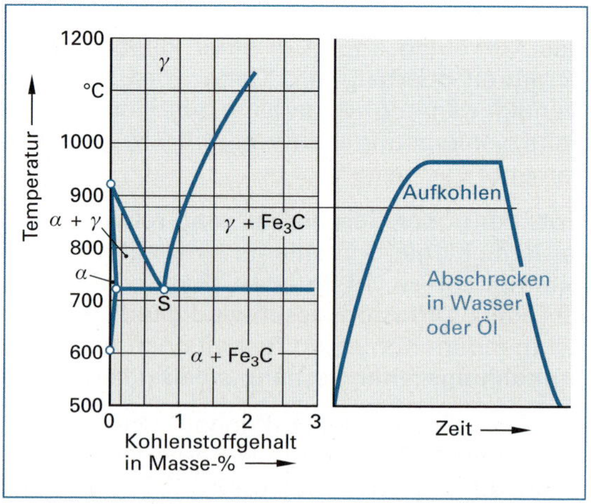

Bild 1: Schema des Direkthärtens von Stahl nach dem Einsetzen

Vorteilhafter ist das **Einfachhärten.** Hierbei wird, wie **Bild 1** zeigt, nach dem Aufkohlen langsam auf RT (Raumtemperatur) oder auf 500 °C bis 600 °C abgekühlt. Beim isothermen Halten auf dieser Temperatur stellt sich ein feinlamellares perlitisches Kerngefüge ein. Danach wird wieder aufgeheizt, wobei die dafür notwendige Austenitisierungstemperatur nach dem Kohlenstoffgehalt des Randes festgelegt wird. Nachfolgend wird abgeschreckt, der Rand wandelt martensitisch um.

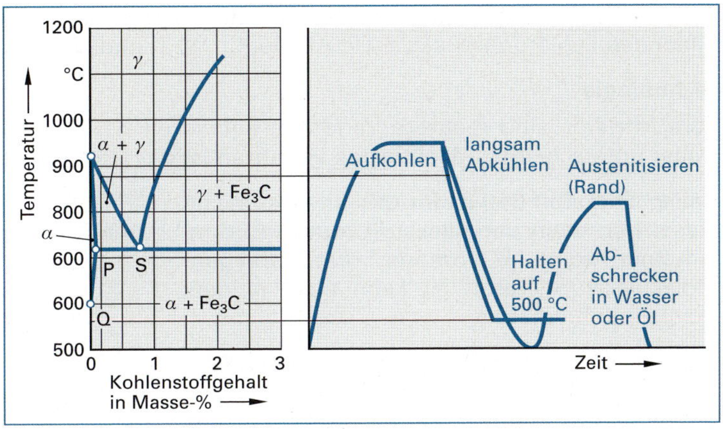

Bild 1: Schema des Einfachhärtens von Stahl nach dem Einsetzen mit langsamer Abkühlung bzw. isothermer Umwandlung

3.11.2.2 Nitrieren

Beim Nitrieren wird die Härtesteigerung des Randes durch eine **Anreicherung von Stickstoffatomen** in der Probenoberfläche erreicht. Die Stickstoffanreicherung erfolgt in einer stickstoffabgebenden Umgebung. Ein nachfolgendes Härten als Wärmebehandlung findet nicht statt.

Die Behandlung verleiht dem Stahl eine hervorragende Verschleißfestigkeit bei Temperaturen von bis zu 550 °C bis 600 °C. Im Vergleich zum Einsatzhärten ist die maximal erreichbare Randhärte beim Nitrieren deutlich größer. Es sind Härten bis zu 1200 HV erreichbar. Durch den hohen Stickstoffgehalt wird wirksam das **Fressen** von Werkzeugen, wie z. B. Bohrern oder Drehmeißeln vermieden. Ebenso wird die **Korrosionsbeständigkeit** verbessert.

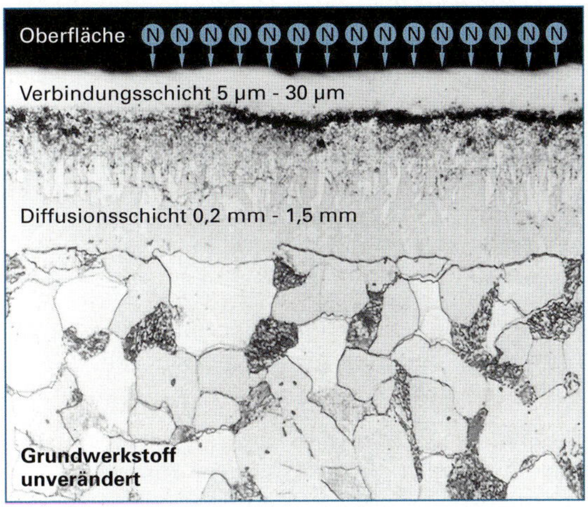

Bild 2: Schematischer Aufbau einer Nitrierschicht

Ein weiterer Vorteil besteht in sehr geringen Maßänderungen des Fertigteils. Zumeist ist keine Nacharbeit erforderlich.

> Beim **Nitrieren** wird die Steigerung der Oberflächenhärte allein durch eine Stickstoffanreicherung erreicht, nicht durch die Bildung von Martensit.

Durch das Eindiffundieren von atomarem Stickstoff bei Temperaturen von 500 °C bis 580 °C bildet sich eine aus mehreren Teilschichten bestehende **Nitrierschicht (Bild 2).** An der Probenoberfläche ist die Schicht sehr hart (auch spröde), denn sie enthält harte Eisennitride sowie mit ggf. vorhandenen Legierungselementen gebildete, ebenfalls sehr harte Nitride (z. B. TiN – Titannitrid, AlN – Aluminiumnitrid oder CrN – Chromnitrid). Diese **Verbindungsschicht** hat je nach Behandlungsdauer eine Dicke von 5 µm bis 30 µm.

Es schließt sich die **Diffusionsschicht** an, in der ein Teil des Stickstoffs im Ferrit gelöst ist. Der restliche Stickstoff wird hier an den Korngrenzen in Form nadelförmiger Nitride ausgeschieden Je nach Stahlsorte und Behandlungsdauer beträgt die Dicke der Diffusionsschicht wenige 1/10 mm bis etwa 1 mm. Der Stickstoffgehalt nimmt mit zunehmender Entfernung von der Probenoberfläche stetig ab und liegt zwischen 0,2 % und 5 %.

In der Regel werden spezielle **Nitrierstähle** behandelt. Diese enthalten die typischen nitridbildenden Legierungszusätze wie Al, Mo, Cr, W, Ti und Nb.

Technologie

Zum Nitrieren sind mehrere Verfahren entwickelt worden, die sich im eingesetzten Stickstoffträger unterscheiden. Wichtigstes Verfahren ist das Gasnitrieren, gefolgt vom Plasmanitrieren.

Reiner Stickstoff (N_2) ist für das Nitrieren nicht einsetzbar, denn der Stickstoff muss in Form einzelner Atome (in atomarer Form) vorliegen. Molekularer Stickstoff N_2 kann nicht in den Stahl eindiffundieren.

Das klassische **Gasnitrieren** erfolgt durch Glühen in einer Ammoniak-Atmosphäre (NH_3) bei Temperaturen von 500 °C bis 550 °C über 4 h bis 100 h, je nach gewünschter Schichtdicke. An der Probenoberfläche zerfällt Ammoniak gemäß $2\ NH_3 \rightarrow 3\ H_2 + 2\ N$. Der gebildete atomare Stickstoff kann, wie **Bild 1** zeigt, in die Probenoberfläche eindiffundieren (oder wieder zu N_2 rekombinieren).

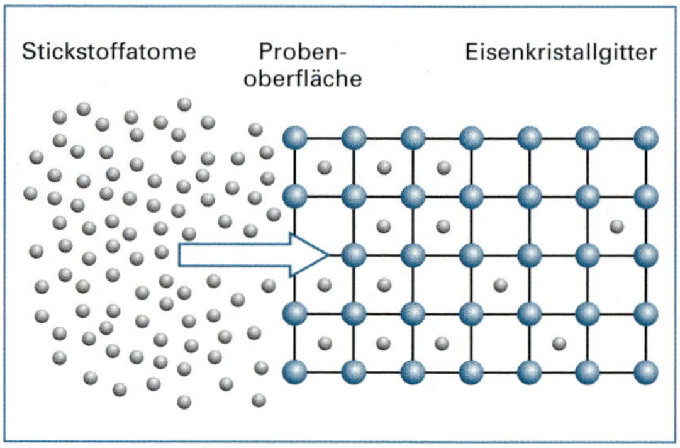

Bild 1: Diffusion von Stickstoffatomen in die Stahloberfläche

Beim **Plasmanitrieren** wird der auf 350 °C bis 660 °C aufgeheizte Werkstoff als Kathode in ein elektrisches Feld mit einer N_2-Atmosphäre gebracht. Durch das Feld wird das Gas ionisiert. Die Stickstoffionen können eindiffundieren. Die Nitrierzeit beträgt wenige Minuten bis mehrere Stunden. Das Verfahren ist insbesondere bei großen Stückzahlen sehr wirtschaftlich. Es ist umweltfreundlich und erlaubt einen gezielten Schichtaufbau. Auch ein örtlich begrenztes Nitrieren ist möglich.

Zu beachten ist: Nitrierschichten sind sehr hart. Schlagartige Beanspruchungen sollten bei nitrierten Teilen daher vermieden werden, weil es dann leicht zum Abplatzen der Schicht kommen kann.

Das **Nitrocarburieren** erfolgt in stickstoff- und kohlenstoffabgebender Umgebung und beinhaltet die gleichzeitige Aufnahme von Stickstoff und Kohlenstoff. Es erfolgt in der Regel in Salzschmelzen, die giftige Cyanide (CN^-) enthalten. Die Temperatur liegt zwischen 570 °C und 580 °C bei Behandlungszeiten von 1 h bis 3 h. Die Schichten bauen sich somit schneller auf als bei Nitrieren. Sie zeichnen sich durch bessere Gleiteigenschaften, eine höhere Verschleißbeständigkeit und eine gewisse Zähigkeit aus. Daher neigen sie in geringerem Maße zum Abplatzen. Jedoch erfordert die Gifitigkeit der Cyanbäder spezielle, aufwändige Maßnahmen bezüglich Arbeits- und Umweltschutz.

Aufgaben

1. Wann kann es sinnvoll sein, nur die Oberfläche eines Stahlteils zu härten?
2. Beschreiben Sie das Verfahren des Flammhärtens!
3. Wie wird beim Induktionshärten die notwendige Austenitisierungstemperatur in der Probenoberfläche erreicht?
4. Wie wird die Randschichthärtungstiefe ermittelt?
5. Warum haben Einsatzstähle einen sehr geringen Kohlenstoffgehalt?
6. Warum kommt es beim Aufkohlen mit Holzkohle zur Kornvergröberung?
7. Diskutieren Sie die Verwendung von Salzschmelzen, die Cyanide enthalten, hinsichtlich der Umweltwirkung!
8. Warum wird beim Einsatzhärten das Einfachhärten dem Direkthärten vorgezogen?
9. Warum haben Nitrierstähle verhältnismäßig große Legierungsanteile?
10. Was bewirken die Legierungselemente in den Nitrierstählen?
11. Warum neigen Nitridschichten zum Abplatzen?

3.12 Eigenschaften und Verwendung der Stähle

Wie in 3.8.4 und 3.9.2.5 gezeigt wurde, beeinflussen Legierungselemente die Eigenschaften des Eisens in erheblicher Weise. Durch geeignete Legierungselemente, ggf. in Kombination mit einer Wärmebehandlung, lassen sich Stähle optimal an einen bestimmten Einsatzfall anpassen. Aus diesem Grund wurde eine große Zahl von unterschiedlichen Stählen entwickelt, ein Prozess, der noch lange nicht abgeschlossen ist. Stetig wächst die Familie der Stähle weiter, um so dieser universellen Werkstoffgruppe immer neue Anwendungsfelder zu erschließen.

3.12.1 Einteilung der Stähle

Aufgrund dieser Vielzahl ist es notwendig, eine Systematik in die verfügbaren Stähle zu bringen. Einteilungsmöglichkeiten bestehen nach der Zusammensetzung, dem Verwendungszweck, dem Herstellungsverfahren, der vorgesehenen Wärmebehandlung oder nach dem Hauptgefüge.

Technisch am wichtigsten ist die Einteilung nach **Hauptgüteklassen** und nach dem **Verwendungszweck**. Üblich ist zudem eine **metallografische Einteilung** nach dem Gefüge.

3.12.1.1 Einteilung in Hauptgüteklassen

Die Einteilung der Stähle in Hauptgüteklassen erfolgt gemäß DIN EN 10020, wie in **Bild 1** gezeigt. Zu unterscheiden sind danach

- **unlegierte Stähle** (unlegierte Qualitäts- und Edelstähle),
- **nichtrostende Stähle** sowie
- **andere legierte Stähle** (legierte Qualitäts- und Edelstähle).

Qualitätsstähle sind unlegierte oder legierte Stähle mit technischem Reinheitsgrad. Diese Stähle erlauben keine sichere Wärmebehandlung, ein Härten und Vergüten können aber möglich sein.

Edelstähle sind im Allgemeinen legierte oder unlegierte Stähle, die für eine Wärmebehandlung – wie z. B. das Vergüten oder eine Oberflächenhärtung – geeignet sind. Sie weisen eine höhere Reinheit als Qualitätsstähle auf.

Stähle, die nur aus Eisen und Kohlenstoff bestehen, werden als **unlegierte Stähle** bezeichnet. Jedoch handelt es sich nicht um eine hochreine Fe-C-Legierung, denn bestimmte Grenzgehalte an Verunreinigungslementen sind in unlegierten Stählen zulässig **(Tabelle 1)**. Erreicht oder überschreitet mindestens eines der Elemente den jeweiligen Grenzgehalt, handelt es sich um einen **legierten Stahl**.

> Stähle werden in drei **Hauptgüteklassen** eingeteilt: unlegierte Stähle, nichtrostende Stähle sowie andere legierte Stähle

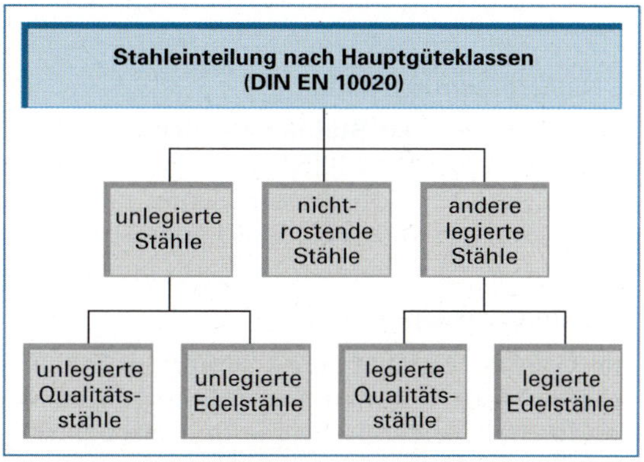

Bild 1: Einteilung der Stähle in Hauptgüteklassen nach DIN EN 10 020

Tabelle 1: Grenzgehalte für unlegierte Stähle nach DIN EN 10 020

Elemente und Grenzgehalte in Masse-%			
Aluminium (Al)	0,30	Niob (Nb)	0,06
Bismut (Bi)	0,10	Nickel (Ni)	0,30
Bor (B)	0,0008	Selen (Se)	0,10
Blei (Pb)	0,40	Silicium (Si)	0,60
Cobalt (Co)	0,30	Tellur (Te)	0,10
Chrom (Cr)	0,30	Titan (Ti)	0,05
Kupfer (Cu)	0,40	Vanadium (V)	0,10
Lanthanoide[1]	0,10	Wolfram (W)	0,30
Mangan (Mn)	1,65	Zirkonium (Zr)	0,05
Molybdän (Mo)	0,08	Sonstige[2]	0,10

1) Lanthanoide: Die auf das Lanthan folgenden 14 Elemente. Der Grenzgehalt bezieht sich auf jedes einzelne Element.
2) Mit Ausnahme von C, P, S und N.

a) Unlegierte Stähle

Unlegierte Qualitätsstähle müssen bestimmte Anforderungen hinsichtlich Zähigkeit, Korngröße oder Umformbarkeit erfüllen. Es sind keine Anforderungen hinsichtlich des Reinheitsgrades, z. B. betreffend nichtmetallischer Einschlüsse vorgeschrieben. Jedoch bestehen besondere Anforderungen an die Gebrauchseigenschaften, wie z. B. Sprödbruchempfindlichkeit, Schweißeignung, Tiefziehverhalten (Korngröße und Verformbarkeit) u. a. Diese Stähle erlauben keine sichere Wärmebehandlung, ein Härten und Vergüten können aber möglich sein. Zu dieser Gruppe gehören: unlegierte Baustähle, schweißbare Feinkornbaustähle, Flacherzeugnisse zum Tiefziehen, Automatenstähle, Vergütungsstähle, Federstähle und Feinbleche.

Unlegierte Edelstähle zeichnen sich gegenüber unlegierten Qualitätsstählen hinsichtlich nichtmetallischer Einschlüsse, wie z. B. Mangansulfid (MnS) oder Aluminiumoxid (Al_2O_3) durch einen höheren Reinheitsgrad aus. Diese Stähle sind meist für das Vergüten (Kapitel 3.10) oder für eine Oberflächenhärtung (Kapitel 3.11) vorgesehen. Bei **unlegierten Edelstählen** bestehen neben der Forderung an die erhöhte Reinheit Anforderungen an die Kerbschlagarbeit im vergüteten Zustand sowie an die Einhärtungstiefe. Diese Stähle sind für die Vergütung oder die Randschichthärtung vorgesehen. Hierzu gehören z. B. Stähle für den Stahlbau und Kernreaktorbau, Einsatzstähle, Vergütungsstähle, Flacherzeugnisse zum Tiefziehen.

b) Nichtrostende Stähle

Bei nichtrostenden Stählen handelt es sich um hochlegierte Stähle, denen ein hoher Chromgehalt von mindestens 10,5 % eine erhöhte Korrosionsbeständigkeit verleiht. Die Stähle enthalten höchstens 1,2 % Kohlenstoff. Weiter unterschieden wird nach den Haupteigenschaften in korrosionsbeständig, hitzebeständig oder warmfest.

c) Andere legierte Stähle

Zur Gruppe der „anderen legierten Stähle" gehören Stahlsorten, die die Grenzwerte aus Tabelle 1 überschreiten. Diese Stähle entsprechen trotz des Legierungsgehaltes nicht den Kriterien für nichtrostende Stähle und werden daher gesondert erfasst. Hauptgruppen der anderen legierten Stähle sind **legierte Qualitätsstähle** und **legierte Edelstähle**.

Legierte Qualitätsstähle sind **nicht für eine Wärmebehandlung** bestimmt. Die Verwendungszwecke entsprechen denen der unlegierten Qualitätsstähle, jedoch mit jeweils besonderen Eigenschaften. Beispiele sind schweißbare Feinkornbaustähle, Flacherzeugnisse für schwierige Tiefzieharbeiten, Stähle zum Kaltumformen, Stähle für den Stahlbau, Druckbehälter- und Rohrleitungsbau sowie legiertes Elektroblech und -band.

Legierte Edelstähle sind, mit Ausnahme der Feinkornbaustähle, **für eine Wärmebehandlung** vorgesehen. Weitere Kennzeichen sind eine genaue chemische Zusammensetzung sowie besondere chemische und physikalische Eigenschaften. Beispiele sind Stähle für den Maschinenbau, Werkzeugstähle, Wälzlagerstähle, Schnellarbeitsstähle, nichtrostende Stähle, hitzebeständige Stähle und warmfeste Stähle sowie Stähle mit besonderen physikalischen Eigenschaften (z. B. Ausdehnungskoeffizient) oder mit besonderem elektrischem Widerstand.

Qualitätsstähle sind in der Regel nicht für eine Wärmebehandlung vorgesehen. Edelstähle erfüllen höhere Anforderungen an die chemische Zusammensetzung. Sie sind für eine Wärmebehandlung vorgesehen.

3.12.1.2 Metallografische Stahlklassen

Metallografisch können Stähle je nach Gefügeausbildung in austenitische, ferritische und martensitische Stähle unterschieden werden.

Ein **austenitischer Stahl** weist ein kubisch-flächenzentriertes Gitter der Eisenatome auf. Erreicht wird dies durch Zulegieren von Nickel, z. B. bei säure- und korrosionsbeständigen Stählen. Austenitische Stähle sind aufgrund des kfz-Kristallgitters gut verformbar. Sie zeichnen sich durch eine hohe Zähigkeit, Warmfestigkeit und Festigkeit aus. Austenitische Stähle sind nicht magnetisierbar. Das Kristallgitter ändert sich bis zum Erreichen der Schmelztemperatur nicht. Daher können austenitische Stähle durch das Härten als eine Wärmebehandlung, die auf einem Modifikationswechsel beruht, nicht in ihren Eigenschaften verändert werden.

Ferritische Stähle kristallisieren im kubisch-raumzentrierten Gitter. Sie enthalten zumeist Chrom und sind aufgrund ihres krz-Kristallgitters schlechter umformbar als austenitische Stähle. Sie lassen sich magnetisieren. Auch hier ändert sich das Kristallgitter bis zum Erreichen der Schmelztemperatur nicht. Daher scheidet auch hier das Härten aus.

Martensitische Stähle weisen bereits nach Abkühlung an der Luft ein martensitisches Gefüge auf. Dies wird durch geeignete Legierungselemente erreicht. Diese Stähle werden auch **„Selbsthärter"** genannt.

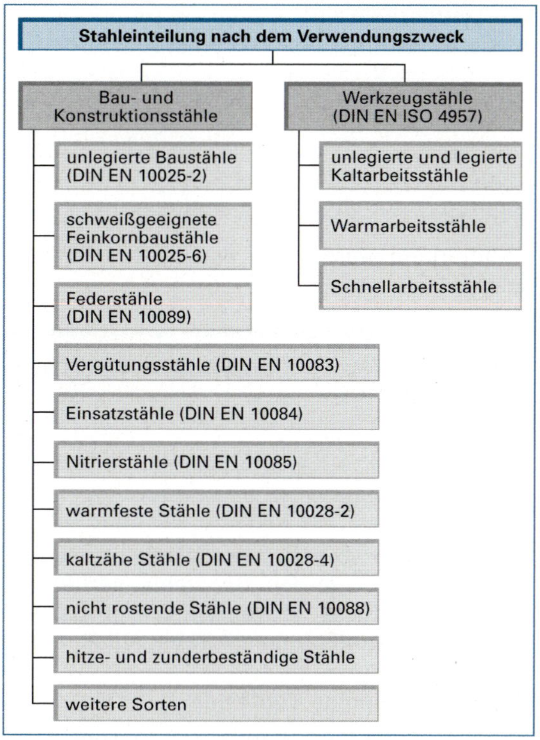

Bild 1: Einteilung der Stähle nach dem Verwendungszweck

> Metallografische Stahlklassen ergeben sich entsprechend einer Einteilung nach dem vorherrschenden Gefüge: ferritisch, austenitisch, martensitisch.

3.12.1.3 Einteilung nach Verwendung

Für den Anwender von Stählen ist eine Einteilung der Stähle nach ihrem Verwendungszweck am sinnvollsten. Es ergibt sich die in **Bild 1** gezeigte Einteilung. Zur Bezeichnung wird den Stählen, wie **Tabelle 1** zeigt, ein Kennbuchstabe zugewiesen.

Aus dieser Nomenklatur lassen sich bereits die wichtigsten **Konstruktionseigenschaften** des Materials ablesen. Danach werden Stähle in **Baustähle** und **Werkzeugstähle** unterschieden.

Als **Baustähle** werden alle Stähle bezeichnet, die im Maschinenbau, Fahrzeugbau, Stahlbau usw. verwendet werden.

Tabelle 1: Bezeichnung der Stähle nach dem Verwendungszweck

Verwendungszweck	Hauptsymbol[1]	
Stähle für den Stahlbau	S	235[2]
Stähle für den Maschinenbau	E	360[2]
Stähle für den Druckbehälterbau	P	265[2]
Stähle für Leitungsrohre	L	360[2]
Betonstähle	B	500[2]
Verpackungsblech und -band	T	S550[2]
Spannstähle	Y	1770[3]
Flacherzeugnisse zum Kaltumformen	D	X52[4]
Schienenstähle	R	880[5]
Flacherzeugnisse aus höherfesten Stählen	H	C400[6]
Elektroblech und -band	M	400 – 50[7]
Bei **Stahlguss** wird dem Hauptsymbol ein **G** voran gestellt		

[1] Das Hauptsymbol setzt sich zusammen aus dem Kennbuchstaben und einer Zahl bzw. einem weiteren Buchstaben und einer Zahl
[2] Streckgrenze R_e für kleinste Erzeugnisdicke
[3] Nennwert für Mindestzugfestigkeit R_m
[4] Walzzustand C, D, X gefolgt von zwei Symbolen
[5] Mindesthärte nach Brinell HBW
[6] Walzzustand C, D, X und Mindeststreckgrenze R_e bzw. Walzzustand CT, DT, XT und Mindestzugfestigkeit R_m
[7] Höchstzulässiger Ummagnetisierungsverlust in W/kg × 100 und Nenndicke × 100, durch Bindestrich getrennt

Werkzeugstähle sind Stähle, die zur Fertigung von Hand- und Maschinenwerkzeugen, Gesenken, Tiefziehwerkzeugen usw. verwendet werden.

Innerhalb der Gruppen werden je nach den speziellen Eigenschaften weitere Untergruppen unterschieden **(Bild 1, Seite 131)**.

Umgangssprachlich ist (bzw. war) es auch üblich, von **Maschinenbaustählen** zu sprechen. Dazu gehören Automatenstähle, Federstähle, Vergütungsstähle, Nitrierstähle und die Einsatzstähle.

Nachfolgend werden die wichtigsten Stahlsorten aus den genannten Hauptgruppen kurz vorgestellt.

> Nach dem **Verwendungszweck** der Stähle wird in **Baustähle** und **Werkzeugstähle** unterschieden.

3.12.2 Baustähle

Als **Baustähle** werden alle Stähle bezeichnet, die im Maschinenbau, Fahrzeugbau, Stahlbau usw. verwendet werden. Baustähle werden für Baukonstruktionen, Maschinenteile und verschiedenste Werkstücke verwendet. Die große Bedeutung dieser Werkstoffe verdeutlichen auch die hohen Produktionszahlen: Auf Baustähle entfallen ca. 70 % der Weltstahlproduktion.

3.12.2.1 Allgemeine Baustähle

Je nach **Zusammensetzung** werden **un- bzw. niedriglegierte Baustähle** und **hochlegierte Baustähle** unterschieden.

Baustähle müssen aufgrund ihrer vielfältigen Anwendungsgebiete vor allem nachfolgende Eigenschaften aufweisen:

- Hauptforderung sind **gute mechanische Eigenschaften**. Dazu gehört z. B. eine hohe Streckgrenze, gekoppelt mit einer ausreichenden plastischen Verformbarkeit – auch bei schlagartiger Beanspruchung. So lässt sich ein Sprödbruch vermeiden.
- Wichtig sind **gute technologische Eigenschaften**, darunter eine gute **Kaltumformbarkeit**, die z. B. bei Verarbeitungsprozessen wie Biegen, Stanzen, Tiefziehen, Abkanten, Bördeln gefordert wird.
- Da das Schweißen das wichtigste Fügeverfahren für Baustähle ist, wird besonderer Wert auf die **„Schweißeignung"** als bestimmende werkstoffabhängige Eigenschaft gelegt. Unverzichtbar sind eine gute Zähigkeit sowie eine noch ausreichende Verformbarkeit der Wärmeeinflusszone rund um die Schweißnaht, um einen **Sprödbruch** sicher auszuschließen.

Unlegierte Baustähle nach DIN EN 10025, auch als **„Allgemeine Baustähle"** bezeichnet, sind unlegierte Kohlenstoffstähle mit Kohlenstoffgehalten bis ca. 0,6 %. Sie gehören zur Hauptgüteklasse der unlegierten Qualitätsstähle. Das Gefüge ist in der Regel ferritisch-perlitisch. Die Streckgrenzen dieser Stähle liegen im Bereich von 185 N/mm^2 bis 360 N/mm^2. Die Festigkeit ergibt sich aus der Kombination von

- **Mischkristallverfestigung** des Ferrits durch Kohlenstoff und vor allem durch die Eisenbegleiter (P, S, Mn, Si),
- **Feinkorn** und
- einem hohen **Perlit**-Anteil (harter Zementit).

Die unterschiedlichen Festigkeitswerte ergeben sich durch den unterschiedlichen Kohlenstoffgehalt und Perlitanteil.

Allgemeine Baustähle werden verwendet, wenn die Gebrauchfestigkeit (Zugfestigkeit und Streckgrenze) bereits im **Anlieferungszustand** gegeben sein muss, z. B. im Brücken- und Fahrzeugbau, Behälterbau oder im Hoch- und Tiefbau. Sie sind nicht für eine Wärmebehandlung, mit Ausnahme des Normalglühens, Weichglühens bzw. Spannungsarmglühens, geeignet. Eingesetzt werden sie in der Regel im warmumgeformten, mitunter auch im normalgeglühten oder kaltverformten Zustand.

Baustähle mit geringem Kohlenstoffgehalt (bis 0,2 %) zeichnen sich durch eine gute Verformbarkeit und Schweißbarkeit aus, besitzen aber eine geringere Festigkeit. Stähle mit höherem Kohlenstoffgehalt sind hingegen schlechter verformbar, schmiedbar und schweißbar.

Stähle für den Stahlbau werden mit dem Kennbuchstaben „S" gekennzeichnet. Es schließt sich die Angabe der gewährleisteten Mindeststreckgrenze an, z. B.

- **S185**: Anwendung überwiegend in der Bauschlosserei.
- **S235**: Für Schweißkonstruktionen im Stahlbau, für Flansche und Armaturen.
- **S275** und **S355**: Für Schweißkonstruktionen mit höheren Anforderungen an die Festigkeit im Stahl- und Fahrzeugbau sowie für Kräne und Maschinengestelle.
- **E295** bis **E360**: Für Maschinenteile wie Wellen, Achsen, Bolzen, Hebel, Zahnräder und Stifte.

Die Schweißeignung ist sehr unterschiedlich. **Beispielsweise sind** S185, E295, E335, E360 nicht schweißgeeignet, da keine Anforderungen an die chemische Zusammensetzung bestehen. S235J0, S275J0, S355J0, S450J0 haben eine gute Schweißeignung, da sie eine gute Zähigkeit (ablesbar am Kennzeichen J0) aufweisen.

Baustähle haben die Gebrauchsfestigkeit bereits im Anlieferungszustand. Sie werden im Maschinenbau, Fahrzeugbau, Stahlbau usw. verwendet.

3.12.2.2 Schweißgeeignete Feinkornbaustähle

Schweißgeeignete Feinkornbaustähle sind als unlegierte (DIN EN 10025-2 bis -5) und legierte Stähle (höherfeste schweißbare Feinkornbaustähle) verfügbar. Sie erreichen Zugfestigkeiten von über 500 N/mm² bei Mindeststreckgrenzen von 255 N/mm². Die **unlegierten Stähle** weisen, wie **Tabelle 1** beispielhaft zeigt, Kohlenstoffgehalte um 0,2 % auf.

Tabelle 1: Beispiele für normalgeglühte Feinkornbaustähle (Kennzeichen N, DIN EN 10025-3)

Stahlsorte Kurzname		**Chemische Zusammensetzung**						**Mechanische Kennwerte**			
		C	**Mn**	**Si**	**P**	**S**	**N**	R_m	R_e	*A*	*KV*
neu	alt	Masse-%						MPa	MPa	%	°C
S275N	StE 285	0,18	0,50 … 1,40	0,40	0,035	0,030	0,015	370 … 510	275	24	40
S275M	–	0,13	1,50	0,50	0,035	0,030	0,015	360 … 520	275	24	40
S355N	StE 355	0,20	0,90 … 1,65	0,40	0,035	0,030	0,015	470 … 630	355	22	40
S420N	StE 420	0,20	1,00 … 1,70	0,50	0,035	0,030	0,025	520 … 680	420	19	40
S460N	StE 460	0,20	1,00 … 1,70	0,60	0,035	0,030	0,025	550 … 720	460	17	40

Legierte Qualitäten, ebenfalls in Beispielen in **Tabelle 1** aufgelistet, enthalten zudem noch um 0,5 % Si, 0,5 bis 1,7 % Mn, 0,03 % P und S. Je nach Sorte können noch 0,3 % Cr; 0,3 - 1,5 % Ni, 0,2 % Cu, eventuell geringe Zusätze von V, Nb und Ti und Al enthalten sein.

Legierte Stähle weisen höhere Festigkeiten auf, wofür die Legierungselemente in folgender Weise verantwortlich sind:

- Mangan bewirkt eine wirksame **Mischkristallverfestigung**.
- Aluminium, Niob, Vanadium und Titan bilden mit dem im Stahl enthaltenen Kohlenstoff bzw. Stickstoff Carbide bzw. Nitride, die eine **Hemmung des Kornwachstums** bei verschiedenen Verarbeitungsprozessen bewirken. Da das mit Aluminium gebildete Aluminiumnitrid AlN besonders hinsichtlich einer Kornfeinung wirksam ist, wird Aluminium in Gehalten bis zu 0,02 % zulegiert.
- Andere Nitride und Carbide können über ihre ebenfalls kornfeinende Wirkung hinaus als feinverteilte Teilchen für eine wirksame **Teilchenhärtung** sorgen.

Der Vorteil hochfester Stähle besteht in der möglichen Reduzierung der bei Konstruktionen notwendigen Wanddicken. Auch bei hochfesten Baustählen wird eine **gute Schweißbarkeit** gefordert. Daher wird der Kohlenstoffgehalt auf max. 0,2 % begrenzt. Auch die anderen Legierungselemente werden in nur geringen Mengen zugesetzt. Die von ihnen gebildeten Nitride bzw. Carbide sind beim Schweißen von Vorteil: Da sie bei der Schweißtemperatur noch immer stabil sind, hemmen sie beim Schweißen wirksam das Kornwachstum im Austenitgebiet. Dennoch ist beim Schweißen eine größere Sorgfalt (z. B. genaue Temperaturführung) aufzubringen als bei normalfesten Baustählen. Die Schweißverbindungen sind kerbempfindlicher, sodass Nahtübergänge beschliffen werden sollten. Wichtig ist das Beseitigen aller Schweißnahtfehler, wie z. B. Einbrandkerben, Poren und Schlacken.

Schweißgeeignete Feinkornbaustähle erreichen durch Legierungszusätze über eine Kombination von Mischkristallverfestigung, Feinkornhärtung und Teilchenhärtung Zugfestigkeiten von über 500 N/mm^2.

3.12.2.3 Federstähle

Federstähle sind **unlegierte oder niedriglegierte Qualitäts- oder Edelstähle**. Sie finden als Maschinenelemente Einsatz, die unter Einwirkung einer äußeren Kraft nachgeben. Wirkt die Kraft nicht mehr, nehmen Federn wieder ihre ursprüngliche Gestalt an – die Verformung ist **elastisch**. Auf diese Weise können Federn Energie speichern und erfüllen so in der Technik verschiedenste Aufgaben. Bekannte Bauformen sind z. B. Blattfedern, Spiralfedern und die klassische Schraubenfeder **(Bild 1)**.

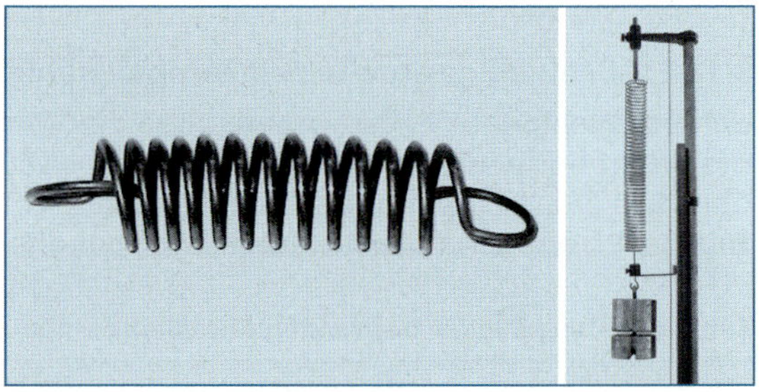

Bild 1: Beispiele für Federn

Federstähle weisen eine hohe **Elastizität** auf, auf der das hohe Federungsvermögen beruht.

Die Kohlenstoffgehalte der unlegierten Federstähle liegen im Bereich von 0,5 % bis 0,8 %, die der legierten Qualitäten hingegen zwischen 0,4 % bis 0,7 %. Zusätzlich enthalten letztere noch die Legierungselemente Silicium und Mangan. Je nach Beanspruchung werden zusätzlich Molybdän, Chrom und Vanadium zugesetzt. Bei Korrosionsbeanspruchung wird zusätzlich mit Nickel legiert.

Federstähle sind **härtbar** und werden, da sie im gehärteten Zustand elastisch und dauerschwingfest sind, zur Herstellung aller Arten von Federn verwendet. In der Regel erfolgt die Härtungsbehandlung erst im Anschluss an die Formung zu Federn als Härten in Öl oder Wasser mit anschließendem Anlassen (Vergüten).

Die **Anforderungen an Federstähle** sind hoch. Hinsichtlich der **mechanischen Eigenschaften** bestehen Forderungen nach einer hohen Elastizitätsgrenze, Bruchdehnung und Brucheinschnürung sowie einer günstigen Zeitschwing- und Dauerfestigkeit. Bezüglich der **Qualität** besteht die Notwendigkeit einer guten, rissfreien Oberfläche sowie einer geringen Randentkohlung.

In **Tabelle 1** sind einige Beispiele für Federstähle einschließlich der jeweiligen Anwendungen aufgelistet.

Tabelle 1: Beispiele für Federstähle

Federstahlsorte	Anwendung	Beispiele
Stähle für kaltgeformte Federn		
Unlegierter Walzdraht bzw. Kaltband DIN EN 10016 DIN EN 10139	Federn für ungeordnete Zwecke und niedrige Beanspruchungen.	C4D, C42D, C80D, DC01, DC06
Patentiert-gezogener, unlegierter Federstahldraht DIN EN 10270-1	Federringe, Schraubenfedern (Zug-, Druck- und Drehfedern) und sonstige Drahtfedern.	SL, SM, SH, DM, und DH
Ölschlussvergüteter Federdraht DIN EN 10270-2	Federn, die überwiegend auf Torsion beansprucht werden (z. B. Schraubenfedern).	FDC, TDC, VDC VDSiCr
Warmgewalzte Stähle für vergütbare Federn (Vergütung im endgeformten Zustand)		
Unlegierter Sorten DIN EN 10132-4	Federn mit niedriger Beanspruchung.	C55S C125S
Si- und Si-Cr-Sorten DIN EN 10089 DIN EN 10132-4	Biegebeanspruchte Federn.	38Si7 56Si7 61SiCr7
Nichtrostende Federstähle		
Austenitische Federstähle DIN EN 10270-3 DIN EN 10151	Federstahldraht (DIN EN 10 270-3) für die Herstellung von Federn oder federnden Teilen aller Art, die einer Korrosionsbeanspruchung ausgesetzt sind. Kaltband (DIN EN 10151) für die Herstellung unterschiedlicher Federteile.	X10CrNi18-8 X5CrNiMo17-12-2 X7CrNiAl17-7
Vergütbare, nichtrostende Federstähle DIN EN 10088-2	Höher beanspruchte Federn und Federteile bei geringer bis mäßiger Korrosionsbeanspruchung.	X20Cr13

3.12.2.4 Vergütungsstähle

Vergütungsstähle sind unlegierte oder niedriglegierte Maschinenbaustähle. Maximal sind Zugfestigkeiten von etwa 1400 N/mm² erreichbar. Die Kohlenstoffgehalte der Vergütungsstähle liegen im Bereich von ca. 0,2 % bis 0,7 %. Legierte Vergütungsstähle enthalten zusätzlich einen Gehalt von insgesamt 5 % Mangan, Chrom, Molybdän, Nickel, Silicium oder Vanadium.

Diese Stähle sind zum **Vergüten**, d. h. Härten mit nachfolgendem Anlassen (s. 3.10) geeignet. Durch einen Vergütungsprozess wird ein feines Gefüge von kubischem Martensit erzeugt, das eine **hohe Zugfestigkeit, Streckgrenze und Zähigkeit** gewährleistet.

> Vergütungsstähle weisen Kohlenstoffgehalte von 0,2 % bis 0,7 % auf und erreichen durch Vergüten, d. h. Härten und Anlassen, optimale Eigenschaften.

3.12.2.5 Einsatzstähle

Einsatzstähle sind unlegierte bzw. niedriglegierte Maschinenbaustähle mit geringen Kohlenstoffgehalten im Bereich von 0,1 % bis 0,25 % C. Sie finden Verwendung für Bauteile, deren Randschicht bis ca. 1 mm Tiefe gehärtet werden soll. Beim **Einsetzen**, d. h. dem **Aufkohlen** (s. 3.11.2.1), wird der Kohlenstoffgehalt der Werkstückoberfläche auf etwa 0,7 % bis 0,9 % erhöht. Dadurch wird die Randschicht gut härtbar, sodass sich – bei einem noch weichen, zähen Kern – eine harte, verschleißfeste Werkstückoberfläche einstellen lässt. Einsatzstähle sollen eine gute **Zerspanbarkeit** besitzen, da die meisten Werkstücke durch Zerspanen als letztem Arbeitsschritt vor dem Härten hergestellt werden.

Einsatzstähle haben geringe Kohlenstoffgehalte von maximal 0,25 % und lassen sich daher aufkohlen und in der Randschicht härten.

3.12.2.6 Nitrierstähle

Nitrierstähle sind vergütbare, niedriglegierte Edelstähle mit Zusätzen von Chrom, Aluminium, Molybdän, Vanadium oder Nickel, die zum **Nitrieren oder Nitrocarburieren** vorgesehen sind. Bei einer Anreicherung der Randschicht des Werkstückes mit Stickstoff (siehe 3.11.2.2) bzw. Stickstoff und Kohlenstoff, bilden Stickstoff und die Legierungselemente Metallnitride. Diese führen zu einer äußerst hohen Verschleißfestigkeit der Randschicht. In den nur einige zehntel Millimeter dicken Nitrierschichten können mit bis zu 1100 HV extrem hohe Härten erreicht werden. Eine besonders wichtige Rolle beim Nitrieren kommt dem Legierungselement Aluminium zu, das den Stickstoff bindet und damit die Bildung der Härteschicht erleichtert und beschleunigt.

Nitrierstähle sind niedriglegierte Edelstähle, sich die nach einer Stickstoffanreicherung der Randschicht – dem Nitrieren - durch eine hohe Verschleißfestigkeit auszeichnen.

3.12.2.7 Warmfeste und hitzebeständige Stähle

Stähle können mitunter auch wesentlich erhöhten Betriebstemperaturen ausgesetzt sein. Hierbei können gravierende Werkstoffveränderungen ablaufen, wie z. B.:

- Entkohlungsvorgänge an der Oberfläche,
- ab 550 °C Verzundern, d. h. Oxidation, der Oberfläche,
- Entfestigung infolge von Erholung- und Rekristallisation,
- Entfestigung durch Abrundung von Zementit,
- in Härtungsgefügen Festigkeitsabfall durch Martensitumbildung.

Um auch unter diesen Bedingungen Stähle einsetzen zu können, ohne ein Bauteilversagen befürchten zu müssen, wurden spezielle Werkstoffe – **warmfeste und hitzebeständige Stähle** – entwickelt. Diese müssen u. a. folgende Eigenschaften aufweisen:

- Kriechbeständigkeit (Zeitstandfestigkeit),
- Thermoschockbeständigkeit (da die Bauteile oft mehrfach aufgeheizt und abgekühlt werden),
- Korrosionsbeständigkeit und
- bei hitzebeständigen Stählen die ggf. notwendige Zunderbeständigkeit.

Unterteilt wird in warmfeste Stähle sowie hitze- und zunderbeständige Stähle. **Warmfeste Stähle** haben bis zu Temperaturen von etwa 400 °C bis maximal 750 °C gute mechanische Eigenschaften (Zeitdehngrenze, Zeitstandfestigkeit). Hierzu gehören Kesselblechstähle. **Hitze- und zunderbeständige Stähle** müssen neben den bereits genannten Eigenschaften vor allem die **Verzunderungsbeständigkeit** aufweisen.

a) Un- und niedriglegierte warmfeste Stähle

Unlegierte warmfeste Stähle sind bis zu ca. 450 °C einsetzbar. Kennzeichen sind eine feinkörnige Gefügestruktur und geringe Molybdänzusätze. Niedriglegierte Qualitäten sind bis ca. 580 °C einsetzbar. Die Warmfestigkeit wird durch Sondercarbide erreicht, die sich mit den Legierungselementen Cr, Mo, Ni und Niob (in Summe unter 6 %) bilden. Un- und niedriglegierte warmfeste Stähle sind in DIN EN 10 028-2 genormt.

b) Zunderbeständige Stähle

Unlegierte Stähle **verzundern**, wenn sie bei Temperaturen über 550 °C Kontakt mit der Luft oder anderen gasförmigen Angriffsmitteln (z. B. Verbrennungsgasen) haben. Der gebildete Zunder (Eisenoxid) platzt ab. Dadurch liegt die Oberfläche wieder frei und der Prozess beginnt von neuem. Letztlich ist ein erheblicher **Materialverlust** möglich, der die Standfestigkeit eines Bauteils erheblich beeinträchtigen kann.

Unlegierte Stähle sind für den Einsatz bei erhöhten Temperaturen nicht geeignet. Die **Verzunderungsbeständigkeit** eines Stahls kann durch **Legierungselemente** gesteigert werden, insbesondere durch das Zulegieren von Chrom (etwa 3 % bis 28 %). Die sich dann bildende Chromoxidschicht ist dicht, elastisch und festhaftend, sodass das Werkstoffinnere keinen Kontakt mit der Umgebung mehr hat und eine weitere Verzunderung verhindert wird. Werden gleichzeitig Aluminium, Silicium oder Titan zugegeben, wird die Wirkung noch verstärkt.

Die **Elastizität** dieser Deckschichten ist wichtig, damit sie bei der mit einer Materialerwärmung verbundenen Materialausdehnung nicht abplatzen. Die obere Beständigkeitsgrenze liegt bei ca. 1200 °C.

> Die **Verzunderungsbeständigkeit** eines Stahls wird durch das Legierungselement Chrom verbessert, das auf der Stahloberfläche eine schützende Chromoxidschicht bildet.

Warmfeste Chromstähle mit Chromgehalten zwischen 9 % und 12 % sind in DIN EN 10269 genormt. Ihre maximale Einsatztemperatur liegt bei 650 °C.

Zusätze von Nickel in Gehalten von 8 % bis 35 % dienen der weiteren Verbesserung der Warmfestigkeit und Dauerbelastbarkeit. Die darauf basierende Gruppe der **hochwarmfesten austenitischen Stähle** kann bis zu 750 °C eingesetzt werden. Die nach DIN EN 10028-7, DIN EN 10216-5 und DIN 10222-5 genormten Stählen haben Nickelgehalte im Bereich von 13 % bis 16 %.

3.12.2.8 Kaltzähe Stähle

Im Schiffbau (s. Beispiel Titanic, S. 39), der Kältetechnik, für Pipelines oder Offshore-Konstruktionen müssen Stähle auch sehr tiefe Temperaturen, im Bereich von – 10 °C bis mitunter sogar – 200 °C, ertragen. Sie dürfen dabei nicht verspröden oder gar brechen.

Die notwendige Erhöhung der Zähigkeit ist bei unlegierten Stählen durch ein sehr **feinkörniges Gefüge** und einen **niedrigen Gehalt versprödender Elemente (P, S)** zu erreichen. Diese Stähle eignen sich für Temperaturen von – 40 °C bis – 60 °C. Hierzu gehören beispielsweise die normalgeglühten Feinkornbaustähle nach DIN EN 10025-3, die mit dem Kurzzeichen NL bezeichnet werden, z. B. S335NL.

Eine deutliche Verbesserung der Zähigkeit lässt sich durch den Zusatz von **Nickel** erreichen. Bis zu – 200 °C lassen sich die auf dieser Tatsache basierenden nickellegierten, kaltzähen Stähle einsetzen, die zwischen 1,5 % bis 9 % Nickel enthalten. Genormt sind diese Stähle in DIN EN 10028-4 und DIN EN 10222-3 (Beispiele in **Tabelle 1**).

Tabelle 1: Beispiele für nickellegierte, kaltzähe Stähle nach DIN EN 10028-4

Stahlsorte	**Chemische Zusammensetzung**		**Mechanische Kennwerte**									
	C	**Ni**	R_m	R_m	*A*	**KV** in J bei einer Temperatur in °C von[1]:						
Kurzname	Masse-%		MPa	MPa	%	– 60	– 80	– 100	– 120	– 150	– 170	– 196
15NiMn6	0,18	1,30 … 1,70	490 … 460	355	22	50	40	–	–	–	–	–
12Ni14	0,15	3,25 … 3,75	490 … 640	355	22	50	45	40	–	–	–	–
X7Ni9	0,10	8,50 … 10,0	680 … 820	585	18	120	120	120	120	120	110	110

[1] Kerbschlagarbeit (Zähigkeit)

Noch tiefere Temperaturen (unter – 200 °C) ertragen nur austenitische Chrom-Nickel-Stähle, die im Wesentlichen den nichtrostenden Cr-Ni-Stählen entsprechen.

Die **Zähigkeit** von Stählen bei tiefen Temperaturen – die Kaltzähigkeit – lässt sich durch feines Korn, geringe P- und S-Gehalte sowie einen **Nickelzusatz** verbessern.

3.12.2.9 Automatenstähle

Automatenstähle sind für die spanende Fertigung von Massenteilen auf schnelllaufenden, automatisch gesteuerten Werkzeugmaschinen, z. B. Dreh- oder Fräsautomaten, bestimmt. Hauptforderung ist daher eine gute Spanbarkeit, gekennzeichnet insbesondere durch kurzbrüchige Späne, eine hohe Oberflächengüte nach dem Spanen sowie geringe Schnittkräfte zur Verminderung von Werkzeugverschleiß.

Zum Einsatz kommen hier hauptsächlich unlegierte oder niedriglegierte Qualitätsstähle (C 0,1 % – 0,6 %), die in den meisten Fällen (nicht immer) einen erhöhten Schwefelgehalt (0,2 % bis 0,4 %) aufweisen. Schwefel bildet mit anderen Elementen im Stahl **Sulfide**, die dem Material als **Spanbrecher** eine gute **Spanbrüchigkeit** verleihen. Der Span zerbröckelt beim Spanen und fällt vom Werkzeug ab, wodurch dieses immer frei bleibt. Daher sind diese Stähle für die Verarbeitung auf Drehautomaten besonders gut geeignet.

Jedoch kann Schwefel im Eisen **Eisensulfid** (FeS) bilden, das bei Temperaturen von 800 °C bis 1000 °C an den Korngrenzen versprödend wirkt. So können sich bei Warmumformungen entlang der Korngrenzen Risse bilden, auch als **Warm- oder Rotbruch** bezeichnet. Wird bei noch höheren Temperaturen (1200 °C) umgeformt, schmilzt FeS bereits, es kommt zum **Heißbruch**.

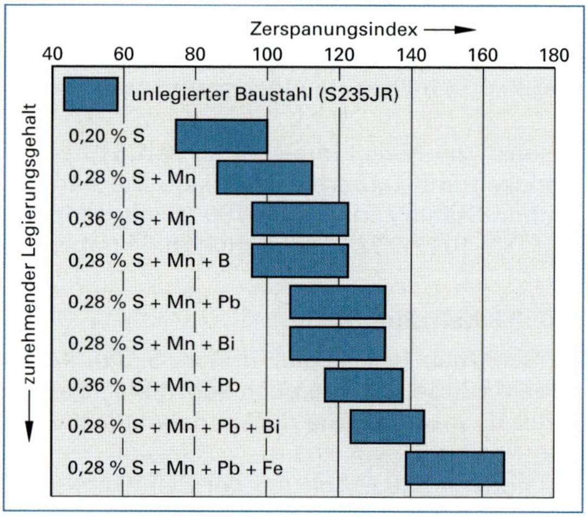

Bild 1: Zerspanbarkeit verschiedener Automatenweichstähle im Vergleich zu einem Baustahl (Zerspanungsindex = bei einer Werkzeugstandzeit von 8 h zerspantes Volumen. Das zerspante Volumen des Stahls 9SMn28 wurde zu 100 % gewählt.)

Um diese schädliche Wirkung auszuschließen, enthalten Automatenstähle neben Schwefel noch andere Elemente. Beispielsweise wird Mangan zugesetzt, da sich dann statt Eisensulfid FeS bevorzugt Mangansulfid MnS ausbildet, das erst bei 1610 °C schmelzen würde. Mangansulfid sorgt für einen kurzbrüchigen Span. Weitere Elemente, wie z. B. Blei (0,05 % bis 0,40 %), Tellur (30 ppm bis 0,1 %), Selen oder Wismut ermöglichen um 25 % bis 75 % höhere Schnittgeschwindigkeiten, führen zu erhöhter Standzeit der Werkzeuge und zu verbesserter Oberflächenqualität.

Die Hauptgruppe der Automatenstähle gemäß DIN EN 10087 sind **Automatenweichstähle** für die allgemeine Verwendung. **Automateneinsatzstähle** hingegen haben einen geringeren C- und S-Gehalt. **Automatenvergütungsstähle** sind aufgrund eines Kohlenstoffgehaltes von über 0,3 % härt- und vergütbar.

Automatenstähle zeichnen sich durch eine gute Zerspanbarkeit aus, da sie durch den Zusatz bestimmter Legierungselemente – insbesondere Schwefel – beim Bearbeiten kurzbrechende Späne bilden.

3.12.2.10 Nichtrostende Stähle

Die heute als **korrosions- und säurebeständige Stähle** bezeichneten **nichtrostenden Stähle** weisen höhere Gehalte an Chrom (12 % bis 18 %) und Nickel (8 % bis 20 %) auf.

Zusätzlich werden auch Titan, Molybdän und Niob zulegiert. Diese Zusammensetzung verleiht Stählen eine hohe Korrosionsbeständigkeit. Mittlerweile gibt es mehr als 100 verschiedene nichtrostende Stähle und die Entwicklung geht angesichts steigender Preise für die Legierungselemente stetig weiter.

Bild 1: Geländer-Anwendungsbeispiel für Edelstahl

Bekannte Einsatzgebiete dieser Stähle sind Besteck und Kochtöpfe, Waschmaschinentrommeln, Spülbecken, Geländer, Fassadenbekleidungen, Eisenbahnwagen und Anlagenkomponenten in der chemischen und Lebensmittelindustrie **(Bild 1)**.

Umgangssprachlich üblich ist der Begriff „Edelstahl" für alle rostfreien Qualitäten. Diese Bezeichnung ist jedoch nicht normenkorrekt, da, wie bereits gezeigt, in DIN EN 10020 der Begriff **Edelstahl** eine **Hauptgütegruppe** kennzeichnet.

Chrom (Cr) ist der wichtigste Bestandteil nichtrostender Stähle. Ab einem Gehalt von 12 % führt Chrom zur Bildung einer dichten, zähen, festhaftenden **Chromoxidschicht** an der Oberfläche, die das darunter liegende Metall vor chemischen Reaktionen mit der Umgebung schützt. Die auch **Passivschicht** genannte Oxidhaut ist mit 1 nm bis 20 nm sehr dünn. Sie ist zäh, platzt daher nicht ab und stellt somit einen wirksamen Schutz gegen das korrosive Medium dar. Bei einer Beschädigung bildet sich die schützende Schicht schnell wieder aus. Man spricht von **Repassivierung.** Je höher der Chromgehalt, desto effektiver ist der Schutzfaktor. Die genannten 12 % Cr gelten als **Resistenzgrenze**, ab der sich wirksame Oxidschichten auf der Stahloberfläche bilden. Gehalte bis über 30 % Cr sind möglich.

> Ein Zusatz von mindestens 12 % Chrom bewirkt, dass sich auf der Stahloberfläche eine festhaftende, dichte und zähe **Oxidschicht** bildet, die das darunter liegende Metall wirksam vor Korrosion schützt.

Nickel (Ni) unterstützt die Schutzfunktion von Chrom in zahlreichen Edelstahl-Sorten. Vor allem bei niedrigen Temperaturen spielt es seine Qualitäten aus. Es verbessert zudem die Zähigkeit und die Verarbeitbarkeit des Materials durch Bildung des kfz-Gitters (Austenit).

Molybdän (Mo) ist wie Chrom für die Korrosionsbeständigkeit zuständig. Das Element erhöht es z. B. die Abwehrkräfte gegen Flächenkorrosion durch bestimmte Säuren und gegen Spannungsrisskorrosion (Kap. 7.2). Außerdem verbessert es die Warmfestigkeit.

Stickstoff (N) kann dafür genutzt werden, die Festigkeit und Stabilität zu erhöhen, ohne die Zähigkeitswerte zu reduzieren. Bei manchen Edelstahl-Sorten bildet es auch einen zusätzlichen Schutz gegen Lochkorrosion.

Kupfer (Cu) hat Einfluss auf sehr spezielle Verarbeitungsprozesse. So erleichtert der Kupfergehalt im Edelstahl z. B. das Prägen von Medaillen, Münzen und Schmuck.

Silicium (Si) verbessert die Zunderbeständigkeit. Als chemische Beigabe kommt es deshalb vor allem in Edelstählen für hitzeresistente Anforderungen zum Einsatz.

Weitere Edelstahl-Zusätze sind z. B. **Mangan, Schwefel, Titan, Niob und Kohlenstoff**. Alle Legierungs-Elemente stehen untereinander in Beziehung, sodass die genannten Eigenschaften meistens nur in einer ganz speziellen chemischen Zusammensetzung perfekt eingestellt werden.

> **Rostfreie Stähle** verfügen neben Chrom in der Regel über weitere Legierungselemente, deren Zusammenspiel dem jeweiligen Einsatzfall angepasste Eigenschaften garantiert.

Gefügeausbildung

Die weitaus wichtigsten Legierungselemente sind – wie gezeigt – Chrom und Nickel. Beide haben erheblichen Einfluss auf die Gefügeausbildung. Wie in Kap. 3.8.4 gezeigt wurde, begünstigt Chrom das ferritische Gefüge **(Bild 2, Seite 90)**. Nickel hingegen stabilisiert das austenitische Gefüge **(Bild 1, Seite 90)**. Aus diesem Grund sind in rostfreien Stählen mehrere Gefügetypen möglich, die in vier Hauptgruppen unterteilt werden:

- Ferritische und halbferritische Chromstähle: C ≤ 0,1 %; 12 % bis 30 % Cr.
- Martensitische Chromstähle: 0,15 % bis 1,2 % C; 12 % bis 18 % Cr.
- Austenitische Chrom-Nickel-Stähle: C ≤ 0,15 %; 16 % bis 28 % Cr; 6 % bis 32 % Ni.
- Austenitisch-ferritische Chrom-Nickel-Stähle: C ≤ 0,05 %; 21 % bis 29 % Cr; 4 % bis 7 % Ni.

a) Ferritische und halbferritische Chromstähle

Die rein **ferritischen Chromstähle** entstehen nur bei sehr niedrigen Kohlenstoffgehalten bzw. entsprechend hohen Chromgehalten. Bei höheren Kohlenstoffgehalten ist neben Ferrit auch Austenit im Gefüge zu finden, der je nach Abkühlung in Perlit, Bainit bzw. Martensit umwandelt. Ergebnis sind die härt- und vergütbaren **halbferritischen Chromstähle**.

Die ferritischen Chromstähle haben Dehngrenzen zwischen 250 MPa und 300 MPa. Die Kaltverformbarkeit ist aufgrund des krz-Gitters schlecht, ebenso die Verarbeitbarkeit. Die Korrosionsbeständigkeit ist gut und nimmt mit steigendem Cr-Gehalt und sinkendem C-Gehalt zu. Eigenschaften und Anwendungsbeispiele ausgewählter Stähle dieser Gruppe zeigt **Tabelle 1**.

> **Ferritische Chromstähle** sind aufgrund des kfz-Gitters schlechter verformbar, die Korrosionsbeständigkeit ist gut und nimmt mit steigendem Cr-Gehalt zu.

Tabelle 1: Anwendungsbeispiele für ferritische und halbferritische Chromstähle nach DIN EN 10 088

Sorte/Gefüge	Charakteristische Eigenschaften	Anwendungsbeispiele
X6Cr13 ferritisch/ halbferritisch	Preiswert, aber nur beständig gegenüber Wasser und Wasserdampf.	Haushaltsgeräte, Lebensmittelindustrie.
X6CrMoS17 ferritisch/ halbferritisch	Zerspanbarkeit gut durch Schwefel (nicht-rostender Automatenstahl), aber verminderte Korrosionsbeständigkeit (infolge Schwefel).	Zahnräder, Schrauben, Armaturen.
X3CrTi17 ferritisch	Gute Beständigkeit gegenüber interkristalliner Korrosion (durch Ti) sowie gute Schweißbarkeit (durch Ti und geringen C-Gehalt) günstiger als vergleichbare Cr-Ni-Stähle.	Geschweißte Teile für die Lebensmittelindustrie und Chemie.
X2CrMoTi18-2 ferritisch	Gute Beständigkeit gegenüber interkristalliner Korrosion (durch Ti) und Lochkorrosion (durch Mo), sowie gute Schweißbarkeit durch Ti und geringen C-Gehalt, günstiger als vergleichbare Cr-Ni-Stähle.	Schrauben, Muttern, Bauteile für Textilindustrie.

b) Martensitische Chromstähle

Kohlenstoffgehalte zwischen 0,15 % und 1,2 % kennzeichnen die umwandlungsfähigen **martensitischen, nichtrostenden Chromstähle**, die im gehärteten und im vergüteten Zustand eingesetzt werden. Vorteilhaft sind die hohe Härte und Verschleißbeständigkeit, die im gehärteten Zustand erreicht wird bzw. die hohe Festigkeit bei mittlerer Zähigkeit, die sich nach dem Vergüten einstellt.

c) Austenitische Chrom-Nickel-Stähle

Auf die Gruppe der **austenitischen Chrom-Nickel-Stähle** entfallen etwa 70 % des Gesamtverbrauchs der nichtrostenden Stähle. Die Gründe dafür liegen in einer hervorragenden Korrosionsbeständigkeit und einer ausgezeichneten plastischen Verformbarkeit sowie einer guten Zähigkeit (Bruchdehnungen bis zu 50 %), mitunter auch bei sehr tiefen Temperaturen. Kennzeichnend sind niedrige Dehngrenzen (200 MPa bis 300 MPa, siehe **Tabelle 1**) bei hohen Zugfestigkeiten (500 MPa bis 800 MPa) und hoher Warmfestigkeit.

Die gute **Verformbarkeit** und die **Zähigkeit** lassen sich durch das kfz-Gitter erklären, das durch den Nickelzusatz selbst bei tiefen Temperaturen gegeben ist **(Bild 1, Seite 50)**. Nickel verbessert zudem die **Korrosionsbeständigkeit** gegenüber Säuren. Die hohen Zugfestigkeitswerte sind auf eine Mischkristallverfestigung zurückzuführen. Eine weitere Steigerung der Festigkeit, insbesondere der Dehngrenze, ist durch Kaltverformen möglich. Ebenso wirkt die Zugabe weiterer Legierungselemente, z. B. führen, wie auch in **Bild 1** gut ersichtlich, kleine Zusätze von Stickstoff zu einer deutlichen Festigkeitssteigerung.

Für diese Stahlgruppe bestehen aufgrund des großen, einstellbaren Eigenschaftsspektrums vielfältige Anwendungsmöglichkeiten. Beispiele dafür enthält **Tabelle 1**.

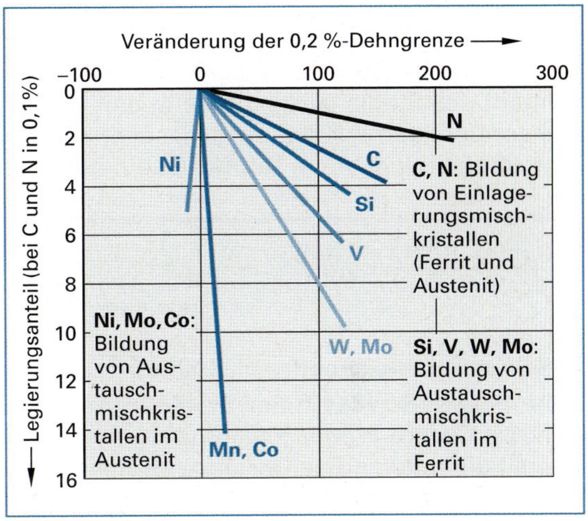

Bild 1: Einfluss wichtiger Legierungselemente auf die 0,2 %-Dehngrenze von Stählen

Tabelle 1: Mechanische Eigenschaften und Anwendungen der austenitischen Cr-Ni-Stähle nach DIN EN 10088

Sorte	Wärmebehandlungszustand	0,2 %-Dehngrenze[1) MPa	Zugfestigkeit MPa	Bruchdehnung %	Anwendungen
X5CrNi18-10	abgeschreckt	210	520 … 720	45	Fahrzeugbau, Geschirrspülmaschinen, Kochtöpfe, Haushaltspülen (Tiefziehteile), Schrauben.
X5CrNiMo17-12-2	abgeschreckt	220	530 … 680	40	säurebeständige Bauteile in der Textil-, Farben-, Öl- und Treibstoffindustrie, Fassadenteile (See- und Industrieluft).
X6CrNiMoTi17-12-2	abgeschreckt	220	540 … 690	40	in der chemischen und pharmazeutischen Industrie, Kunstharz- und Gummiindustrie.
X2CrNiMo18-14-3	abgeschreckt	220	550 … 700	40	Tankschiffbau, Chemische Industrie, Zellstoffindustrie.
X2CrNiMoN17-13-5	abgeschreckt	270	580 … 780	35	in der chemischen Industrie (Beständigkeit gegenüber organischen Säuren und chloridhaltigen Medien).
X1CrNiMoCuN25-25-5	abgeschreckt	290	600 … 800	40	für höchste Korrosionsbeanspruchungen (Phosphor-, Schwefel-, Salzsäure) chemische Industrie.

1) Werte für warmgewalztes Band

Austenitische Chrom-Nickel-Stähle haben aufgrund des Nickelzusatzes ein kfz-Gitter und sind daher sehr gut verformbar.

d) Austenitisch-ferritische Chrom-Nickel-Stähle

Austenitisch-ferritische Chrom-Nickel-Stähle werden aufgrund ihres zweiphasigen Gefügeaufbaus auch als **Duplex-Rostfrei-Stahl** bezeichnet. In diesen Stählen finden sich austenitische und ferritische Gefügeanteile in etwa zu gleichen Teilen. Von Vorteil ist die gegenüber vergleichbaren austenitischen Qualitäten höhere Festigkeit bei gleicher oder teilweise sogar besserer Korrosionsbeständigkeit. Größter Vorteil ist aber der geringere Materialpreis aufgrund des gegenüber austenitischen Qualitäten deutlich reduzierten Nickelanteils. Nickel als wichtiges Legierungselement des Stahls verzeichnete in den letzten Jahren sehr extreme Preissprünge, so dass nach kostengünstigen Alternativen gesucht wurde. Im Ergebnis entstanden (bzw. entstehen noch immer) zahlreiche neue Duplex-Qualitäten.

Duplex-Rostfrei-Stähle enthalten austenitische und ferritische Gefügeanteile in etwa zu gleichen Teilen. Wirtschaftlich vorteilhaft ist der reduzierte Nickelanteil.

e) Schweißbarkeit rostfreier Stähle

Beim **Schweißen rostfreier Stähle** muss darauf geachtet werden, dass auch nach dem Schweißen das Chrom immer gleichmäßig im Kristallgitter des Eisens verteilt ist. Nur dann kann sich überall die notwendige **Chromoxidschicht** ausbilden.

Bilden sich aber durch die Schweißwärme Chromcarbide (Verbindungen von Chrom und Kohlenstoff), fehlt an einigen Stellen Chrom – hier kann folglich Korrosion einsetzen. Es muss mit der besonders gefährlichen, auch als **Kornzerfall** bezeichneten, **interkristallinen Korrosion** (s. auch Kap. 7) gerechnet werden.

Ein solcher Effekt ist insbesondere bei höheren Kohlenstoffgehalten in **ferritischen Qualitäten** zu befürchten. Hier kann sich durch die Schweißwärme eine zusammenhängende chromverarmte Zone bilden, in der der Chromgehalt unter die **Resistenzgrenze** von 12 % sinken kann **(Bild 1, oben)**. Eine erhöhte Anfälligkeit gegen interkristalline Korrosion wäre dann gegeben. Gegenmaßnahmen sind der Zusatz von Titan, Tantal oder Niob – Elemente, die schneller Carbide bilden als Chrom. Da der Kohlenstoff dann bereits in TiC, TaC oder NbC abgebunden ist, können sich keine Chromcarbide mehr bilden.

Eine andere Möglichkeit besteht darin, in ferritischen Qualitäten den Kohlenstoffgehalt sehr gering zu halten. Dann reicht die Kohlenstoffmenge nicht aus, um Chromcarbide zu bilden. Mit interkristalliner Korrosion ist in diesem Fall nicht zu rechnen.

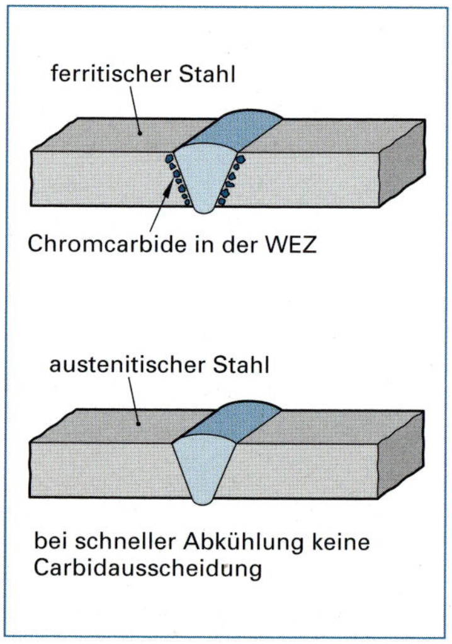

Bild 1: Schweißverhalten korrosionsbeständiger Stähle

Austenitische Chrom-Nickel-Stähle sind beim Schweißen im Vorteil gegenüber den ferritischen Qualitäten, da das austenitische Gefüge beim Abkühlen wesentlich unempfindlicher ist. Ursache ist die geringere Diffusionsgeschwindigkeit im kfz-Gitter, die sicher die Ausscheidung von Chromcarbiden beim schnellen Abkühlen nach dem Schweißen verhindert **(Bild 1, unten)**.

Beim Schweißen rostfreier Stähle muss die Bildung von **Chromcarbiden** verhindert werden, da sonst die Korrosionsbeständigkeit in den an Chrom verarmten Bereichen herabgesetzt wird.

3.12.3 Werkzeugstähle

Werkzeugstähle sind legierte und unlegierte Edelstähle mit hoher Härte, hohem Verschleißwiderstand und gleichzeitig guter Zähigkeit. Aus ihnen werden Werkzeuge zum Be- und Verarbeiten von Werkstoffen, zum Handhaben und zum Messen von Werkstücken gefertigt. Diese Werkzeuge finden Einsatz bei der spanenden Bearbeitung oder der spanlosen Formung von Werkstoffen. Beispiele sind Hand- und Maschinenwerkzeuge, Gesenke, Tiefziehwerkzeuge usw. (siehe **Bild 1** sowie **Bild 1, S. 144**).

Nach klassischer Weise werden Werkzeugstähle je nach der Oberflächentemperatur, die das Werkzeug beim Einsatz erreicht, eingeteilt in

- **Kaltarbeitsstähle** (legiert und unlegiert, bis 200 °C),
- **Warmarbeitsstähle** (200 °C bis 600 °C) und
- **Schnellarbeitsstähle** (600 °C).

Bild 1: Einsatz von Werkzeugstählen

Das Legieren erfolgt je nach Einsatzzweck. Beispielsweise erfordert der Einsatz als Schnittwerkzeug eine hohe Härte und Schnitthaltigkeit, der Einsatz als Umformwerkzeug (stoßartige Belastung, z. B. bei Meißel, Druckluft- und Prägewerkzeugen) hingegen zusätzlich eine erhöhte Zähigkeit.

Wichtigste Eigenschaft der Werkzeugstähle ist die **Härte**, die im Verhältnis zur Härte des zu bearbeitenden Werkstoffes hoch sein muss. Diese hohe Härte wird zumeist durch ein martensitisches Gefüge erreicht, denn der Kohlenstoffgehalt der meisten Werkzeugstähle liegt oberhalb von 0,6 %. Eine weitere Härtesteigerung wird durch Sondercarbide und Nitride erreicht, die sich mit ggf. enthaltenen Legierungselementen bilden.

> Werkzeugstähle werden je nach ihrer Temperaturbelastbarkeit eingeteilt in Kaltarbeits-, Warmarbeits- und Schnellarbeitsstähle.

3.12.3.1 Kaltarbeitsstahl

Beträgt die Oberflächentemperatur des Werkzeugs nicht mehr als 200 °C, wird der Stahl als **Kaltarbeitsstahl** bezeichnet. Diese Stähle sind un- oder niedriglegiert (C von 0,35 % bis 1,5 % C, ggf. auch noch weitere Legierungselemente). Mit steigendem Kohlenstoffgehalt steigen auch die Festigkeit, die Härte und der Abnutzungswiderstand. Die Ausgangshärte aller Kaltarbeitstähle ist hoch, fällt aber bei Temperaturen über 200 °C schnell ab.

Unlegierte Kaltarbeitsstähle werden durch Abschrecken in Wasser gehärtet. Die Härteschicht dieser als **Wasserhärter** bezeichneten Stähle beträgt maximal nur 5 mm. Diese Stahlsorten sind von untergeordneter Bedeutung, da legierte Kaltarbeitsstähle bezüglich Härtbarkeit, Anlassbeständigkeit und Verschleißverhalten bessere Werte zeigen. Beispiele zeigt **Tabelle 1**.

Tabelle 1: Unlegierte Kaltarbeitsstähle nach DIN EN ISO 4957

Stahlsorte	C-Gehalt Masse-%	Anwendungsbeispiele
C45U	0,42 ... 0,50	Handwerkzeuge (Hämmer, Äxte, Scheren, Schraubendreher, Meißel, Messer) und landwirtschaftliche Werkzeuge aller Art, Zangen.
C70U	0,65 ... 0,70	kleine Gesenke, Schraubstockbacken
C80U	0,75 ... 0,85	Gesenke mit flachen Gravuren, Messer, Handmeißel.
C105U	1,00 ... 1,10	einfache Schneidwerkzeuge, Prägestempel, Feilen, Schaber.

Ein **legierter Kaltarbeitsstahl** enthält dem jeweiligen Verwendungszweck entsprechende Legierungselemente, wie z. B. Cr, Mo, Ni, V und Mn. Diese verbessern die Zähigkeit, Warmfestigkeit und – als Carbidbildner – die Abriebfestigkeit. Viele dieser Stähle werden beim Härten in Öl abgeschreckt und daher **Ölhärter** genannt. Die erreichbare Einhärtetiefe ist größer als bei unlegierten Stählen. Beispiele, auch für die jeweiligen Abschreckmittel, enthält **Tabelle 1**.

Tabelle 1: Wärmebehandlung, Härte und Anwendungsbeispiele für legierte Kaltarbeitsstähle nach DIN EN ISO 4957 (Auswahl)

Stahlsorte	Härtetemp. °C (± 10 °C)	Abschreck-mittel	Härte HRC (min.)	Anwendungsbeispiele
105V	790	Wasser	61	Dorne, Lehren, Holzbearbeitungswerkzeuge
60WCrV8	910	Öl	58	Scherenmesser zum Schneiden von Stahlblech bis 15 mm, Industriemesser, Meißel, Körner
102Cr6	840	Öl	60	Bohrer, Fräser, kleine Schneidplatten
90MnCrV8	790	Öl	60	Tiefziehwerkzeuge, Kunststoffpressformen, Schneidplatten, Industriemesser, Messzeuge
X153CrMoV12	1020	Luft	61	bruchempfindliche Schneidwerkzeuge, Fräser
45NiCrMo16	850	Öl	52	Biege- und Prägewerkzeuge, Besteckstanzen

Kaltarbeitsstähle eignen sich für Arbeitstemperaturen bis 200 °C.

3.12.3.2 Warmarbeitsstahl

Warmarbeitsstähle sind legierte Stähle mit Kohlenstoffgehalten zwischen 0,4 % und 1,5 %. Sie finden Anwendung, wenn die Oberflächentemperatur des Werkzeugs im Bereich zwischen 200 °C und 600 °C liegt. Bei diesen Temperaturen ist neben

- einer hohen **Warmfestigkeit** (bis 600 °C) und
- einer hohen **Anlassbeständigkeit** (Härte darf bis zur Arbeitstemperatur kaum sinken)
- eine hohe **Temperaturwechselbeständigkeit** erforderlich,

da es sonst zu **Warmrissen** (auch **Brandrisse** genannt) und somit zur Zerstörung des Werkzeugs kommen würde. Die Ausgangshärte der Warmarbeitsstähle ist etwas geringer als die der Kaltarbeitsstähle, bleibt aber bis zu Temperaturen von 600 °C erhalten.

Die notwendige Temperaturbeständigkeit wird durch Chrom, Molybdän, Wolfram und Vanadium verbessert. Hierbei handelt es sich um Carbidbildner, die für ein **Sekundärhärtemaximum** **(Bild 2, Seite 121)** verantwortlich sind. Durch diesen Effekt sinkt die Härte praktisch bis 600 °C nicht ab.

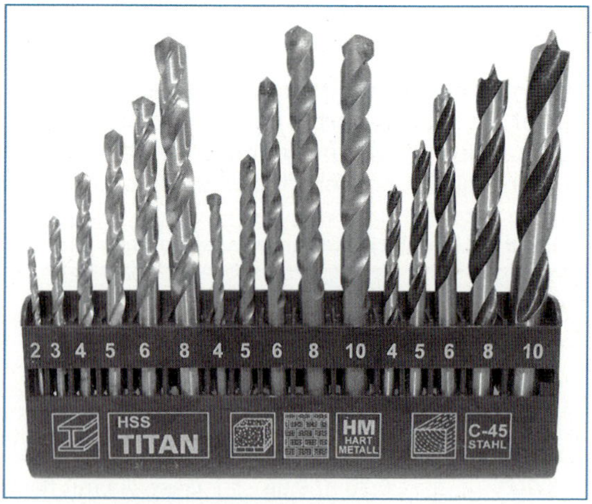

Bild 1: Bohrer aus verschiedenen Werkzeugstahlgruppen

Weitere Legierungselemente in Warmarbeitsstählen sind Silicium, Nickel, Mangan und Cobalt. Die Zusammensetzung gewährleistet neben der gewünschten Warmfestigkeit und Warmhärte einen hohen Verschleißwiderstand bei erhöhter Temperatur.

Warmarbeitsstähle werden zumeist gehärtet, jedoch sind aufgrund der dafür notwendigen Auflösung der vielen Carbide hohe Austenitisierungstemperaturen notwendig. Zur Vermeidung von Rissen wird stufenweise auf die Austenitisierungstemperatur erwärmt. Abgeschreckt wird an bewegter Luft **(Lufthärter)**, in Öl **(Ölhärter)** oder in Salzbädern **(Warmbadhärter)**. Es schließt sich eine Anlassbehandlung an, in der Regel bei 500 °C bis 600 °C (1 h bis 2 h). Hierbei erfolgt bei Stählen mit vielen Carbidbildnern die **Sekundärhärtung**, in niedriger legierten hingegen nicht. Letztere sind daher nicht so temperaturbeständig und können nur bis zu 400 °C eingesetzt werden **(Bild 1, Seite 144)**.

Beispiele für Warmarbeitsstähle zeigt **Tabelle 1**.

Tabelle 1: Wärmebehandlung, Härte und Anwendungsbeispiele für ausgewählte Warmarbeitsstähle nach DIN EN ISO 4957 (alle in Härteöl abgeschreckt)

Stahlsorte	Härtetemp. °C (± 10 °C)[1]	Anlassen °C (± 10 °C)	Härte HB (min.)	Anwendungsbeispiele
55NiCrMoV7	850	500	250	Große Gesenke, Kunststoff-Spritzguss- und Blasformen, Pressstempel für Strangpressen.
32CrMoV12-28	1040	550	230	Druckgießformen für Schwermetalle, Strangpresswerkzeuge
X37CrMoV5-1	1030	600	235	Druckgießformen für Leichtmetalle, Strangpresswerkzeuge.
X38CrMoV5-3	1050	650	235	hochwertige Gesenke

Warmarbeitsstähle eignen sich für Arbeitstemperaturen bis 600 °C, wenn carbidbildende Elemente eine Sekundärhärtung bewirkt haben. Niedriger legierte Warmarbeitsstähle haben keinen Sekundärhärtungseffekt und können daher nur bis zu 400 °C eingesetzt werden.

3.12.3.3 Schnellarbeitsstahl

Schnellarbeitsstähle sind hochlegierte Edelstähle. Sie erlauben hohe **Oberflächentemperaturen** von bis zu 600 °C. Der Kohlenstoffgehalt beträgt 0,6 % bis 1,5 %. Daneben finden sich die Legierungselemente Chrom, Wolfram, Molybdän, Vanadium und Cobalt. Infolge dieser karbidbildenden Elemente und des hohen Kohlenstoffgehaltes bilden sich viele Carbide, sodass ein Carbidanteil von bis zu 30 % in der sonst metallischen Matrix erreicht werden kann. Resultat sind eine hohe Warmfestigkeit, Warmhärte, Zähigkeit, Anlassbeständigkeit und ein hoher Verschleißwiderstand. Die Standzeiten sind selbst bei Rotglut noch lang.

Auch diese Stähle werden gehärtet. Hier sind zum Lösen des großen Sondercarbidanteils noch höhere Austenitisierungstemperaturen erforderlich. Um Spannungen und damit Risse zu vermeiden, wird wiederum in Stufen erwärmt, z. B. in Salzbädern oder im Vakuum. Nach dem Abschrecken in Härteölen bei 50 °C bis 60 °C besteht das Gefüge aus Martensit (ca. 70 %), Carbiden (ca. 10 %) und Restaustenit (ca. 20 %).

Ein (mehrmaliges) Anlassen bei 550 °C führt zum teilweisen Zerfall des Martensits, zur Beseitigung des Restaustenits und zu weiteren Ausscheidungen von Sondercarbiden. Das entstandene Gefüge aus Martensit und fein verteilten Sondercarbiden gewährleistet eine hohe Ausgangshärte, die bis zu 600 °C Arbeitstemperatur erhalten bleibt. Eine Verbesserung der Schnittleistung wird auch durch zusätzliche Beschichtungen mit Hartstoffen wie TiN, TiC oder AlTiN erreicht.

Konkurrenten dieser Werkstoffe sind die Hartmetalle und Oxidkeramiken, die gute Schnittleistungen bringen, in der Zähigkeit den Stählen aber (noch) unterlegen sind.

Tabelle 1 zeigt Beispiele für Schnellarbeitsstahlgruppen und mögliche Anwendungen.

Tabelle 1: Legierungs- und Leistungsgruppen von Schnell-Arbeitsstählen

Stahlgruppe	Beispiele, Kurzname	Zur Bearbeitung von Stahl			
		bei mittlerer Beanspruchung		bei höchster Beanspruchung	
	W-Mo-V-Co	< 850 MPa	> 850 MPa	Schruppen	Schlichten
18 % W	HS18-0-1	+	–	–	–
	HS18-1-2-5	–	–	+	–
12 % W	HS12-1-4-5	–	–	(+)	+
	HS10-4-3-10	–	–	(+)	+
6 % W + 5 % Mo	HS6-5-2	–	+	–	–
	HS6-5-3	–	–	(+)	+
	HS6-5-2-5	–	–	+	–
2 % W + 9 % Mo	HS2-9-1	+	–	–	–
	HS2-9-2	–	+	–	–
	HS2-9-1-8	–	–	+	–

\+ geeignet (+) bedingt geeignet – ungeeignet

> **Schnellarbeitsstähle** eignen sich aufgrund eines hohen Carbidanteils im martensitischen Gefüge für Arbeitstemperaturen von bis zu 600 °C.

Aufgaben

1. Nehmen Sie eine Einteilung der Stähle vor nach dem Gefüge, nach Güteklassen und nach dem Verwendungszweck!
2. Was verstehen Sie unter „Allgemeinen Baustählen"?
3. Welche Merkmale hat ein Federstahl?
4. Wofür sind Vergütungsstähle vorgesehen?
5. Geben Sie eine Erklärung für den geringen Kohlenstoffgehalt von Einsatzstählen!
6. Was ist unter Zunderbildung zu verstehen, welche Probleme sind damit verbunden?
7. Wie kann die Zunderbeständigkeit eines Stahls verbessert werden?
8. Warum können einfache, unlegierte Stähle nicht bei sehr tiefen Temperaturen eingesetzt werden?
9. Was bedeutet der Begriff „Spanbarkeit"?
10. Wie lässt sich die Spanbarkeit eines Stahls verbessern?
11. Welches Legierungselement bewirkt auf welche Weise ein Nichtrosten von Stahl?
12. Wie unterscheiden sich ferritische und austenitische nichtrostende Stähle?
13. Welches Legierungselement fördert in nichtrostenden Stählen die Ausbildung eines austenitischen Gefüges?
14. Welches Problem kann es beim Schweißen von nichtrostenden Stählen geben?
15. In welchen Temperaturbereichen können jeweils Kaltarbeits-, Warmarbeits- und Schnellarbeitsstähle eingesetzt werden?
16. Was ist ein „Sekundärhärtemaximum"?
17. Wie verbessern Carbide die Warmfestigkeit?
18. Nennen Sie typische carbidbildende Elemente!

3.13 Bezeichnungen und Normung von Eisenwerkstoffen

Stähle und auch Gusseisen werden nach den heute geltenden Normen mit **Kurznamen** oder Werkstoffnummern bezeichnet. Vielfach sind noch ältere Bezeichnungen üblich, die entweder auf **Markennamen** (Nirosta), Versuchsbezeichnungen (V2A) oder älteren Normsystemen (St37 für einen Baustahl, GG für Grauguss) basieren. Sie sollen im Rahmen dieses Kapitels nicht behandelt werden.

Die **Werkstoffbezeichnung** dient dazu, einen Stahl bzw. ein Gusseisen eindeutig zu kennzeichnen, um eine klare Verständigung zwischen Produzent, Stahlhandel und Verarbeiter zu ermöglichen. Daher muss sie alle notwendigen Angaben hinsichtlich der Eigenschaften und der Art des Stahls enthalten.

Tabelle 1: Zuordnung von Kennbuchstaben bei der Stahlnormung nach DIN EN 10 027-1

Kennzeichnung der Stähle durch Kurznamen gemäß DIN EN 10 027-1			
Stahlkennzeichnung nach der Verwendung oder den mechanischen oder physikalischen Eigenschaften		**Stahlkennzeichung nach der chemischen Zusammensetzung**	
Kennbuchstabe	**Stahlgruppe**	**Kennbuchstabe**	**Stahlgruppe**
S	Stähle für den Stahlbau Structural steels	C	Unlegierte Stähle mit mittlerem Mn-Gehalt < 1 % (außer Automatenstähle)
P	Stähle für Druckbehälter Steels for pressure purposes	keiner	Unlegierte Automatenstähle mit mittlerem Mn-Gehalt < 1 % Unlegierte Automatenstähle Legierte Stähle mit Legierungsgehalten der einzelnen Elemente < 5 %
L	Stähle für Leitungsrohre Steel for line pipes	X	Nichtrostende Stähle oder andere legierte Stähle (ohne Schnellarbeitsstähle) mit Legierungsgehalten mindestens eines Elements > 5 %
E	Maschinenbaustähle Engineering steels	HS	Schnellarbeitsstähle
B	Betonstähle Steels for reinforcing concretes		
Y	Spannstähle Steels for prestressing concretes		
R	Stähle für oder in Form von Schienen Steels in the form of rails		
H	Kaltgewalzte Flacherzeugnisse aus höherfesten Stählen zum Kaltumformen Flat products of high strength steel for cold forming		
D	Flacherzeugnisse zum Kaltumformen Flat products for cold forming		
T	Verpackungsblech und -band Tin mill products		
M	Elektroblech und -band Electrical steels		

3.13.1 Stahlbezeichnung mit Kurznamen

Die normgerechte Bezeichnung von Eisen und Stahl durch Kurznamen erfolgt auf Basis von DIN EN 10027-1. Danach werden, wie **Tabelle 1, Seite 147** zeigt, zwei Kennzeichnungsarten unterschieden:

- die Stahlkennzeichnung nach der **Verwendung** oder den mechanischen oder physikalischen Eigenschaften und
- die Stahlkennzeichnung nach der chemischen **Zusammensetzung**.

3.13.1.1 Kennzeichnung der Stähle nach der Verwendung oder den mechanischen oder physikalischen Eigenschaften

Die Kennzeichnung der Stähle nach den mechanischen oder physikalischen Eigenschaften wird in der Regel bei den Stählen vorgenommen, die **nicht für eine Wärmebehandlung vorgesehen** sind. Die Kennzeichnung beginnt mit einem Kennbuchstaben, der Hinweise auf den Hauptanwendungsbereich gibt. Die Zuordnung von Buchstabe und Anwendungsbereich verdeutlicht **Tabelle 1, Seite 147**. Dem Buchstaben folgt ein Zahlenwert, der bestimmte Eigenschaften kennzeichnet, beispielsweise die Mindeststreckgrenze. Ggf. nachfolgende Zusatzsymbole kennzeichnen bestimmte Eigenschaften, Verwendungszwecke, Anforderungen oder zusätzliche Elemente. Mit einem „+" angehängte Buchstaben stehen für den Behandlungszustand, beispielweise normalgeglüht (**Tabelle 1, Seite 149**). Diese Systematik soll nachfolgend an Beispielen verdeutlicht werden.

Bild 1 gibt ein Beispiel für einen Stahl für den Stahlbau, erkennbar am Kennbuchstaben S. Die Zahl 235 ist die Mindeststreckgrenze für die kleinste Erzeugnisdicke. Das Kennzeichen J0 kennzeichnet die Kerbschlagarbeit (mindestens 27 J bei + 20 °C, **s. Tabelle 1, S. 149**), N steht für normalgeglüht.

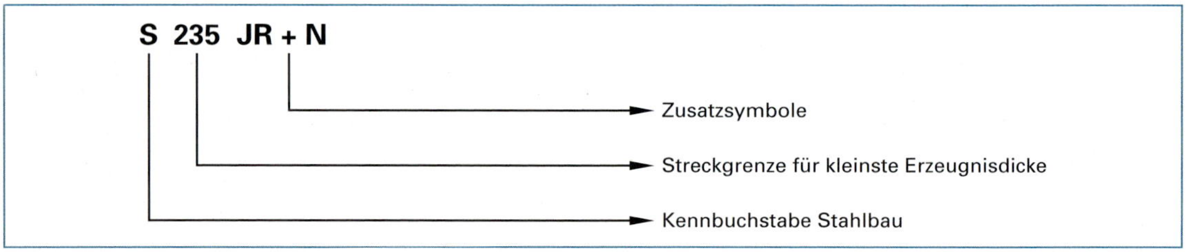

Bild 1: Beispiel für Stahlbezeichnung, Stahl für den Stahlbau

Weitere Beispiele wären:

- **S235JR+N** Stahl für den Stahlbau, Mindeststreckgrenze 235 MPa, Kerbschlagarbeit mindestens 27 bei 20 °C, normalgeglüht.
- **P355NH** Druckbehälterstahl, Mindeststreckgrenze 355 MPa, normalgeglüht, für Hochtemperatureinsatz.
- **Y1770C** Spannstahl in Form eines kaltgezogenen Drahtes mit einer Nennzugfestigkeit von 1770 MPa.
- **R0900Mn** Schienenstahl mit einer Mindestzugfestigkeit von 900 MPa mit Manganzusatz.
- **DX51D+Z** Flachstahl für die Kaltumformung, warm- oder kaltgewalzt und feuerverzinkt.

Die Bedeutung der Kennbuchstaben und Zusatzsymbole enthält **Tabelle 1, Seite 149**. Weitere Zusatzsymbole können besondere Stahlerzeugnisse noch näher definieren, beispielsweise Überzüge oder den Behandlungszustand. Die Zuordnung zu diesen Symbolen enthalten die **Tabellen 1 bis 3, ab Seite 149.**

> Stähle, die nicht für eine Wärmebehandlung vorgesehen sind, werden mit **Kurznamen** gekennzeichnet, die sich auf die Verwendung des Stahls beziehen.

Tabelle 1: Kennbuchstaben, Kennziffern und Zusatzsymbole zur Kennzeichnung der nach Verwendungszweck, physikalischen oder magnetischen Eigenschaften bezeichneten Stähle (DIN EN 10 027-1)

<table>
<tr><th rowspan="2">Stahlsorte</th><th rowspan="2">Kennbuchstabe oder Kennziffer für die mechanischen oder physikalischen Eigenschaften</th><th colspan="2">Zusatzsymbole für Stahl</th><th rowspan="2">Zusatzsymbole für Stahlerzeugnisse</th><th rowspan="2">Norm (Auswahl)/ Beispiele</th></tr>
<tr><th>Gruppe 1[1]</th><th>Gruppe 2[2]</th></tr>
<tr><td>Stähle für den Stahlbau
Kennbuchstabe S
Anmerkung: falls erforderlich, zusätzlich vorangestelltes G für Stahlguss</td><td>Festgelegte Mindeststreckgrenze R_e in MPa für den kleinsten Dickenbereich (dreistellige Ziffer)</td><td>Angabe der Kerbschlagarbeit:<table><tr><th colspan="3">Kerbschlagarbeit (min.)[1]</th><th>Prüftemp.</th></tr><tr><th>27 J</th><th>40 J</th><th>60 J</th><th>°C</th></tr><tr><td>JR</td><td>KR</td><td>LR</td><td>+ 20</td></tr><tr><td>J0</td><td>K0</td><td>L0</td><td>0</td></tr><tr><td>J2</td><td>K2</td><td>L2</td><td>– 20</td></tr><tr><td>J3</td><td>K3</td><td>L3</td><td>– 30</td></tr><tr><td>J4</td><td>K4</td><td>L4</td><td>– 40</td></tr><tr><td>J5</td><td>K5</td><td>L5</td><td>– 50</td></tr><tr><td>J6</td><td>K6</td><td>L6</td><td>– 60</td></tr></table>A = Ausscheidungshärtend[4]
M = Thermomechanisch gewalzt[4]
N = Normalgeglüht oder normalisierend gewalzt[4]
Q = Vergütet[4]
G = Andere Merkmale (ggf. mit 1 oder 2 nachfolg. Ziffern)</td><td>C = Mit besonderer Kaltumformbarkeit
D = Für Schmelztauchüberzüge
E = Für Emaillierung
F = Zum Schmieden
H = Hohlprofile
L = Für tiefe Temperaturen
M = Thermomechanisch gewalzt
N = Normalgeglüht oder normalisierend gewalzt
P = Für Spundbohlen
Q = Vergütet
S = Für den Schiffsbau
T = Für Rohre
W = Wetterfest
Chemische Symbole[3]</td><td>Tabellen 1 bis 3, Seite 151</td><td>DIN EN 10 025-2
DIN EN 10 025-6
DIN EN 10 149-2
DIN EN 10 149-3
DIN EN 10 210-1
DIN EN 10 248-1
Beispiele:
S185
S235JRC
S275ML
S280GD+AS
5355JR
S355MC
S355J0WP
S350GD+Z100
S355J2H
S355GP
S690QL</td></tr>
<tr><td>Stähle für Druckbehälter
Kennbuchstabe P
Anmerkung: falls erforderlich, zusätzlich vorangestelltes G für Stahlguss</td><td>Festgelegte Mindeststreckgrenze R_e in MPa für den kleinsten Dickenbereich (dreistellige Ziffer)</td><td>M = Thermomechanisch gewalzt[4]
N = Normalgeglüht oder normalisierend gewalzt[4]
Q = Vergütet[4]
B = Für Gasflaschen
S = Für einfache Druckbehälter
T = Für Rohre
G = Andere Merkmale (ggf. mit 1 oder 2 nachfolg. Ziffern)</td><td>H = Hochtemperatur
L = Tieftemperatur
R = Raumtemperatur
H = Hoch- und Tieftemperatur</td><td>Tabellen 1 bis 3, Seite 151</td><td>DIN EN 10 028-2
DIN EN 10 120
DIN EN 10 207
DIN EN 10 213-2
Beispiele:
P265GH
P355NH
P265NB
GP240GH
P235S
P355Q</td></tr>
<tr><td>Stähle für Leitungsrohre
Kennbuchstabe L</td><td>Festgelegte Mindeststreckgrenze R_e in MPa für den kleinsten Dickenbereich (dreistellige Ziffer)</td><td>M = Thermomechanisch gewalzt[4]
N = Normalgeglüht oder normalisierend gewalzt[4]
Q = Vergütet[4]
G = Andere Merkmale (ggf. mit 1 oder 2 nachfolg. Ziffern)</td><td>–</td><td>Tabellen 1 bis 3, Seite 151</td><td>DIN EN 10 208-1
DIN EN 10 208-2
Beispiele:
L360QB
L415MB</td></tr>
<tr><td>Maschinenbaustähle
Kennbuchstabe E
Anmerkung: falls erforderlich, zusätzlich vorangestelltes G für Stahlguss</td><td>Festgelegte Mindeststreckgrenze R_e in MPa für den kleinsten Dickenbereich (dreistellige Ziffer)</td><td>G = Andere Merkmale (ggf. mit 1 oder 2 nachfolg. Ziffern)</td><td>C = Eignung zum Kaltziehen</td><td>Tabelle 3, Seite 151</td><td>DIN EN 10 025-2
DIN EN 10 293
DIN EN 10 296-1
Beispiele:
E295GC
E360</td></tr>
<tr><td>Betonstähle
Kennbuchstabe B</td><td>Charakteristischer Wert der Streckgrenze R_e in MPa für den kleinsten Abmessungsbereich</td><td>Buchstabe zur Kennzeichnung der Duktilitätsklasse (ggf. mit 1 oder 2 nachfolgenden Kennziffern)</td><td>–</td><td>Tabelle 3, Seite 151</td><td>Beispiele:
B500A
B500B</td></tr>
</table>

Tabelle 1: Kennbuchstaben, Kennziffern und Zusatzsymbole zur Kennzeichnung der nach Verwendungszweck, physikalischen oder magnetischen Eigenschaften bezeichneten Stähle (DIN EN 10027-1)

Stahlsorte	Kennbuchstabe oder Kennziffer für die mechanischen oder physikalischen Eigenschaften	Zusatzsymbole für Stahl		Zusatzsymbole für Stahlerzeugnisse	Norm (Auswahl)/ Beispiele
		Gruppe 1[1]	Gruppe 2[2]		
Spannstähle Kennbuchstabe **Y**	Zugfestigkeit R_m in MPa (vierstellige Ziffer, bei dreistelligen Angaben ist eine Null voranzustellen)	**C** = Kaltgezogener Draht **H** = Warmgeformte oder warmgewalzte und behandelte Stäbe **Q** = Vergüteter Draht **S** = Litze **G** = Andere Merkmale[3]	–	**Tabelle 3, Seite 151**	DIN EN 10 138-2 bis -4 Beispiele: Y1770C Y1770S7
Stähle für oder in Form von Schienen Kennbuchstabe **R**	Festgelegte Mindesthärte nach Brinell (HBW)	**Mn** = Hoher Mn-Gehalt **Cr** = Chromlegiert **G** = Andere Merkmale[3]	**HT** = Wärmebehandelt **LHT** = Niedrig legiert, wärmebehandelt **Q** = Vergütet	–	DIN EN 13 674-1 Beispiele: R220 R260Mn R320Cr R350LHT
Flacherzeugnisse aus höherfesten Stählen zum Kaltumformen Kennbuchstabe **H**	**C + Ziffern** = Kaltgewalzt + Mindeststreckgrenze in MPa **D + Ziffern** = Warmgewalzt, bestimmt für die unmittelbare Kaltumformung + Mindeststreckgrenze in MPa **X + Ziffern** = Art des Walzens (kalt oder warm) freigestellt + Mindeststreckgrenze in MPa **CT + Ziffern** = Kaltgewalzt + Mindestzugfestigkeit in MPa **DT + Ziffern** = Warmgewalzt, bestimmt für die unmittelbare Kaltumformung + Mindestzugfestigkeit in MPa **XT + Ziffern** = Art des Walzens (kalt oder warm) freigestellt + Mindestzugfestigkeit in MPa	**B** = Bake hardening **C** = Complexphasenstahl **F** = Ferritisch-bainitischer-Stahl **I** = Isotroper Stahl **LA** = Niedrig legiert **M** = Martensitphasen-Stahl **P** = Phosphorlegiert **T** = TRIP-Stahl **X** = Dualphase **Y** = Interstitial free steel **G** = Andere Merkmale[3]	**D** = Für Schmelztauchüberzüge	**Tabelle 2, Seite 151**	DIN EN 10 268 DIN EN 10 346 Beispiele: HC180B HX260LAD+AS080 HDT580XD+Z275 HCT950CD+ZF120
Flacherzeugnisse zum Kaltumformen Kennbuchstabe **D**	**C + Ziffern** = Kaltgewalzt + Mindeststreckgrenze in MPa **D + Ziffern** = Warmgewalzt, bestimmt für die unmittelbare Kaltumformung + Mindeststreckgrenze in MPa **X + Ziffern** = Art des Walzens (kalt oder warm) freigestellt + zwei Kennziffern zur Unterscheidung	**D** = Für Schmelztauchüberzüge **ED** = Für Direktemaillierung **EK** = Für konventionelle Emaillierung **H** = Für Hohlprofile **T** = Für Rohre **G** = Andere Merkmale[3] Chemische Symbole[4]	–	**Tabellen 2 und 3, Seite 151**	DIN EN 10 111 DIN EN 10 130 DIN EN 10 152 DIN EN 10 209 DIN EN 10 271 DIN EN 10 346 Beispiele: DC04 DC04EK DD14 DX56D+AS
Verpackungsblech und -band Kennbuchstabe **T**	Für kontinuierlich geglühte Sorten: Kennbuchstabe H + Nennstreckgrenze R_e in MPa Für losweise geglühte Sorten: Kennbuchst. S + Nennstreckgrenze R_e in MPa	–	–	**Tabellen 2 und 3, Seite 151**	DIN EN 10 202 Beispiele: TH550 TS550
Elektroblech und- band Kennbuchstabe **M**	Höchstzulässiger Ummagnetisierungsverlust in W/kg · 100 (vierstellige Ziffer) und durch Bindestrich getrennt 100 · Nenndicke in mm (zweistellige Ziffer)	Für eine magnetische Polarisation bei 50 Hz von 1,5 Tesla: **A** = Nicht kornorientiert **D** = Unlegiert (nicht schlussgeglüht) **E** = Legiert (nicht schlussgeglüht) Für eine magnetische Polarisation bei 50 Hz von 1,7 Tesla: **P** = Kornorientiert, mit hoher Permeabilität **S** = Konventionell kornorientiert			DIN EN 10 106 DIN EN 10 107 DIN EN 10 126 DIN EN 10 165 Beispiele: M400-50A M140-35S

Tabelle 1: Symbole für besondere Anforderungen (DIN EN 10 027-1)[1)]

Symbol	Bedeutung
+ H	Mit Härtbarkeit
+ CH	Mit Kernhärtbarkeit
+ Z15	Mindest-Brucheinschnürung senkrecht zur Oberfläche 15 %
+ Z25	Mindest-Brucheinschnürung senkrecht zur Oberfläche 25 %
+ Z35	Mindest-Brucheinschnürung senkrecht zur Oberfläche 35 %

Tabelle 2: Symbole für die Art des Überzuges (DIN EN 10 027-1)[1)]

Symbol[2)]	Bedeutung
+ A	Feueraluminiert
+ AS	Mit einer Al-Si-Legierung überzogen
+ AZ	Mit einer Al-Zn-Legierung überzogen (> 50 % Al)
+ CE	Elektrolytisch spezialverchromt (ECCS)
+ CU	Mit Kupferüberzug
+ IC	Mit anorganischer Beschichtung
+ OC	Organisch beschichtet
+ S	Feuerverzinnt
+ SE	Elektrolytisch verzinnt
+ T	Schmelztauchveredelt mit einer Blei-Zinn-Legierung überzogen
+ TE	Elektrolytisch mit einer Blei-Zinn-Legierung überzogen
+ Z	Feuerverzinkt
+ ZA	Mit einer Zn-Al-Legierung überzogen (> 50 % Zn)
+ ZE	Elektrolytisch verzinkt
+ ZF	Diffusionsgeglühte Zinküberzüge (galvannealed, mit diffundiertem Fe)
+ ZN	Zink-Nickel-Überzug (elektrolytisch)

1) Weitere Symbole sind den Technischen Lieferbesingungen für Stähle zu entnehmen.

2) Um Verwechslungen zu vermeiden (Tabelle 1 und Tabelle 3), kann der Buchstabe S vorangestellt werden (z. B. + SA)

3) Um Verwechslungen zu vermeiden (Tabelle 1 und Tabelle 2), kann der Buchstabe T vorangestellt werden (z. B. + TA)

4) Mit nachfolgender dreistelliger Ziffer zur Kennzeichnung der Mindestzugfestigkeit

5) Mit nachfolgender dreistelliger Ziffer zur Kennzeichnung der Mindestdehngrenze

Tabelle 3: Symbole für den Behandlungszustand (DIN EN 10027-1)[1)]

Symbol[3)]	Bedeutung
+ A	Weichgeglüht
+ AC	Geglüht zur Erzielung kugeliger Carbide
+ AR	Wie gewalzt, ohne besondere Walz- und/oder Wärmebehandlungsbedingungen
+ AT	Lösungsgeglüht
+ C	Kaltverfestigt (z. B. durch Walzen oder Ziehen)
+ C[4)]	Kaltverfestigt auf die angegebene Mindestzugfestigkeit in MPa
+ CP[5)]	Kaltverfestigt auf die angegebene Mindestdehngrenze (0,2 % Dehngrenze)
+ CR	Kaltgewalzt
+ DC	Lieferzustand dem Hersteller überlassen
+ FP	Behandelt auf Ferrit-Perlit-Gefüge und Härtespanne
+ HC	Warm-kalt-geformt
+ I	Isothermisch behandelt
+ LC	Leicht kalt nachgezogen bzw. leicht nachgewalzt (Skin passed)
+ M	Thermomechanisch umgeformt
+ N	Normalgeglüht oder normalisierend umgeformt
+ NT	Normalgeglüht oder angelassen
+ P	Ausscheidungsgehärtet
+ Q	Abgeschreckt
+ QA	Luftgehärtet
+ QO	Ölgehärtet
+ QT	Vergütet
+ QW	Wassergehärtet
+ RA	Rekristallisationsgeglüht
+ S	Behandelt auf Kaltscherbarkeit
+ SR	Spannungsarmgeglüht
+ T	Angelassen
+ TH	Behandelt auf Härtespannung
+ U	Unbehandelt
+ WW	Warmverfestigt

3.13.1.2 Kennzeichnung der Stähle nach der chemischen Zusammensetzung

Stähle, die einer Wärmebehandlung unterzogen werden, erhalten in der Regel eine Kennzeichnung entsprechend ihrer chemischen Zusammensetzung. Dabei werden je nach Stahlsorte vier verschiedene Kennzeichnungsarten unterschieden:

- Unlegierte Stähle mit Mn < 1 % (außer Automatenstähle),
- Unlegierte Stähle mit mittlerem Mn-Gehalt ≥ 1 %, unlegierte Automatenstähle, legierte Stähle (ausgenommen Schnellarbeitsstähle) mit Legierungsgehalten der einzelnen Elemente < 5 %,
- Legierte Stähle mit Legierungsgehalten mindestens eines Elements ≥ 5 %,
- Schnellarbeitsstähle.

Diese Gruppen werden nachfolgend mit Beispielen erläutert.

a) Unlegierte Stähle mit Mn < 1% (außer Automatenstähle)

Stähle gelten, wie gezeigt, als unlegiert, wenn die in **Tabelle 1, Seite 129** genannten Grenzgehalte von keinem Element überschritten werden. Die Kennzeichnung dieser Stähle beginnt mit dem Kennbuchstaben „C", gefolgt von der Kohlenstoffkennziffer, die den 100-fachen Wert des mittleren prozentualen Kohlenstoffgehalts des vorgeschriebenen Bereichs angibt.

Wenn erforderlich, können auch hier die in **Tabelle 1 bis 3, Seite 151** aufgelisteten Zusatzsymbole für Stähle oder Stahlerzeugnisse angehängt werden. **Bild 1** zeigt ein Beispiel mit ausführlicher Erläuterung, weitere Beispiele sind:

- **C35E** Unlegierter Stahl mit 0,35 % C und vorgeschriebenem maximalem Schwefelgehalt,
- **C8E2W** Unlegierter Stahl mit 0,08 % C mit einem Schwefelgehalt von maximal 0,02 %, für Schweißdraht,
- **GC25E** Unlegierter Stahlguss mit 0,25 % C und vorgeschriebenem maximalem Schwefelgehalt.

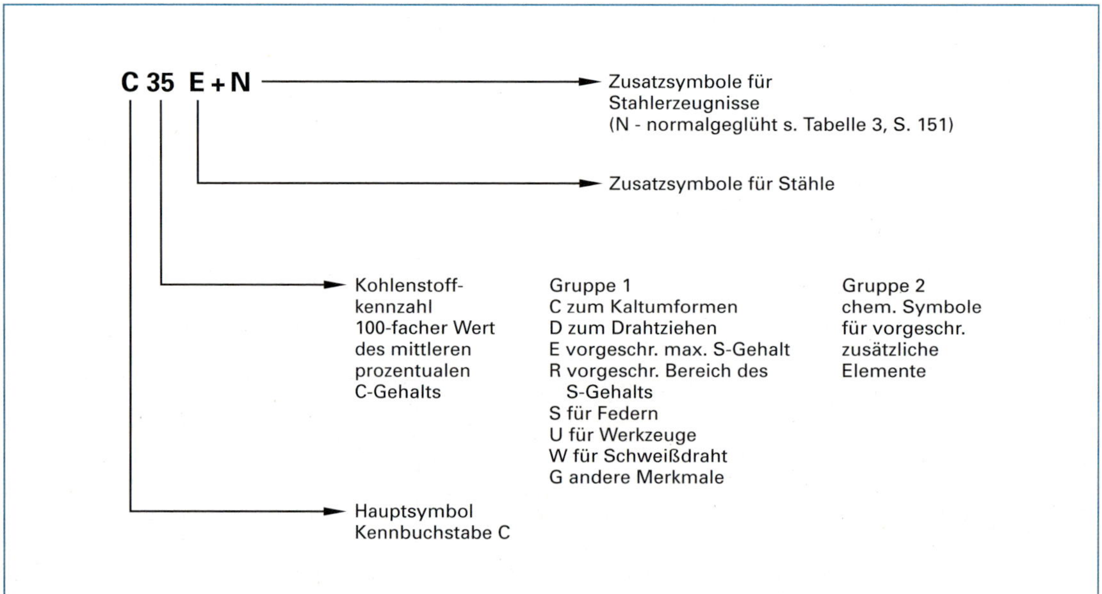

Bild 1: Kennzeichnung unlegierter Stähle mit mittlerem Mn-Gehalt < 1 % (Beispiel)

b) Unlegierte Stähle mit mittlerem Mn-Gehalt ≥ 1 %, unlegierte Automatenstähle, legierte Stähle (ausgenommen Schnellarbeitsstähle) mit Legierungsgehalten der einzelnen Elemente < 5 %

Die Stähle dieser Gruppe haben keinen vorangestellten Kennbuchstaben. Die Bezeichnung beginnt hier mit der Kohlenstoffkennziffer, die wiederum den 100-fachen Wert des mittleren prozentualen Kohlenstoffgehalts angibt. Es folgen die chemischen Symbole der Hauptlegierungsbestandteile, die nach abnehmendem Gehalt bzw. bei gleichem Gehalt in alphabetischer Reihenfolge geordnet werden. Daran schließen sich die mit vorgegebenen Faktoren multiplizierten und durch Bindestriche voneinander getrennten Legierungskennzahlen an. Die entsprechenden Faktoren der einzelnen Elemente sind **Bild 1** zu entnehmen. Hintergrund dieser Multiplikation ist es, möglichst ganze Kennzahlen anzugeben. Zusatzsymbole sind für Stahlerzeugnisse möglich, nicht aber für die Stähle selbst.

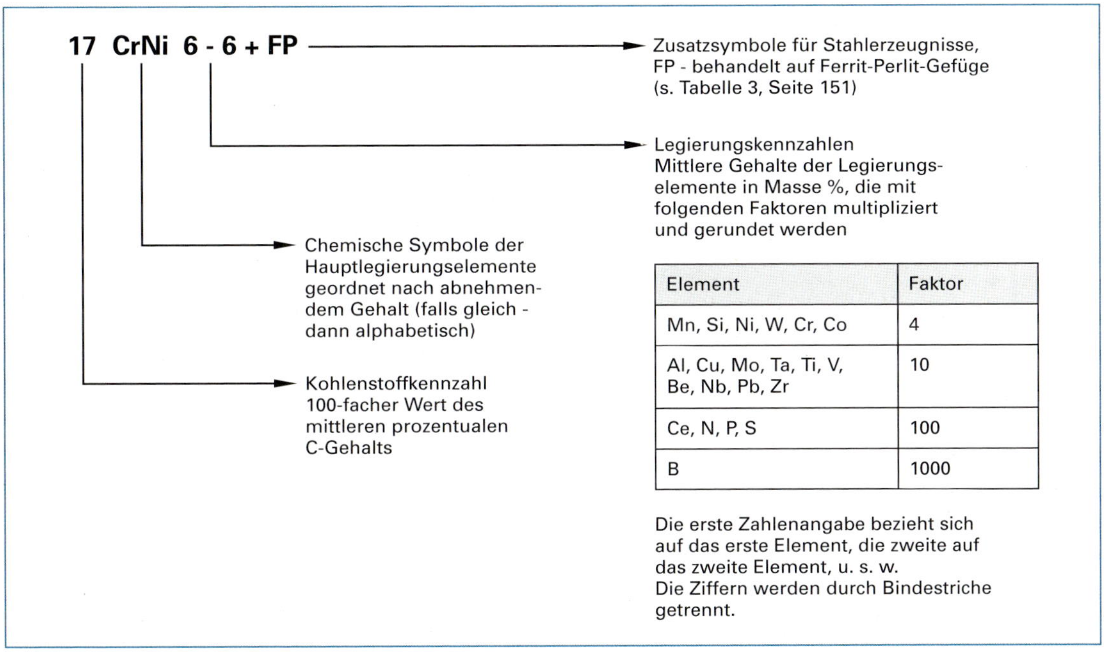

Element	Faktor
Mn, Si, Ni, W, Cr, Co	4
Al, Cu, Mo, Ta, Ti, V, Be, Nb, Pb, Zr	10
Ce, N, P, S	100
B	1000

Bild 1: Kennzeichnung legierter Stähle, u. a. mit Legierungsgehalten der einzelnen Elemente < 5 % (Beispiel)

Bild 1 zeigt ein Beispiel mit ausführlicher Erläuterung, weitere Beispiele sind:

- **41CrMo4** Legierter Stahl mit 0,41 % C und 1 % Cr sowie Anteile an Mo,
- **10MnMoCrV4-7** Legierter Stahl mit 0,10 % C und 1 % Mn, 0,7 % Mo sowie Anteile an Cr und V,
- **15SPb22** Legierter Stahl mit 0,15 % C und 0,22 % S sowie Anteile an Pb,
- **G12CrMo9-10** Legierter Stahlguss mit 0,12 % C und 2,25 % Cr sowie 1 % Mo.

c) Legierte Stähle mit Legierungsgehalten mindestens eines Elements ≥ 5 %

In dieser Gruppe sind die hochlegierten Stahlsorten erfasst. Um dies zu kennzeichnen, beginnen die Kennzeichnungen hier immer mit dem Kennbuchstaben **„X“**. Es folgt die Kohlenstoffkennziffer, die wiederum den 100-fachen Wert des mittleren prozentualen Kohlenstoffgehalts angibt. Es schließen sich die chemischen Symbole der Hauptlegierungsbestandteile, die auch hier nach abnehmendem Gehalt bzw. bei gleichem Gehalt in alphabetischer Reihenfolge geordnet werden, an. Dann folgen die prozentualen Gehalte der einzelnen Legierungselemente, die hier aber die tatsächlichen Gehalte (in Masse-%) sind. Zusatzsymbole sind für Stahlerzeugnisse möglich, nicht aber für die Stähle selbst.

Bild 1 zeigt ein Beispiel mit ausführlicher Erläuterung, weitere Beispiele sind:

- **X2CrAlTi18-2** Legierter Stahl mit 0,02 % C, 18 % Cr, 2 % Al und Anteile an Ti,
- **X12CrMnNiN17-7-5** Legierter Stahl mit 0,12 % C, 17 % Cr, 7 % Mn, 5 % Ni und N,
- **GX2CrNiMnMoNNb21-16-5-3** Legierter Stahlguss mit 0,02 % C, 21 % Cr, 16 % Ni, 5 % Mn, 3 % Mo und Anteile an N und Nb.

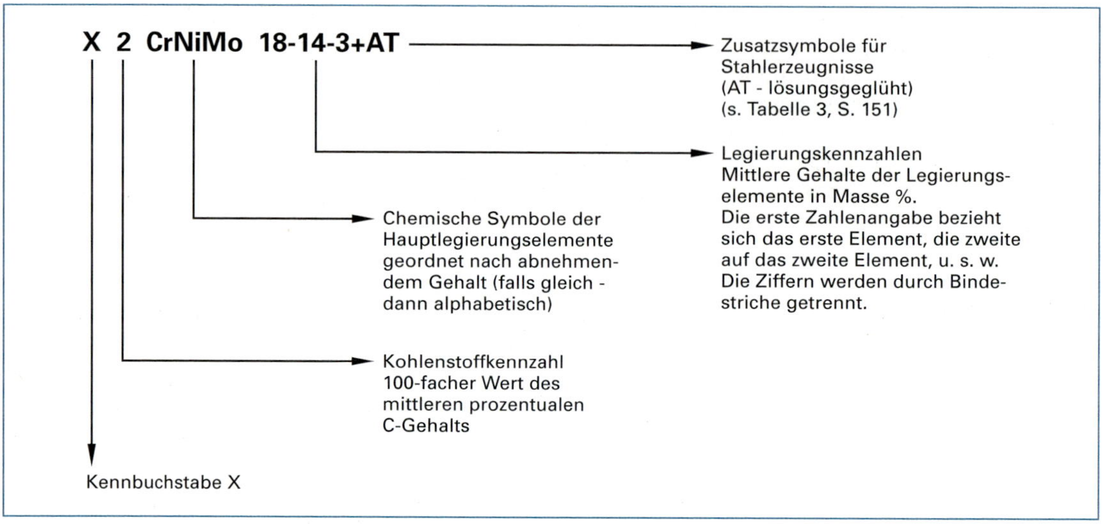

Bild 1: Kennzeichnung nichtrostender Stähle und anderer legierter Stähle (ausgenommen Schnellarbeitsstähle) mit mittlerem Legierungsgehalt mindestens eines Elements ≥ 5%

d) Schnellarbeitsstähle

Schnellarbeitsstähle haben eine eigene Systematik, die von der bisher erläuterten abweicht. Die Kurznamen beginnen hier mit dem Kennzeichen „HS", an das sich die prozentualen Gehalte der Legierungselemente Wolfram, Molybdän, Vanadium und Cobalt – in dieser Reihenfolge – anschließen. Zusatzsymbole sind bei Stahlerzeugnissen möglich. **Bild 2** zeigt ein Beispiel.

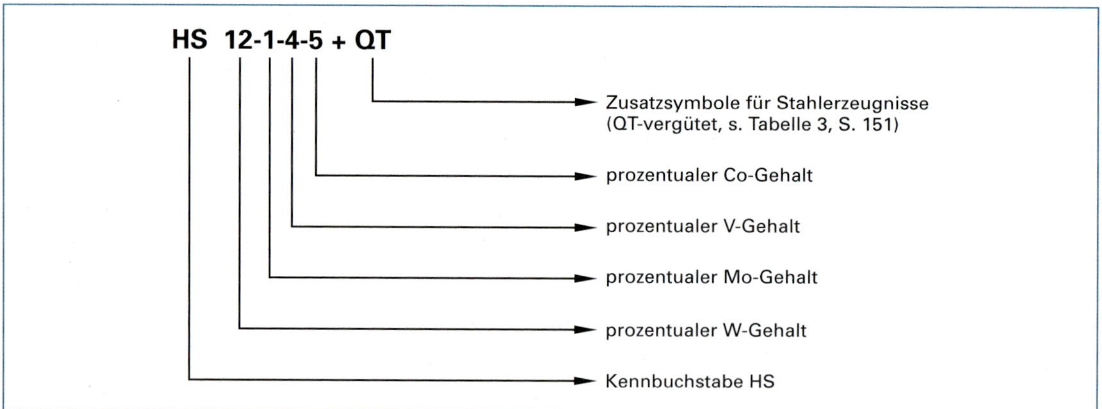

Bild 2: Kennzeichnung von Schnellarbeitsstählen (Beispiel)

> Stähle, die für eine Wärmebehandlung vorgesehen sind, werden mit **Kurznamen** gekennzeichnet, die sich auf die Zusammensetzung des Stahls beziehen.

3.13.2 Kennzeichnung der Stähle mit Werkstoffnummern

Die Kennzeichnung von Stählen durch Werkstoffnummern erfolgt gemäß DIN EN 10027-2. Die Werkstoffnummern werden durch die Europäische Stahlregistratur vergeben. Die Systematik gilt für

- **Knetlegierungen** (Formgebung durch zum Umformen, d. h. Stahl) und
- **Gusslegierungen** (Formgebung durch Gießen, Gusseisen).

Den Aufbau der Werkstoffnummer zeigt **Bild 1**. **Tabelle 1** enthält beispielhaft die Gegenüberstellung zu den bisher erläuterten Kurznamen.

Nach der früheren DIN übliche Anhängezahlen zur Kennzeichnung des Stahlerzeugungsverfahrens oder des Behandlungszustandes sind nicht mehr vorgesehen.

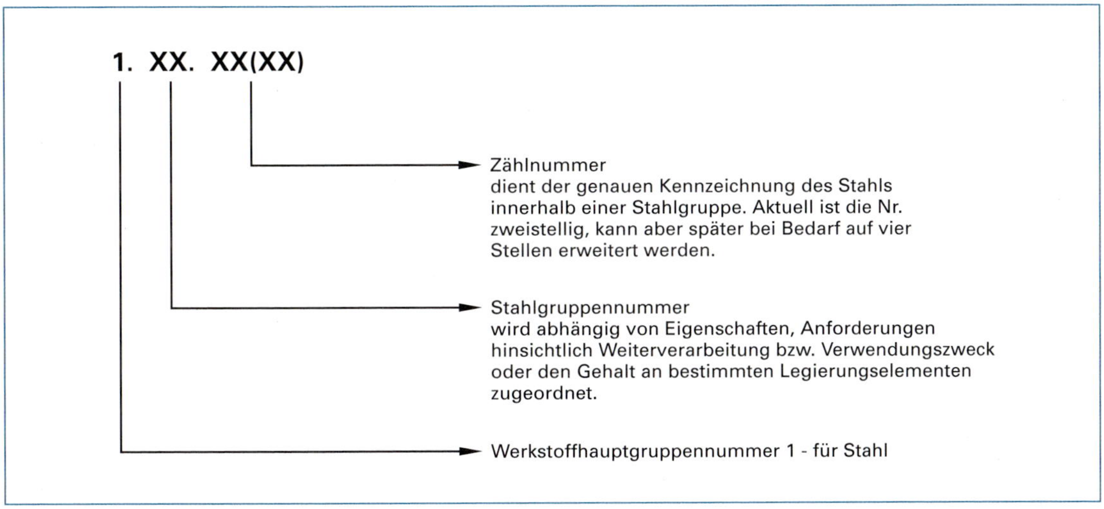

Bild 1: Schema der Stahlnormung durch Werkstoffnummern

Tabelle 1: Beispiele für die Stahlnormung durch Werkstoffnummern und Kurznamen (Gegenüberstellung)

Werkstoffnummer DIN EN 10027-2	Kurzname DIN EN 10027-1	Eigenschaften/Zusammensetzung des Werkstoffs, soweit aus der Werkstoffnummer zu entnehmen
1.0546	S355NL	Unlegierter Qualitätsstahl mit 0,25 % ≤ C < 0,55 % sowie einer Zugfestigkeit zwischen 500 MPa und 700 MPa
1.1181	C35E	Baustahl (unlegierter Edelstahl) mit C < 0,5 %
1.6582	34CrNiMo6	Cr-Ni-Mo-Stahl (legierter Edelstahl) mit Mo < 0,4 % und Ni ≤ 2 %
1.4465	X1CrNiMoN25-25-2	Nichtrostender Stahl (legierter Edelstahl) mit Ni ≥ 2,5 % und mit Zusätzen an Molybdän, ohne Niob und Titan
1.3265	HS18-1-2-10	Schnellarbeitsstahl mit Zusätzen an Cobalt

Werkstoffnummern werden für Stähle durch die Europäische Stahlregistratur vergeben.

3.13.3 Kennzeichnung von Gusseisen

Die Normung von Gusseisenwerkstoffen durch Kurzzeichen und Werkstoffnummern erfolgt nach DIN EN 1560. Eine Bezeichnung mit Kurznamen und Werkstoffnummern ist möglich.

a) Kurznamen

Die **Bilder 1** und **2** verdeutlichen die Bildung von Kurznamen für Gusseisen. Beispiele sind:

- **EN-GJMB-450-6** Temperguss, nichtentkohlend geglüht (schwarzer Temperguss), Mindestzugfestigkeit 450 MPa, Mindestbruchdehnung 6 %
- **EN-GJL-250C** Gusseisen mit Lamellengrafit (Grauguss), Mindestzugfestigkeit 250 MPa, einem Gussstück entnommenes Probestück
- **EN-GJMW-450-7S-D** Temperguss, entkohlend geglüht (weißer Temperguss), Mindestzugfestigkeit 450 MPa, Mindestbruchdehnung 7 %, getrennt gegossenes Probestück, Rohgussstück

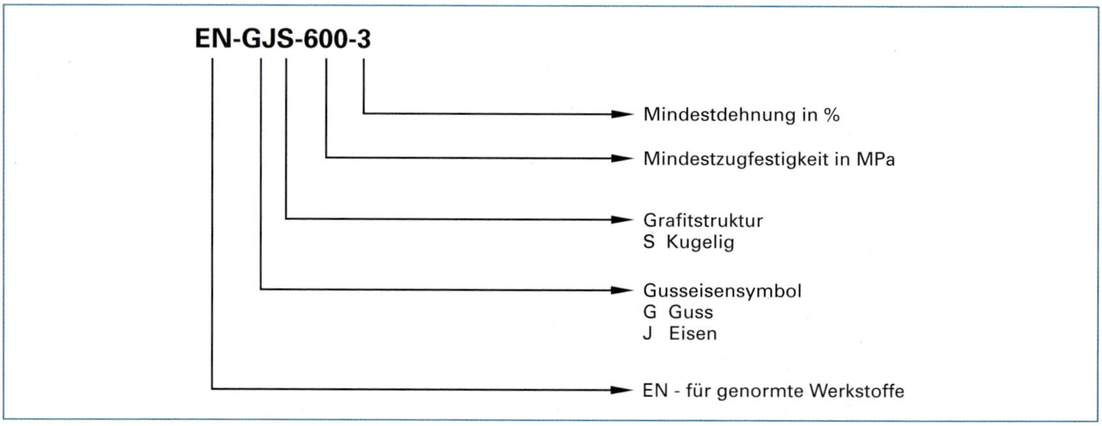

Bild 1: Kennzeichnung von Gusseisenwerkstoffen durch Kurznamen nach DIN EN 1560, Kugelgrafit

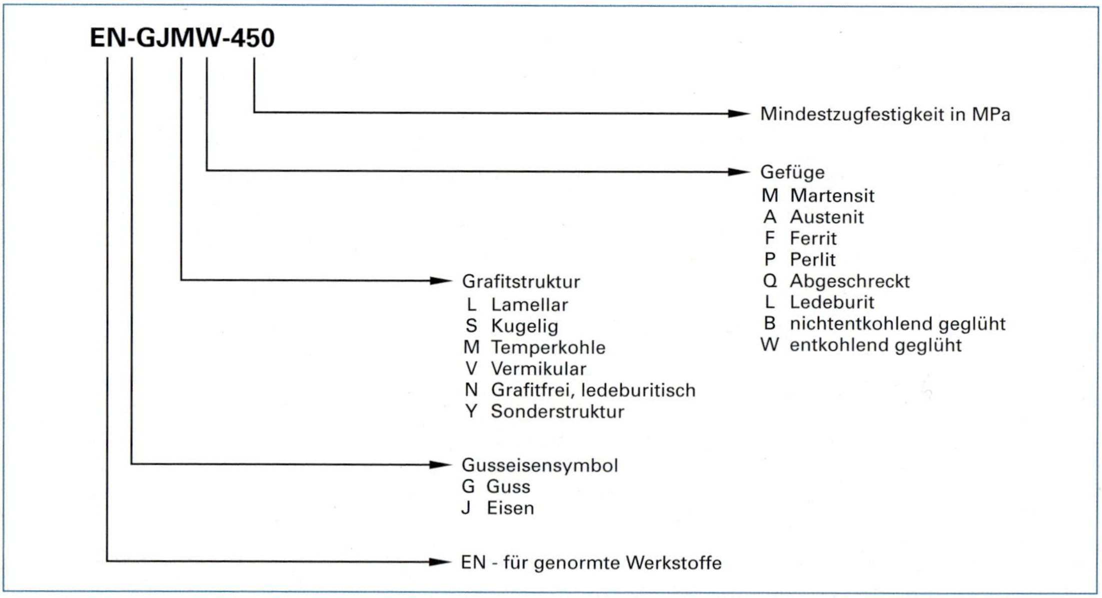

Bild 2: Kennzeichnung von Gusseisenwerkstoffen durch Kurznamen nach DIN EN 1560, Temperguss

- **EN-GJS-400-18-LT** Gusseisen mit Kugelgrafit, Mindestzugfestigkeit 400 MPa, Mindestbruchdehnung 18 %, geforderte Mindestwerte der Kerbschlagarbeit bei tiefen Temperaturen
- **EN-GJL-XNiMn13-7** Legiertes Gusseisen mit Lamellengrafit, wesentliche Legierungsbestandteile: 13 % Ni und 7 % Mn

b) Werkstoffnummern

Bild 1 verdeutlicht die Systematik der Normung von Gusseisenwerkstoffen durch Werkstoffnummern nach DIN EN 1560. Beispiele sind:

- **EN-JS1100** Gusseisen mit Kugelgrafit, Hauptmerkmal: Zugfestigkeit, keine besonderen Anforderungen.
- **EN-JM1010** Temperguss, Hauptmerkmal: Zugfestigkeit, keine besonderen Anforderungen.
- **EN-JN2019** Hartguss, Hauptmerkmal: Härte, in der Bestellung spezifizierte zusätzliche Anforderungen oder Kombinationen von in der Werkstoffnorm festgelegten einzelnen Anforderungen.

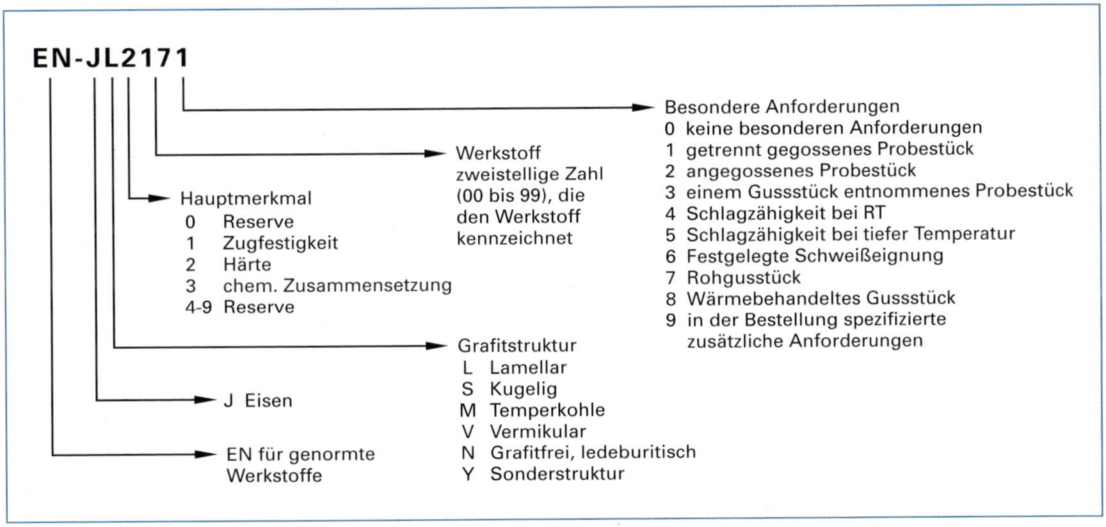

Bild 1: Kennzeichnung von Gusseisenwerkstoffen durch Werkstoffnummern nach DIN EN 1560, Lamellengrafit

Gusseisensorten werden mit Kennzeichen oder Werkstoffnummern benannt.

Aufgaben

1. Geben Sie eine Erklärung für folgende Stahlkennzeichnungen:
   - E355+AR
   - S275N
   - Y1770C
   - 42CrMo4
   - R359 GHT
   - 16NiCr4
   - X4CrNi18-12
   - 34Cr4
   - C60E
   - X2CrNiMo18-14-3
2. Was verstehen Sie unter einer Werkstoffnummer?
3. Welche Stähle werden nach Verwendung gekennzeichnet, welche hingegen nach der chemischen Zusammensetzung?
4. Wie werden Gusseisensorten gekennzeichnet?
5. Geben Sie eine Erklärung für folgende Kurzzeichen:
   - GJL
   - GJMN
   - GJS
   - GJV
   - GJMB

3.14 Nichteisenmetalle

Bisher wurden die Eisenbasiswerkstoffe – Stahl und Gusseisen – betrachtet, die sich vom Element Eisen ableiten. Sie werden mitunter auch als Schwarzmetalle bezeichnet.

Nichteisen- oder Buntmetalle sind die anderen metallischen Elemente des Periodensystems. Metalle sind alle Elemente, die links einer gedachten Linie von Bor zu Astat stehen. Jedoch haben nicht alle Metalle Bedeutung als Konstruktionswerkstoff. Einige Metalle finden sich in sehr speziellen Anwendungen, beispielsweise in der Mikroelektronik, der Solartechnik, in Schmuck und Münzen oder als unverzichtbares Legierungselement der wichtigen Konstruktionsmetalle.

> Werkstoffe, die auf dem Element Eisen basieren, werden mitunter als **Schwarzmetalle** bezeichnet. Alle anderen Metalle gehören hingegen zur Gruppe der **Nichteisen- oder NE-Metalle**. Sie werden auch unter dem Begriff **Buntmetalle** zusammengefasst.

Die heute wichtigsten Konstruktionsmetalle aus dem Nichteisenbereich sind Aluminium und Kupfer. Steigende Bedeutung im Konstruktionsbereich erlangen derzeit auch Titan und Magnesium. Diese Metalle sollen nachfolgend etwas genauer vorgestellt werden.

3.14.1 Aluminium und Aluminiumlegierungen

Aluminium ist das dritthäufigste Element und mit einem Anteil von 8,2 % das häufigste **Metall** in der **Erdkruste**. Damit liegt es noch vor Eisen, das mit 5,6 % Platz vier belegt.

Nach Stahl ist Aluminium das am häufigsten verwendete Konstruktionsmetall. Die Ursachen dafür liegen in der Vielfalt der Werkstoffeigenschaften und der Möglichkeit, diese gezielt zu kombinieren. So findet sich Aluminium mit seinen Legierungen in den verschiedensten Anwendungsbereichen, insbesondere im Verkehrsbereich. Hierfür spricht vor allem die auch bei Legierungen geringe **Dichte** von 2,7 g/cm^3 (Wert für reines Aluminium). Mit dieser Dichte, die deutlich unterhalb des Grenzwertes von 4,5 g/cm^3 liegt, gehört Aluminium zu den **Leichtmetallen**.

Weitere wichtige Anwendungsfelder für Aluminium sind der Bausektor, der Maschinenbau, die Elektrotechnik und die Verpackungsindustrie.

Die wichtigsten Eigenschaften, die Aluminium neben der geringen Dichte in vielen Fällen zum optimalen Werkstoff machen, sind:

- die günstigen **Festigkeitseigenschaften** (Mindestzugfestigkeiten von etwa 60 N/mm^2 bis etwa 530 N/mm^2),
- die ausgezeichnete **Umformbarkeit** (Aluminium hat ein kfz-Gitter),
- die gute **Gießbarkeit**,
- die gute **Spanbarkeit**,
- die gute **Eignung zum Fügen**,
- die gute **chemische Beständigkeit**,
- die vielseitige **Oberflächenbehandelbarkeit**,
- die hohe **elektrische Leitfähigkeit**,
- die hohe **Wärmeleitfähigkeit**,
- die **gesundheitliche Unbedenklichkeit**.

Angesichts der großen Bedeutung und auch der großen Häufigkeit des Elementes auf der Erde ist es kaum vorstellbar, dass Aluminium noch ein sehr junges Metall ist, dessen industrielle Produktion erst vor rund 130 Jahren begann. Zur Herstellung von Aluminium ist Strom in großen Mengen notwendig, die erst gegen Ende des 19. Jahrhunderts zur Verfügung standen.

Doch von Anfang an überzeugte Aluminium als Werkstoff, sodass Forschungen in zahlreiche Richtungen begannen und auch aktuell stetig fortgeführt werden. So steht Aluminiumanwendern heute eine große Zahl Aluminiumlegierungen zur Verfügung, aus der sich für nahezu jeden Einsatzfall eine optimale Lösung finden lässt.

Metalle, deren Dichte unter einem Grenzwert von 4,5 g/cm³ liegt, werden als **Leichtmetalle** bezeichnet. Aluminium ist mit einer Dichte von 2,7 g/cm³ daher ein typisches Leichtmetall.

Gewinnung von Aluminium

Für die Aluminiumgewinnung steht ein praktisch unerschöpfliches Rohstoffpotenzial zur Verfügung. Bis heute wird als Rohstoff fast ausschließlich Bauxit als Aluminium-Reicherz mit 20 bis 30 Masse-% Aluminium eingesetzt. **Bauxit** erhielt seinen Namen nach Les Baux, seinem ersten Fundort in Südfrankreich. Hierbei handelt es sich um eine Tonerde, die wasserhaltiges Aluminiumoxid enthält. Die vermessenen, abbauwürdigen Bauxitreserven der Erde betragen über 16 Mrd. t. Dazu kommen noch geschätzte 17 Mrd. t. Heutige Hauptfördergebiete sind Australien, Südamerika und Afrika.

Die Gewinnung von Aluminium erfolgt in zwei Schritten:

- Zunächst wird im **Bayer-Verfahren** aus Bauxit Aluminiumoxid Al_2O_3 gewonnen. Dazu wird Bauxit gemahlen und mit Natronlauge (NaOH) aufgeschlossen (gelöst). Es folgen verschiedene Trennungs-, Filter- und Trocknungsschritte.
- Dann wird aus dem Aluminiumoxid in einer Schmelzflusselektrolyse Aluminium gewonnen (siehe Bild 1, Seite 32).

Das in der Elektrolyse gewonnene Aluminium hat einen Reinheitsgrad von 99,0 % bis 99,9 %. Es wird als **Hüttenaluminium** bezeichnet. In dieser Form dient es zur Herstellung von Halbzeug und von Aluminiumlegierungen.

Bild 1: Makroschliff von Reinaluminium, Abguss von 950 °C

3.14.1.1 Reines Aluminium

Aluminium kann in einer weiteren Elektrolyse noch weiter gereinigt werden, so dass **Reinstaluminium** mit einem Reinheitsgrad von mehr als 99,9 % erhalten wird. Sehr reines Aluminium wird hauptsächlich in der Elektronik angewendet, z. B. als Leiterbahn auf Schaltkreisen. Zudem findet es sich in Elektrolytkondensatoren, bestimmten Speichermedien (Festplatten von PCs) sowie als reflektierende Bedampfung von CDs und DVDs.

Der Makroschliff eines sehr reinen Aluminiums im **Bild 1** zeigt relativ große Körner. Mit steigendem Reinheitsgrad nehmen die Zugfestigkeit, die 0,2-Grenze und die Härte **(Tabelle 1)** ab, während die Dehnung zunimmt.

Aluminium kristallisiert kubisch-flächenzentriert und lässt sich daher hervorragend verformen. Es hat interessante physikalische Eigenschaften, insbesondere eine hervorragende Leitfähigkeit für elektrischen Strom und Wärme **(Tabelle 2)**. Beide nehmen mit der Reinheit zu. Der Ausdehnungskoeffizient bei Erwärmung ist relativ groß. Die Schmelztemperatur ist mit 660 °C im Vergleich zum Stahl (vgl. Eisen 1535 °C) relativ niedrig.

Chemisch ist reines Aluminium sehr gut beständig, da es sich mit einer festhaftenden Oxidschicht (Dicke etwa 0,0001 mm) überzieht, die das darunterliegende Metall vor weiterem Angriff schützt. Wie beim rostfreien Edelstahl „heilt" sich das Metall auch hier selbst: Wird die Oxidschicht verletzt, bildet sie sich neu und bewirkt dann wieder einen wirksamen Schutz (Bild 1, Seite 167).

Tabelle 1: Mechanische Eigenschaften von Reinstaluminium

Eigenschaft	Reinstaluminium (99,99 % Al)
Elastizitätsmodul E	70 KN/mm² = GPa
Streckgrenze $R_{p0,2}$	9,81 … 24,5 MPa 68,7 … 98,1 MPa
Zugfestigkeit R_m	39…49 MPa (weich) 88…117,7 MPa (hart)
Bruchdehnung A	30 … 45 % (weich) 1 … 3 % (hart)
Brucheinschnürung Z	97 … 99 % (weich) 85 … 90 % (hart)

Tabelle 2: Physikalische Eigenschaften von Reinstaluminium

Eigenschaft	Wert	Einheit
elektrische Leitfähigkeit	37,67	m/Ωmm²
spezifischer elektrischer Widerstand	$2{,}655 \cdot 10^{-8}$	Ωm
Wärmeleitfähigkeit	235	W/mK
Dichte	2,6989	g/cm³
Mittl. linearer Ausdehnungskoeffizient (20 °C – 100 °C)	$23{,}6 \cdot 10^{-6}$	1/K

Reines Aluminium ist sehr weich, lässt sich sehr gut verformen und hat eine gute Leitfähigkeit für Wärme und elektrischen Strom. Die chemische Beständigkeit ist aufgrund der Bildung einer oxidischen, festhaftenden Deckschicht sehr gut.

3.14.1.2 Aluminiumlegierungen

Reines Aluminium ist für Konstruktionsanwendungen viel zu weich. Die Festigkeit lässt sich aber durch das Legieren (Hinzufügen anderer geeigneter Elemente) deutlich steigern.

Ein Blick auf die genormten Aluminiumwerkstoffe in **Bild 1** zeigt, welche **Legierungselemente** bevorzugt verwendet werden. Wie aus **Bild 1** ersichtlich, werden Aluminiumwerkstoffe nach Knet- und Gusslegierungen unterschieden und auch dementsprechend gesondert genormt.

- Bei **Knetlegierungen** steht die plastische Verformbarkeit im Vordergrund,
- Bei **Gusslegierungen** sind das Formfüllungsvermögen und die Vergießbarkeit die wichtigsten Kriterien.

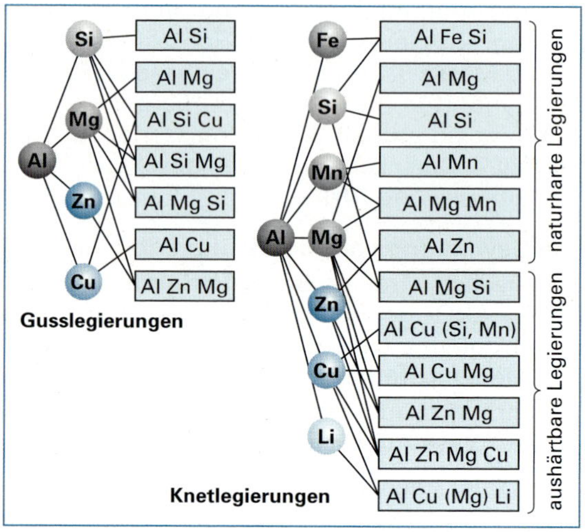

Bild 1: Typen von Aluminiumlegierungen

Um diese Forderungen zu erfüllen, unterscheiden sich beide Gruppen stark im Legierungsgehalt: Während Gusslegierungen Legierungsgehalte von 12 % bis 14 % aufweisen können, liegen Knetlegierungen in ihren Legierungsgehalten mit max. 5 % deutlich darunter.

Knetlegierungen werden zunächst zu Blöcken oder Bändern vergossen und anschließend im warmen Zustand durch Walzen, (Strang-)Pressen, Schmieden usw. weiterverarbeitet. Sie sind gut verformbar und haben eine mittlere bis hohe Festigkeit.

Gusslegierungen dienen zur Fertigung von Formgussteilen, wie z. B. Motorblöcken und Getriebegehäusen.

Nach Art der erreichbaren Festigkeitssteigerung wird in den beiden Gruppen nochmals weiter unterschieden – in nichtaushärtbare (auch „naturharte") Legierungen und aushärtbare Legierungen.

Nichtaushärtbare Legierungen werden im „naturharten", d. h. im Herstellungszustand, eingesetzt. Die im Vergleich zum Reinaluminium höhere Festigkeit wird durch Fremdatome (Mischkristallverfestigung) und ggf. durch Kaltverfestigung verursacht. Hierzu gehören vor allem Legierungen des Typs Al-Mn und Al-Mn-Mg. Sie haben technisch große Bedeutung, u. a. als Verpackungswerkstoff. Ein gut bekanntes Beispiel für diese Legierungsgruppe sind Aluminiumgetränkedosen.

Aushärtbare Legierungen sind härtbar. Die Steigerung der Festigkeit wird aber nicht wie beim Härten von Stahl durch eine Gefügeumwandlung während des Abschreckens aus der Härtetemperatur verursacht, sondern durch die Ausscheidung von Fremdatomen aus dem mit bestimmten Legierungselementen übersättigten Grundwerkstoff nach einem Glüh- und Abschreckvorgang. Darum spricht man auch von **„Ausscheidungshärtung"** bzw. kurz von **„Aushärtung"** (vgl. dazu 3.14.1.4).

Aluminiumlegierungen werden in Knet- und Gusslegierungen unterteilt. Innerhalb der Gruppen wird, je nachdem, wie eine Festigkeitssteigerung erreicht wird, in „aushärtbare" und „nichtaushärtbare" Legierungen unterschieden.

Eine Übersicht über die Legierungstypen enthält **Bild 1**.

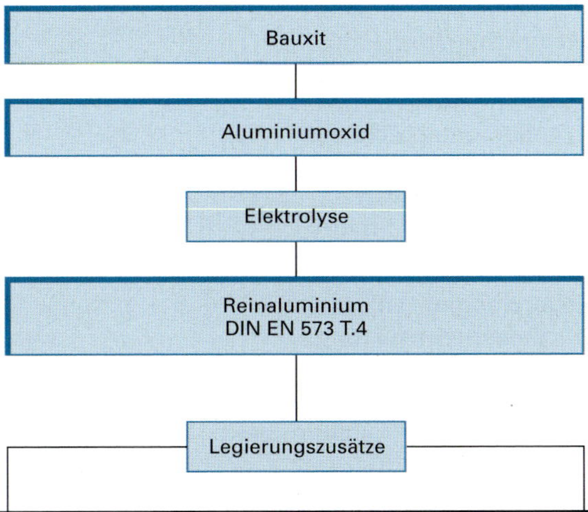

Knetlegierungen DIN EN 573 T.3 W – für wrought alloy		**Gusslegierungen DIN EN 1706** C – für casting alloy	
Angaben nach chemischer Zusammensetzung und Nummernsystem			
aushärtbar	nicht aushärtbar	aushärtbar	nicht aushärtbar
EN AW-AlCu4Mg1 EN AW-2024	EN AW-AlMn1 EN AW-3003	EN AC-AlMg3 (a) EN AC-51100	EN AC-AlSi6Cu4 EN AC-45000
EN AW-AlMgSi EN AW-6005	EN AW-AlMg5 EN AW-5019	EN AC-AlMg5 EN AC-51300	EN AC-AlSi5Cu3Mg EN AC-451000
EN AW-AlZn4,5Mg1,5Mn EN AW-7005	EN AW-AlMg1Mn1 EN AW-3004	EN AC-AlSi10Mg (a) EN AC-43000	EN AC-AlSi9Cu3 (Fe) EN AC-46000
EN AW-AlZn5Mg3Cu EN AW-7022	EN AW-AlFeSi (A) EN AW-8011A	EN AC-AlZn5Mg EN AC-71000	EN AC-AlSi7Cu3Mg EN AC-46300

Bild 1: Legierungstypen des Aluminiums mit ausgewählten Beispielen

3.14.1.3 Benennung und Normung von Aluminiumlegierungen

Zur zweifelsfreien Bezeichnung müssen außer der Halbzeugart (Blech, Band, Rohr, Draht usw.) und den Abmessungen auch der Werkstoff und der Werkstoffzustand (meist die Festigkeit) angegeben werden. Nach dem Europäischen Normensystem werden Knetlegierungen nach der Norm DIN EN 573 bezeichnet. Für Gusslegierungen gilt die Norm DIN EN 1706.

Die Kurzzeichen nach DIN EN 573 und DIN 1706

In den Normen werden Aluminiumlegierungen nach ihrem Verwendungszweck erfasst. Das Symbol einer Legierung besteht immer aus dem Kürzel EN A (für **E**uropäische **N**orm **A**luminium), gefolgt von einem weiteren Buchstaben:

- **C** (für **C**astings/Gussstücke DIN EN 1706),
- **W** (für **W**rought alloys/Knetlegierungen, DIN EN 573).

Knetlegierungen EN AW

Knetlegierungen werden durch Umformen = „Kneten" (Walzen, Strangpressen, Ziehen, Biegen, Schmieden) zu Halbzeug verarbeitet; hierzu gehören Reinstaluminium, Reinaluminium und Aluminiumlegierungen. Die Lieferung erfolgt meistens in Stranggussformaten (Bolzen, Blöcken oder Gießband).

Knetwerkstoffe werden entsprechend DIN EN 573.3 nach einem **Nummernsystem** gekennzeichnet **(Bild 1)**. Hier gibt jeweils die erste Ziffer Aufschluss über die wichtigsten Legierungselemente, wobei die Hauptlegierungselemente an der ersten Nummer abgelesen werden können. **Tabelle 1** zeigt die dementsprechend genormten Reihen von Aluminiumlegierungen, die je nach den wichtigsten Legierungen zusammengestellt wurden. Weitere Nummern kennzeichnen die spezielle Legierung.

Daneben sind auch Bezeichnungen entsprechend der **chemischen Zusammensetzung** möglich. In diesem Fall werden die wichtigsten Legierungselemente genannt. Zusätzlich kann über eine Kennzahl der Werkstoffzustand angegeben werden **(siehe Tabelle 2, Seite 163)**.

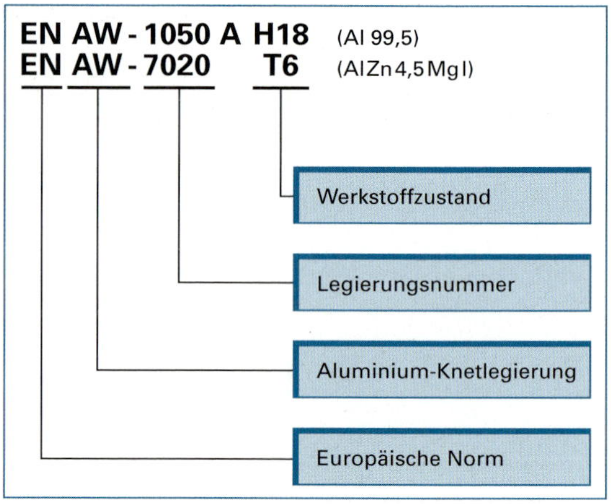

Bild 1: Aufbau der Legierungsbezeichnung einer Aluminiumknetlegierung

Tabelle 1: Halbzeuge, Knetlegierungen nach DIN EN 573.3

Reihe EN AW	Legierungstyp	Beispiele	
		Numerisch	Chem. Symbol
1xxx	Rein- und Reinstaluminium	EN AW-1050A	EN AW-Al99,5
2xxx	Al + Cu (Mg, Pb, Bi)	EN AW-2017A	EN AW-AlCu4MgSi(A)
3xxx	Al + Mn(Mg)	EN AW-3103	EN AW-AlMn1
4xxx	Al + Si	EN AW-4007	EN AW-AlSi1,5Mn
5xxx	Al + Mg (Mn)	EN AW-5005A	EN AW-AlMg1(C)
6xxx	Al + Mg + Si	EN AW-6060	EN AW-AlMgSiO,5
7xxx	Al + Zn + (Mg) + (Cu)	EN AW-7020	EN AW-AlZn4,5Mg1
8xxx	Al + Elemente, die in den anderen Gruppen nicht erfasst sind (z. B. Li, Fe)	EN AW-8006	EN AW-AlFe1,5Mn

Gusslegierungen DIN EN 1706

Gusslegierungen werden durch Gießen (z. B. Sand-, Kokillen- oder Druckguss) zu Formgussstücken verarbeitet. Auch für Gusslegierungen ist neben der Bezeichnung nach der **chemischen Zusammensetzung** ein **Nummernsystem** üblich **(Bild 2)**. Im Gegensatz zu Knetlegierungen werden jedoch fünf Ziffern verwendet, wobei die ersten beiden Zahlen Aufschluss über die wesentlichen Legierungspartner geben. Auch hier kennzeichnen weitere Ziffern die spezielle Legierung, wie in **Tabelle 1, Seite 163)** gezeigt.

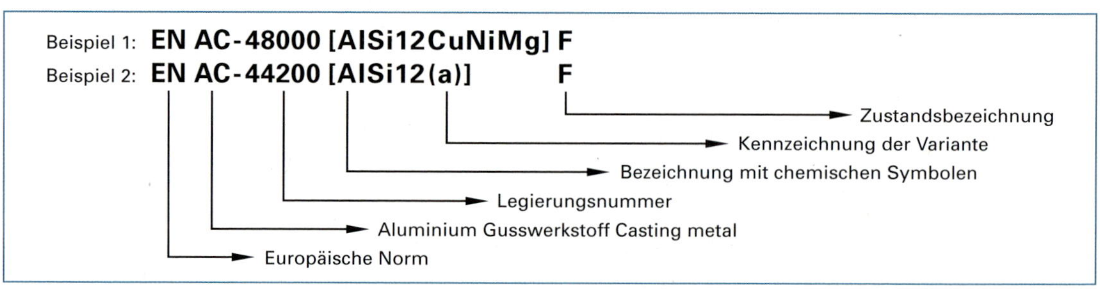

Bild 2: Bezeichnung von Aluminium-Gusslegierungen nach DIN EN 1706

Tabelle 1: Bezeichnung von Gusslegierungen

Ziffer an Stelle	Bedeutung	
	bei Reinaluminium	**bei Aluminiumlegierungen**
1	Legierungsgruppe: 1 – Aluminium mindestens 99,0 %	Legierungsgruppe: 21 Al Cu 41 Al SiMgTi 42 Al Si7Mg 43 Al Si10Mg 44 Al Si 45 Al Si5Cu 46 Al Si9Cu 48 Al SiCuNiMg 51 Al Mg 71 Al ZnMg
2	bei Reinaluminium Null 0	

Angaben über den Werkstoffzustand

Die Eigenschaften von Aluminiumlegierungen werden außer von der chemischen Zusammensetzung auch stark vom jeweiligen **Werkstoffzustand** bestimmt, d. h. davon, ob das Material beispielsweise kaltverformt oder geglüht wurde. Der Werkstoffzustand wird nach DIN EN 515 durch eine Kombination von einem Großbuchstaben mit Ziffern zur näheren Beschreibung bezeichnet **(Tabelle 2)**. Diese Kombination wird, durch einen Bindestrich getrennt, an die Legierungsbezeichnung unabhängig vom verwendeten Legierungsbezeichnungssystem (numerisch, chemisch) angehängt. Ein Beispiel zeigt **Bild 1, Seite 162**. H18 bedeutet kaltverfestigt, T6 hingegen bezeichnet einen lösungsgeglühten und warmausgelagerten Zustand, siehe Kapitel 3.14.1.4)

Tabelle 2: Beispiele für Zustandsbezeichnungen von Aluminiumknetlegierungen nach DIN EN 515

Zustand	Legierungstyp
F	Herstellungszustand (keine Grenzwerte für mechanische Eigenschaften festgelegt)
O	weichgeglüht
H	kaltverfestigt
W	lösungsgeglüht (instabiler Zustand)
T	wärmebehandelt auf andere stabile Zustände als H, F oder O

Diese gegebenen Grundzustände können je nach Festigkeitsstufe durch weitere Nummern unterteilt werden, wie dies **Bild 1** am Beispiel aushärtbarer Legierungen (siehe 3.14.1.4) verdeutlicht.

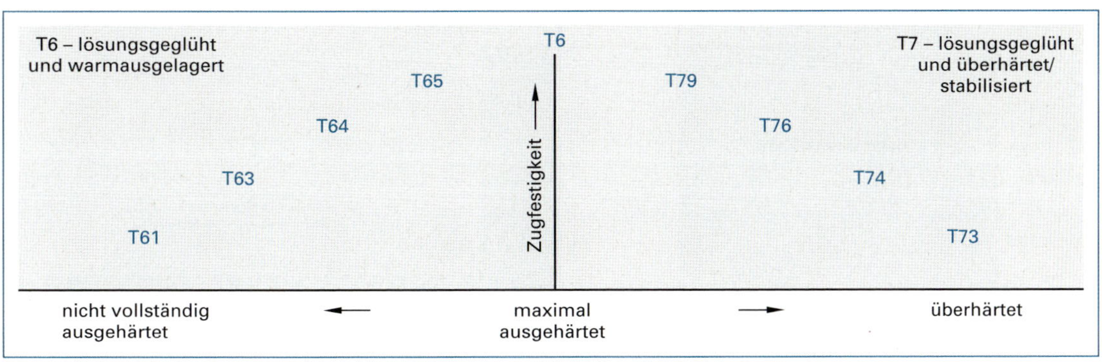

Bild 1: Zuordnungsschema der Zustandsbezeichnungen für aushärtbare Legierungen (nach DIN EN 515)

3.14.1.4 Wärmebehandlung von Aluminium und Aluminiumlegierungen

Durch Wärmebehandlungen werden die Eigenschaften von Aluminiumlegierungen optimal an den Anwendungsfall angepasst. Die wichtigsten Wärmebehandlungen sind das **Rekristallisationsglühen**, die **Entspannungsglühung** und bei aushärtbaren Legierungen die **Aushärtungsbehandlung**.

a) Entfestigung und Rekristallisation

Unlegierte und legierte Aluminiumknetlegierungen werden in verschiedenen Festigkeitsgraden angeboten. Die unterschiedlichen Festigkeiten können bei Blechen durch kombiniertes Kalt- und Warmwalzen erreicht werden (siehe auch 3.5.2.) Die dabei entstehende Verfestigung (siehe **Bilder 1 bis 3, Seite 50**) kann durch eine Rekristallisationsglühung ganz oder teilweise wieder beseitigt werden. Die Rekristallisationstemperatur wird für reines Aluminium mit ≈ 150 °C angegeben (siehe **Bild 2, Seite 63**). Der genaue Wert und die dazu notwendige Glühzeit hängen, wie in **Bild 2, Seite 64**, sowie **Bild 1, Seite 65** und **Bild 1, Seite 66**, gezeigt, von verschiedenen Faktoren ab, beispielsweise vom Legierungsgehalt und vom Umformgrad.

Bei geringen Glühzeiten bzw. niedrigen Glühtemperaturen ist gerade bei Aluminium gut das Phänomen der **Polygonisation** zu beobachten (siehe **Bild 3, Seite 61**). Den Ablauf der Rekristallisation in Reinaluminium verdeutlichen die **Bilder 2, 3 und 4** auf **Seite 62**. Die Korngröße nach abgelaufener Rekristallisation hängt ebenfalls vom Umformgrad ab **(Bild 3, Seite 64)**. Bei zu langen Glühzeiten kommt es zur Kornvergröberung und damit zum Abfall der Festigkeit (siehe **Bild 2, Seite 65**).

b) Entspannungsglühen

Das Entspannungsglühen dient der Beseitigung von **Eigenspannungen** (inneren Spannungen), die bei schnellem Erstarren von Gussstücken, beim Abschrecken nach dem Lösungsglühen (siehe unten) oder bei mechanischer Bearbeitung entstanden sein können. Die dabei anzuwendenden Temperaturen liegen verhältnismäßig niedrig (im Bereich der Erholung ca. 100 °C – 200 °C), da sonst mit einer nicht tolerierbaren Festigkeitseinbuße zu rechnen ist.

c) Ausscheidungshärtung von Aluminium (Aushärtung)

Die **aushärtbaren Aluminiumlegierungen** enthalten als entscheidende, die Aushärtung möglich machende Legierungselemente entweder Kupfer oder Kupfer + Magnesium oder Magnesium + Silicium oder Magnesium + Zink. Die Aushärtung erfolgt, wie in **Bild 1** gezeigt, nach einem Lösungsglühen mit anschließendem Abschrecken durch Auslagern als **Kaltauslagern** bei Raumtemperatur oder als **Warmauslagern** bei erhöhter Temperatur.

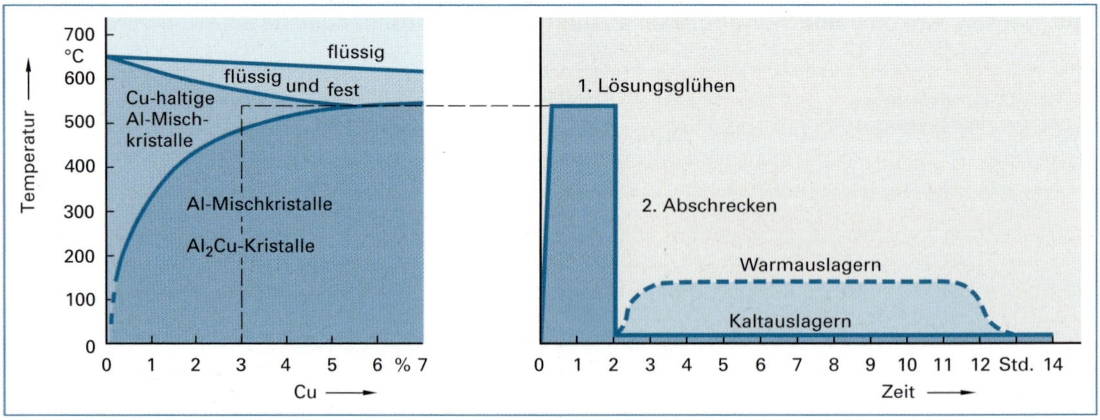

Bild 1: Schema zur Aushärtung einer Aluminiumlegierung mit drei Prozent Kupfer

Ziel der Aushärtung ist es, im Werkstoff feine **Teilchen (Ausscheidungen)** zu erzeugen, die möglichst klein sind und fein verteilt vorliegen. Nur dann können sie viele Versetzungen bei der Gleitung behindern und die Festigkeit steigt.

> Ausscheidungen sind kleine Teilchen, die die Festigkeit steigern.

Grundlage für die Behandlung ist ein Zustandsdiagramm mit abnehmender Löslichkeit für das Legierungselement, wie im **Bild 1** gezeigt. Hier nimmt die Löslichkeit des Mischkristalls α für das Metall B mit fallender Temperatur ab. Nach Abkühlung unter die Temperatur der Löslichkeitslinie (A-B) setzt die Ausscheidung von β aus dem bis dahin homogenen Mischkristall α ein $\alpha \Rightarrow \alpha + \beta$.

So würden sich Ausscheidungen schon bei der normalen Abkühlung der betreffenden Legierungen bilden. Jedoch sind diese Ausscheidungen zumeist recht grob und außerdem unregelmäßig verteilt. Daher bringen sie keinen größeren Festigkeitsgewinn.

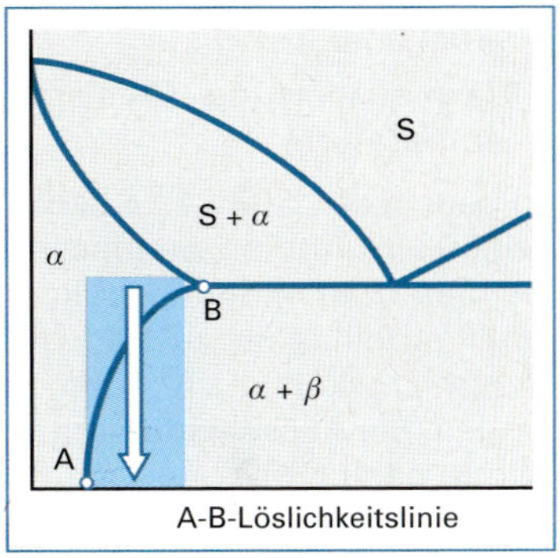

Bild 1: Zustandsdiagramm mit fallender Löslichkeit

Gelingt es jedoch, die Bildung der Ausscheidungen so zu beeinflussen, dass sich feine und gleichmäßig verteilte Ausscheidungen bilden, ist mit einem beachtlichen Festigkeitsgewinn zu rechnen (siehe **Bild 2, Seite 166**, sowie Beispiele in **Tabelle 1**).

Dies lässt sich durch die normale Abkühlung nicht erreichen, vielmehr wird in folgenden drei Schritten vorgegangen:

1. **Homogenisierung (Lösungsglühung),**
2. **Abschrecken und**
3. **Auslagern.**

Tabelle 1: Beispiele für Bedingungen für die Wärmebehandlung zum Aushärten (Al-Taschenbuch)

Legierung	Lösungsglühtemperatur °C	Abschrecken in	Kaltauslagern Zeit in d	Warmauslagern	
				Temperatur in °C	Zeit in h
AlMgSi1	525 – 540	Wasser/Luft	5 – 8	155 – 190	4 – 16
AlMg1SiCu	525 – 540	Wasser/Luft	5 – 8	155 – 190	4 – 16
AlZn4,5Mg	460 – 485	Luft	mind. 90 d	I 90 – 100 II 140 – 160[1]	I 8 – 12 II 16 – 241
AlZnMgCu1,5	470 – 480	Wasser		I 115 – 125 II 165 – 180[1]	I 12 – 24 II 4 – 61

[1] Stufenauslagerung in den Stufen I und II

Ziel der **Lösungsglühung** ist die Einstellung eines homogenen α-Mischkristalls. Die Glühtemperatur wird in Kenntnis des Zustandsdiagramms festgelegt (siehe **Bild 1, Seite 164**, links – Al-Cu): Sie soll möglichst hoch sein, um lange Glühzeiten zu vermeiden, muss aber sicher unterhalb der Schmelztemperatur der Legierung liegen. Unter der Lösungsglühdauer ist die effektive Glühzeit (Haltezeit) des Werkstücks bei der vorgeschriebenen Temperatur zu verstehen. Die Lösungsglühdauer hängt von verschiedenen Faktoren ab, z. B. vom Ausgangszustand des Halbzeugs, der Halbzeugart und der Wanddicke.

Der zweite Schritt, das **Abschrecken**, beinhaltet eine schnelle Abkühlung auf Raumtemperatur, z. B. in kaltem Wasser (siehe **Bild 1, Seite 164 rechts**). Dabei bleibt der α_{Al}-Mischkristall so erhalten, wie er sich bei der Lösungsglühtemperatur einstellte, denn aufgrund der kurzen Zeitspanne waren kaum Diffusionsvorgänge möglich. Daher enthält der Mischkristall nun mehr Fremdatome, als es dem Zustandsdiagramm entsprechen würde – er ist also **übersättigt**. Da der höheren Temperatur auch eine höhere Leerstellenkonzentration entsprach, ist er auch an Leerstellen übersättigt. Entstanden ist also ein **doppelt übersättigter Mischkristall** – übersättigt an Leerstellen und an Fremdatomen.

Der doppelt übersättigte Mischkristall ist bestrebt, sich durch Ausscheidung der übersättigt gelösten Fremdatome wieder dem Gleichgewicht (also den Verhältnissen, die das Zustandsdiagramm vorgibt) anzunähern. Dies erfolgt durch **Diffusion** (Wanderung) der Fremdatome. Da dieser Prozess ein temperatur- und zeitabhängiger Vorgang ist, ist es möglich, die Bildung der gewünschten Ausscheidungen über zwei prinzipielle Wege, nämlich als

- **Kaltaushärtung** (Auslagern bei Raumtemperatur) oder als
- **Warmaushärtung** (Auslagern bei erhöhter Temperatur),

vorzunehmen **(Bild 1, Seite 164, rechts)**. Die Legierungsatome wandern dabei mit dem Ziel des Übersättigungsabbaus im Aluminiumgitter aufeinander zu und bilden kleinste, im Lichtmikroskop nicht erkennbare Ansammlungen, die **Ausscheidungen**. Dadurch ergeben sich je nach Größe und Art der Ausscheidung, erhebliche Verspannungen, die zu einer starken Zunahme der Festigkeit führen. Zusätzlich stellen die Ausscheidungsteilchen wirksame Hindernisse für gleitende Versetzungen dar **(siehe Bilder 1 bis 4, Seite 54)**.

Die Wanderungsgeschwindigkeit der Atome wird von der Auslagerungstemperatur bestimmt. Wie **Tabelle 1, Seite 165** zeigt, verlaufen die erwünschten Vorgänge bei Warmaushärtung schneller.

In einigen Legierungen ist es zudem möglich, dass sich nacheinander in Kristallgitter und Größe unterschiedliche Ausscheidungen bilden, die je nach Phasengrenze und damit einhergehender Verspannnung **(siehe Bild 1, Seite 41)** zu erheblichen Festigkeitsgewinnen führen. Sie werden nach ihren Entdeckern **Guinier-Preston-Zonen** genannt. Hierbei ist jedoch zu beachten, dass diese Teilchen nur in einem bestimmten Temperaturbereich stabil sind. Wird zu lange geglüht, lösen sie sich auf und es bilden sich grobe, stabile Teilchen, die auch im Mikroskop sichtbar sind. Sie wirken nicht mehr festigkeitssteigernd, die Festigkeit fällt, wie in **Bild 1** am Beispiel AlCu4SiMg gerade für die hohen Auslagerungstemperaturen gut erkennbar, deutlich ab. Man spricht von **Überalterung**.

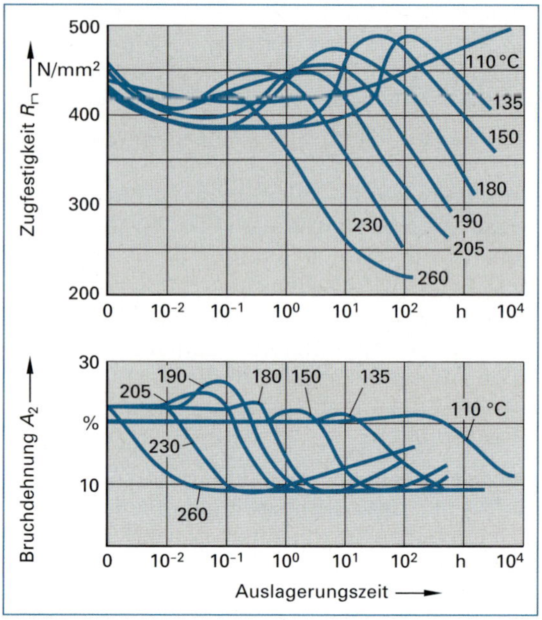

Bild 1: Verlauf der Warmaushärtung bei der Knetlegierung EN AW 2014, AlCu4SiMg, Zahlenwerte ≙ Auslagerungstemperatur

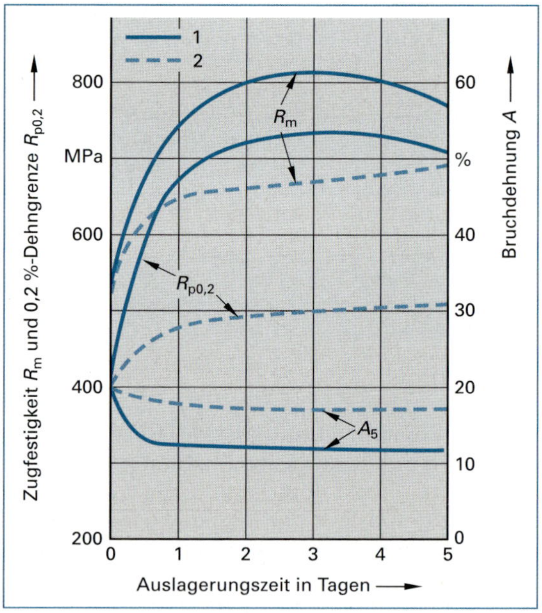

Bild 2: Warmaushärtung von AlZnMgCu1,5, EN AW 7075
1 – Kaltauslagerung bei Raumtemperatur,
2 – Warmauslagerung bei 120 °C

Die Legierungen vom Typ AlCuMg erfahren ihre Aushärtung in erster Linie durch das Kupfer. Durch Kaltauslagerung sind Zugfestigkeiten erreichbar, die um 440 N/mm² liegen **(Bild 1)**.

Legierungen vom Typ AlZnMg erreichen durch Warmaushärtung relativ hohe Festigkeiten. AlZnMg1 bringt durch Warmaushärtung eine Mindestzugfestigkeit von 360 N/mm².

Legierungen vom Typ AlZnMgCu werden **hochfeste Aluminiumlegierungen** genannt. Nach einer Warmaushärtung erreicht AlZnMgCu1,5 eine Mindestzugfestigkeit von 540 N/mm² **(siehe Bild 2, Seite 166)**. Damit wird die Zugfestigkeit eines normalen Baustahles überschritten.

Die Legierungen vom Typ AlMgSi härten vorzugsweise warm aus. Dabei ergeben sich mittlere bis hohe Festigkeitswerte. Die maximale Zugfestigkeit beträgt dann etwa 320 N/mm².

Eine **Aushärtungsbehandlung** umfasst drei Schritte: Lösungsglühen, Abschrecken und Auslagern (kalt oder warm). Dabei bilden sich feine Teilchen (Ausscheidungen), die die Festigkeit steigern.

3.14.1.5 Korrosionsverhalten von Aluminium

Aluminium und seine Legierungen reagieren mit dem Sauerstoff der Luft. Dabei entsteht, wie bereits erwähnt, eine relativ dichte Oxidhaut. Sie besteht, wie im **Bild 1** dargestellt, aus mehreren Bereichen. Insbesondere die in der Mitte zu erkennende dichte **Sperrschicht** schützt das darunter liegende Aluminium vor Korrosion.

Aluminiumbauteile könnten in vielen Anwendungsbereichen wegen der Schutzwirkung der natürlichen Oxidschicht ohne einen zusätzlichen Oberflächenschutz eingesetzt werden. Die Bildung der schützenden Oxidschichten lässt sich noch verstärken, z. B. durch Einwirkung von kochendem, entionisiertem Wasser.

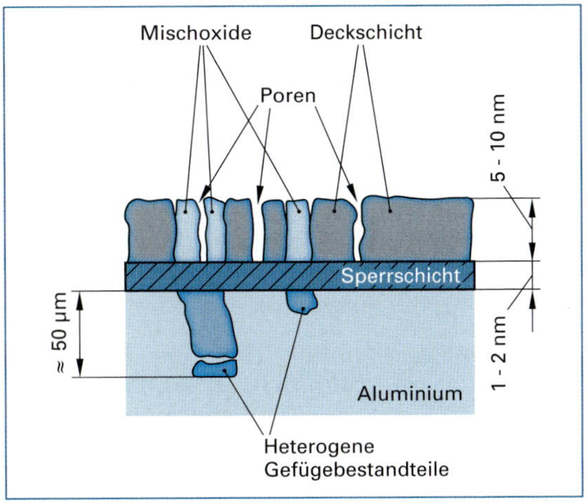

Bild 1: Aufbau der Oxidschicht auf Aluminium

Eine stärkere Schutzschicht wird durch eine **el**ektrische **Ox**idation des **Al**uminiums erreicht. Die dabei entstehende **Eloxal**schicht kann in ihrer Dicke zwischen 0,0015 mm und 0,025 mm eingestellt werden. Färbungen sind möglich, indem Farbstoffe in die im **Bild 1** ersichtlichen Poren der oberen Deckschicht eingelagert werden.

Dennoch ist eine Zerstörung von Aluminiumwerkstoffen durch Korrosion möglich, wenn sich **galvanische Elemente** bilden. Das ist dann gegeben, wenn Aluminium mit anderen Metallen verarbeitet wird, die elektrochemisch andere Eigenschaften haben. Kupfer ist zum Beispiel elektrochemisch edler als Aluminium, d. h., es löst sich im Vergleich zum Aluminium durch korrosive Medien weniger schnell auf. Aluminium hingegen ist in dieser Paarung das unedlere Element, d. h., es ist bestrebt, sich aufzulösen. Werden also Kupfernieten in Aluminiumblechen verarbeitet, ist das Kupfer beständig, während das Aluminium mit der Zeit korrodiert und sich auflöst. Besonders stark korrosionsbeschleunigend wirkt sich Kupfer in Aluminiumlegierungen aus, wenn ein flüssiges Medium anwesend ist.

Korrosion ist auch dann möglich, wenn aggressive Flüssigkeiten (Säuren, Laugen, Salzlösungen) oder Gase (Schwefeldioxid, Kohlenstoffdioxid) Kontakt mit Aluminium bekommen: Regenwasser wirkt aggressiv, wenn es, insbesondere in Städten und Industriegebieten, gelöste Gase (Schwefeldioxid, Kohlenstoffdioxid) enthält.

Aluminium ist durch seine dichte Oxidhaut gut vor **Korrosion** geschützt. Dennoch ist ein Korrosionsangriff durch aggressive Flüssigkeiten oder Gase möglich. Ebenso kann Korrosion bei Kontakt mit elektrochemisch edleren Metallen einsetzen.

3.14.2 Kupfer und Kupferlegierungen

Kupfer ist das Material, aus dem die steinzeitlichen Menschen zum ersten Mal metallische Gebrauchsgegenstände, Waffen und Werkzeuge herstellten. Über die Jahrtausende begleitete das rote Metall die Menschen in zahlreichen Anwendungen, es passte sich immer wieder neuen, ganz unterschiedlichen Anforderungen an: Rohrleitungen, Ventile, Kanonenrohre, Glocken. Und auch im heutigen Informationszeitalter hat Kupfer seinen Platz – bei stromleitenden Federn, Kabeln, Steckern und Drähten.

Dabei mag verblüffen, dass das im Verhältnis zu Eisen und Aluminium deutlich seltenere Kupfer so früh eine so große Bedeutung erlangt hat: Das Metall steht in der Häufigkeit aller Elemente nur an der 23. Stelle. Die frühe Nutzung des Metalls lässt sich jedoch damit erklären, dass das chemisch relativ edle Kupfer auch **gediegen**, d. h. in metallischer Form gefunden werden kann **(siehe Bild 1, Seite 27)**. Die weitaus häufigste Kupferquelle, aber sind Kupfererze, die heute jedoch oft nur bis zu 2 % Kupfer enthalten. (Zum Vergleich: Reiche Eisenerze enthalten rund 60 % Eisen). 85 % der Kupfererze, die heute verarbeitet werden, sind sulfidisch. Das heißt, hier ist das Kupfer an Schwefel gebunden. Die bedeutendste Fördernation für Kupfererze ist mit großem Abstand Chile, gefolgt von Peru und den USA.

Kupfergewinnung

Ziel der Kupfergewinnung ist die Erzeugung eines sehr reinen Produkts, da Kupfer heute zum großen Teil in der Elektrotechnik eingesetzt wird. Verunreinigungen beeinträchtigen, wie noch gezeigt wird, nachhaltig die Leitfähigkeit des Kupfers. Aus diesem Grund ist die Kupfergewinnung ein relativ aufwändiger, mehrstufiger Prozess (Übersicht in **Bild 1, Seite 169**).

Nach einer Aufbereitung (Brechen, Mahlen, Aufkonzentrieren) der Erze wird in den Kupferhütten zunächst in einem **Schwebeschmelzofen Kupferstein** mit einem Kupfergehalt von 30 % bis 60 % (Rest: Eisen und Schwefel) erschmolzen. Gemäß einer Reaktion Kupferkonzentrat + $O_2 \rightarrow$ Kupferstein + SO_2 reagiert Sauerstoff der Luft mit dem im Erz enthaltenen Schwefel und bildet Schwefeldioxid, woraus nachfolgend Schwefelsäure gewonnen wird.

Der entstandene Kupferstein wird im nächsten Schritt in einem **Konverter** behandelt. Hier wird Luft durch den flüssigen Kupferstein geblasen. Dabei bildet der Luftsauerstoff mit dem im Kupferstein enthaltenen Schwefel wiederum Schwefeldioxid, das auch hier zur Schwefelsäuregewinnung geht. Das im Kupferstein enthaltene Eisen reagiert ebenfalls und bildet Eisenoxid. Dieses sammelt sich in einer Schlacke, die später beispielsweise als Baustoff verwendet werden kann. Das nun entstandene **Konverterkupfer** oder auch **Blasenkupfer** hat einen Reinheitsgrad von 95 % bis 98 %, was jedoch den hohen Ansprüchen der Elektrotechnik noch immer nicht genügt.

Daher schließt sich ein weiterer Reinigungsschritt an – die **Feuerraffination**: Das Konverterkupfer wird zusammen mit schlackenbildenden Zuschlägen im **Anodenofen** geschmolzen und unter Luftzutritt erhitzt. Dabei werden ver-schiedene Begleitelemente entfernt. Das dann gewonnene **Garkupfer (Hütten- oder Raffinadekupfer)** weist einen Reinheitsgrad von etwa 98,5 % auf. Da dieser Reinheitsgrad noch immer nicht ausreichend ist, wird das Hüttenkupfer nun zu Platten vergossen, die als Anode in eine Elektrolyse eingesetzt werden können (Raffinationselektrolyse, siehe **Bild 2, Seite 31**).

Elektrolytkupfer weist einen Reinheitsgrad von mindestens 99,9 % auf. Bei seiner Herstellung fallen aus dem Rohkupfer noch 0,5 g/t bis 5 g/t Gold und 100 g/t bis 2000 g/t Silber an. Das Elektrolytkupfer wird zu verschiedenen Halbzeugen weiterverarbeitet, z. B. im Strangguss vergossen. Einen Makroschliff einer Stranggussscheibe aus Kupfer zeigt **Bild 2, Seite 33**. Andere gängige Halbzeugformate sind Platten, Bolzen, Bleche, Bänder oder Draht.

> Um den hohen Ansprüchen an die **Reinheit** genügen zu können, muss Kupfer in einem mehrstufigen Prozess gewonnen werden, der mit einer Reinigungselektrolyse (Raffinationselektrolyse) abschließt.

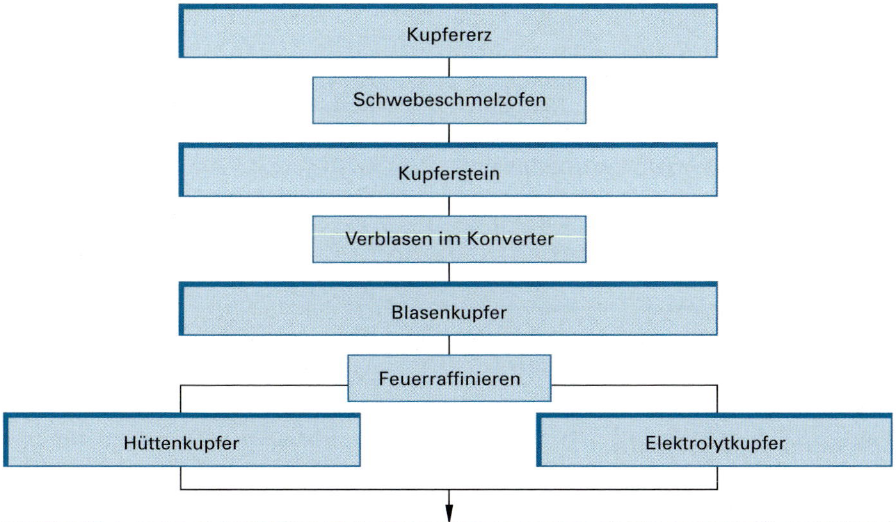

Sauerstoffhaltige Kupfersorten		Sauerstofffreie Kupfersorten	
Kurzname	Verwendung	Kurzname	Verwendung
Cu-ETP elektrolytic tough-pitch copper (früher: E-Cu58/57)	Elektrolytisch raffiniertes sauerstoffhaltiges (zähgepoltes) Kupfer, Anwendung: Elektrotechnik, Elektronik	Cu-OFE Oxygen Free Electronic Copper (früher: OF-Cu)	hochreines, sauerstofffreies Kupfer, Anwendung in der Elektrotechnik, Elektronik und Vakuumtechnik

Bild 1: Kupferqualitäten in den einzelnen Stufen der Herstellung

3.14.2.1 Reines Kupfer

Kupfer hat ein kfz-Gitter und lässt sich daher ausgezeichnet plastisch verformen. In hochreiner Form ist Kupfer für Konstruktionsanwendungen jedoch viel zu weich. Durch Kaltverformung wird die Festigkeit aber beträchtlich erhöht, wie der Vergleich von „weichem" (unverformten) und „hartem" (kaltverformten) Kupfer in **Tabelle 1** belegt.

Tabelle 1, Seite 170 zeigt die physikalischen Eigenschaften des Kupfers. Der Schmelzpunkt liegt mit 1083 °C deutlich höher als der des Aluminiums (660 °C), aber noch unter dem des Eisens (1535 °C). Mit einer Dichte 8,93 g/cm^3 gehört Kupfer zu den **Schwermetallen**.

Interessant ist vor allem die hervorragende **Leitfähigkeit für elektrischen Strom** (60 m/Ωmm^2). Daher ist reines Kupfer ein wichtiger **Leiterwerkstoff**. Es gilt: Je höher die Reinheit, desto besser ist die Leitfähigkeit. Ein Wert 60 m/Ωmm^2 bedeutet, ein hochreiner Kupferdraht mit einem Querschnitt von 1 mm^2 hat bei einer Länge von 60 Metern einen elektrischen Widerstand von einem Ohm. Aluminium und Eisen erreichen 36 bzw. gar nur 10 Meter. Silber schlägt Kupfer zwar um wenige Längen und erreicht ca. 64 m, kann aber nicht mit dem hervorragenden Preis-Leistungs-Verhältnis des Kupfers mithalten und behauptet sich daher nur in Nischenanwendungen.

Tabelle 1: Mechanische Eigenschaften von reinem Kupfer

Eigenschaft	Hochreines Kupfer (99,99 % Cu)
Elastizitätsmodul E	128 kN/mm^2 (= GPa)
Streckgrenze $R_{p0,2}$	40 MPa … 120 MPa (weich) 250 MPa … 320 MPa (hart)
Zugfestigkeit R_m	200 MPa … 250 MPa (weich) 300 MPa … 360 MPa (hart)
Bruchdehnung A	30 % … 40 % (weich) 3 % … 5 % (hart)
Brucheinschnürung Z	> 50 %

Wie aus **Tabelle 1** hervorgeht – und auch aus dem täglichen Leben bekannt ist (heiße Kupfertöpfe in der Küche), ist Kupfer auch ein **hervorragender Wärmeleiter**. Dies hat praktische Konsequenzen bei der Verarbeitung: Beispielsweise wird das Schweißen von Kupfer durch diese **Wärmeleitfähigkeit** erschwert, denn die zum Aufschmelzen der zu verbindenden Teile aufgewandte Wärmeenergie wird zu einem erheblichen Teil in die zu verbindenden Werkstücke abgeleitet.

Hochreines Kupfer ist sehr weich. Es leitet hervorragend Wärme und elektrischen Strom.

Tabelle 1: Physikalische Eigenschaften von hochreinem Kupfer

Eigenschaft	Wert	Einheit
elektrische Leitfähigkeit	60,0	m/Ωmm² MS/m
spezifischer elektrischer Widerstand	$1{,}7241 \cdot 10^{-8}$	Ωcm
Wärmeleitfähigkeit	392 – 394	W/mK
Spezifische Wärmekapazität	0,385	J/gK
Durchschnittliche spezifische Wärme	0,411	J/gK
Mittl. linearer Ausdehnungskoeffizient 20 °C – 100 °C	$16{,}9 \cdot 10^{-6}$	1/K
Schmelztemperatur	1083	°C
Dichte	8,93	g/cm³

Chemisches Verhalten von Kupfer

Kupfer zeichnet sich durch eine gute **Korrosionsbeständigkeit** aus. Elektrochemisch gehört Kupfer zu den edlen Metallen. Dies zeigt bereits ein einfacher Versuch: Stellt man einen Eisenstab (z. B. einen großen Nagel, siehe **Bild 1, links**) in ein Gefäß mit einer Lösung eines Kupfersalzes, z. B. Kupfersulfat, bildet sich auf dem Nagel nach sehr kurzer Zeit eine rötliche Kupferschicht, die relativ schnell wächst. Zu erklären ist das mit dem großen Bestreben des **edlen** Kupfers, sich aus der Lösung abzuscheiden. Eisen hingegen ist **unedler** und löst sich auf.

Führt man den gleichen Versuch mit einem Kupfernagel durch, der nun aber in einer Silbersalzlösung (z. B. Silbernitrat) steht, scheidet sich Silber ab, während sich Kupfer auflöst **(Bild 1, rechts)**. In diesem Fall ist Silber das edlere Metall.

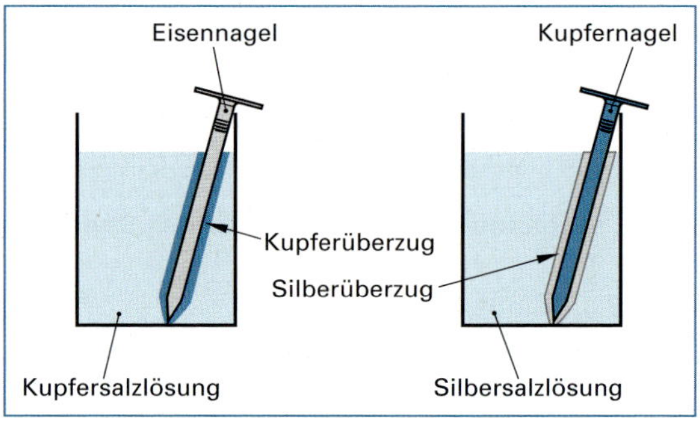

Bild 1: Chemisches Verhalten von Kupfer gegenüber Eisen (links) und Silber (rechts)

An der Luft überzieht sich Kupfer zunächst mit einer dichten Oxidhaut, aus der im Laufe der Zeit **Patina** – basisches Kupfercarbonat $Cu_2(OH)_2CO_3$ und basisches Kupfersulfat $Cu_2(OH)_2SO_4$ – entsteht. Fälschlicherweise wird dieser grüne Überzug, der sich beispielsweise auf Kupferdächern bildet, umgangssprachlich oft als **„Grünspan"** bezeichnet. Diese Bezeichnung ist aber falsch, denn Grünspan ist eine völlig andere Verbindung. Dabei handelt es sich um das (giftige) Kupfersalz der Essigsäure, das sich z. B. beim Aufbewahren von essighaltigen Speisen in Kupfergefäßen bildet. Daher sollte man dies vermeiden.

Kupfer wirkt **bakterizid**, d. h., es tötet Bakterien und Keime wirksam ab.

Kupfer gehört elektrochemisch zu den **edlen Metallen**, d. h. es ist sehr beständig. Eine sich selbstständig bildende Patinaschicht schützt Kupfer vor Korrosion.

Für den **Formguss** ist Kupfer nicht geeignet, da es ein schlechtes Formfüllungsvermögen zeigt und leicht Gase löst. Sauerstoff im Kupfer bildet Cu_2O-Einschlüsse im Gefüge, die bei Glühungen im Bereich von 650 °C bis 850 °C problematisch sein können. Wird dieser Gefahrenbereich, z. B. beim Schweißen oder Löten durchschritten, kann Kupfer abgespaltenen Wasserstoff aus den Schweißgasen aufnehmen. Dieser Wasserstoff dringt in das Gefüge ein, reagiert dort mit dem Sauerstoff des Kupferoxides zu Wasserdampf, was zur Bildung von Rissen führt. Zu vermeiden ist die **Wasserstoffkrankheit** genannte Erscheinung durch Verwendung von sauerstofffreiem Kupfer oder durch Arbeiten in Schutzgasatmosphäre.

Anwendungen von reinem Kupfer

Sehr reines Kupfer findet vor allem in der **Elektrotechnik** und **Elektronik** Verwendung, z. B. in Form feinster Drähte oder dicker Kabel, als Leiterbahn auf Mikrochips, für Leiterplatten – sogar in flexibler Form als Flexible Printed Circuits (FCP)- und für Steckverbinder. Eine sehr wichtige Anwendung sind dünnste Bänder für Halbleiterträger (Leadframes): Nachdem der Chip eingegossen worden ist, werden die Anschlüsse (leads) gebogen und stellen exzellente elektrische Verbindungen dar.

Die hohe Wärmeleitfähigkeit des Kupfers ist entscheidendes Kriterium für seine Anwendung als **Wärmetauscher**. Wichtig ist diese Eigenschaft auch in den **Heatsinks**-Kühlkörpern für Halbleiterbauelemente und auch LEDs. Heatsinks sind massiv ausgeführt oder mit Kühlrippen versehen und können als Bauteile sogar bei Größen im Millimeterbereich eingesetzt werden. Kupfer ist aufgrund seiner hohen Wärmeleitfähigkeit das ideale Material für diese Anwendung.

Im **Bausektor** nehmen die Trinkwasser- und Heizungsinstallationen einen wichtigen Platz ein. Hier wirken Wärmeübertragung, Beständigkeit des Werkstoffs und die bakteriziden Eigenschaften gleichermaßen positiv. Unter den entscheidenden Eigenschaften spielt auch die Korrosionsbeständigkeit eine wichtige Rolle.

Ein noch immer wichtiger Anwendungsfall ist das Eindecken von Dächern, insbesondere bei historischen Bauten sowie die Bekleidung von Fassaden.

Aktuell schickt sich Kupfer an, den **Krankenhausbereich** zu erobern. Hintergrund ist die nachgewiesene **bakterizide Wirkung**, die helfen könnte, die Zahl der typischen Krankenhausinfektionen zu senken. Anbieten würde sich hier z. B. kupferne Türklinken, Schalter und Geländer.

3.14.2.2 Kupferlegierungen

Die Herstellung erster Kupferlegierungen erfolgte wahrscheinlich schon recht früh, denn bei aller Begeisterung für das rote Metall erkannten auch die ersten Nutzer, dass Kupfer sehr weich ist. Wahrscheinlich schon um 3000 v. Chr. begann man durch Zugabe anderer Metalle die Festigkeit zu steigern.

In der nun folgenden **Bronzezeit** wurden Metallgegenstände vorwiegend aus Bronze hergestellt, wenngleich die Zusammensetzung früher Bronzen nicht den heutigen entsprach. Ihre Zusammensetzung ergab sich vielmehr aus der Zusammensetzung der verarbeiteten Erze – Legierungselemente waren zunächst die in den Erzen enthaltenen Begleiter Arsen, Antimon und Nickel. Heute versteht man unter Bronze eine Legierung aus Kupfer und Zinn.

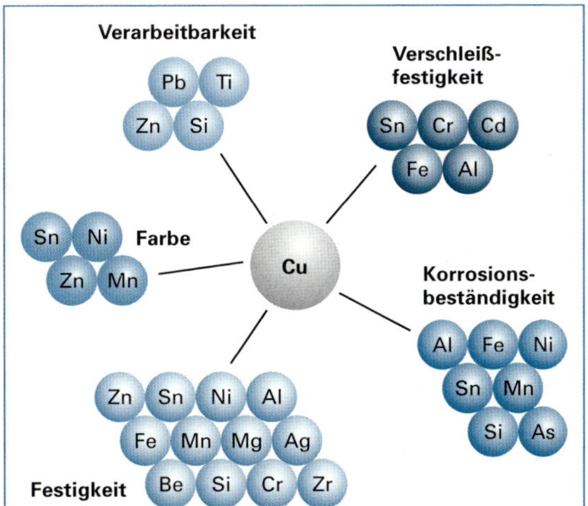

Bild 1: Aufgaben der wichtigen Legierungselemente des Kupfers

Mittlerweile gibt es, wie **Bild 1** zeigt, neben der eigentlichen Bronze eine große Palette von Kupferlegierungen, in denen die Legierungselemente – einzeln oder in Kombination – verschiedene Aufgaben übernehmen, wie die Verbesserung von Festigkeit, Verarbeitbarkeit, Korrosionsbeständigkeit und Verschleißfestigkeit. Auch die Farbe kann sich ändern – vom roten Kupferrot über Gelb- und Grüngold bis hin zu silbernen Farbtönen.

Die Legierungsbildung ist bei Kupfer einfacher als bei vielen anderen Metallen, woraus sich die große Legierungsvielfalt erklärt. Letztere führt dazu, dass einige Kupferlegierungen Namen tragen, die zwar nicht (mehr) genormt, aber immer noch gebräuchlich sind:

- **Messing**: eine Zweistofflegierung aus Kupfer und Zink,
- **Bronze**: eine Zweistofflegierung aus Kupfer und Zinn,
- **Rotguss**: eine Dreistofflegierung aus Kupfer, Zinn- und Zink,
- **Neusilber**: eine Dreistofflegierung aus Kupfer, Nickel und Zink.

3.14.2.3 Benennung und Normung von Kupferlegierungen

Auch bei Kupferlegierungen wird nach **Knet- und Gusslegierungen** genormt. Diese Unterscheidung bezieht sich auf das Formgebungsverfahren – durch Gießen oder Umformen („Kneten"). Entsprechend DIN EN 1412 können Bezeichnungen für Kupferlegierungen mit einer Werkstoffnummer und/oder einem Werkstoffsymbol gebildet werden. Jedoch sollte - wie auch bei anderen NE-Metallen üblich – der numerischen Bezeichnung **(Werkstoffnummer)** der Vorrang vor der Bezeichnung nach der Zusammensetzung **(Werkstoffsymbol)** gegeben werden.

Die **Werkstoffnummer** umfasst sechs Zeichen und beginnt mit einem „C" für Kupfer (engl. *Copper*), an das sich ein Kennbuchstabe für die Erzeugnisart anschließt. „W" steht beispielsweise für Knetlegierungen (engl. *Wrought alloys*), „C" steht für Gusslegierungen (engl. *Casting*). Andere Buchstaben können andere Erzeugnisarten bezeichnen **(Tabelle 1)**. Die dritte bis fünfte Stelle umfassen Nummern, die die spezifische Legierung benennen. Die sechste und damit letzte Stelle steht für die Legierungsgruppe.

Tabelle 1: Bezeichnung von Kupferwerkstoffen nach der Werkstoffnummer mit sechs Zeichen

Nr 1	2		3 bis 5	6	
	Erzeugnisart		Lfd. Nr. der Legierung	Buchstabe für Werkstoffgruppe	
C Kupfer	B	Masseln, Blockform	000 – 999	A oder B	Reinkupfer
	C	Gusserzeugnis		C oder D	Niedrig legierte Kupferlegierungen (Legierungselemente unter 5 %)
	F	Schweißzusatz		E oder F	Kupfersonderlegierungen (Legierungselemente mind. 5 %)
	M	Vorlegierung		G	Cu-Al
	R	Raffiniertes Kupfer		H	Cu-Ni
	S	Werkstoffe in Form von Schrott		J	Cu-Ni-Zn (Neusilber)
				K	Cu-Sn (Bronze)
	W	Knetwerkstoffe		L oder M	Cu-Zn (Zweistofflegierung, Messing)
	X	Nicht genormte Werkstoffe		N oder P	Cu-Zn-Pb (Sondermessing)
				R oder S	Cu-Zn Mehrstofflegierung

Kupferlegierungen können nach einem Nummernsystem oder mit chemischen Symbolen entsprechend ihrer Zusammensetzung bezeichnet werden.

Die **Bilder 1** und **2** verdeutlichen am Beispiel einer Knet- bzw. einer Gusslegierung den Aufbau der Legierungsbezeichnung mit **Werkstoffnummer**.

Zur Bezeichnung nach chemischen Symbolen, d. h. nach der **Zusammensetzung**, gibt es für **Kupferlegierungen** keine gesonderte Norm nach DIN EN. Derartige Angaben finden sich im Fall der Kupferlegierungen in den erzeugnisgebundenen Normen, d. h. geordnet nach Rohren, Blechen, Drähten, Stangen, Profilen, Guss- und Schmiedestücken. Vielfach erfolgt die Kennzeichnung mit Kurzzeichen auf der Grundlage von ISO 197-1 und ISO 1190-1. Bei den Beispielen in den **Bildern 1 und 2** sind die entsprechenden Bezeichnungen mit angegeben.

Für **reines Kupfer** gilt DIN EN 1976, früher galt DIN 1708. Danach sind bzw. waren die in **Tabelle 1, Seite 173**, genannten Bezeichnungen üblich.

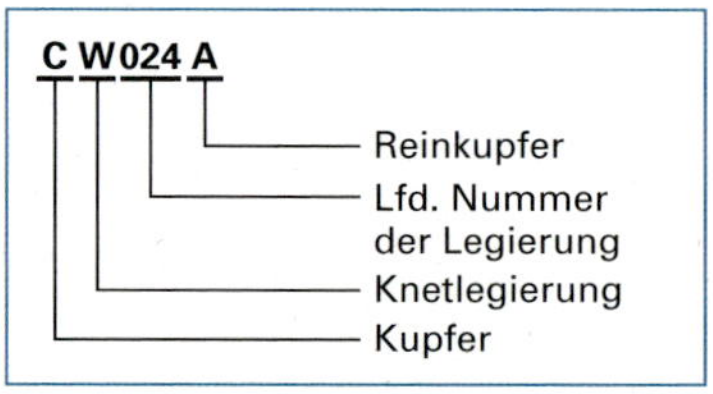

Bild 1: Nummernbezeichnung der Kupfersorte Cu-DHP (ehem.: SF-Cu, ein reines Kupfer)

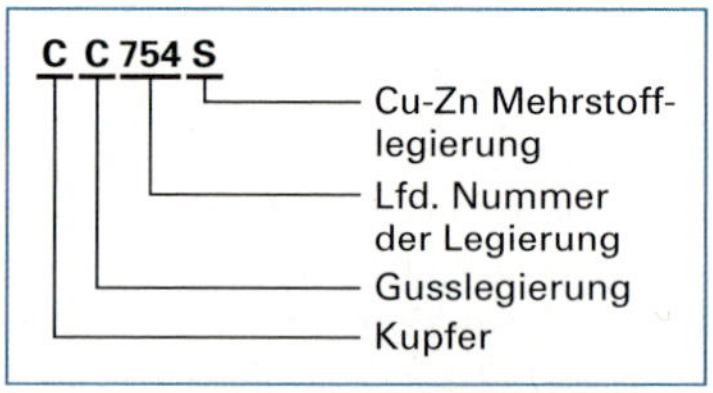

Bild 2: Nummernbezeichnung der Kupferlegierung CC754S ist CuZn39Pb1Al-C (ein Sondermessing)

Da die alten Begriffe noch vielfach in der Praxis verwendet werden, sind sie zum Vergleich mit aufgelistet. Je nach der elektrischen Leitfähigkeit und der Art der Desoxidation (Entfernung des Sauerstoffs) werden die Reinkupfersorten – wie in **Tabelle 1** vorgenommen – drei großen Gruppen zugeteilt.

Im Fall von **Legierungen** beginnt die Bezeichnung gemäß ISO 1190-1 mit dem Elementsymbol Cu für Kupfer. Dann folgen die Symbole der Hauptlegierungselemente sowie ggf. ihre auf ganze Zahlen gerundeten Massengehalte in %. Geordnet wird nach abnehmendem Gehalt bzw. alphabetisch bei gleichem Gehalt der Legierungselemente. Beispiele für die Benennung von Bronze- und Messinglegierungen enthält **Tabelle 2**.

Gusswerkstoffen kann zusätzlich der Buchstabe G vorangestellt werden. Darauf folgen kann ein Buchstabe, der die Art des Gusses bezeichnet, z. B. S-Sand, M-Kokille (engl. mould), P-Druckguss (pressure), Z-Schleuderguss (centrifugal), C-Strangguss (continuous). Ein Beispiel ist GC-CuSn7ZnPb.

Zusätzlich kann den Werkstoffbezeichnungen mittels Werkstoffnummer oder Werkstoffkennzeichen nach DIN EN 1173 die **Zustandsbezeichnung** mit einem Bindestrich angefügt werden. Hierbei handelt es sich um eine verbindliche Bezeichnung des Produktzustandes hinsichtlich bestimmter Eigenschaften. Wie dabei vorzugehen ist, verdeutlicht **Tabelle 1, Seite 174**. Die Zustandsbezeichnung besteht in der Regel aus vier Zeichen (außer bei Buchstabe D, G und M), wobei an erster Stelle ein Buchstabe stehen muss, der die jeweils gemeinte Eigenschaft, wie in **Tabelle 1, Seite 174** angegeben, kennzeichnet. Danach folgen die Zahlenwerte für diese Eigenschaft.

Tabelle 1: Bezeichnungen von wichtigen Reinkupfersorten

Kennzeichen DIN EN 1796	Werkstoffnummer DIN EN	DIN 1708 (alt)	Leitfähigkeit bei 20 °C m/Ωmm²
Sauerstoffhaltiges Kupfer – hohe Leitfähigkeit			
Cu-ETP	CR004A	E-Cu58/	> 58
Sauerstofffreies Kupfer, nicht desoxidiert – hohe Leitfähigkeit			
Cu-OFE	CW008A	OF-Cu	> 58
Sauerstofffreies Kupfer, mit Phosphor desoxidiert, Reste des Desoxidationsmittels senken die Leitfähigkeit			
Cu-HCP	CW021A	SE-Cu	57 – 58
Cu-DLP	CW023A	SW-Cu	Ca. 52
Cu-DHP	CW024A	SF-Cu	41 – 53

Tabelle 2: Beispiele für Bezeichnungen von Kupferlegierungen

Messing		Bronze	
Kennzeichen	Nummer	Kennzeichen	Nummer
CuZn30	CW505L	CuSn6	CW452K
CuZn37	CW508L	CuSn8	CW453K
CuZn36Pb2As	CW602N	CuSn3Zn8Pb5-C	CC490K

Beispiele:

CuZn40MN2Fe1-R460

Mehrstoff-Messing, Werkstoffnummer CW723R, Zugfestigkeit R_m mindestens 460 N/mm²

CuSn8-H185

Bronze, Werkstoffnummer CW543K, Brinellhärte HB 185

Tabelle 1: Zustandsbezeichnungen für Knet- und Gusswerkstoffe aus Kupfer und Kupferlegierungen (DIN EN 1173)

Position 1 Verbindliche Eigenschaft		Positionen 2 bis 4[1] Wert der Eigenschaft	Beispiele
A	Bruchdehnung	Zahlenwert in %[3]	Cu-OF-A007
B	Federbiegegrenze	Zahlenwert in MPa[2,3]	Cu-Sn8-B410
D	Gezogen, ohne vorgeschriebene mechanische Eigenschaften	keine weiteren Zeichen	Cu-FTP-D
G	Korngröße	Zahlenwert in µm	CuZn37-G025
H	Härte (Brinell oder Vickers)	Zahlenwert in HB oder HV[3]	CuZn37-H150
M	Wie gefertigt, ohne vorgeschriebene mechanische Eigenschaften	keine weiteren Zeichen	CuZn39Pb3-M
R	Zugfestigkeit	Zahlenwert in MPa[2,3]	CuBe-R1200
Y	0,2 %-Dehngrenze	Zahlenwert in MPa[2,3]	CuNi18Zn20-Y460

[1] Falls Werte nur aus einer oder zwei Ziffern bestehen, ist an Positionen 2 und 3 bzw. an der Position 2 eine Null vor dem festgelegten Wert anzugeben.
[2] Falls eine hohe Zugfestigkeit (über 1000 MPa) angegeben werden muss, kann auch Position 5 belegt werden. Beispiel: CuBe-R1200
[3] Mindestwert

Da, wie eingangs bereits erläutert, den erzeugnisgebundenen Normen bei der Benennung von Kupferwerkstoffen der Vorrang zukommt, umfasst die exakte Bezeichnung eines Kupferwerkstoffes die Erzeugnisform (Rohr, Blech, Band, Draht, Stange) einschließlich der zugehörigen Erzeugnisnorm-Nummer, dann die eigentliche Legierungsbezeichnung gefolgt von der Zustandsbezeichnung. Die Beispiele in **Tabelle 2** sollen dies verdeutlichen.

Tabelle 2: Bezeichnungsbeispiele für Kupferwerkstoffe

Bezeichnung Erzeugnis-Norm-Legierung-Zustand	Zustandsbezeichnung bedeutet
Draht EN 13602-Cu-OF-A007	Dehnung 7 %
Band EN 1654-CuSn8-B410	Federbiegegrenze 410 N/mm^2
Rohr DIN EN 13600-Cu-ETP-D	gezogen
Blech EN 1652-CuZn37-H150	Härte 150
Stange EN 12168-CuZn36Pb3-M	Wie gefertigt
Stange EN 12164-CW614N-R500	Zugfestigkeit 500 N/mm^2
Band EN 1654-CuNi18Zn20-Y460	0,2 %-Dehngrenze 460 N/mm^2

Die auch heute wichtigsten Kupferlegierungen sind Messing, Bronze, Neusilber und Rotguss. Sie sollen nachfolgend etwas näher erläutert werden. Daneben gibt es noch zahlreiche andere wichtige Kupferlegierungen, z. B. **Kupfer-Nickel-Legierungen** **(siehe Bild 1, Seite 71)**, aus denen beispielsweise der Rand der 2-Euro-Münze und besteht. Nickel verbessert die Verschleißbeständigkeit und sorgt für bestimmte magnetische Eigenschaften. Speziell für die Euromünzen wurde auch eine neue Kupferlegierung entwickelt, das **Nordische Gold** der Zusammensetzung Cu89Al5Zn5Sn1. Daraus bestehen die 50-, 20- und 10-Cent-Münzen **(Bild 1)**.

Bild 1: Kupferlegierungen in den Euromünzen
- 2-Euro-Münze: außen – silbern: Kupfer-Nickel Cu75Ni25, innen – golden dreilagig CuZn20Ni5 – Ni – CuZn20Ni5
- 1-Euro-Münze: außen – golden : CuZn20Ni5, innen – silbern: dreilagigCu75Ni25 – Ni – Cu75Ni25
- 50-Cent: golden – Nordisches Gold Cu89Al5Zn5Sn1

3.14.2.4 Kupfer-Zink-Legierungen (Messing)

Kupfer-Zink-Legierungen, bekannt als **Messing**, haben unter den Kupferlegierungen die größte technische Bedeutung. Ursache dafür sind die hohe Korrosionsbeständigkeit, die gute Verarbeitbarkeit und die relativ hohe Festigkeit. Technisch angewendete Kupfer-Zink-Legierungen liegen im Kupfergehalt > 54 %. Viele Messinge bestehen nur aus Kupfer und Zink, sind also eine **Zweistofflegierung**. Durch Zusatz weiterer Legierungselemente entstehen **Mehrstoffmessinge**, die sich durch spezielle Verarbeitungseigenschaften auszeichnen.

Ein besonderes Merkmal der Kupfer-Zink-Legierung ist ihre ansprechende **Farbe**. Die Kupferfarbe ändert sich mit zunehmendem Zinkgehalt über Goldrot bei CuZn5, Goldgelb bei CuZn15 und Grünlichgelb bei CuZn28 zu einer sattgelben Tönung bei CuZn37. Dann ändert sich der Farbton ins Rötliche. Vor einer Abschätzung der Zusammensetzung aufgrund der Farbe ist jedoch Vorsicht geboten, da sich die Farbe durch Zusatz kleiner Mengen anderer Legierungselemente stark verändern kann. So ergeben z. B. geringe Zusätze von Aluminium zu CuZn40Pb2 eine grünlich gelbe und von Mangan eine bräunliche Färbung.

Messing ist eine Legierung aus Kupfer und Zink mit über 54 % Kupfer. Typische Merkmale sind die goldene Färbung, die hohe Korrosionsbeständigkeit, die gute Verarbeitbarkeit und die relativ hohe Festigkeit.

Viele der Eigenschaften, insbesondere die Umformbarkeit, lassen sich mit der Struktur von Messingen begründen. Die Ausgangsgitter der reinen Metalle unterscheiden sich stark: Zn ist hexagonal; Cu hingegen kfz. Daher treten in diesem System mehrere Phasen auf, die sehr unterschiedliche Eigenschaften bedingen. Aus diesem Grund werden verschiedene **Messingarten** unterschieden: α-Messing (Kaltformmessing), β-Messing, $\alpha + \beta$-Messinge (Warmformmessing), Zerspanungsmessing und Sondermessinge.

a) α-Messing (Kaltformmessing)

Bis zu einem Zinkgehalt von ca. 37,5 % wird ein kubisch-flächenzentrierter Austauschmischkristall gebildet, der **α-Messing** genannt wird. Aufgrund dieses Kristallgitters sind α-Messinge gut kaltverformbar. Die Kaltformänderungsfähigkeit nimmt mit steigendem Zinkgehalt zu und erreicht etwa zwischen 30 % und 35 % ein Maximum.

Da diese Messinge nur mäßig warm-, aber sehr gut kaltverformbar sind, heißen sie auch **Kaltformmessinge**. Sie lassen sich in wenigen Arbeitsschritten (Stichen) und damit sehr wirtschaftlich zu sehr dünnen Blechen und Bändern verarbeiten. Möglich sind minimale Endformate. Darüber hinaus zeichnen sich die Halbzeuge durch eine hervorragende Oberflächenqualität aus, die ein aufwändiges Nacharbeiten erübrigt.

Der hohen Verformbarkeit dieser Legierungen steht eine innerhalb der Messingfamilie relativ geringe Grundfestigkeit gegenüber, die jedoch durch die Kaltverformung selbst erheblich gesteigert werden kann. Weiches Messing ist schlechter spanbar als hartes.

Wichtige Legierungen dieser Reihe sind CuZn37, CuZn30, CuZn28, CuZn20, CuZn15. Dabei gilt: Je weniger Zink enthalten ist, desto besser ist die **elektrische Leitfähigkeit**. Tabelle 1 zeigt Beispiele für die mechanischen Kennwerte ausgewählter Messinge und nennt einige Anwendungsbeispiele.

α-Messing wird zu einem Zinkgehalt von ca. 37,5 % gebildet. Es hat ein kubisch-flächenzentriertes Kristallgitter und lässt sich daher gut kalt verformen **(Kaltformmessing)**.

Tabelle 1: Beispiele für Kupfer-Zink-Legierungen (Stangen, DIN EN 12163, DIN EN 12164)

Symbol	Kurzzeichen	Zustand	Durchmesser (mm)	R_m (MPa)	A (%)	HB (min)	Anwendungen
α-Messing (Kaltformmessing)							
CuZn30	CW505L	R310	4 … 80	310	27	–	Blasmusikinstrumente, Patronenhülsen (Kartuschmessing), Blattfedern, Rohre für Süßwasseranwendungen, Reflektoren, Kabelklemmen, Glühlampensockel und- fassungen
		H085	4 … 80	–	–	85	
CuZn37	CW508L	R370	2 … 40	370	12	–	Armaturen, Leuchter, Modelleisenbahnschienen, Kfz-Kühler, Kontaktteile, Steckverbinder, Orgelbauteile, Haushaltswaren
		H105	2 … 40	–	–	105	
$\alpha + \beta$-Messing (Warmformmessing)							
CuZn40	CW509L	R340	2 … 80	340	25	–	Schmiedemessing für Gesenkschmiedestücke, Warmpressteile, Kondensatorböden, Schlösser, Beschläge
		H080		–	–	80	

Tabelle 1: Beispiele für Kupfer-Zink-Legierungen (Stangen, DIN EN 12163, DIN EN 12164)

Symbol	Kurz-zeichen	Zu-stand	Durchmesser (mm)	R_m (MPa)	A (%)	HB	Anwendungen
Zerspanungsmessinge							
CuZn40Pb2	CW617N	R360	40 … 80	360	20	90	Lüsterklemmen, Kontaktstifte, Schließzylinder, Armaturen, Brillenscharniere, Uhrengehäuseteile, Zahnräder, Fahrradschlauchventile
		R500	2 … 14	500	8	150	
Sondermessing (Mehrphasig)							
CuZn37Mn3-Al2PbSi	CW713R	R540	6 … 80	540	15	150	Lagerbuchsen, Gleitelemente, Ventilführungen, Getriebeteile, Kolbenringe, Werkzeuge, Profile für Bauwesen, Bolzen, Niete, Stifte
		R620	15 … 50	620	8	170	
CuZn31Si	CW708R	R460	5 … 40	460	22	–	Sehr verschleißfest: Gleitelemente, Lagerbuchsen, Führungen, Anlaufscheiben
		H115		–	–	115	

b) β-Messing

β-Messing tritt bei höheren Zinkgehalten (43,8 % – 48,2 % Zn) auf. Es hat ein kubisch-raumzentriertes Gitter und neigt zur Grobkornbildung. Aus diesen Gründen ist es sehr schlecht formbar, es ist sogar spröde. Technisch hat β-Messing aufgrund dieser Nachteile sehr geringe Bedeutung.

> **Kubisch-raumzentriertes β-Messing** ist spröde und hat daher technisch kaum Bedeutung.

c) α + β-Messinge (Warmumformmessing)

Zweiphasige α + β-Messinge treten genau zwischen den bisher genannten Konzentrationsbereichen auf. Sie haben große technische Bedeutung **(Tabelle 1, Seite 175)**. Die Zweiphasigkeit ist durchaus erwünscht, denn die weiche und relativ gut verformbare α-Phase sorgt für sehr gute Verformungseigenschaften. Die β-Phase hingegen ist hart und bringt damit die Festigkeit. Entsprechend der Anteile von α- und β-Mischkristallen ist eine günstige Kombination der Eigenschaften Spanbarkeit und Formbarkeit zu erreichen. α + β-Messinge zeichnen sich infolge ihres β-Anteils durch eine gute **Warmumformbarkeit** aus. Die alte Bezeichnung **Schmiedemessing** für die Legierung CuZn40 ergab sich aus den bevorzugten Anwendungen, z. B. für Gesenkschmiedestücke und Warmpressteile. Heute spricht man von **Warmformmessingen**.

> **α + β-Messinge (Warmformmessing)** kombinieren weiche, gute verformbare α-Anteile (kfz) mit harten β-Anteilen (krz) und zeigen daher eine günstige Kombination von Festigkeit, Umformbarkeit und Spanbarkeit.

d) Zerspanungsmessinge

Zerspanungsmessinge haben wie die Warmformmessinge eine heterogene α + β-Gefügestruktur. Eine hervorragende Zerspanbarkeit wird durch den Zusatz geringer Mengen Blei (0,3 % bis 3 %) erreicht. **Blei** wirkt als **Spanbrecher**, da es sich nicht im Kupfer löst. Die Folge sind die erwünschten kurzbrechenden Späne. Die Gruppe der Zerspanungsmessinge erstreckt sich über einen relativ kleinen Bereich des Kupfer-Zink-Systems. Die ungefähren Grenzen werden von CuZn35Pb und CuZn43Pb gebildet **(Tabelle 1)**. Vor dem Hintergrund der neuen Umweltgesetzgebeung wurden und werden aktuell bleifreie Alternativen entwickelt.

> **Blei** löst sich in Kupfer bzw. Messing nicht und bewirkt daher eine Verbesserung der Spanbarkeit **(Spanbrecher)**.

e) Sondermessinge

Durch weitere Legierungselemente lassen sich die Werkstoffeigenschaften von Messing gezielt beeinflussen (Tabelle 1, Seite 177). So dient Aluminium der Verbesserung der Gießbarkeit, steigert zudem die Festigkeit, ohne die Dehnbarkeit herabzusetzen und erhöht die Korrosionsbeständigkeit. Zinn verbessert die Härte, bei höheren Gehalten vermindert es aber die Zähigkeit und die Verformbarkeit. Nickel verbessert die mechanischen Eigenschaften und die Korrosionsbeständigkeit. Eisenzusätze bewirken die Verfeinerung des Gefüges und eine Steigerung der Festigkeit, sie vermindern aber die Korrosionsbeständigkeit. Mangan und Silicium schließlich erhöhen die Festigkeit und Zähigkeit sowie die Beständigkeit gegen Seewasser. Kupferreiche Sondermessinge mit geringen Anteilen Aluminium, Zinn und Silicium zeichnen sich, da der α-Bereich nicht verlassen wird, durch eine weiterhin gute Kaltverformbarkeit bei nun aber höherer Festigkeit und Beständigkeit aus. Der überwiegende Teil der Sondermessinge ist jedoch ausschließlich warmformbar. Sondermessinge können zudem Blei enthalten und ebenfalls zerspanend bearbeitet werden.

Korrosionsbeständigkeit von Messingen

Die **Korrosionsbeständigkeit** von Kupfer-Zink-Legierungen mit weniger als 20 % Zink ist relativ gut. Bei Legierungen mit einem höheren Zinkgehalt kann **Entzinkung** als Verarmung an Zink eintreten, wenn ein Elektrolyt anwesend ist. Dabei bildet Zink (unedler als Kupfer) die Anode und wird zerstört.

Eine Entzinkung ist auch bei Wärmebehandlungen möglich. Grund ist die niedrige Verdampfungstemperatur des Zinks (906 °C). So kann bei der Wärmebehandlung von Messingen in eine Verringerung des Zinkgehalts in der Randzone eintreten. Diese **thermische Entzinkung** der Randschicht tritt insbesondere in $\alpha + \beta$ Messingen auf und führt dazu, dass sich am Rand andere Eigenschaften ergeben als im Kern. So erhöht sich in den $\alpha + \beta$ Messingen der α-Anteil am Rand. Die Folge ist eine Abnahme der Festigkeit und der Härte in der Randschicht, weil die α-Mischkristalle im Vergleich zur geordneten β' Phase eine geringere Härte und Festigkeit besitzen. So kann die Entzinkung besonders bei dünnen Blechen, Drähten usw. zu einem merkbaren Festigkeitsverlust sowie zu einem unerwünschten Farbwechsel ins Rötliche führen.

3.14.2.5 Kupfer-Zinn-Legierungen (Bronze, Zinnbronze)

Bronze, genauer **Zinnbronze**, ist eine Legierung aus den Metallen Kupfer (Cu) und Zinn (Sn). Die Zinnbronzen gehören zusammen mit den Aluminiumbronzen (Cu-Al) und den Kupfer-Nickel-Legierungen zu den korrosionsbeständigsten Kupferbasislegierungen. Da sich Bronzen mit einer fest haftenden, dichten Schutzschicht überziehen, ist die **Widerstandsfähigkeit** gegen verschiedenste atmosphärische Einflüsse hervorragend. Die Schutzwirkung nimmt mit steigendem Zinngehalt zu. Technisch bedeutsame Kupfer-Zinn-Legierungen enthalten bis zu 15 % Zinn.

Im Vergleich zu den Kupfer-Zink-Legierungen sind Zinnbronzen korrosions- und verschleißfester. Außerdem besitzen sie bessere Gleiteigenschaften, sie sind aber auch teurer. Die Farbe wechselt mit steigendem Zinngehalt über gelbrot, gelb und grünlichgelb nach silbern. Die Festigkeit und Härte steigen mit dem Zinngehalt. Die höchste Zugfestigkeit erreichen Legierungen mit etwa 12 % Zinn (Tabelle 1, Seite 178). Bei höheren Gehalten fällt die Zugfestigkeit wieder ab. Die Kaltumformbarkeit der Knetlegierungen mit Zinngehalten bis zu 9 % ist sehr gut.

Je nach Verarbeitung lassen sich bei Zinnbronzen **Knet- und Gusslegierungen** unterscheiden:

- Der Zinngehalt der **Knetlegierungen** ist auf rund 8,5 % begrenzt. Knetlegierungen eignen sich zur Warm- und Kaltumformung durch Walz-, Press- und Ziehverfahren. Hohe Verformungsgrade lassen sich durch Glühen teilweise oder völlig beseitigen.
- **Gusslegierungen** weisen in der Regel einen Zinnanteil zwischen 9 % – 12 % auf, meist mehr als 10 % Zinn.
- Bronzen mit Zinnanteilen von 20 % stellen einen Sonderfall dar. Sie heißen **Glockenbronzen**, da aus ihnen Kirchenglocken gegossen werden.

Bronzen neigen stark zu **Kristallseigerungen** beim Abkühlen (siehe Bild 1, Seite 73). Daher eignet sich das eigentliche Zustandsdiagramm nur eingeschränkt zur Ableitung des Gefüges von Zinnbronzen. Aus diesem Grund wurden Diagramme aufgestellt, die den technischen Abkühlbedingungen entsprechen (Realdiagramme, z. B. für Sandguss oder Kokillenguss).

Die Zerspanung reiner Zinnbronzen ist schwierig. Eine Verbesserung der Zerspanbarkeit wird durch geringe Bleizusätze, die als **Spanbrecher** wirken, erreicht. Ein Bleianteil bewirkt zudem in Lagerwerkstoffen, die häufig auf Bronzen basieren, gute Notlaufeigenschaften. Jedoch ist man auch hier bestrebt, den Bleianteil vor dem Hintergrund des Umweltschutzes und der daraus resultierenden aktuellen Gesetzgebung zu minimieren.

Tabelle 1: Beispiele für Kupfer-Zink-Legierungen (Knetlegierungen: Stangen, DIN EN 12163, Gusslegierungen DIN EN 12164, R bedeutet Zugfestigkeit)

Symbol	Kurzzeichen	Zustand	Durchmesser (mm)	R_m (MPa)	A (%)	HB	Anwendungen
Knetlegierungen							
CuSn4	CW450K	R320	Stangen nicht genormt. Hier Drähte 4 – 20	320	55		Steckverbinder, Steckerleisten, Relaisfedern, stromleitende Klemmen, Rührer, Barometerdosen
CuSn6	CW452K	R400	2 – 60	400	26	–	Federn für Kontakte, Metallschläuche, gewellte Rohre, Schweißdrähte
CuSn8	CW453K	R450	2 – 60	450	26	–	Gleitlager, Drahtbürsten, Kontaktfedern, Getriebeteile
Gusslegierungen							
CuSn12-C	CC483K	Sandguss	–	260	7	80	hoch belastete Gleitlager, Kuppelstücke, Pleuelbuchsen, Glocken
CuSn11Pb2-C	CC482K	Sandguss	–	240	5	80	Gleitlager, Schiffspropellerwellenbuchsen

Als Bronzen werden auch Legierungen des Kupfers mit anderen Elementen bezeichnet. In diesen Fällen wird der Name des Legierungselements mit angegeben und man spricht z. B. von **Aluminiumbronzen** oder **Manganbronzen**.

> **Bronze-Gusslegierungen** zählen zu den korrosionsbeständigsten Kupferwerkstoffen.

3.14.2.6 Kupfer-Zinn-Zink-Legierungen (Rotguss)

Viele Kupfer-Zinn-Gusslegierungen enthalten als drittes Legierungselement Zink und begründen so die Gruppe der Kupfer-Zinn-Zinkgusslegierungen, den **Rotguss**. Zinkzusätze bewirken eine **Desoxidation** (Entfernung von Sauerstoff) der Schmelze, so dass auf Phosphor verzichtet werden kann, der sonst diese Aufgabe übernimmt. Die üblichen Kupfer-Zinn-Zink-Gusslegierungen weisen Zinkgehalte bis zu 9 % auf.

Diese Mehrstofflegierung ist besonders gut gießbar. Die Festigkeit ist etwas geringer als bei Kupfer-Zinn-Legierungen (siehe Beispiele in **Tabelle 2**). Die guten Gleiteigenschaften und die Korrosionsbeständigkeit werden jedoch nicht verändert. Bleizusätze erleichtern die Zerspanbarkeit (Spanbrecher) und fördern die guten Gleiteigenschaften. Jedoch ist man auch hier bestrebt, den Bleianteil zu minimieren, da Rotgussventile vielfach im Trinkwasserbereich eingesetzt werden. Entsprechend der Trinkwasserverordnung ist der Bleianteil in Trinkwasserinstallationen zu begrenzen. Seit 2013 sind nur noch max. 0,010 mg/l Blei zulässig.

Tabelle 2: Beispiele für Kupfer-Zinn-Zink-Legierungen (Rotguss, DIN EN 1982)

Symbol	Kurzzeichen	Gießverfahren	R_m (MPa)	$R_{p0,2}$ (MPa)	A (%)	HB	Anwendungen
CuSn5Zn5Pb5-C	CB491K	Sandguss GS	200	90	13	60	hochwertige Ventile und Armaturen, Teile für die chemische Industrie, meerwasserbeständige Gehäuse, Statuen, Denkmäler
		Kokillenguss GM	220	110	6	65	
CuSn7Zn2Pb3-C	CB492K	Sandguss GS	230	130	14	65	Armaturen- und Pumpengehäuse sowie für druckdichte Gussteile, Ventilgehäuse, Zählergehäuse
		Kokillenguss GM	230	130	12	70	
CuSn7Zn4Pb7-C	CB493-K	Sandguss GS	230	120	15	60	Gleitlager und Lagerbuchsen für den Maschinenbau, Pleuelbuchsen, Schiffswellenbezüge, Fittings
		Kokillenguss GM	230	120	12	60	

Rotguss ist eine Legierung aus Kupfer, Zinn und Zink, die sich durch eine hervorragende Gießbarkeit auszeichnet.

3.14.2.7 Kupfer-Nickel-Zink-Legierungen (Neusilber)

Kupfer-Nickel-Zink-Legierungen werden auch als **Neusilber** bezeichnet. Neusilber enthält 47 % bis 65 % Cu, 12 % bis 25 % Ni, Rest Zn. Die **silberne Färbung**, die besonders bei Gehalten um 20 % Ni der des Silbers sehr nahe kommt, erklärt den Namen. Neusilber ist gut verformbar und korrosionsbeständig. Die hohe chemische Beständigkeit wird durch Nickel erreicht, Zink begünstigt die Gießbarkeit und Kupfer die gute Verformungsfähigkeit. Aus Neusilber werden zahlreiche Teile für die Elektrotechnik, Optik und Medizintechnik sowie Bestecke und Tafelgeschirr gefertigt **(Tabelle 1)**.

Auch Schlüsselrohlinge bestehen oft aus Neusilber, da der Werkstoff die Anforderungen der Schlüsselproduktion ausgezeichnet erfüllt. Neusilber ist ausgezeichnet stanzbar, gut prägbar und besonders gut spanabhebend bearbeitbar. Im täglichen Gebrauch des Schlüssels bewähren sich die optimalen Festigkeitseigenschaften und die sehr gute Korrosions- und Anlaufbeständigkeit.

Tabelle 1: Beispiele für Kupfer-Nickel- und Kupfer-Nickel-Zink-Legierungen (Stangen, DIN EN 12 163)

Symbol	Kurzzeichen	Zustand	Durchmesser (mm)	R_m (MPa)	A (%)	Anwendungen
CuNi1P	CW108C	R250	2 ... 80	250	25	Leistungsdrähte, hochfeste elektrische Leiter, Elektroden, Splinte, Nägel, Bolzen, Schrauben, Federn
CuNi10Fe1Mn	CW352H	R350	2 ... 20	350	10	Meerwasserleitungen, Klimaanlagen, Schiffsaußenhautverkleidung, Bremsleitungen
CuNi18Zn20	CW409J	R400	2 ... 50	400	35	Membranen, Kontaktfedern, Besteckzeile, Kugelschreiberspitzen

Neusilber ist eine Legierung aus Kupfer, Nickel und Zink, die sich durch eine hohe chemische Beständigkeit bei guter Festigkeit auszeichnet.

3.14.2.8 Wärmebehandlung von Kupferlegierungen

Auch bei Kupferwerkstoffen sind verschiedene Wärmebehandlungen üblich.

Kupferlegierungen lassen sich wie andere Metalle nach einer Verformung rekristallsierend glühen. Die **Rekristallisationstemperatur** wird für reines Kupfer mit ca. 300 °C angegeben. Beispiele zu Gefügen und Entfestigungskurven zeigen die **Bilder 2, Seite 61; Bild 1** und **4, Seite 64)** Kupfer und Kupferlegierungen werden unter **Schutzgas** (meist Wasserstoff) geglüht, um ein **Anlaufen** (Oxidation) der Oberfläche zu vermeiden. Dieses Anlaufen ist auch der Grund dafür, dass die Oberflächen von Kupferbändern nach einem Warmwalzen abgefräst und erst dann weiter kaltgewalzt werden. Ein solches Vorgehen ist bei anderen Metallen in der Regel nicht notwendig.

In einigen Kupferlegierungen ist eine **Aushärtung** wie beim Aluminium möglich, beispielsweise in Kupfer-Chrom-Legierungen, Kupfer-Nickel-Legierungen mit geringen Nickelgehalten oder neueren Mehrstofflegierungen für die Elektrotechnik. Neben der Steigerung der Festigkeit wird durch die Bildung von Teilchen hier auch ein Wiederanstieg der **elektrischen Leitfähigkeit** erreicht, die durch einzelne gelöste Atome zunächst stark herabgesetzt wurde.

3.14.3 Weitere wichtige NE-Metalle

Blei (Schmelzpunkt 327 °C, Dichte 11,3 g/cm^3) ist ein blaugraues, weiches **Schwermetall**, das bereits bei 0 °C **(siehe Bild 2, Seite 63)** rekristallisiert. Somit ist hier eine Umformung bei Raumtemperatur streng genommen bereits eine Warmumformung. Blei wird vor allem im Akkumulatorenbau (Autobatterie), im Strahlenschutz und noch vereinzelt als Legierungsmetall in Loten eingesetzt. Zudem findet es sich in diversen Werkstoffen, z. B. Kupfer, als Spanbrecher und gewährleistet in Lagerlegierungen Notlaufeigenschaften. Aufgrund der toxischen Wirkung von Blei ist man jedoch bestrebt und z. T. auch gesetzlich verpflichtet, die Bleigehalte zu senken bzw. ganz auf Blei zu verzichten.

Nach DIN EN 12659 erfolgt eine Unterscheidung nach dem Bleigehalt in PB 990R (früher Feinblei, wie Pb99,99 – für Akkumulatoren) und PB 940R (früher Hüttenblei, wie Pb99,94 – zur Herstellung von Hartblei). Wichtige Bleilegierungen sind u. a. Kabellegierungen, Batterielegierungen und Gusslegierungen (z. B. Pb-Sb).

Der Einsatz von Blei wird aufgrund seiner toxischen Wirkung begrenzt.

Magnesium (Schmelzpunkt 649 °C, Dichte 1,74 g/cm^3) ist ein silberglänzendes, sehr unedles **Leichtmetall**. Es überzieht sich an der Luft mit einer dünnen Oxidschicht, die jedoch nicht so optimal haftet wie bei Aluminium. Daher ist die Korrosionsbeständigkeit schlecht, sie kann jedoch durch die Begrenzung bestimmter Verunreinigungsgehalte (insb. Kupfer, Eisen, Nickel) unterhalb einer Toleranzschwelle verbessert werden. Oberflächenbehandlungen sind möglich, sodass Magnesium auch korrosiven Belastungen standhält.

Dennoch macht die große **Reaktivität** des in der zweiten Hauptgruppe stehenden Metalls bei dessen Verarbeitung besondere Schutzmaßnahmen erforderlich. Um ein Brennen sicher zu verhindern, müssen Magnesiumschmelzen unter Schutzgasen verarbeitet werden. Beim Spanen sind Vorkehrungen gegen eine Entzündung der Späne zu treffen. Es existieren einheitliche Vorschriften, deren Beachtung eine Gefährdung ausschließt. Geeignete Löschmittel (kein Wasser, kein Sand) sind vorzuhalten. Daher wird die Verarbeitung von Magnesium im Verhältnis zu Aluminium teurer.

Magnesium hat ein hexagonales Gitter und damit eine **eingeschränkte Umformbarkeit**. Erst ab ca. 230 °C wird die Umformbarkeit besser. Magnesium muss daher warm verformt werden, wenngleich dies nur in geringem Umfang erfolgt. Hauptsächlich wird Magnesium vergossen, denn die Gießeigenschaften des leichten Metalls sind sehr gut. Das **gute Fließvermögen** macht auch die Herstellung sehr dünnwandiger Teile möglich.

Magnesiumlegierungen mit Aluminium, Zink oder Mangan gewinnen aufgrund ihrer geringen Dichte im Verkehrssektor zunehmende Bedeutung. Für das Automobil kommen verschiedenste Teile in Betracht, z. B. Sitz- und Türrahmen, Armaturenbrett, Ventildeckel, Ansaugkrümmer, Ölwanne, Räder, Lenkrad, Lenksäule, Schlossgehäuse, Getriebe und Kurbelgehäuse sowie Schiebedachelemente. Daneben nutzt die elektronische Industrie Magnesium – sowohl für Gehäuse als auch für innenliegende Funktionsteile, nicht zuletzt auch aufgrund seiner **elektronischen Abschirmwirkung** und der Möglichkeit einer schnellen Wärmeabführung. Weitere Anwendungsfelder liegen im Hand- und Heimwerkerbereich, bei denen ebenfalls die **Gewichtsersparnis** sowie die Reduzierung bewegter Massen im Vordergrund stehen, z. B. Gehäuse für Motorsägen.

In DIN 1729-1 ist die Zusammensetzung von **Mg-Knetlegierungen**, in DIN EN 1754 die Zusammensetzung von **Mg-Gusslegierungen** festgelegt. Aufgrund der beschriebenen schlechten Umformbarkeit wurden weitaus mehr Gusslegierungen entwickelt und genormt als Knetlegierungen. Obwohl die genannten Normen existieren, ist in der Praxis jedoch die Bezeichnung nach der amerikanischen Norm ASTM B 275 verbreiteter. Dabei werden einzelne Hauptlegierungselemente mit Großbuchstaben gekennzeichnet, z. B. A für Aluminium, M für Mangan, S für Silicium, C für Kupfer und Z für Zink. Die Gehalte werden in Masse-% (gerundet) angegeben.

Beispiele:

AZ91 – Magnesiumleg. mit 9 % Al und 1 % Zn
AM60 – Magnesiumleg. mit 6 % Al und < 1 % Mn
AS41 – Magnesiumleg. mit 4 % Al und 1 % Si
ZC63 – Magnesiumleg. mit 6 % Zn und 3 % Cu

Magnesium ist relativ reaktiv, wenig korrosionsbeständig und schlecht kaltumformbar, lässt sich aber gut gießen.

Titan (Schmelzpunkt 1820 °C, Dichte 4,5 g/cm^3, DIN 17850) ist ein silbergraues, hartes, bis etwa 600 °C äußerst korrosionsbeständiges **Leichtmetall**. Titan und seine Legierungen sind Materialien mit außergewöhnlichen Eigenschaften, wie einer hohen Zugfestigkeit (500 MPa – 1500 MPa) und einer **exzellenten Korrosionsbeständigkeit**. Letztere beruht auf der Bildung einer sehr stabilen, nur wenige Atomlagen dicken **Titandioxidschicht** an der Oberfläche, die sich auch bei einer Beschädigung spontan neu bildet und so einen dauerhaften Korrosionsschutz gewährt. Weitere Merkmale sind die Biokompatibilität und die gute Bearbeitbarkeit.

Der Preis von Titan ist aufgrund eines aufwändigen Herstellungsprozesses und einer geringen Zahl von Herstellern relativ hoch.

Derzeit verbraucht der Luftfahrtsektor ungefähr 50 % der weltweiten Titanproduktion. Der größte Teil der restlichen Menge geht in den industriellen Bereich, z. B. in die chemische Industrie, Kraftwerksanlagen, die Lebensmittelindustrie oder den Offshore- und Marinebereich. Hier findet sich Titan in Wärmetauschern, Rohren oder Behältern. Auch der Einsatz in Meerwasserentsalzungsanlagen bedingt einen stetig steigenden Titanverbrauch. Möglichkeiten für den Titaneinsatz finden sich auch im Automobilbau und beim Bau von Spezialschiffen. Bekannt ist Titan aber auch als gut verträglicher Implantatwerkstoff in der Medizin, z. B. in Fixierungen für die Wirbelsäule, in Hüftgelenkimplantaten, Herzschrittmacher-Komponenten, Schädelplatten, Dentalimplantaten sowie Zahnstiften und -schrauben. Jedoch sind die hier verwendeten Teile relativ klein und der Marktanteil daher verhältnismäßig gering.

In Flugzeugbau bietet sich Titan gerade angesichts des Trends zur CFK-Bauweise an (Erläuterung in Kapitel 2.2).

Die Eigenschaften des Titans und seiner Legierungen werden durch die zwei unterschiedlichen **Modifikationen** α und β bestimmt. Reintitan und die Mehrzahl der Titanlegierungen liegen bei tieferen Temperaturen in einer hexagonal dichten Kugelpackung vor, die mit **α-Titan** bezeichnet wird. Bei 882 °C ändert sich das Gitter zu kubisch-raumzentriert und wird **β-Titan** genannt. Gewöhnlich werden Legierungen des Titans in α-, (α + β)- und β-Legierungen eingeteilt.

Die verschiedenen Reintitansorten unterscheiden sich hauptsächlich nur durch den Sauerstoffgehalt, der die Festigkeit deutlich erhöht – bei gleichzeitiger Abnahme der Zähigkeit. So umfassen die vier technischen Titansorten Grade 1 bis Grade 4 (DIN 17850, keine DIN EN) einen Zugfestigkeitsbereich von 240 MPa bis 740 MPa. Grade 1 als die weichste Reintitansorte lässt sich ausgezeichnet kalt verformen und wird für Teile verwendet, die neben guter Korrosionsbeständigkeit nur geringen Festigkeitsanforderungen unterliegen. Ein weiteres wichtiges Legierungselement ist Aluminium, dessen Gehalt zur Vermeidung von Sprödigkeit auf 6 Gew. % begrenzt wird. Zu den (α + β)-Legierungen zählt die mit Abstand gebräuchlichste Legierung Ti-6Al-4V. Ihre Zugfestigkeit beträgt rund 1100 MPa und kann durch eine Wärmebehandlung noch weiter gesteigert werden.

> Titan findet vor allem im Flugzeugbau Verwendung.

Zinn (Schmelzpunkt 232 °C, Dichte 7,3 g/cm^3, DIN EN 610, DIN EN 611-2) ist ein glänzendsilberweißes, bei Raumtemperatur sehr dehnbares Metall. Beim Verbiegen von Zinn tritt ein als **Zinnschrei** bezeichnetes typisches Knistern auf. Es hat seine Ursache in der Reibung der Zinnkristalle während der Verformung. Zinn ist gegen die meisten Nahrungsmittel beständig und dient daher bei Nahrungsmittelbehältern als Schutzmetall. Verzinntes Stahlblech, sog. **Weißblech**, wird zur Herstellung von Konserven- und Getränkedosen verwendet. Zinnfolien (Stanniol) können zu Tuben verarbeitet werden. Weiterhin ist Zinn ein wichtiges Legierungselement, z. B. zur Herstellung von Loten und Bronzen (CuSn). Unterhalb von 13,2 °C zerfällt Zinn allmählich zu einem grauen Pulver – ein Effekt der zu Napoleons Zeiten im kalten russischen Winter zum Zerfall der Uniformknöpfe führte. Diese sog. **Zinnpest**, zurückzuführen auf einen bei dieser Temperatur erfolgenden Wechsel der Kristallstruktur, wird durch beilegiertes Antimon oder Wismut stark verzögert.

> Zinn dient in Konservendosen als Schutzmetall.

Zink (Schmelzpunkt 419 °C, Dichte 7,1 g/cm^3) ist ein blaustichig glänzendes Metall. Hüttenzink hat die Kurzzeichen Zn99,5, Zn98,5 und Zn97,5 (DIN EN 1179, Hüttenzink). Der Restbestandteil ist überwiegend Blei. Zinklegierungen werden als Knet- und Gusslegierungen hergestellt. Das Umformen wird durch das hexagonale Kristallgitter des Zinks erschwert. Daher wird warm umgeformt. Bekannte Anwendungen von umgeformten Produkten sind Fassadenbleche, Dachrinnen, Dacheindeckungen und Batteriebecher.

Weitaus mehr Zink wird jedoch als Gusswerkstoff eingesetzt. Zink wird hauptsächlich im Druckguss-Verfahren vergossen. Bekannte Teilebeispiele sind Modellautos oder kleine Beschläge für Möbel, Türen und Fenster. Gusslegierungen sind in DIN EN 12441-1 genormt. Bevorzugte Legierungselemente in Gusslegierungen sind Kupfer und Aluminium. Diese Dreistofflegierung ist allerdings wenig korrosionsbeständig. Außerdem neigt sie zum Kriechen.

Zink ist elektrochemisch sehr unedel. Daher findet es Anwendung als Schutzanode (Opferanode) und beim Korrosionsschutz von Stahl (Verzinken).

> Zink wird aufgrund seines unedlen Charakters zum Korrosionschutz anderer Metalle, insbesondere Stahl, eingesetzt.

Aufgaben

1. Aluminium wird zum Verpacken von Lebensmitteln eingesetzt. Begründen Sie dies, indem Sie die dafür wichtigen Werkstoffeigenschaften des Aluminiums nennen!
2. Wodurch ist ein Leichtmetall gekennzeichnet?
3. Wie unterscheiden sich Guss- und Knetlegierungen?
4. Beschreiben Sie Ziel und Ablauf einer Aushärtungsbehandlung von Aluminium!
5. Welche Legierungslemente sind in folgenden Kupferlegierungen enthalten: Messing, Bronze, Neusilber und Rotguss?
6. Geben Sie eine Begründung für die Unterscheidung in Kalt- und Warmformmessinge, indem Sie auf die Gitterstruktur der Messingarten eingehen!
7. Welche wichtige Rolle spielt Blei in Kupferlegierungen?
8. Warum wird darauf geachtet, den Einsatz von Blei in verschiedenen Anwendungen zu minimieren?
9. Warum muss Magnesium unter Schutzgas verarbeitet werden?
10. Warum lassen sich Magnesium und Zink schlecht kalt verformen?
11. Warum sind Aluminium und Titan gut vor Korrosion geschützt?
12. Welche Eigenschaften machen Titan zu einem idealen Werkstoff für medizinische Implantate?
13. Warum kann Zink andere Metalle vor Korrosion schützen?
14. Wie wird Zink hauptsächlich zu Formteilen verarbeitet?

3.15 Pulvermetallurgie

Werkstücke werden häufig aus Metallpulvern, aus Metalloxidpulvern, aus Nichtmetallpulvern oder aus deren Mischungen angefertigt. Hierbei werden Metallpulver durch geeignete Verfahren (Pressen, Sintern) in gewünschter Form zu einem kompakten (oder auch – wenn notwendig – weniger kompakten) Werkstück verdichtet. Der wichtigste Vorteil der Pulvermetallurgie (PM) besteht in der **endkonturnahen Herstellung** der pulvermetallurgischen Bauteile. Es sind wenig oder keine spanenden Endbearbeitungsprozesse notwendig. Die Rohstoffausnutzung liegt bei 95 % ist damit deutlich höher als bei anderen Fertigungsverfahren **(Bild 1)**.

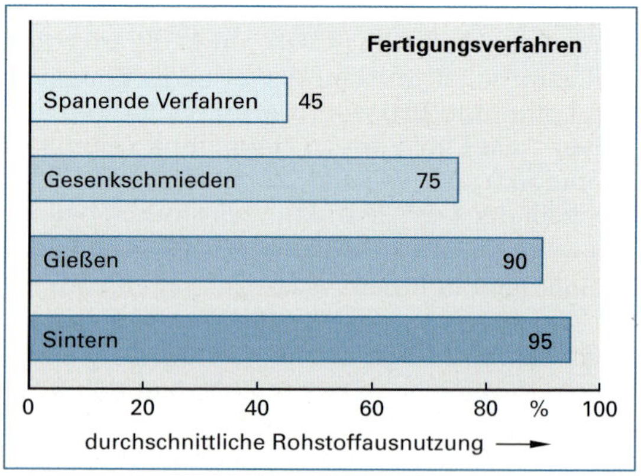

Bild 1: Rohstoffausnutzung verschiedener Fertigungsverfahren

Die Herstellung von Metall- und Metalloxidpulvern sowie die Fertigung von Werkstücken aus diesen Pulvern ist das Aufgabengebiet der **Pulvermetallurgie**.

Die Pulvermetallurgie bietet der neben **endkonturnaher Herstellung** noch weitere Vorteile:

- die nahezu vollständige Ausnutzung der eingesetzten Pulver,
- die Fertigung von porösen Teilen, die schmelzmetallurgisch nicht hergestellt werden können (z. B. poröse Metallfilter oder Lager, die mit Öl getränkt werden können),
- die Erhaltung der ursprünglichen Materialzusammensetzung, d. h. keine Schlackenbildung und keine Seigerungen (Entmischungen) während der Fertigung,
- eine hohe Maßgenauigkeit,
- die Verarbeitung und das Legieren von Metallen mit hohen Schmelzpunkten (z. B. von Wolfram mit T_s = 3390 °C) und
- die Möglichkeit der Nachbehandlung fertiger Teile, z. B. durch Härten, Oberflächen- und Wärmebehandlung.

Nachteilig ist jedoch die relativ teure Pulverherstellung. Zudem werden pulvermetallurgische Verfahren erst bei sehr hohen Stückzahlen wirtschaftlich. Dies liegt zum einen in der aufwändigen Pulverherstellung begründet, zum anderen in den hohen Kosten der Presswerkzeuge. Zu beachten ist auch, dass die Masse (und damit die Größe) der Formteile begrenzt ist, da die Leistungsfähigkeit der Pressen begrenzt ist. Weiterhin bestehen gewisse Einschränkungen hinsichtlich der Formgestaltung.

Aufgrund des deutlich größeren Fertigungsaufwandes und der hohen Werkzeugkosten wird die Pulvermetallurgie nie die schmelzmetallurgische Verarbeitung der Metalle verdrängen, sie hat aber ihre speziellen Einsatzfelder. Gerade im Fall komplizierter Werkstücke, die komplizierte Spanungsoperationen erfordern, sind die Fertigungskosten bei PM-Bauteilen aus Eisen- oder Kupferbasislegierungen oft niedriger. Bei Aluminium liegen die Verhältnisse weniger günstig, denn aufgrund der **hohen Reaktivität** von Aluminiumpulvern sind umfangreiche Sicherheitsvorkehrungen und Spezialausrüstungen notwendig. So können die Kosten 1,5 bis 2-mal höher sein als bei Aluminiumgussteilen. Ähnlich schwierig ist die Verarbeitung von Pulvern anderer reaktiver Metalle wie z. B. Lithium oder Magnesium.

3.15.1 Herstellung der Pulver

Metallpulver können in verschiedenen Korngrößen mit sehr unterschiedlich ausgebildeten Oberflächen produziert werden. Während man in den Anfangsjahren der Pulvermetallurgie fast nur in Kugel- und Schlagmühlen hergestellte Pulver verwendete, erzeugt man heute den überwiegenden Bedarf an Pulvern nach dem **Verdüsungsverfahren**, nach dem elektrolytischen Verfahren, oder nach dem Reduktionsverfahren.

Beim **Verdüsungsverfahren** (Bild 1) wird die Metallschmelze – es kann sich um Eisen und Nichteisenmetalle handeln – nach dem Ausfließen aus einem Tiegel in einem Düsenkopf durch Luft, Wasser oder Stickstoff verdüst. Stickstoff- und luftverdüste Pulver sind kugelförmig glatt, wasserverdüste dagegen sind unregelmäßig geformt – man nennt sie „spratzig".

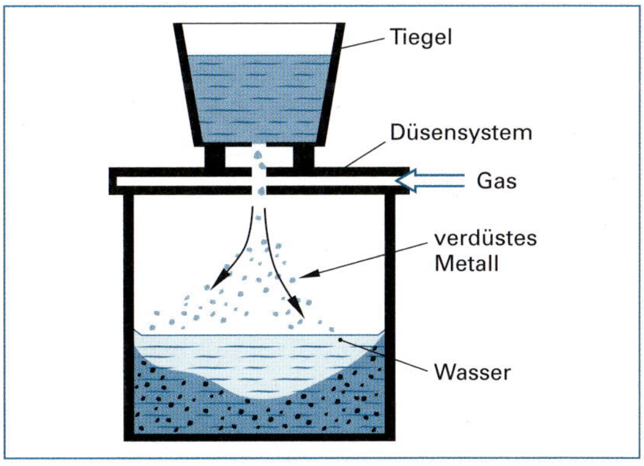

Bild 1: Schematische Darstellung der Verdüsung einer Metallschmelze

Elektrolytische Verfahren, insbesondere für die Herstellung von Kupfer- und Eisenpulvern, arbeiten nach dem Prinzip der Elektrolytkupfergewinnung (siehe Bild 2, Seite 31). Durch hohe Stromdichten bildet sich an der Katode kein fester Überzug, sondern lose haftendes Metallpulver.

Beim **Reduktionsverfahren** werden Metalloxide, wie z. B. Eisenoxid Fe_2O_3, Wolframtrioxid WO_3, und Molybdäntrioxid MoO_3 in reduzierender Atmosphäre zumeist mit Wasserstoff geglüht. Dabei verbinden sich Sauerstoff und Wasserstoff, während das jeweilige Metall als reines Pulver anfällt. Die dabei entstehenden Metallpulver sind relativ grobkörnig.

An die Pulverherstellung schließt sich die **Aufbereitung der Pulver** an. Darunter fallen die Klassierung der Pulver nach bestimmten Teilchengrößen und das Mischen von Pulvern mit unterschiedlichen Teilchenformen und Teilchengrößen entsprechend dem Anforderungsprofil des herzustellenden Bauteils.

3.15.2 Formgebung der Pulver

Die Pulver werden in Matrizen, die auf die herzustellenden Teile abgestimmt sind, durch Pressen in die gewünschte Form gebracht **(Bild 1)**.

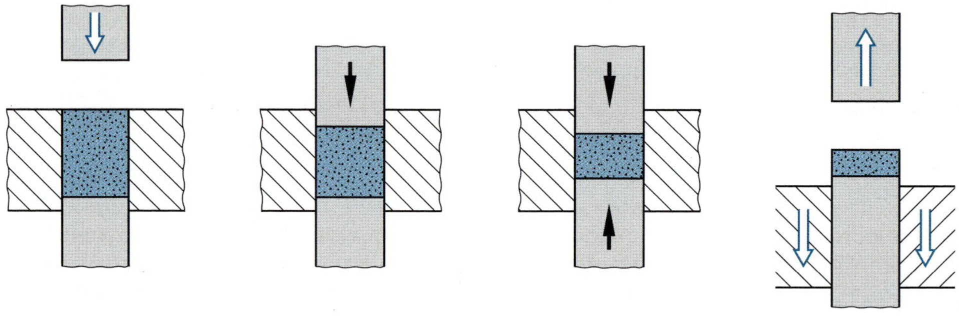

Bild 1: Schematische Darstellung des Pressens

Im Gegensatz zu Flüssigkeiten breitet sich der Pressdruck bei Pulvern nicht nach allen Richtungen gleichmäßig aus, weil unterschiedliche Reibungskräfte zwischen Pulverteilchen und Matrizen- und Stempelwänden auftreten. Bei **einseitigem Pressen** entstehen im unteren Teil des Presslings weniger dichte Bezirke und damit weniger feste Zonen als unmittelbar unter dem Stempel. Dieser Nachteil wird beim **gegenläufigen oder allseitigen Pressen (isostatischen)** weitgehend aufgehoben. Die Eigenschaften des Presslings und damit des Fertigteiles werden durch den Pressvorgang, durch die Form der Pulverteilchen (kugelig, spratzig) und durch die Pulverzusammensetzung (aus reinen oder legierten Metallen) beeinflusst.

3.15.3 Sintern

Durch den Pressvorgang werden die Pulverteilchen dicht aufeinandergepresst. Die Annäherung der Atome in den verschiedenen Teilchen ist jedoch nicht so groß, dass chemische Bindekräfte wirksam werden können. Im Pressling wirken darum nur physikalische Kräfte, also **Adhäsionskräfte**. Zur weiteren Verfestigung ist eine Wärmebehandlung, das Sintern, erforderlich.

Sintern ist eine Wärmebehandlung, bei der aus pulverförmigem Ausgangsmaterial gepresste, stark porige Körper in feste und kompakte Formkörper überführt werden.

Zumeist erfolgt das **Sintern** bei Temperaturen unterhalb des Schmelzpunktes der Pulver. Durch die Glühung werden Pressspannungen und Kaltverformungen in den Pulverteilchen abgebaut. Darüber hinaus kommt es zur **Diffusion** (Atomwanderungen).

Durch das Sintern verringert sich die Porosität auf etwa 5 % bis 10 % (je nach Einsatzzweck des Fertigteiles steuerbar). Das Volumen der Teile nimmt dabei sehr stark ab. Diese **Schwindung** beträgt bei Stahl 1,5 % bis 2 %, bei Aluminium-Gusslegierungen 0,8 % bis 1,5 %, bei Cu-Sn-Bronze 0,8 % bis 2,0 %.

In einigen Fällen wird beim Sintern eine flüssige Phase – das Metall mit dem niedrigsten Schmelzpunkt – erreicht. Hierbei findet eine verstärkte Diffusion statt. Die nicht geschmolzenen Pulverteilchen werden von der Schmelze eingeschlossen.

Um während des Sinterns die Oxidation des Pulvers zu verhindern, wird die Wärmebehandlung unter Schutzgas oder im Vakuum vorgenommen. In besonderen Fällen kann die **Sinteratmosphäre** aber auch gezielt zu **Legierungszwecken** zusammengesetzt werden. Auf diesem Wege kann den Sinterteilen z. B. Kohlenstoff oder Stickstoff zugeführt werden, was z. B. in Stählen zur Bildung harter Karbide und Nitride führt.

3.15.4 Nachbehandlung von Sinterteilen

Das **Kalibrieren** erfolgt durch Formung in Matrizen, wenn hohe Maßgenauigkeiten gefordert werden.

Eine **spanabhebende Bearbeitung** wird erforderlich, wenn Werkstückformen herzustellen sind, die presstechnisch nicht zu beherrschen sind, z. B. Hinterschneidungen.

Das **Härten** von Sinterstählen erfolgt wie bei erschmolzenen Stählen, wenn der Kohlenstoffgehalt dazu ausreicht (vergleiche Kapitel 3.9.2). Um harte, verschleißfeste Randschichten und zähe Kerne zu erhalten, werden Sinterstähle nach dem Sintern oft durch kohlenstoffhaltige Gase aufgekohlt und anschließend abgeschreckt.

Die **Dampfbehandlung** von Sinterstählen in überhitztem Wasserdampf steigert die Härte und Verschleißfestigkeit, da sich hierbei an den Porenwänden eine Schicht von etwa 10 µm des sehr harten Eisenoxides Fe_3O_4 bildet.

Die **galvanische Behandlung** zur Erzielung von metallischen Überzügen ist möglich, jedoch mit Korrosionsgefahr verbunden, weil die säurehaltigen Elektrolyte schwer aus den Poren zu beseitigen sind.

Die **Infiltration** ist ein Verfahren, bei dem die Poren der Sinterteile mit Zusatzstoffen gefüllt werden. Ölgetränkte Sintereisen mit einem Porenraum von etwa 25 % haben sich gut als Lagerwerkstoffe bewährt. Die Füllung der Poren mit niedrig schmelzenden Metallen oder mit Kunstharzen verursacht eine vollkommene Abdichtung der Sinterkörper, sodass z. B. Pumpenteile daraus hergestellt werden können.

3.15.5 Verschiedene Sinterwerkstoffe

Reines **Eisen** und verschiedene Eisenlegierungen finden bei der Herstellung von Sinterteilen ein weites Anwendungsgebiet. Bei niedrigem Pressdruck ist die Raumerfüllung verhältnismäßig gering. Mit Öl infiltrierte Lagerwerkstoffe besitzen gute Notlaufeigenschaften, da das in den Poren gespeicherte Öl lange Zeit zur Schmierung ausreicht. Bei höheren Pressdrücken und Zusätzen von Kupfer, Chrom oder Nickel können Festigkeiten bis zu 600 N/mm^2 erreicht werden. Aus diesem Material lassen sich Formteile für Kraftfahrzeuge, Fahrräder, Pumpen usw. herstellen.

Hochschmelzende Metalle sind zur schmelzmetallurgischen Herstellung von Werkstücken nicht geeignet, weil das Schmelzen zu Verunreinigungen führt. Außerdem ist ein schmelzmetallurgisches Legieren kaum möglich, da die meisten wichtigen Legierungsmetalle, wie z. B. Zink, bei der Schmelztemperatur hochschmelzender Metalle bereits verdampft sind. So ist die Pulvermetallurgie die einzig geeignete Methode, daraus Werkstücke herzustellen.

Gesintertes Wolfram wird zu Glühlampenwendeln, gesintertes Tantal zu Elektronenröhrenteilen und gesintertes Molybdän zu Heizleitern verarbeitet. Die Sinterteile sind bei Raumtemperatur zwar spröde, sie lassen sich jedoch bei Temperaturen um 1500 °C gut verformen.

Magnete: Eisen- und Nickelpulver sintert man zu weichmagnetischen, Aluminium-Nickel-Cobaltpulver zu **dauermagnetischen Werkstoffen**. Auch neodymhaltige Magnete entstehen pulvermetallurgisch.

Kupfer-Zinngemenge sowie Eisen und Hartmetalle dienen in ihrer gesinterten Form als **Bindemittel für Werkzeugdiamanten** (Vielkorndiamanten) in Schleifkörpern.

Grafit- und Kupferpulver weisen nach dem Sintern gute Gleiteigenschaften sowie gutes elektrisches Leitvermögen auf und werden daher zu **Starkstromkontakten** verarbeitet.

Hartstoffe, wie Wolfram-, Titan-, Tantal- oder Molybdäncarbid werden mit Cobalt als **Bindemetall** zu **Hartmetall** gesintert. Diese Werkstoffe dienen zur Herstellung von Schneidplatten und Ziehmatrizen. Durch Pressen und Vorsintern erzeugt man zunächst ein noch ritzfähiges Basismaterial, aus dem die gewünschten Formen herausgeschnitten werden. Erst dann erfolgt das Fertigsintern mit Cobalt als flüssiger Phase. Die Zähigkeit dieser Werkstoffe steigt mit dem Cobaltgehalt. Die Härte beträgt je nach Zusammensetzung 1300 HV 30 bis 1800 HV 30. Die ISO-Kennzeichnung erfolgt mit dem Buchstaben „P" für langspanende (z. B. Stahl), „M" für lang- und kurzspanende (z. B. Stahl und Temperguss) und „K" für kurzspanende (z. B. Gusseisen) Werkstoffe **(Tabelle 1)**. Die den Buchstaben nachgestellten zweistelligen Zahlen drücken die Verschleißfestigkeit und damit die Schnittgeschwindigkeit sowie die Zähigkeit und damit die Vorschubgeschwindigkeit aus. Niedrige Zahlen deuten auf große Verschleißfestigkeit, hohe auf verhältnismäßig gute Zähigkeit hin.

Tabelle 1: Übersicht über Sinterhartmetalle

Kennzeichnung	Kennfarbe	Anwendung
P 01 ... P 50	blau	langspanende Werkstoffe
M 10 ... M 40	gelb	lang- und kurzspanende Werkstoffe
K 01 ... K 40	rot	kurzspanende Werkstoffe

Das den Keramiken zuzurechnende Metalloxid **Aluminiumoxid** Al_2O_3 (Sintertonerde oder Sinterkorund) wird zusammen mit reinen Metallen (z. B. Eisen, Chrom) zu oxidkeramischen **Schneidstoffen** (Schneidkeramik) gesintert. Diese Mischkeramiken werden als Cermets (ceramic + metal) bezeichnet. Ihre Härte beträgt 150 HV 30 bis 2200 HV 30. Sie nehmen Wärme sehr schlecht auf und haben einen sehr geringen Schneidenverschleiß. Da sie nicht löt- und klebbar sind und infolge ihrer hohen Härte wirtschaftlich nicht geschliffen werden können, stellt man sie als **Wendeschneidplatten** her, die auf Trägerwerkstoffen eingeklemmt und nach dem Stumpfwerden fachgerecht entsorgt werden.

Aufgaben

1. Beschreiben Sie den prinzipiellen Herstellungsgang eines pulvermetallurgischen Teils!
2. Warum ist die pulvermetallurgische Fertigung nur bei großen Stückzahlen sinnvoll?
3. Bei einer pulvermetallurgischen Herstellung muss nicht in jedem Fall eine vollständige Verdichtung des Werkstoffes erfolgen. Nennen Sie zwei Beispiele für Teile, bei denen eine gewisse Porosität erwünscht ist und zeigen Sie, warum dies in diesem Fällen vorteilhaft ist!
4. Welche Vorteile bietet das isostatische Pressen?
5. Was passiert bei dem Prozess der Diffusion?
6. Ein Zahnrad (Stahl) soll über den Weg der Pulvermetallurgie hergestellt werden. Beschreiben Sie, welche Schritte notwendig sind!
7. Welche Besonderheiten sind bei der Pulvermetallurgie bei der Erstellung der Konstruktionszeichnung für das Teil und die zugehörigen Presswerkzeuge zu beachten?
8. Eine Legierung aus Zink und Wolfram soll hergestellt werden. Die Schmelztemperatur von Wolfram beträgt 3380 °C, die Siedetemperatur ist 5900 °C. Die Schmelztemperatur von Zink liegt bei 419,5 °C, die Siedetemperatur bei 907 °C. Begründen Sie, warum hier nur der Weg über die Pulvermetallurgie, nicht aber über die Schmelzmetallurgie infrage kommt!
9. Warum müssen die Pulver bestimmter Metalle, wie z. B. Lithium, Magnesium oder auch Aluminium, unter besonders strengen Sicherheitsvorkehrungen verarbeitet werden?
10. Was sind Hartmetalle, welche Vorteile und Einsatzmöglichkeiten gibt es?

4 Nichtmetallische Werkstoffe

Metalle, Metalloxide, Nitride und Carbide zählen zu den **anorganischen** Substanzen, weil sie aus der unbelebten Natur gewonnen werden. Holz, Zellulose und Kautschuk sind hingegen **organische** Stoffe, weil sie Bestandteile der lebenden Natur sind. Wichtigste Elemente in organischen Stoffen sind Kohlenstoff und Wasserstoff. Die künstlich hergestellten synthetischen Kunststoffe sind ebenfalls organische Produkte, denn ihre Grundbausteine sind ebenso zusammengesetzt, wie die natürlich vorkommenden organischen Stoffe.

4.1 Kunststoffe

Unter einem **Kunststoff** versteht man alle abgewandelten natürlich vorkommenden Stoffe, z. B. Vulkanfiber, aber auch die synthetisch hergestellten, z. B. Polyethylen (chemische Bezeichnung Polyethen), einschließlich der Lackrohstoffe, wie z. B. Alkydharze und Klebstoffe, z. B. Ethoxilinharze. Nicht dazu zählen Kautschuk und manche Chemiefasern.

Kunststoffe bauen sich aus kettenförmigen Riesenmolekülen – den **Makromolekülen** – auf. Diese können durch Umwandeln hochmolekularer Naturstoffe, z. B. Zellulose, oder durch Aneinanderlagern von vielen kleinen Molekülen – von **Monomeren** – entstehen, z. B. Polyethylen. Die Länge der Makromoleküle liegt ungefähr zwischen 10^{-6} und 10^{-3} mm, die Dicke bei 10^{-7} mm. Zellulose hat etwa die Formel $(C_6H_{10}O_5)_{1100}$, Polyethylen $(C_2H_2)_{10\,000}$. Die große Zahl verschiedener Kunststoffe ergibt sich aus den vielen unterschiedlichen Grundbausteinen und den verschiedenen Arten sie miteinander zu verketten (linear, verzweigt, vernetzt).

Synthetisch hergestellte Kunststoffe werden nach technologischen Gesichtspunkten systematisch aus Makromolekülen aufgebaut.

4.1.1 Allgemeine Eigenschaften

Je nach Verwendungsziel können die verschiedenen Kunststoffe sehr unterschiedliche Eigenschaften haben. Dennoch haben Kunststoffe einige gemeinsame Eigenschaften, die im Vergleich zu den Metallen von Vor- aber auch von Nachteil sein können.

Vorteile der Kunststoffe sind:

- die geringe Dichte; sie liegt etwa zwischen 0,9 g/cm^3 und 2,3 g/cm^3,
- eine gute Beständigkeit gegenüber Chemikalien (Säuren, Laugen und Salze),
- ein teilweise ausgezeichnetes Isoliervermögen gegenüber elektrischem Strom und Wärme,
- die leichte Verarbeitbarkeit (z. B. durch Spritzgießen, Extrudieren, Walzen, Pressen und Gießen),
- die Einfärbbarkeit in bestimmten Fällen während der Fertigung,
- dichte und glatte Oberflächen sowie
- eine relativ preisgünstige Herstellung.

Nachteile der Kunststoffe sind:

- ihre geringe mechanische Festigkeit,
- die schlechte Wärmebeständigkeit und
- das große Wärmeausdehnungsvermögen,
- eine geringe Härte und geringe Kratzfestigkeit,
- eine Versprödung bei extrem niedrigen Temperaturen,
- die häufig leichte Entflammbarkeit sowie
- die elektrische Aufladbarkeit und damit verbunden die Fähigkeit Staubteilchen anzuziehen.

4.1.2 Einteilungsmöglichkeiten

Kunststoffe können nach verschiedenen Kriterien unterteilt werden

Nach dem **Verhalten in der Wärme** werden **Duroplaste** und **Thermoplaste** unterschieden. Duroplaste lassen sich auch nach Erwärmung nicht mehr verformen. Dazu zählen z. B. die Phenol-Formaldehyd-Harze (PF). Thermoplaste sind nach Erwärmung verformbar, Polyvinylchlorid (PVC) ist z. B. ein solcher Stoff.

Nach den **Zustandsformen bei Raumtemperatur** ist zu trennen nach **glasartigen**, **zähharten**, **elastischen** und **zähflüssigen** Kunststoffen. Glasartige, z. B. Phenolplaste (PF), sind sehr spröde; zähharte, z. B. Polyvinylchlorid (PVC), sind hornartig und verformen sich bei starker Krafteinwirkung; Elastische Kunststoffe, z. B. Schäume aus Polyurethan (PUR), nehmen wieder ihre Ausgangsform ein, wenn sie nach einer Belastung entlastet werden. Diese Gruppe von Kunststoffen bezeichnet man auch als **Elastomere**. Siliconöle (SI) z. B. sind zähflüssige Massen. Sie werden auch als Fluidoplaste bezeichnet.

Nach der **Struktur der Makromoleküle** kann man zwischen Kunststoffen mit fadenförmigen und solchen mit vernetzten Makromolekülen unterscheiden. Die fadenförmigen Makromoleküle können unverzweigt (wie bei PVC-hart, **Bild 1**) oder verzweigt (wie bei Polyethen PE, **Bild 2**) aufgebaut sein. Sie sind entweder **amorph** (wie bei PVC-hart) oder **teilkristallin** (wie bei PE) angeordnet. Bei amorphem Aufbau liegen die Fadenmoleküle ohne jede Orientierung völlig wirr und verfilzt durcheinander. Durch Recken ergibt sich eine gewisse Ordnung **(Bild 3)**. Bei teilkristalliner Anordnung haben sich die Riesenmoleküle in vielen Bezirken parallel aneinander gelagert, sodass kristalline Bereiche entstehen, die von amorphen Bereichen umgeben sind **(Bild 4)**.

Teilkristallin aufgebaute Stoffe bestehen überwiegend aus unverzweigten Makromolekülen. Verzweigte Moleküle können sich nur schwer wegen ihrer sperrigen Form zu Kristallen zusammenlegen.

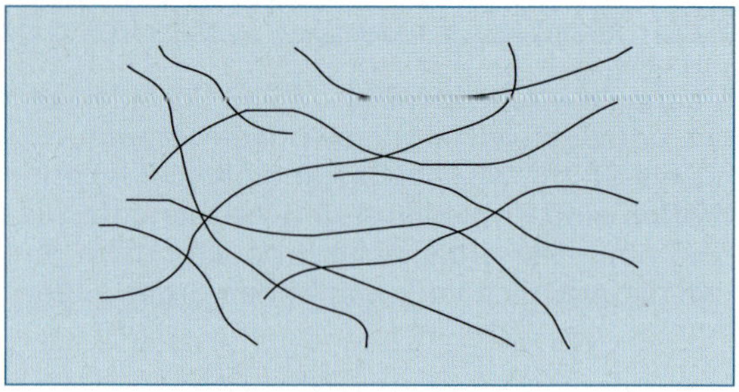

Bild 1: Unverzweigte Makromoleküle (amorpher Zustand)

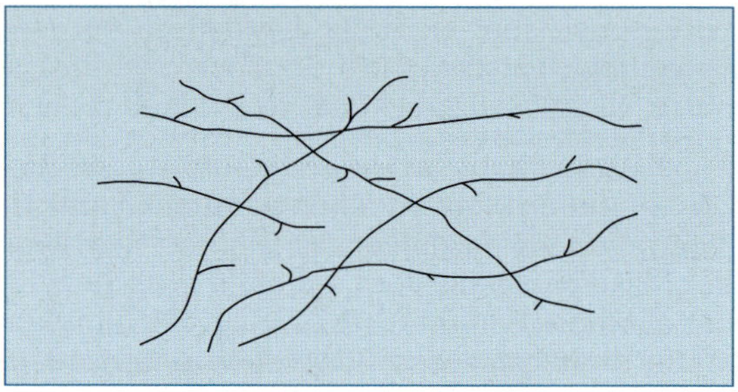

Bild 2: Verzweigte Makromoleküle (amorpher Zustand)

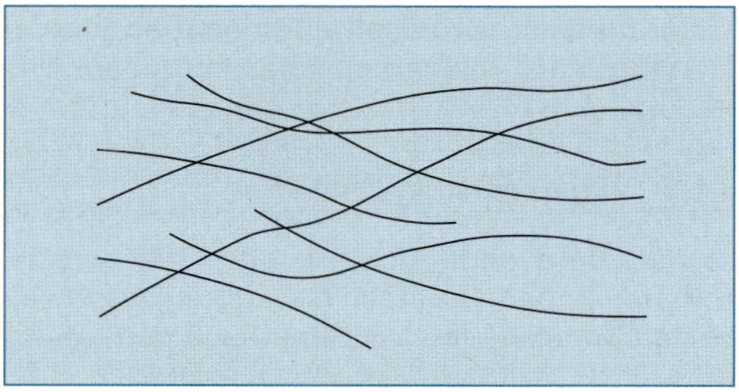

Bild 3: Unverzweigte Makromoleküle (amorph und gereckt)

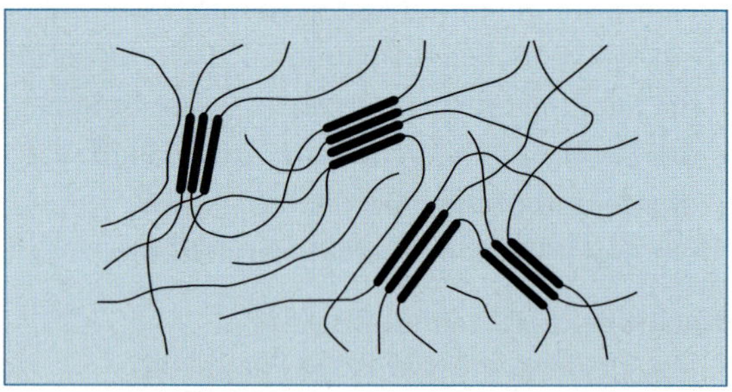

Bild 4: Teilkristallin angeordnete Makromoleküle (nicht gereckt)

Kunststoffe werden nach dem Verhalten in der Wärme in Duroplaste und Thermoplaste unterteilt. Nach Zustand bei Raumtemperatur werden glasartige, zähharte, elastische und zähflüssige Kunststoffe unterschieden.

Werden amorphe und teilkristalline Kunststoffe bei Temperaturen um 100 °C gereckt, orientieren sich die Makromoleküle in der Zugrichtung **(Bild 1)**. Die Folge ist eine erhebliche Steigerung der Zugfestigkeit. Folien aus PVC-hart und Fasern aus Polyamiden (PA) sind praktische Beispiele für gestreckte Kunststoffe mit amorpher und teilkristalliner Struktur.

Die vernetzten Makromoleküle sind an vielen Berührungsstellen durch chemische Bindekräfte miteinander verknüpft. Bei weitmaschiger Verknüpfung, wie bei manchen Schäumen aus Polyurethan (PUR), können sie gegeneinander verschoben werden. Auf solche Weise sind die Elastomere strukturiert. Bei dichter **Vernetzung**, wie bei Hartschäumen aus Polyurethan, ist die Verschiebung nicht mehr möglich **(Bild 2)**. Nach diesem Prinzip sind die Duroplaste aufgebaut.

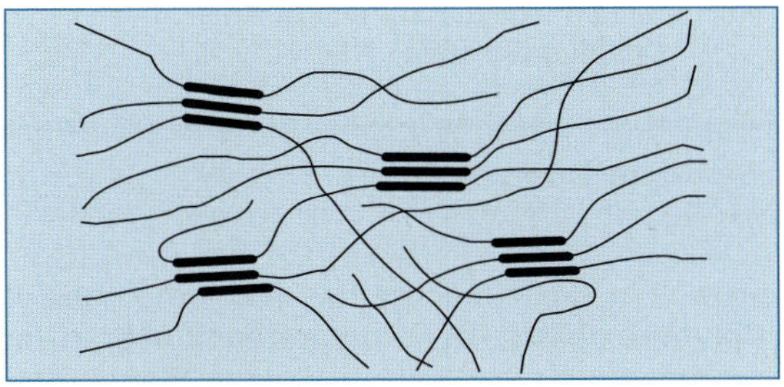

Bild 1: Teilkristallin angeordnete Makromoleküle (gereckt)

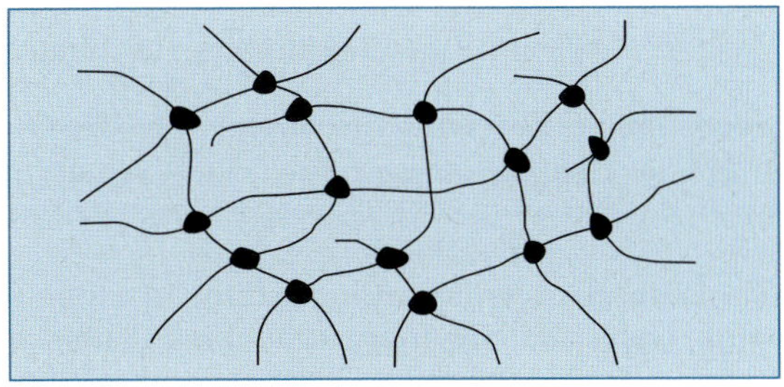

Bild 2: Vernetzte Makromoleküle

4.1.3 Syntheseverfahren

Um aus vielen kleinen Molekülen Makromoleküle herzustellen, werden drei verschiedene Syntheseverfahren angewandt: die Polymerisation, die Polykondensation und die Polyaddition.

Die Polymerisation

Polyethylen (PE) ist ein Polymerisationsprodukt. Die kleinen einzelnen, d. h. monomeren Ethenmoleküle C_2H_2 besitzen zwischen den Kohlenstoffatomen Doppelbindungen **(Bild 3)**. Eine dieser Bindungen wird durch Energiezufuhr aufgespalten. Dadurch entstehen an den Enden der Moleküle freie Bindungsmöglichkeiten, über die sich viele kleine Moleküle zu **Makromolekülen** zusammenschließen können. Unzählige dieser Makromoleküle, deren Enden durch besondere Atomgruppen abgeschlossen sind, bilden schließlich das Polyethylen.

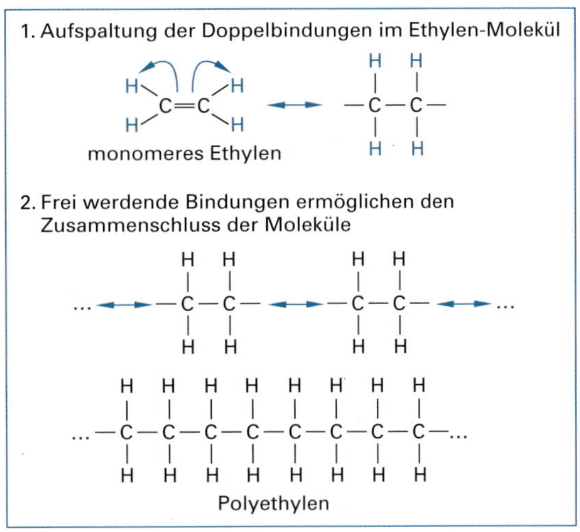

Bild 3: Prinzip der Polymerisation am Beispiel des Polyethylens (PE)

> Bei der **Polymerisation** entstehen aus kleinen Molekülen (aus Monomeren) Riesenmoleküle (Polymere oder Makromoleküle), ohne dabei ihre Zusammensetzung zu ändern.

Die durch Polymerisation entstandenen Stoffe bauen sich aus Makromolekülen auf, die entweder unverzweigt – wie beim PVC – oder aber verzweigt sind, wie beim Polyethylen niederer Dichte (PE-LD).

Der **Polymerisationsgrad** gibt die Anzahl der miteinander verknüpften kleinen Moleküle an. Lacktechnisch eingesetzte Polymerisate haben einen niederen bis mittleren, feste dagegen einen hohen Polymerisationsgrad.

Die **Copolymerisation** (Mischpolymerisation) ist eine Technik, bei der nicht nur gleiche, sondern verschiedene Monomere polymerisiert worden **(Bild 1)**. Auf diese Weise lassen sich die Eigenschaften der entsprechenden Kunststoffe sehr stark variieren. Während z. B. das Monopolymerisat Polystyrol (PS) sehr spröde und darum für technische Zwecke kaum verwendbar ist, zeigt ein Acrylnitril-Butadien-Styrol-Copolymerisat (ABS) hohe Zähigkeit bei optimaler Härte und Steifigkeit. Auch innere Weichmacher des PVC sind ähnlich aufgebaut.

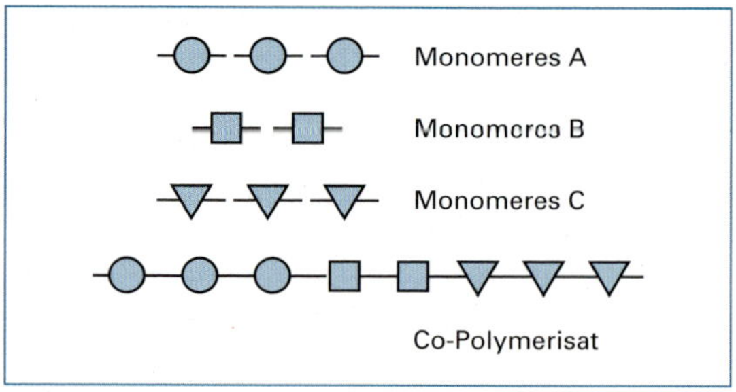

Bild 1: Schematische Darstellung einer Copolymerisation

> Bei der **Copolymerisation** werden verschiedene Monomere polymerisiert.

Die **Lösungspolymerisation** erfolgt in einer Flüssigkeit, in der zunächst das Monomer gelöst wird. Nach der Polymerisation bleibt auch das Polymer gelöst. Der Polymerisationsgrad ist verhältnismäßig niedrig. Diese Technik wird z. B. zur Erzeugung von Lackprodukten Klebstoffen und Imprägniermitteln angewendet.

Die **Emulsionspolymerisation** ist ein Verfahren, bei der das flüssige Monomer zusammen mit seifenartigen Emulgatoren zumeist in Wasser durch mechanisches Rühren sehr fein verteilt wird, d. h. es entsteht eine **Emulsion**. Die Polymerisation erfolgt in der Emulsion. Das Polymerisat bleibt nach dem Verdampfen des Wassers zurück. Beispielsweise wird Polyvinylchlorid (PVC) auf diese Weise hergestellt.

Die Polykondensation

Phenol-Formaldehyd-Harze (PF), die bei der Herstellung von Hartpapieren verwendet werden sowie Polyamide (PA), die der Fertigung von Zahnrädern und Gleitlagern dienen, sind typische Polykondensationsprodukte. An der Bildung der Makromoleküle aus den Monomeren sind keine Doppelbindungen beteiligt. Stattdessen verbinden sich die Monomere miteinander, nachdem sie Atome abgespalten haben, die sich ihrerseits zu kleinen Molekülen zusammenschließen **(Bild 2)**, meist Wasser H_2O.

> Bei der **Polykondensation** bilden sich aus kleinen Molekülen zumeist unter Wasseraustritt Makromoleküle.

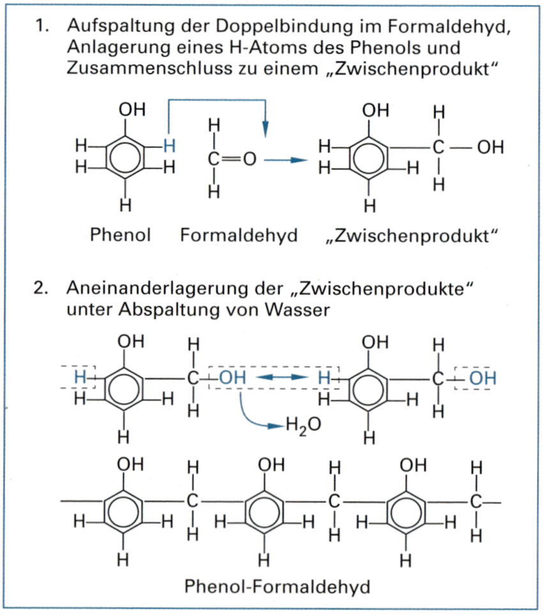

Bild 2: Prinzip der Polykondensation am Beispiel des Phenol-Formaldehyd (PF)

Die durch Polykondensation entstandenen Makromoleküle können – wie bei den Formaldehyd-Harzen – an vielen Berührungspunkten chemisch miteinander verbunden, also vernetzt sein, sodass sie sich in der Wärme nicht mehr bewegen können. In dieser Art aufgebaute Kunststoffe nennt man **Duroplaste**. Ebenso ist es jedoch auch möglich, dass durch Polykondensation fadenförmige Makromoleküle entstehen, wie es bei den Polyamiden der Fall ist. Diese Kunststoffe sind in der Wärme verformbar, man nennt sie daher **Thermoplaste**.

Die Polyaddition

Polyurethane (PUR), aus denen z. B. kautschukelastische Dichtungen sowie harte und weiche Schaumstoffe hergestellt werden (und darüber hinaus Epoxidharze-EP, die u. a. als Metallklebstoff Verwendung finden), entstehen durch Polyaddition, z. B. aus Diisocyanat und einem Diol. Diese chemische Reaktion verläuft ähnlich der Polykondensation in Stufen **(Bild 1)**, aber es entstehen keine niedermolekularen Nebenprodukte, wie Wasser. Es finden vielmehr Umlagerungen von Atomen und Bindungen zwischen den an der Reaktion beteiligten Monomeren statt. Voraussetzung ist, dass die funktionellen Gruppen einer Monomersorte Doppelbindungen enthalten

> Bei der **Polyaddition** bilden sich aus den Monomeren Makromoleküle dadurch, dass Atome oder Atomgruppen in den Monomeren umgelagert werden, ohne dabei Nebenprodukte auszuscheiden.

1. Anlagerung des H-Atoms des Diols an das N-Atom des Diisocyanats.

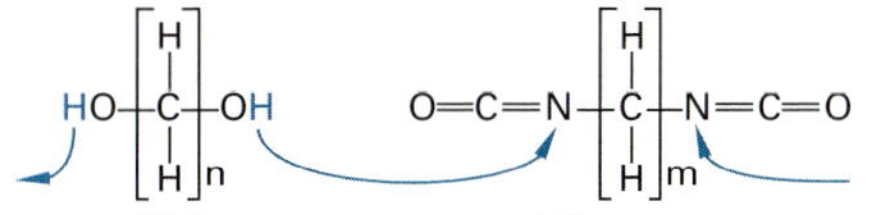

2. Dadurch Aufspaltung der Doppelbindung zwischen dem C- und N-Atom im Diisocyanat

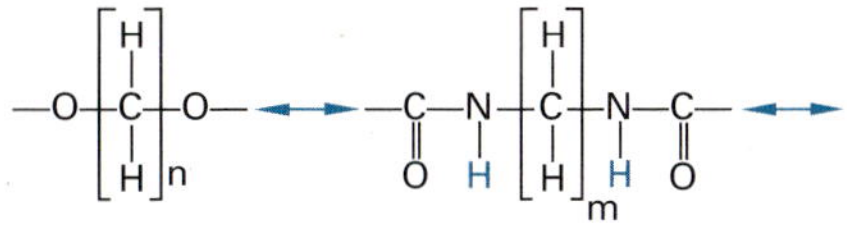

3. Frei werdende Bindung ermöglicht den Zusammenschluss der Moleküle

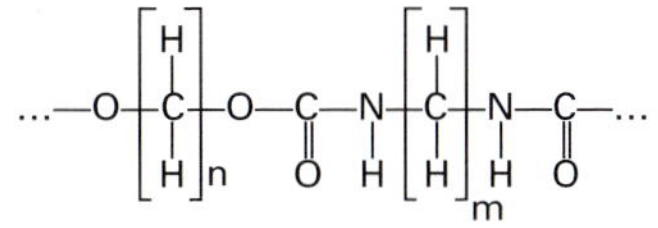

Bild 1: Prinzip der Polyaddition am Beispiel des Polyurethans (PUR)

Die durch Polyaddition hergestellten Makromoleküle können, je nach eingesetzten Ausgangsprodukten, entweder linear (wie bei den Urethan-Polyamiden) oder aber vernetzt (wie bei den Klebstoffen aus Urethan oder Epoxidharzen) aufgebaut sein. Lineare Polyurethane haben thermoplastische Eigenschaften, vernetzte Polyurethane dagegen sind duroplastisch.

Schaumstoffe aus PUR in harter und weicher Ausführung sind Polyadditionsprodukte aus mehr oder weniger stark vernetzten Makromolekülen. Sie bilden sich, wenn während der Polyaddition eine Aufblähung des Kunststoffes durch Treibgas erfolgt, z. B. durch Kohlenstoffdioxid.

4.1.4 Eigenschaftsänderungen bei Kunststoffen

Die Eigenschaften einzelner Kunststoffe (insbesondere die Zugfestigkeit, Härte, Formbeständigkeit, Erweichungstemperatur) lassen sich vielfach verändern und auf bestimmte Verwendungszwecke optimal abstimmen. Dabei gibt es verschiedene Einflussfaktoren, die nachfolgend erläutert werden.

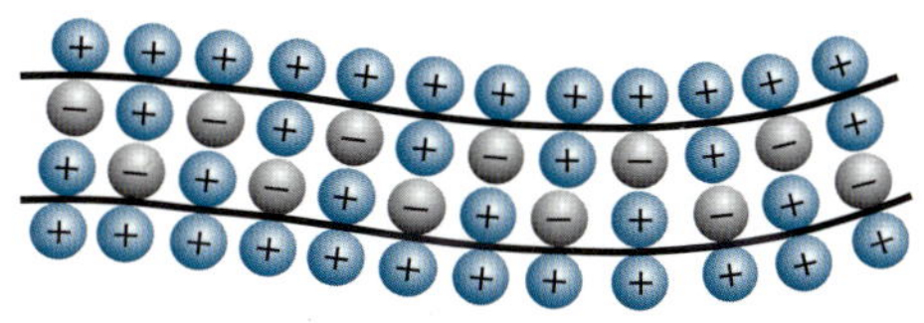

Bild 2: Dipolkräfte verursachen erhöhte Festigkeit

Einfluss der Monomere

Der atomare Aufbau der Monomere hat wesentliche Bedeutung für die mechanischen Eigenschaften eines Kunststoffs. Die Ursache für die höhere Zugfestigkeit des PVC-hart im Vergleich zum Polyethylen hoher Dichte (PE-HD), 50 N/mm² bis 60 N/mm² gegenüber 20 N/mm² bis 30 N/mm² liegt darin, dass in der Molekülkette des PVC durch das Chloratom eine negativ und eine positiv geladene Seite und damit ein sogenanntes Dipolmoment entsteht. Ethenmoleküle besitzen dieses Moment nicht. Während die Makromoleküle des PE überwiegend nur durch Massenanziehungskräfte zusammengehalten werden, treten beim PVC zusätzlich erhebliche Dipolkräfte auf, die Ursache der höheren Zugfestigkeit sind.

Einfluss der Herstellungsverfahren

Durch verschiedene Reaktionsbedingungen lassen sich Eigenschaften von Kunststoffen ebenfalls beeinflussen. Polyethylen niederer Dichte (PE-LD) entsteht bei etwa 150 MPa und 200 °C. Es setzt sich aus verzweigten Makromolekülen mit einer Kristallinität von 40 % bis 55 % zusammen. Polyethylen hoher Dichte (PE-HD) kann sich schon bei 0,7 MPa und 50 °C in Gegenwart von Katalysatoren bilden. Es besteht aus nahezu unverzweigten Makromolekülen mit einer Kristallinität von 60 % bis 80 %. Die Kristallinität erhöht z. B. die Formbeständigkeit in der Wärme und die mechanische Festigkeit (Zugfestigkeiten: PE-LD 8 N/mm^2 bis 10 N/mm^2, PE-HD: 20 N/mm^2 bis 30 N/mm^2).

Einfluss der Weichmacher

Durch das Mischen mit Weichmachern werden Härte und Erweichungstemperatur herabgesetzt. Vielfach werden hochsiedende Flüssigkeiten als Weichmacher eingesetzt. Die gleiche Wirkung wird durch innere Weichmachung erreicht. Darunter versteht man eine Copolymerisation von zwei verträglichen Monomeren mit weit auseinander liegenden Einfriertemperaturen (vgl. **Bild 1, S. 190**).

Einfluss von Zusatzstoffen

Zusatzstoffe können die Eigenschaften von Kunststoffen ebenfalls vielfältig verändern. Zu unterscheiden sind:

- chemisch wirkende Zusatzstoffe, z. B. die Vernetzungen verursachenden **Härter** bei aushärtenden Kunststoffen,
- die färbenden Zusatzstoffe, z. B. die Farbzugaben bei PVC,
- die verarbeitungsfördernden Zusatzstoffe, z. B. Kreide in Baustoffen,
- die verstärkenden Zusatzstoffe, z. B. Glasfasern in Polyesterharzen und Polyamiden und
- die versteifenden Zusatzstoffe, z. B. die Rußzugaben bei Kautschuk.

Insbesondere die verstärkenden Zusatzstoffe erhöhen die Festigkeit, die Wärmestandfestigkeit und die Maßhaltigkeit. Sie verringern die Wärmedehnung und die Feuchtigkeitsaufnahme.

Einfluss des Polymerisationsgrades

Durch den Polymerisationsgrad und damit durch die durchschnittliche Länge der Makromoleküle werden vor allem die mechanischen Eigenschaften beeinflusst. Mit wachsender Länge der Makromoleküle steigen meistens die Festigkeit und die Schlagzähigkeit, es verschlechtert sich jedoch die Verarbeitbarkeit in erwärmtem Zustand.

Einfluss der Wärme

Bei **extrem tiefen Temperaturen** befinden sich alle verformbaren plastischen Kunststoffe im festen Aggregatzustand. Die Makromoleküle haften durch zwischenmolekulare Kräfte an allen Berührungspunkten aneinander. Sie können sich weder in sich, noch gegeneinander bewegen. Die Stoffe sind in diesem Zustand **glasartig starr und spröde**. Wenn sie erwärmt werden, dehnen sie sich aus. Das Maß der Ausdehnung wird u. a. von der Länge und der Form der Moleküle beeinflusst. Die Folge ist eine Abnahme der Festigkeit. Die Moleküle bleiben in diesem Zustand noch **eingefroren**.

Der **Erweichungsbereich** ist der Temperaturbereich, in dem die Enden der Moleküle eine gewisse Beweglichkeit erlangen und frei schwingen können. Weil dadurch in einigen Bezirken der Verbindung ein Gleiten der Moleküle möglich wird, sinkt die Festigkeit und steigt das Dehnungsvermögen verhältnismäßig schnell. Bei der Abkühlung eines vorher erwärmten Kunststoffes spricht man hier vom **Einfriertemperaturbereich**.

Der **thermoplastische Zustand** ist bei amorph aufgebauten plastischen Kunststoffen erreicht, wenn sie sich durch geringe Kräfte verformen lassen. Um den geformten Körper formstabil zu halten, muss er „eingefroren", also auf Normaltemperatur abgekühlt werden **(Bild 1a)**. Die Formgebungsarbeiten Tiefziehen, Blasen, Saugen und Biegen erfolgen im thermoelastischen Zustand. Bei teilkristallinen Kunststoffen bildet sich anstelle des thermoelastischen Bereichs oft ein zähharter Zustand aus, weil in den amorphen Bezirken die Moleküle in geringem Umfang schwingen können, die kristallinen Bereiche jedoch in ihrer Bewegungslosigkeit verharren.

Im **Kristallschmelzbereich** lösen sich die kristallin angeordneten Bezirke in den teilkristallin aufgebauten Kunststoffen auf, wenn sie über den zähharten Zustand hinaus erwärmt werden. Dabei werden die Moleküle nicht zerstört. Die Folge ist eine weitere Abnahme der Festigkeit bei Zunahme der Dehnbarkeit.

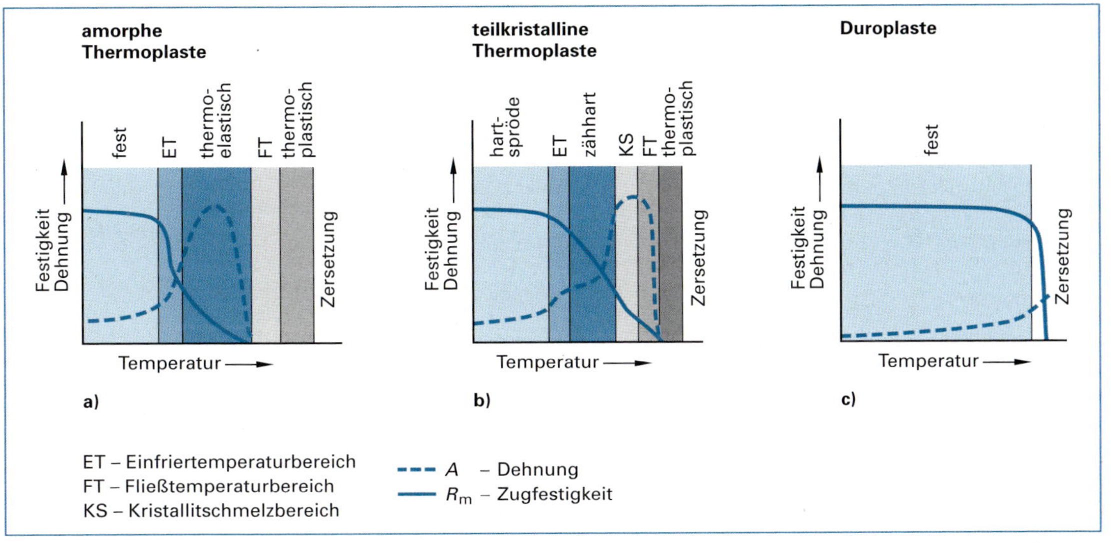

Bild 1: Einfluss der Temperatur auf die Festigkeit und Verformbarkeit von Thermoplasten und Duroplasten (schematisch).

Im **Fließtemperaturbereich** werden amorphe und teilkristalline Stoffe soweit erwärmt, dass die Makromoleküle frei gegeneinander gleiten können. Diese Kunststoffe sind dabei nicht flüssig, sondern teigig (viskos) **(Bild 1b)**. Ein Verformungswiderstand ist praktisch nicht mehr vorhanden. Die Verformungsarbeiten Spritzgießen und Kalandrieren (ein Verfahren zur Folienherstellung) sowie das Schweißen finden im Fließtemperaturbereich statt.

Die **Zersetzungstemperatur** ist dann erreicht, wenn die Makromoleküle durch weitere Erwärmung ihre Bewegung so stark erhöhen, dass sie zerstört werden.

Duroplaste durchlaufen bei ihrer Erwärmung nicht die Zustandsänderungen der Thermoplaste. Ihre Makromoleküle sind so stark miteinander vernetzt, dass oberhalb bestimmter Temperaturen ihre Zerstörung eintritt **(Bild 1c)**.

Die Eigenschaften von Kunststoffen können durch verschiedene Maßnahmen dem jeweiligen Einsatzfall angepasst werden.

4.1.5 Technisch bedeutsame Kunststoffe

Bevor man die synthetisch hergestellten Stoffe großtechnisch einsetzte, wurden bereits Naturstoffe abgewandelt und genutzt. Davon haben heute noch Vulkanfiber (VF) und Celluloseacetat (CA) einige Bedeutung.

Vulkanfiber wird aus Zellstoff und Zinkchlorid hergestellt. Es ist bis 120 °C belastbar und lässt sich zu Dichtungsringen und Transportbehältern verarbeiten.

Celluloseacetat (CA) wird aus Cellulose und Essigsäureanhydrid gewonnen. Es behält seine Festigkeit bis etwa 60 °C. Bau- und Möbelbeschläge, Brillengestelle sowie Schnürsenkelenden können daraus hergestellt werden.

Von den Kunststoffen sind heute etwa fünfzig verschiedene Grundsorten bekannt. Jede Sorte wiederum umfasst viele Typen. Allein von den Polyamiden sind mehr als fünfzig verschiedene Arten auf dem Markt **(Bild 1)**.

- **Polykondensate**
  - Duroplaste
    - Phenolharze (PF)
    - Polyimide (PI)
    - Silicone (SI)
    - ungesättigtes Polyesterharz (UP)
    - Melaminharze (MF)
    - Harnstoff-Formaldehydharze (UF)
  - Thermoplaste
    - Polyamide (PA 66, PA 610)
    - Polycarbonat (PC)
- **Polymerisate**
  - Thermoplaste
    - Polyethylen (PE)
    - Polyvinylchlorid (PVC)
    - Polystyrol (PS)
    - Polytetrafluor-Ethylen (PTFE)
    - Polyamide (PA 6, PA 12)
    - Polypropylen (PP)
    - Polyvinylacetat (PVAC)
    - Polymethylmethacrylat (PMMA)
- **Polyaddukte**
  - Duroplaste
    - Expoxidharze (EP)
    - Polyurethan, vernetzt (PUR-vernetzt)
  - Thermoplaste
    - Polyurethan, linear (PUR-linear)

Bild 1: Gewinnungsmöglichkeiten von Kunststoffen

Polykondensate

Duroplaste

Phenolharze (PF), auch als Duroplaste bezeichnet, haben eine Dichte von 1,25 g/cm³ (ungefüllt), **(Bild 2)**. Ein bekannter Handelsname ist Bakelit®.

Phenolharze sind hart und spröde. Sie können je nach Füllstoff zwischen 110 °C und 150 °C beansprucht werden. Ihre Zugfestigkeit beträgt 15 N/mm² bis 50 N/mm².

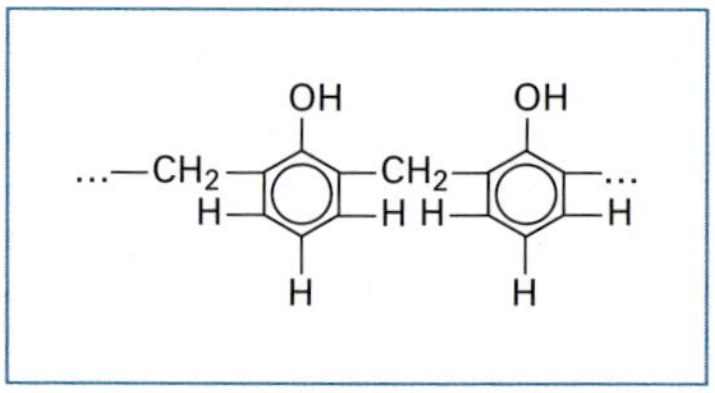

Bild 2: Ausschnitt aus der Molekülkette des Phenol-Formaldehyds (PF)

Die Verarbeitung kann durch Pressen und Spritzgießen erfolgen. Spanen und Kleben sind möglich, Schweißen ist nicht anwendbar.

Verwendet werden Phenolharze zur Herstellung von Lack- und Klebstoffen sowie zur Fertigung von Hartpapieren und Instrumentengehäusen.

PF-Harze sind schwer entflammbar. Sie verlöschen außerhalb der Zündquelle und verkohlen stark, ohne dabei abzutropfen.

Polyimide (PI) haben eine Dichte von 1,43 g/cm³ **(Bild 1)**. Sie gelten als Hochleistungskunststoffe, denn sie sind fest, hart und abriebfest. Die Zugfestigkeit liegt bei 75 N/mm² bis 100 N/mm², die Gebrauchstemperatur bei 260 °C (kurzzeitig sogar bis 400 °C). Sie sind chemisch sehr beständig.

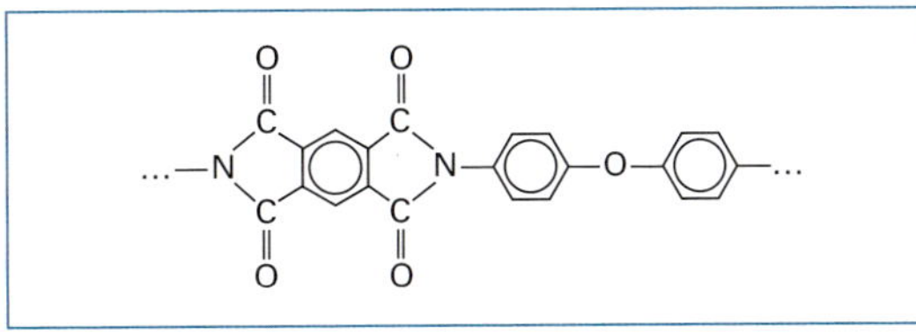

Bild 1: Ausschnitt aus der Molekülkette eines Polyimids (PI)

Die Verarbeitung erfolgt vorwiegend durch Sintertechnik. Spanen und Kleben sind gut möglich.

Polyimide finden aufgrund der hohen mechanischen Festigkeit auch bei hohen Temperaturen Anwendung zur Herstellung von Dichtungsringen, Buchsen, Lager oder Führungen in thermisch hoch belasteten Bauteilen.

Polyimide brennen in der Flamme nicht.

Polyimide finden zudem Anwendung in der Elektrotechnik als stabile Lackisolierung.

Silicone (SI) (chem. Polyorganosiloxane) weisen Dichten im Bereich von 1,14 g/cm³ bis 2,05 g/cm³ auf **(Bild 2)**. Silicone sind nicht brennbar. Bei hohen Temperaturen bildet sich weißer Ruß (SiO_2).

Wichtig sind vor allem folgende Produktklassen: Siliconflüssigkeiten(-öle), Siliconelastomere(-Kautschuk) und Siliconharze.

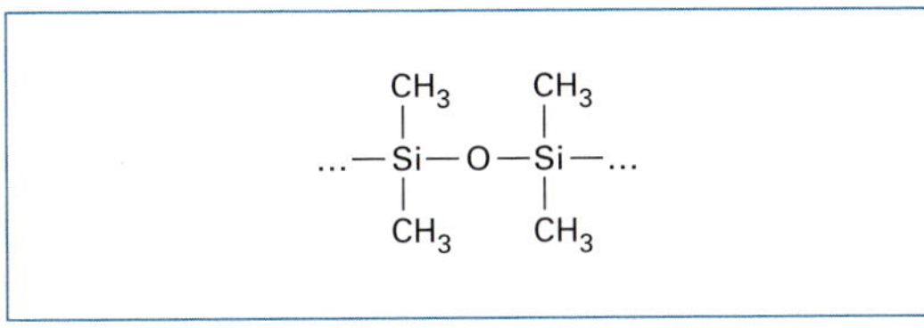

Bild 2: Ausschnitt aus der Molekülkette der Silicone (SI)

Siliconöle sind niedrig- bis hochviskose Flüssigkeiten. Im Temperaturbereich von – 60 °C bis + 300 °C ändern sie ihre Viskosität kaum. Weitmaschig vernetzt sind Silicone zähelastisch. Engmaschig vernetzt zeigen sie duroplastischen Charakter. Siliconöle werden als Trennmittel in Spritzwerkzeugen eingesetzt. Silikonpasten dienen als Dichtungsmaterial bei Temperaturen bis 200 °C. Die Lackindustrie verwendet Silicone in großem Umfang.

Siliconelastomere sind gummielastisch und finden z. B. Einsatz zur Herstellung von Babysaugern (Schnullern) und elastischen Backformen. Bekannt sind auch Anwendungen im Baubereich zur Abdichtung von Fugen (Silicondichtstoff).

Siliconharze finden sich in Lacken.

Ungesättigte Polyesterharze (UP) haben Dichten im Bereich von 1,60 g/cm³ bis 2,0 g/cm³ **(Bild 3)**. Ungesättigte Polyesterharze sind je nach Einsatzmaterial spröde bis elastisch weich. Sie können je nach Zusammensetzung bis etwa 150 °C belastet werden. Ihre Zugfestigkeit liegt bei 60 N/mm², glasfaserverstärkt bei etwa: 600 N/mm².

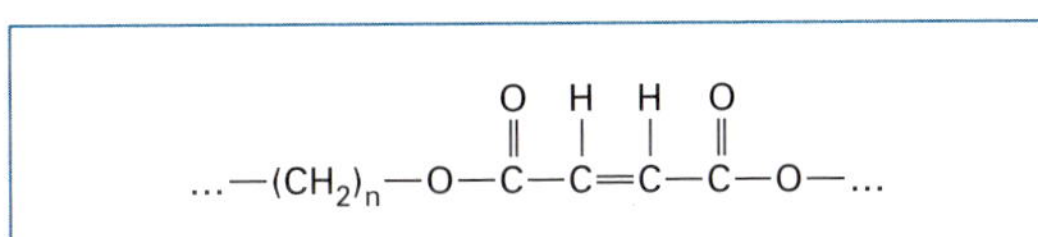

Bild 3: Ausschnitt aus der Molekülkette des ungesättigten Polyesterharzes (UP)

Die Verarbeitung kann u. a. durch Spritzgießen und bei Glasfaserverstärkung nach dem Handauflegeverfahren erfolgen. Kleben und Spanen sind möglich, Schweißen jedoch nicht.

Verwendung finden UP-Harze als Gieß-, Kleb- und Laminierharz sowie zur Fertigung von Karosserien für Land-, Wasser- und Luftfahrzeuge. Sie dienen zur Herstellung faserverstärkter Kunststoffe und als Spachtelmasse bzw. Gießharz.

UP-Harze brennen mit leuchtender, rußender Flamme. Dabei tritt ein Geruch nach Styrol auf.

Polyamide (PA) haben Dichten im Bereich von 1,03 g/cm³ bis 1,20 g/cm³ **(Bild 1)**.

Polyamide sind zäh, steif und verschleißfest. Ihre Zugfestigkeit liegt bei 40 N/mm² bis 70 N/mm², die Gebrauchstemperatur kann 80 °C bis 130 °C betragen.

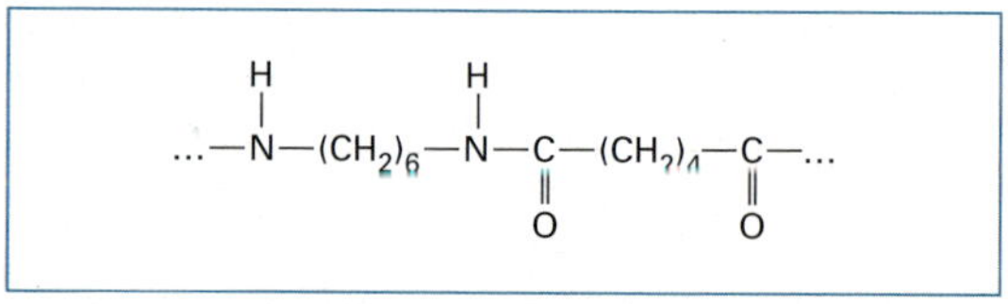

Bild 1: Ausschnitt aus der Molekülkette eines Polyamids (PA 66)

Die Verarbeitung erfolgt u. a. durch Spritz- und Stranggießen. Polyamide sind kleb-, schweiß- und zerspanbar. Sie werden eingesetzt zur Herstellung abriebfester Teile, von Zahnrädern und Lagern, glasfaserverstärkt für tragende Gehäuseteile. Der größte Teil der Polyamide wird als Faser verwendet („Nylon", „Perlon"), z. B. für Strümpfe, Sportbekleidung oder als Angelschnur.

Polyamide brennen außerhalb der Zündquelle mit leuchtend blauer Flamme. Sie tropfen ab und ziehen Fäden.

Polycarbonat (PC) hat eine Dichte von 1,2 g/cm³ **(Bild 2)**. Der Werkstoff ist hart, schlagzäh (bis – 150 °C) und steif. Die Zugfestigkeit liegt bei 65 N/mm². Es kann bis 135 °C belastet werden.

Die Verarbeitung erfolgt u. a. durch Spritz- und Stranggießen. Das Zerspanen ist ebenso möglich wie das Schweißen. Kleben gelingt nur mit Haftklebstoffen.

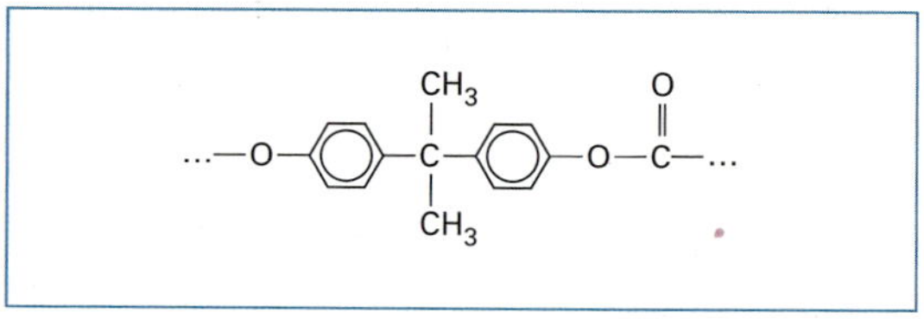

Bild 2: Ausschnitt aus der Molekülkette des Polycarbonats (PC)

Polycarbonat ist recht teuer und findet sich daher vor allem in Spezialanwendungen. Es dient zur Herstellung von bruchsicheren Verglasungen, von Essgeschirr, Akkugehäusen und glasfaserverstärkt zur Fertigung von Lüfterrädern und Kreiselpumpenteilen.

Ein sehr bekannter Einsatzfall sind CDs und DVDs sowie Brillengläser.

Polycarbonat brennt rußend in der Flamme und erlischt außerhalb. Die Verbrennungsprodukte riechen nach Phenol.

Polymerisate

Polyethylen (PE-HD und PE-LD) hat eine Dichte im Bereich von 0,92 g/cm³ bis 0,97 g/cm³ **(Bild 3)**. Es fühlt sich wachsartig an. PE ist der weltweit am meisten produzierte Kunststoff.

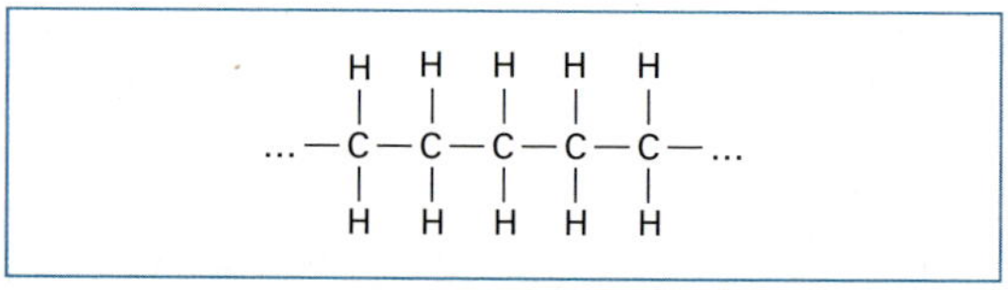

Bild 3: Ausschnitt aus der Molekülkette des Polyethylens (PE)

Polyethylen hoher Dichte (Niederdruckpolyethylen, PE-HD) ist infolge vieler kristalliner Bereiche steifer und fester als Polyethylen niederer Dichte (Hochdruckpolyethylen, PE-LD). Die Zugfestigkeiten betragen 8 N/mm² bis 10 N/mm² (PE-LD) bzw. 20 N/mm² bis 30 N/mm² (PE-HD). Die maximalen Gebrauchstemperaturen liegen bei 80 °C bis 90 °C (PE-LD) bzw. 90 °C bis 120 °C (PE-HD).

Die Verarbeitung erfolgt u. a. durch Blasen. Spanen ist ebenso möglich wie Schweißen. Das Kleben gelingt nur mit Haftklebstoffen.

Verwendet werden die Werkstoffe zur Herstellung von Transportkästen, Wasserrohren, Flaschen, Isolierbändern, Kabelummantelungen und Verpackungsfolien sowie Haushaltswaren (Frischhaltedosen).

PE ist zäh und gut chemisch beständig. Es brennt nach der Entzündung mit blauem Kern. Dabei tropft es ab und riecht schwach nach Paraffin (Kerzenwachs).

Polyvinylchlorid (PVC) hat eine Dichte von 1,05 g/cm³ **(Bild 1)**.

Zu unterscheiden sind PVC hart und PVC weich.

PVC-hart besitzt bei Raumtemperatur eine Zugfestigkeit von etwa 50 N/mm² bis 60 N/mm², PVC-weich (mit eingearbeitetem Weichmacher) von annähernd 8 N/mm². Die Beständigkeit in der Wärme ist von 60 °C bis 80 °C (PVC-hart) bzw. 50 °C bis 60 °C (PVC-weich) gegeben.

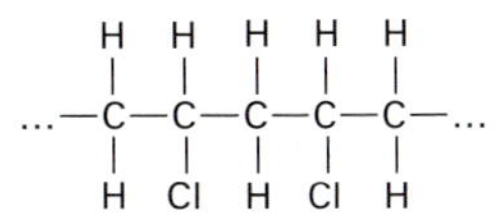

Bild 1: Ausschnitt aus der Molekülkette des Polyvinylchlorids (PVC)

Die Verarbeitung erfolgt u. a. durch Spritzgießen. Spanen, Schweißen und Kleben sind möglich, PVC-weich ist allerdings wenig klebegeeignet.

PVC-hart dient zur Herstellung von Wasserleitungen, Auskleidungen und auch Schallplatten (engl. *Vinyls*), PVC-weich zur Fertigung von Schläuchen, Fußbodenbelägen, Drahtisolierungen und Täschnerwaren (Kunstleder).

PVC brennt grün gesäumt in der Flamme, erlischt jedoch außerhalb. Die Verbrennungsprodukte riechen nach Chlorwasserstoff.

Polystyrol (PS) weist eine Dichte von 1,05 g/cm³ auf **(Bild 2)**.

Bekannt ist aufgeschäumtes PS als Styropor®.

Die Dauergebrauchstemperatur liegt im Bereich von 60 °C bis 90 °C, die Zugfestigkeit beträgt 45 N/mm² bis 65 N/mm²

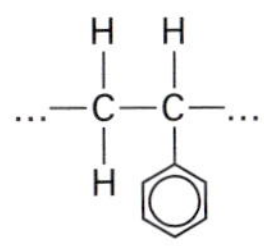

Bild 2: Ausschnitt aus der Molekülkette des (reinen) Polystyrols (PS)

Polystyrol gehört zu den ältesten Thermoplasten. Es zeichnet sich aus durch eine gute Festigkeit, gute chemische Beständigkeit (gegen Säuren, Laugen und Mineralöle, nicht jedoch gegen organische Lösungsmittel wie Benzin oder Benzol). Polystyrol ist aufgrund seines guten Fließverhaltens sowie seiner geringen Schwindung ein idealer Spritzgusswerkstoff.

Durch Treibmittelzusatz werden PS-Schaumstoffe (z. B. Styropor®, Styrodur®) hergestellt. Sie besitzen eine sehr geringe Dichte und ein hervorragendes Wärmeisolationsvermögen. Dementsprechend werden sie vielseitig als Verpackungsmaterial und Wärmedämmstoff eingesetzt.

Reines Polystyrol (Standardpolystyrol) **(Bild 2)** ist spröde und kerbempfindlich, daher wurde der Anwendungsbereich durch Misch- oder Copolymerisation erweitert. Bekannte Beispiele sind das **Acrylnitril-Butadien-Styrol (ABS)** oder das **schlagfeste Polystyrol (SB)** (Styrol-Butadien-Propfcopolymer) **(Bild 3)**.

ABS und SB sind auch bei tiefen Temperaturen (– 40 °C) noch zäh, jedoch ist ihre Zugfestigkeit geringer als bei reinem PS (ABS: 32 N/mm² bis 45 N/mm²; SB: 26 N/mm² bis 38 N/mm²).

Die Verarbeitung erfolgt durch Warmumformen und Spanen. Kleben ist möglich, Schweißen wird nicht angewandt. ABS und SB werden auch durch Extrudieren zu Platten und Folien verarbeitet.

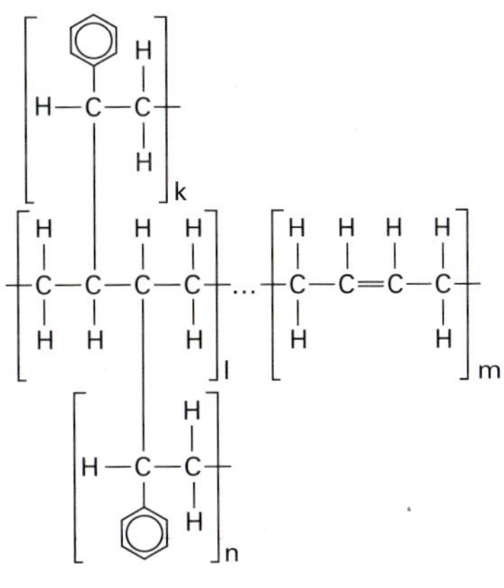

Bild 3: Ausschnitt aus der Molekülkette des schlagfesten Polystyrols (SB)

Typische Anwendungsbeispiele sind Lager- und Transportbehälter, Zeichengeräte, Gefrierdosen, Bestecke und Partygeschirr, Schaugläser, Blumentöpfe, Verpackungsmaterial, Wärmedämmplatten, Kofferschalen sowie LEGO®-Bausteine.

Polystyrole brennen nach ihrer Entzündung leuchtend und stark rußend, dabei ist süßlicher Styrolgeruch feststellbar.

Polytetrafluorethylen (PTFE) hat Dichten von 2,0 g/cm³ bis 2,3 g/cm³ **(Bild 1)**.

Bekannte Handelsnamen sind Teflon® und Hostaflon®.

PTFE ist zäh und unzerbrechlich. Seine Zugfestigkeit liegt bei 25 N/mm², die Gebrauchstemperatur kann + 250 °C betragen.

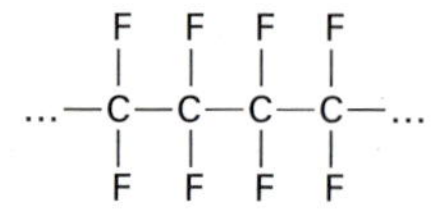

Bild 1: Ausschnitt aus der Molekülkette des Polytetraflourethylens (PTFE)

Die Verarbeitung erfolgt durch Sintern. Warmformgebung, Schweißen und Kleben sind nicht möglich, wohl aber spanende Bearbeitung.

PTFE findet Anwendung zur Herstellung chemischer Apparate, zur Fertigung von Dichtungen und von wartungsfreien Lagern. Bekannt sind auch Antihaftbeschichtungen für Töpfe und Pfannen.

PTFE brennt nicht. Es riecht bei Rotglut stechend nach Fluorwasserstoff.

Polyacetal (POM) von Polyoxymethylen hat Dichten von 1,39 g/cm³ bis 1,42 g/cm³ **(Bild 2)**.

Polyacetal ist sehr fest, zäh und formbeständig in der Wärme. Die Zugfestigkeit liegt um 70 N/mm², die Gebrauchstemperatur kann 120 °C betragen.

$$\ldots-O-CH_2-O-CH_2-O-CH_2-\ldots$$

Bild 2: Ausschnitt aus der Molekülkette des Polytetrafluorethylens (PTFE)

Die Verarbeitung erfolgt u. a. durch Spritzgießen. Spanen und Schweißen sind möglich. Das Kleben gelingt nur mit Haftklebstoffen.

Polyacetal dient zur Herstellung von Zahnrädern, Gehäuseteilen, Drehgestelle von Modellbahnen, Isolatoren, Reißverschlüssen, Beschläge, Schlösser, Gardinenrollen.

POM brennt außerhalb der Zündflamme. Dabei tropft es ab. Die Verbrennungsprodukte riechen nach Formaldehyd.

Polyaddukte

Duroplaste, bekannt als **Epoxidharze (EP)** haben eine Dichte vom 1,2 g/cm³ **(Bild 3)**. Epoxidharze sind bis etwa 120 °C beständig. Ihre Zugfestigkeit liegt bei 60 N/mm².

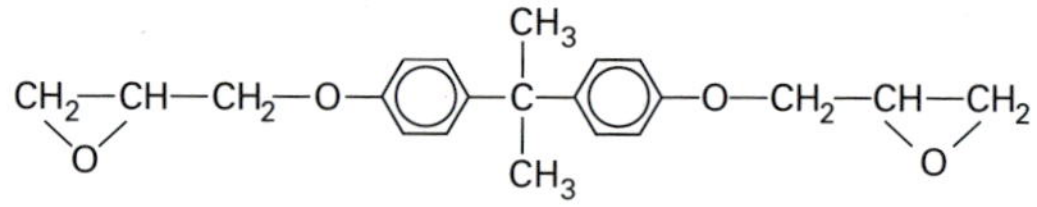

Bild 3: Ausschnitt aus der Molekülkette eines Epoxidharzes (EP)

Die Verarbeitung erfolgt u. a. durch Gießen und Pressen. Spanen und Kleben sind möglich. Schweißen ist nicht anwendbar.

Epoxidharze finden als Gieß-, Klebe-, Laminier- und Lackharze Verwendung.

EP brennen nach ihrer Entzündung rußend weiter. Die Verbrennungsgase riechen nach Phenol.

Vernetzte Polyurethane (PUR) haben eine Dichte von 1,3 g/cm³.

Sie können in ihren Eigenschaften durch verschiedene Vernetzungsgrade stark variiert werden.

Die Verarbeitung kann durch Spritzgießen und Extrudieren erfolgen. Sie lassen sich kleben. Vollstoffe sind zu spanen.

Weichelastische Schaumstoffe werden zu Polstermöbeln, Schwämmen und Teppichunterlagen verarbeitet. Vollstoffe finden als Dichtungen, Membranen und Kupplungsteile Verwendung.

PUR brennt nach seiner Entzündung mit gelbem Rand weiter. Dabei tropft es blasig ab. Die Verbrennungsgase riechen stechend.

4.2 Konstruktionsklebstoffe

Das Kleben von Metallen kann in vielen Fällen den altbekannten Verbindungstechniken überlegen sein. Heute klebt man z. B. schwere Rollenlager auf Wellen, ebenso wie die Einzelteile von Flugzeugzellen oder Fahrzeugkarosserien. Klebeverbindungen haben folgende Vorteile:

- sie können starke Kräfte übertragen,
- sie ergeben dichte und flächige Verbindungen,
- sie sind zwischen verschiedenen Werkstoffen möglich,
- sie können zwischen dünnwandigen Bauelementen vorgenommen werden und
- sie sind wirtschaftlich herzustellen und zu lösen.

4.2.1 Die Theorie des Klebens

Die Festigkeit einer Klebeverbindung wird hauptsächlich von zwei Faktoren beeinflusst: von der als **Adhäsion** bezeichneten Haftung des Klebstoffes an der Oberfläche der zu verbindenden Teile und von der als **Kohäsion** benannten Festigkeit innerhalb der abgebundenen Klebstoffschicht (Eigenfestigkeit des Klebstoffs). Adhäsionskräfte sind u. a. zwischenmolekulare Anziehungskräfte, die zwischen gleichen oder verschiedenen Stoffen wirken, wenn ihre Moleküle sehr eng beieinander liegen. Kohäsionskräfte sind u. a. chemische Bindekräfte. Sie sind etwa zehn- bis fünfzigmal stärker als Adhäsionskräfte. Bei den Konstruktionsklebstoffen nimmt man an, dass sie teilweise chemisch mit den Atomen der zu verbindenden Teile, also auch mit Metallatomen reagieren und neben den Adhäsions- auch Kohäsionskräfte in der Randschicht Klebstoff/Werkstück auftreten.

Darum ist von einem Klebstoff dreierlei zu fordern: Er muss die zu verbindenden Teile benetzen, er muss an ihnen haften und er muss schließlich einen möglichst festen Zustand einnehmen.

> Das **Kleben** basiert auf Adhäsions- und Kohäsionskräften.

4.2.2 Einteilungsmöglichkeiten von Konstruktionsklebstoffen

Klebstoffe lassen sich nach verschiedenen Gesichtspunkten einteilen.

Nach dem Abbindemechanismus lassen sich **Reaktionsklebstoffe** und **physikalisch abbindende Klebstoffe** unterscheiden. Erste härten durch eine chemische Reaktion aus, die zweite Gruppe ohne chemische Reaktion.

Nach den Zusatzstoffen, die eine Aushärtung des Klebers erst möglich machen, unterscheidet man **Ein-, Zwei- und Dreikomponentenkleber**. Einkomponentenkleber verfügen bereits bei Lieferung über einen **Härter**. Er kann z. B. durch Erwärmen wirksam werden.

Den Zwei- und Dreikomponentenklebern werden Härter bzw. Beschleuniger erst unmittelbar vor dem Verkleben zugesetzt. Die Bindekräfte entwickeln sich dann nach dem Mischen mit der Ausgangskomponente oft erst bei erhöhter Temperatur. Diese Klebstoffe bezeichnet man darum auch als Reaktionsklebstoffe.

Nach der Temperatur, bei der die Aushärtung erfolgt, ist es auch üblich, zwischen **Kalthärtern** und **Warmhärtern** zu unterscheiden.

4.2.3 Klebevorgang

Nach dem mechanischen Vorbereiten der Fügeteile erfolgt die Vorbehandlung und Reinigung der Klebeflächen nach den Angaben des Klebstoffherstellers, z. B. durch Hobeln, Feinschleifen, Entfetten oder Beizen. Dann wird der Klebstoff vorbereitet, bei Zweikomponentenklebern z. B. durch Mischen von Klebstoff und Härter. Die **Topfzeit** ist die maximale Verarbeitungszeit. Die **offene Zeit** ist die Zeit, die zwischen Klebstoffauftrag und Klebung verstreichen darf. Nach dem Zusammenfügen tritt die **Anfangshaftung** ein. Darunter versteht man die Haftung unmittelbar nach dem Fügen. Ihre Stärke beeinflusst die eventuell notwendig werdende Fixierung. Die **Abbindegeschwindigkeit** (Härtung) ist die Festigkeitszunahme der Klebeverbindung in Abhängigkeit von der Zeit. Die **Endfestigkeit** schließlich ist die nicht mehr zu verändernde Festigkeit einer Klebeverbindung nach vollständiger Aushärtung.

4.2.4 Technisch bedeutsame Konstruktionsklebstoffe

Die meisten technisch wichtigen Konstruktionsklebstoffe gehören zu den Reaktionsklebstoffen. Das heißt, sie härten chemisch aus, z. B. durch Polymerisation, Polykondensation oder Polyaddition.

Polymerisationsklebstoffe

Zu der Gruppe der Polymerisationsklebstoffe gehören Cyanacrylatklebstoffe und Methacrylatklebstoffe.

Cyanacrylatklebstoffe sind unter der Bezeichnung **Sekundenklebstoff** bekannt geworden, zurückzuführen auf ihre sekundenschnelle Aushärtung. Ausgangssubstanz ist hier Cyanacrylsäuremethylester, in der der Polymerisationsvorgang durch die Luftfeuchtigkeit eingeleitet wird. Um eine Aushärtung im Vorratsbehälter zu vermeiden, müssen diese Klebstoffe dicht verschlossen gelagert werden. Die Klebstoffe dieser Gruppe finden vielfältige Anwendung, z. B. zum Kleben von optischen und elektronischen Bauteilen, für Fixierklebungen oder für Gewebeklebungen. Auch Haut wird sekundenschnell verklebt, sodass besondere Vorsicht beim Umgang mit diesen Klebstoffen geboten ist.

Methacrylatklebstoffe (eigentlich Methylmethacrylat) basieren auf dem gleichen Grundstoff, aus dem auch Plexiglas (Polymethylmethacrylat) hergestellt wird. Es handelt sich um zweikomponentige Reaktionsklebstoffe. Die Acrylatmonomere polymerisieren, wenn ein Härter – in diesem Fall ein Peroxid – zugesetzt wird. Nach dem Mischen sind diese Klebstoffe in der Regel schnell zu verarbeiten. Möglich ist auch, dass Härter und Harzkomponenten auf die verschiedenen Fügestellen aufgetragen werden. Dort können sie längere Zeit ohne Änderung verbleiben. Erst wenn beide Fügeteile aufeinander gepresst werden, kommt es zur Aushärtung. Die entstehende Klebschicht entspricht in ihrer Zusammensetzung einer Plexiglasschicht. Die Klebstoffe eignen sich gut für Metallklebungen, aber auch für Gläser und Kunststoffe. Mit bis zu 25 N/mm^2 ergeben sich hier hohe Festigkeiten.

Polykondensationsklebstoffe

Phenolharze härten bei etwa 160 °C aus. Ihre Bedeutung ist deutlich geringer als die der anderen genannten Klebstoffe. Nach der Aushärtung sind sie bereits bis 120 °C, in bestimmten Modifikationen bis 260 °C beanspruchbar. Die Scherzugfestigkeit beträgt 30 N/mm^2 bis 35 N/mm^2. Klebstoffe aus Phenolharzen sind sehr alterungsbeständig, jedoch nur mit verhältnismäßig großem technischen Aufwand zu verarbeiten. Die Anwendung erfolgt im Stahl-, im Leicht- und Holzbau sowie bei Waben- und Sandwich-Konstruktionen.

Polyadditionsklebstoffe

Epoxidharz-Klebstoffe sind zweikomponentig aus Harz und Härter aufgebaut. Sie härten sowohl bei Raumtemperatur als auch bei erhöhter Temperatur (etwa 150 °C) aus. Bei höherer Aushärtetemperatur ist die Festigkeit der Klebung meist größer. Epoxidharz-Klebstoffe werden im Metall- und Kunststoffbau sowie im Flugzeugbau für tragende Verbindungen eingesetzt.

Polyurethan-Klebstoffe sind ein- und zweikomponentig verfügbar. Sie härten durch Luftfeuchtigkeit und/oder Wärme aus. Polyurethanharze besitzen eine hohe Flexibilität und sind im Metallbau verbreitet. Außerdem dienen sie zur Verbindung unterschiedlicher Werkstoffe und finden Einsatz in der Schuhindustrie, Buchbinderei und Glasverarbeitung.

Bild 1 verdeutlicht die Wirkungsweise eines Zweikomponentenklebstoffs.

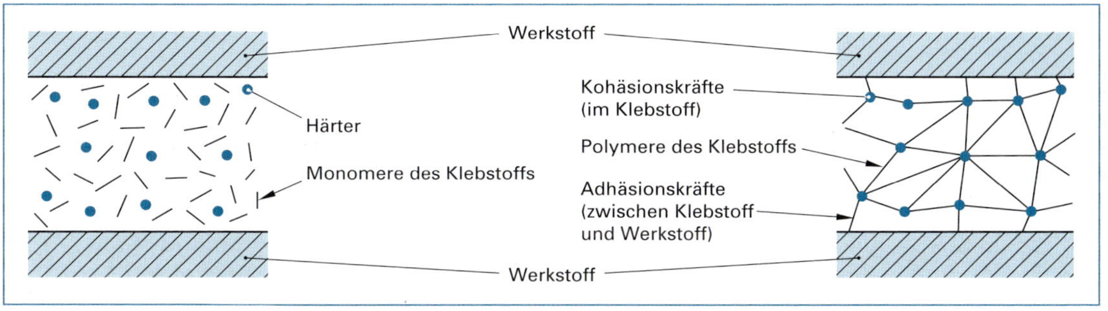

Bild 1: Schematische Darstellung der Wirkungsweise eines Zweikomponentenklebstoffs

4.3 Keramiken

Keramiken gehören zu den nichtmetallisch-anorganischen Werkstoffen. Sie besitzen ein meist heterogenes, polykristallines Gefüge, das gewisse **amorphe** (d. h. nicht kristalline) Anteile als bindende Phase aufweist. Der kristalline Anteil beträgt mindestens 30 %.

Keramiken finden bereits seit Jahrtausenden Anwendung in den verschiedensten Lebensbereichen, wie z. B. im Bauwesen, Sanitärbereich und Haushalt. Neu ist der Einsatz von Keramiken als **Hochleistungswerkstoffe**, die extremen mechanischen, elektrischen, thermischen und chemischen Anforderungen standhalten können. Bei den Hochleistungskeramiken handelt es sich überwiegend um Oxid- oder Nichtoxidkeramiken. Diese Verbindungen haben in der Regel sehr hohe Schmelzpunkte und eine hohe Härte. Als Hochleistungswerkstoffe werden sie aber erst seit kurzem eingesetzt, da ihre Herstellung spezielle Technologien erfordert. Be-sonders wichtig ist die Einstellung einer gewissen Zähigkeit.

Herstellung

Alle Keramiken werden über die **Sintertechnik** (siehe auch 3.15) hergestellt. Dabei wird zuerst ein Pulver der jeweiligen chemischen Verbindung, wie z. B. Al_2O_3 (Aluminiumoxid), Si_3N_4 (Siliciumnitrid) oder $BaTiO_3$ (Bariumtitanat) hergestellt. Ziel ist die Erzeugung möglichst feinkörniger Pulver (ø < 1 µm) mit homogener chemischer Zusammensetzung und reproduzierbaren Eigenschaften. Für die unterschiedlichen Formgebungsverfahren müssen anschließend spezifische Formmassen bereitgestellt werden. Hierbei kann es sich um Aufschlämmungen für das Gießen, plastische Massen (z. B. für das Strangpressen) und Granulate bzw. Pulver für das Pressen handeln. Im Anschluss an die Masseaufbereitung erfolgt die Formgebung. Je nach Art der Formmasse kommen unterschiedliche Formgebungsverfahren (z. B. Trockenpressen, Strangpressen, Spritzgießen, Nasspressen, Schlicker- und Folienguss) zur Anwendung. Das bei der Formgebung entstehende, noch ungesinterte Teil bezeichnet man als **Grünkörper**.

Bei einem nachfolgenden **Sintern** bei hohen Temperaturen verbinden sich die Pulver unter allseitiger Schrumpfung zu einem dichten Werkstück mit endnaher oder sogar genauer Struktur.

Die **endkonturnahe Herstellung** stellt einen großen Vorteil der Keramiken gegenüber anderen Werkstoffen, wie Metallen, dar. Vorteilhaft sind darüber hinaus die hohe Temperaturbeständigkeit, die Oxidationsbeständigkeit und die mechanische Beständigkeit. Keramiken widerstehen vielen Chemikalien und haben ein niedriges spezifisches Gewicht. Die Verschleißbeständigkeit vieler Keramiken ist sehr gut. Ein weiterer Vorteil ergibt sich aus der Möglichkeit, verschiedene Ausgangspulver zu mischen und so die Eigenschaften dieser Pulver zu kombinieren. Damit können die Eigenschaften der Keramiken dem jeweiligen Einsatzfall in idealer Weise angepasst werden.

Keramiken sind nichtmetallisch-anorganische Werkstoffe, die durch Sintern hergestellt werden.

Anwendungsbeispiele

Maschinenbau (Strukturkeramik)

Im Maschinenbau finden viele Keramiken Anwendung, die man in verschiedene Gruppen einteilt: **oxidische, nichtoxidische und verstärkte Keramiken** (mit Teilchen oder Fasern, s. auch Verbundwerkstoffe). Die im Maschinenbau wichtigsten Keramiken sind Aluminiumtitanat (Al_2TiO_5), Zirkonoxid (ZrO_2), Aluminiumoxid (Al_2O_3), Siliciumcarbid (SiC) und Siliciumnitrid (Si_3N_4). ZrO_2 und Al_2TiO_5 finden Anwendung als Wärmedämmstoffe oder Beschichtungsstoffe für die thermische Isolation. Aus Al_2O_3, ZrO_2 und SiC werden Fahrzeugteile hergestellt, wie z. B. Katalysatorenträger oder Auskleidungen des Abgassystems. Im Pumpen- und Armaturenbau finden Keramiken Anwendung als Gleitringe, Dichtscheiben, Düsen und Lager. Die gute Verschleißfestigkeit der Keramiken wird in Ziehwerkzeugen sowie hochbelasteten Teilen in der Textilindustrie ausgenutzt.

Weiterhin werden Keramiken wie z. B. TiC (Titancarbid), VC (Vanadiumcarbid), WC (Wolframcarbid) sowie TiN (Titannitrid) als **Schneidwerkstoffe** eingesetzt. Sogar dünne Keramikbeschichtungen herkömmlicher Stahl-Schneidwerkzeuge bewirken eine erhebliche Verlängerung der Standzeiten.

Elektrotechnik (Funktionskeramik)

Seit langem bekannt sind Keramiken in der Elektrotechnik als Isolatoren. Unter den neuen Keramiken befinden sich auch halb- oder sogar supraleitende (verlustfrei leitende) Materialien, wodurch sich viele neue Anwendungsgebiete erschließen, z. B. als Substratkeramik (Unterlage für elektronische Schaltungen), Magnetwerkstoffe oder Kondensatoren.

Entwicklung

Mit der Erschließung weiterer Anwendungsgebiete durch Keramiken ist zu rechnen. So wird z. B. daran gearbeitet, keramische Teile im Dieselmotor einzuführen, wodurch Gewichtseinsparungen bei längerer Lebensdauer möglich werden.

Aufgaben

1. Nennen Sie Vor- und Nachteile von Kunststoffen und Keramiken!
2. Beschreiben Sie, wie durch den Prozess der Poymerisation Makromoleküle entstehen!
3. Wie unterscheiden sich Thermo- und Duroplaste?
4. Bescheiben Sie die Wirkungsweise eines Zweikomponenten-Klebstoffs!
5. Wie werden Keramiken zu Formteilen verarbeitet?
6. Welche Eigenschaften müssen Keramiken haben, die als Schneidstoffe eingesetzt werden?

5 Verbundwerkstoffe

Werkstoffanwender können heute über eine breite Palette bewährter Werkstoffe verfügen. Diese sind für die meisten Einsatzfälle ausreichend, da sie einen breiten Eigenschaftsbereich vom weichen, unlegierten Metall über höchstfeste Legierungen bis hin zu Kunststoffen und Keramiken abdecken. Die Möglichkeiten der weiteren Verbesserungen der Werkstoffeigenschaften sind allerdings begrenzt. Aus diesem Grund werden in letzter Zeit verstärkt neue Werkstoffverbunde und Verbundwerkstoffe entwickelt. In diesen Materialien sind mindestens zwei Werkstoffe miteinander kombiniert, um so die für einen bestimmten Einsatzfall optimale Kombination der typischen Eigenschaften der Verbundpartner, wie z. B. der Dichte, des E-Moduls, der Festigkeit oder der Korrosionsbeständigkeit zu erreichen. Verbunde sind, wie in **Bild 1** gezeigt, zwischen allen Werkstoffhauptgruppen möglich.

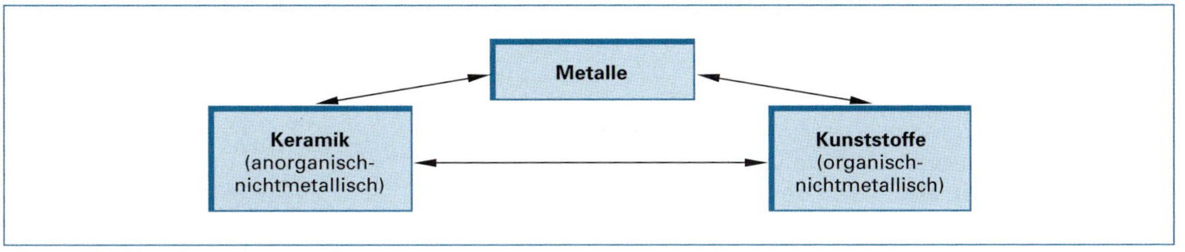

Bild 1: Verbundwerkstoffe

> In **Verbundwerkstoffen** werden Werkstoffe verschiedener Werkstoffgruppen mit dem Ziel der Eigenschaftsoptimierung kombiniert.

5.1 Werkstoffverbunde

Unter Werkstoffverbunden sind Erzeugnisse zu verstehen, die aus Schichten fest verbundener anderer Werkstoffe bestehen. Die Schichten sind dabei als solche erkennbar, d. h., es handelt sich nicht um einen einheitlichen (homogenen) Werkstoff. Ihre Anwendung ist in den Fällen sinnvoll, bei denen technische und konstruktive Erfordernisse die Ausnutzung der günstigen Eigenschaften verschiedener Werkstoffe partiell notwendig machen. Beispielsweise wären dies bei Verbunden aus Aluminium und Stahl auf der Aluminiumseite die geringere Masse, die bessere Leitfähigkeit für Wärme und Strom und die gute chemische Beständigkeit, während auf der Stahlseite insbesondere die bessere Verschleißfestigkeit und Zugfestigkeit von Interesse sind.

> In Werkstoffverbunden lassen sich die **Verbundpartner** mit bloßem Auge erkennen.

Die **Herstellung** flächenhafter Verbunde erfolgt über verschiedene Verfahren. Am weitesten verbreitet sind die dem Warmpressschweißen verwandten Verfahren, wie z. B. das **Walzplattieren** (ein Aufeinander-Walzen verschiedener Bleche). Walzplattierte Bleche haben bereits seit Langem große Bedeutung, da sich durch die Abschirmung des Grundmetalls durch eine Plattierungsschicht eine bessere Korrosionsbeständigkeit erreichen lässt.

Ein anschauliches Beispiel ist der Kern der 1-Euro-Münze **(Bild 1, Seite 174)**: Eine für die magnetischen Eigenschaften wichtige Nickelschicht wird durch zwei Lagen aus Cu75Ni25 abgedeckt. Hautkontakt mit dem für Allergiker problematischen Nickel wird so sicher vermieden. Dieser Verbund wird durch Walzplattieren hergestellt.

Auch die vermeintlichen Kupfermünzen (1, 2, 5 Cent) sind Verbunde: Hier wurde auf einem Stahlkern eine dünne Kupferschicht **galvanisch abgeschieden**. Daher sind diese Münzen magnetisch. Zudem ist so sichergestellt, dass der Münzwert nicht über dem Metallwert liegt. Bei einer reinen Kupfermünze wäre dies angesichts des hohen Kupferpreises der Fall.

Anwendung finden Verbunde auch im Bauwesen, z. B. für Fassadenbekleidungen sowie als Deck- bzw. Dämmschichten.

Einsatzmöglichkeiten bestehen weiterhin im Fahrzeugbau, was verständlich ist in Anbetracht steigender Energiepreise und Forderungen nach einer Senkung des Kraftstoffverbrauches aus ökologischen Gründen. Beispielsweise werden Kfz-Teile aus leichten Aluminiumlegierungen in besonders beanspruchten Teilbereichen mit anderen Werkstoffen verstärkt. So können Stahl- oder Graugussteile eingegossen werden, beispielsweise in Zylinderkurbelgehäusen.

Auch Verbunde von Papier und Aluminium gehören in die Gruppe der Werkstoffverbunde. Mit Aluminium kaschierte Folie ist ein wichtiger Verpackungswerkstoff und findet sich z. B. auch in Getränkekartons.

5.2 Metal Matrix Composites (MMC)

Verbundwerkstoffe bestehen ebenfalls aus mindestens zwei Phasen, jedoch ist mit bloßem Auge nicht erkennbar, ob es sich um einen Verbund handelt. Der Werkstoff erscheint von außen homogen. Verbundwerkstoffe können Kombinationen aus metallischen, keramischen und polymeren Phasen bzw. Bestandteilen sein, können aber auch Bestandteile aller drei Werkstoffhauptgruppen enthalten.

Je nach Art der Komponenten im Verbund werden **Teilchenverbundwerkstoffe** und **Faserverbundwerkstoffe** (**Bild 1**) unterschieden.

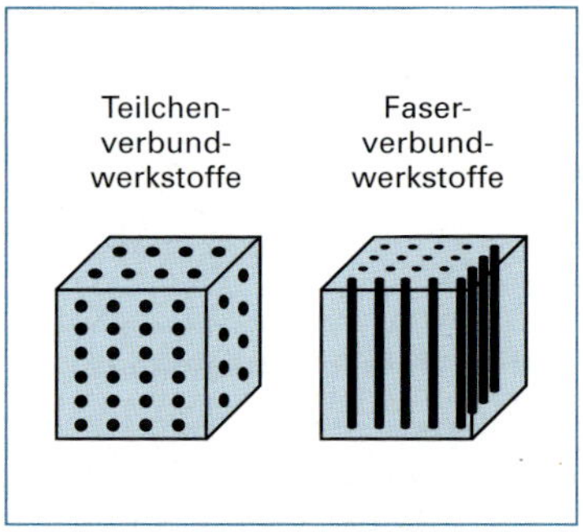

Bild 1: Möglichkeiten der räumlichen Anordnung der Komponenten in Verbundwerkstoffen

Nach Art der Verbundpartner sind verschiedene Bezeichnungen üblich. So werden z. B. Verbundwerkstoffe mit metallischer Matrix als **MMC** (*metal matrix composite*, **Bild 2**), Verbundwerkstoffe mit einer Teilchenverstärkung als **PRM** (*particle reinforced materials*) bezeichnet.

Verbundwerkstoffe sind homogen, d. h., die Verbundpartner lassen sich nicht von außen mit bloßem Auge erkennen.

Zur **Herstellung** von MMC hat sich unter vielen erprobten Verfahren das Einrühren von Teilchen oder Kurzfasern in eine metallische Schmelze als am günstigsten erwiesen. Soll eine Ausrichtung von Fasern erreicht werden, müssen die Fasern glatt in eine Gießform gestapelt und dann mit der Schmelze infiltriert werden. Möglich ist auch das vorherige Pressen von Matten, Filzen oder ganzen Formkörpern (Preforms) aus der Verstärkungskomponente. Diese Preforms werden dann mit Schmelze umgossen bzw. intiltriert.

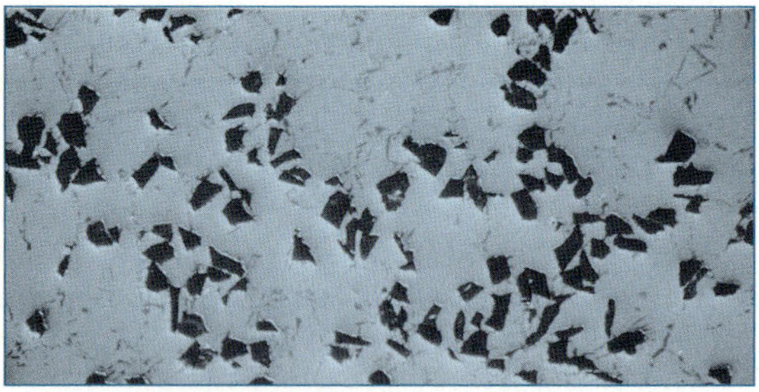

Bild 2: Gefügebild Keramal AlSi7Mg mit 15-Vol-% SiC-Teilchen, MMC

MMCs auf Aluminiumbasis (rein oder legiert) mit einer eingelagerten zweiten Komponente (meist keramische Teilchen oder Fasern, wie Al_2O_3 und SiC, **Bild 2**) können für technisch hochbeanspruchte Konstruktionen, bei denen das Bauteilgewicht eine große Rolle spielt, eingesetzt werden. **Einsatzbeispiele** gibt es in der Luft- und Raumfahrt (Kantenschutzprofile, Turbinenschaufeln), in der Kraftfahrzeugindustrie (Motorpleuel, Kolbenteile, Pistenraupenprofile, Zylinderkurbelgehäuse) und im Maschinen- und Anlagenbau (Druckbehälter).

In diesen Fällen können konventionelle Aluminiumlegierungen insbesondere aufgrund der schlechten Warmfestigkeit und der hohen Wärmeausdehnung trotz sonst hervorragender Eigenschaften (niedrige Dichte, günstige Gießtemperaturen, gutes Korrosionsverhalten) und der relativ kostengünstigen Verfügbarkeit nicht eingesetzt werden. Solche Nachteile können durch Einlagerung einer zweiten Komponente ausgeglichen werden. Wie **Bild 1** zeigt, ist die Zugfestigkeit von MMC deutlich besser.

Verglichen mit konventionellen Werkstoffen ist bei den MMC zwar ein höherer Konstruktionsaufwand erforderlich; es lassen sich aber **maßgeschneiderte** Lösungen mit optimaler Ausnutzung der Materialeigenschaften erzielen. Beispielsweise können eine hohe Festigkeit und Steifigkeit in Beanspruchungsrichtung erreicht werden. Möglich ist darüber hinaus die gezielte Verstärkung besonders beanspruchter Bauteilbereiche (**„Lokales Werkstoff-Engineering"**).

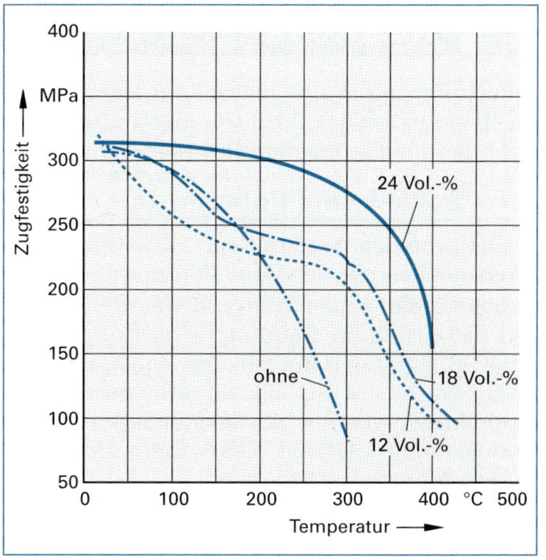

Bild 1: Mechanische Kennwerte von AlMg1SiCu in Abhängigkeit vom Volumenanteil SiC-Whisker (nach Mordike und Kainer)

Trotz großer Vorteile haben sich Verbundwerkstoffe noch nicht auf breiter Ebene durchgesetzt, was vor allem im erhöhten Preis begründet ist. Mit einer Erweiterung der Einsatzfelder ist aber zu rechnen. Im Automobilbau gibt es bereits Serienanwendungen, z. B. in den Laufflächen hoch qualitativer Aluminiummotorblöcke.

Aufgaben

1. Welche Vorteile bietet die Kombination unterschiedlicher Werkstoffe in einem Verbundwerkstoff?
2. Wie unterscheiden sich Werkstoffverbunde und Verbundwerkstoffe?
3. Zu welcher Werkstoffgruppe – Werkstoffverbunde oder Verbundwerkstoffe – gehört eine mit Aluminium bedampfte Folie, die z. B. zur Verpackung von Kaffee verwendet wird.
4. Wo gibt es im Verpackungsbereich von Lebensmitteln Verbunde aus Metallen und anderen Werkstoffen?
5. Erläutern Sie den Aufbau des Innenteiles der 1-Euro-Münze und geben Sie an, warum ein solcher Aufbau sinnvoll ist!
6. Welchen Vorteil bietet die Einlagerung von Siliciumcarbidteilchen in eine Aluminiumlegierung?
7. Was ist ein MMC?
8. Vergleichen Sie die Kosten von einfachen Werkstoffen mit denen von Verbundwerkstoffen und leiten Sie daraus ab, wann sich der Einsatz eines Verbundwerkstoffes lohnt!
9. Erläutern Sie den Begriff „Lokales Werkstoffengineering"!

6 Hilfsstoffe

Hilfsstoffe sind Stoffe, die bei der Herstellung eines Produktes gebraucht werden, die sich aber im späteren fertigen Produkt nicht finden (dürfen). Dazu gehören z. B. Gießsand, Abschreckmittel, Schmier- und Schneidstoffe sowie Kühlmittel.

6.1 Schleif- und Poliermittel

Schleifscheiben werden beim Schleifen von Werkstückoberflächen gebraucht. Sie bestehen im Wesentlichen aus den Schleifkörnern, aus dem Bindemittel und aus Poren.

Schleifkörner sollen während des Schleifens splittern und dabei neue Schneidkanten bilden. Am häufigsten im Gebrauch sind Korunde aus Aluminiumoxid Al_2O_3, Normalkorund (NK) aus etwa 96 % Al_2O_3, Halbedelkorund (HK) mit etwa 98 % Al_2O_3 und Edelkorund (EK) mit etwa 99,5 % Al_2O_3. Nach DIN ISO 525 führen Korunde das Kurzzeichen „A". Außerdem werden häufig als Schleifmittel verwendet: Siliciumcarbid SiC („C"), Borcarbid B_4C („BK"), Bornitrid BN („CBN") und Diamant („D"). In dieser Reihenfolge steigt auch die Härte, wie **Tabelle 1** zusammen mit Anwendungsbeispielen zeigt.

Tabelle 1: Schleifmittel nach DIN ISO 525

Zeichen	Schleifmittel	Chemische Zusammensetzung	Härte	Anwendungsgebiete
A	Normalkorund	Al_2O_3 + Beimengungen	zunehmend ↓	unlegierter, ungehärteter Stahl, Stahlguss, Temperguss
	Edelkorund	Al_2O_3 zu über 99,9 %		zähharter Stahl, Einsatzstahl, Werkzeugstahl, Titan, Schleifen und Polieren von Glas
Z	Zirkonkorund	Al_2O_3 + ZnO_2		nichtrostende Stähle
C	Siliciumcarbid	SiC + Beimengungen		harte Werkstoffe: Hartmetall, Gusseisen, HSS, Glas, Keramik, nichtrostende Stähle; weiche Werkstoffe: Kupfer, Aluminium, Kunststoffe
BK	Borcarbid	B_4C in kristalliner Form		Hartmetall, gehärteter Stahl, HSS, Warm- und Kaltarbeitsstahl
CBN	Bornitrid	BN in kristalliner Form		Schnellarbeitsstähle, Kalt- und Warmarbeitsstähle
D	Diamant	C in kristalliner Form		Hartmetall, Grauguss, Glas, Keramik, Feuerfester Stein, Nichteisenmetalle, nicht für Stahl; Germanium, Silizium

> **Schleifkörner** haben eine hohe Härte und können so hervorragend Material von anderen, weicheren Werkstoffen abtragen.

Die **Korngröße** wird nach dem Mahlen des Schleifmittels durch Sieben bestimmt. Jede Körnung erhält eine Zahl. Sie ergibt sich aus der Maschenzahl pro Inch (= 25,4 mm) Kantenlänge des Siebes, durch die das Mahlgut noch hindurchfällt. In der Praxis verwendet man Korngrößen von 4 bis 1200. Eine andere Maßeinheit der Korngröße ist die Maschenweite des Siebes in µm.

Die **Härte** der Schleifscheibe ist der Widerstand, den die Bindung dem Ausbrechen der Körner entgegensetzt. Die Schleifkörperhärten werden in großen Buchstaben von „A" (für äußerst weich) bis „Z" (für äußerst hart) ausgedrückt **(Tabelle 2)**. Harte Schleifscheiben werden für weiche Werkstoffe, weiche Schleifscheiben für harte Werkstoffe verwendet.

Tabelle 2: Härtegrad von Schleifscheiben nach DIN ISO 525

Bezeichnung	Härtegrad	Anwendung
äußerst weich	A B C D	Schleifen harter Werkstoffe
sehr weich	E F G	
weich	H I J K	zum Schleifen der meisten Metalle (Stahl, NE), Glas
mittel	L M N O	
hart	P Q R S	Schleifen weicher Werkstoffe
sehr hart	T U V W	
äußerst hart	X Y Z	

Das **Bindemittel** soll die Schleifkörner bis zum Stumpfwerden im Schleifkörper festhalten und dann freigeben. DIN ISO 525 unterscheidet Bindungen aus Ton (Keramik, Kurzzeichen „V) für Trocken- und Nassschliff, Bindungen aus Magnesit für Trockenschliffe an feinen Schneiden („MG"), Bindungen aus Gummi und aus faserverstärktem Gummi für Formschliffe („R" bzw. „RF"), Bindungen aus Kunstharz bzw. aus faserverstärktem Kunstharz für das Schleifen mit hohen Schnittgeschwindigkeiten („B" bzw. „BF") und Metallbindungen für Feinschliffe („M").

Unter dem **Gefüge** versteht man die Größe und die Anzahl der Poren in der Schleifscheibe sowie den Anteil von Schleifmittel und Bindemittel am Gesamtvolumen der Schleifscheibe. Schleifscheiben mit großen Poren bezeichnet man als „offen", solche mit kleinen Poren als „dicht". Das Gefüge wird mit Zahlen von 0 bis 14 gekennzeichnet. Gefügezahlen von 0 bis 5 weisen auf ein dichtes, Gefügezahlen von 8 bis 14 (mitunter bis 30) deuten auf ein offenes Gefüge hin **(Bild 1)**. Die **Poren** sollen Späne und Kühlmittel aufnehmen. Damit beeinflussen sie die Spanleistung der Schleifscheibe. Die Spanleistung ist umso größer, je offener das Gefüge ist. Offenes Gefüge erlaubt große Spanleistungen und verhindert eine unangemessene Erwärmung der Schleifscheibe.

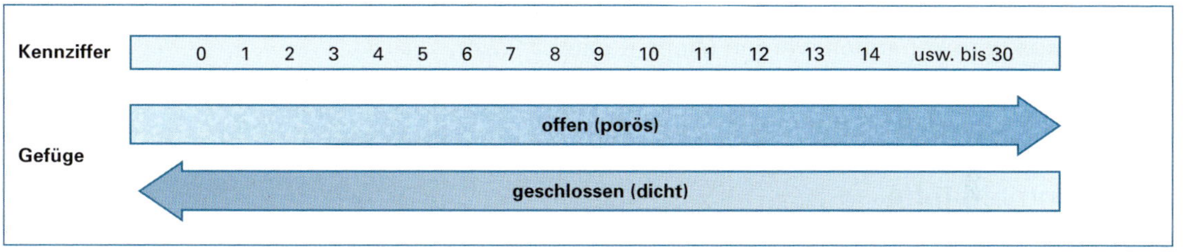

Bild 1: Gefüge von Schleifscheiben gemäß DIN ISO 525

6.2 Abschreckmittel

Um härtbare Stähle auf die richtige Härtetemperatur zu bringen, werden sie in Glühöfen oder in Salzbädern erwärmt. Das Abschrecken erfolgt in Wasser, in Wasser mit Zusätzen, in Mineralölen, in Wärmebädern aus Salzen oder Metallen oder in Luft (Kapitel 3.9.2).

Die Auswahl des **Abschreckmittels** wird von der kritischen Abkühlungsgeschwindigkeit des zu härtenden Stahles und der gewünschten Oberflächenhärte bestimmt.

Wasser von 20 °C bewirkt höchstens eine Abschreckgeschwindigkeit von 450 K/s. In der ersten Abschreckphase umgibt sich das Werkstück unmittelbar nach dem Eintauchen in das Wasser mit einem **Dampffilm**. Dieser schirmt den Stahl gegen das kalte Wasser ab **(Leidenfrostsches Phänomen)** und eine schnelle Abkühlung wird verzögert. In der sich anschließenden zweiten Phase – der **Kochphase** – bricht der Dampffilm zusammen. Dabei erfolgt ein äußerst starker Wärmeentzug. In der **Konvektionsphase** schließlich hört die Dampfblasenbildung auf. Das Werkstück gibt seine Wärme dann nur noch durch Wärmeleitung an das Wasser ab.

Zusätze geeigneter Salze zum Wasser beeinflussen die Abschreckwirkung des Wassers günstig, da die Siedephase zu höheren Temperaturen verschoben wird. Bei der Entstehung des Dampffilmes kristallisiert das Salz auf dem Werkstück aus, um dann ebenfalls sofort explosionsartig zu verdampfen. Dabei wird der Wasserdampffilm zerstört und es kommt zur erwünschten Kochphase. Mit einer zehnprozentigen Natriumchloridlösung ($NaCl$) lässt sich z. B. eine Abkühlungsgeschwindigkeit von etwa 600 K/s erreichen. In Wasser bzw. in wässrigen Salzlösungen werden vorwiegend unlegierte Stähle abgeschreckt.

Mineralöle von 20 °C lassen nur eine maximale Abkühlungsgeschwindigkeit von etwa 200 K/s zu. Wie beim Wasser sind auch hier drei Phasen des Abschreckvorgangs nachweisbar. Die Abschreckwirkung wird von der Ölzusammensetzung, von der Viskosität, vom Siedebereich und von der Badtemperatur beeinflusst. Durch besondere Zusätze (Additive) lassen sich die abgeschreckten Teile mit gewünschten Eigenschaften ausstatten, z. B. mit blanken Oberflächen oder mit einem kurzzeitigen Korrosionsschutz. Härteöle dürfen nur wenig verdampfen, um die Ölverluste in Grenzen zu halten. Sie sollen möglichst schwer altern und beständig gegen Salze sein, in denen die zu härtenden Teile aufgeheizt werden. In Mineralölen werden vor allem niedriglegierte Stähle abgeschreckt.

Abschreckmittel dienen beim Härten von Stahl der Einstellung des gewünschten Gefüge- und Festigkeitszustands.

Warmbäder aus Salzen gibt es für verschiedene Abschrecktemperaturbereiche. Für Badtemperaturen von etwa 250 °C bis 600 °C setzt man zumeist Gemische aus Kaliumnitrat KNO_3 (Trivialname: Kalisalpeter) und Natriumnitrat $NaNO_3$ (Trivialname: Natronsalpeter) ein. Für Badtemperaturen von 600 °C bis 800 °C verwendet man vorwiegend Mischungen aus Natriumchlorid NaCl (Kochsalz), Kaliumchlorid KCl (Trivialname Chlorkalium), Bariumchlorid $BaCl_2$ (Trivialname Chlorbarium) und Calciumchlorid $CaCl_2$ (Trivialname Chlorcalcium). Bäder mit einem Anwendungsbereich von etwa 800 °C bis 1000 °C enthalten oft Bariumchlorid $BaCl_2$ und Kaliumchlorid KCl.

Warmbäder aus Metallen können aus Blei-Zinnschmelzen für einen Arbeitsbereich von etwa 200 °C bis 520 °C zusammengesetzt sein. Reine Bleischmelzen erlauben das Abschrecken auf 550 °C bis 850 °C. In Warmbädern werden überwiegend Bauteile abgeschreckt, die sich auf keinen Fall verziehen dürfen. Außerdem werden sie verwendet, wenn Stähle nach isothermen ZTU-Schaubildern behandelt werden (siehe Kapitel 3.9.2.4).

In **Druckluft** erreicht man eine Abkühlungsgeschwindigkeit von etwa 35 K/s. Hochlegierte Stähle werden oft in Druckluft abgeschreckt.

6.3 Schmierstoffe

Aufgabe der Schmierstoffe ist es, den Reibungswiderstand zwischen gleitenden Flächen herabzusetzen und dadurch Material- und Energieverluste zu vermindern. Schmiertechnisch unterscheidet man zwischen Grenz-, Misch- und Vollschmierung.

Grenzschmierung liegt vor, wenn der Schmierfilm nur aus wenigen Molekülschichten besteht und im Schmierfilm keine Strömung des Schmiermittels stattfindet.

Mischschmierung stellt sich ein, wenn sich die Kuppen der Gleitflächen unter Grenzschmierungsbedingungen berühren und die Vertiefungen sich bereits mit Schmierstoff gefüllt haben.

Vollschmierung ist dann vorhanden, wenn das Schmiermittel im Schmierspalt frei strömen kann. Es liegt dann nur **flüssige Reibung** vor.

Schmierstoffe können fest, plastisch verformbar oder flüssig sein. **Feste Schmierstoffe** sind Grafit (C), Talkum $Mg_3Si_4O_{10}(OH)_2$ und Molybdändisulfid (MoS_2).

Bild 1: Grafit als Mineral

Grafit ist aus reinen Kohlenstoffschichten aufgebaut **(Bild 1** sowie **Bild 2, Seite 83)**. Aufgrund der geringen Bindungskräfte zwischen den Schichten lassen sich diese leicht gegeneinander verschieben. Grafit kann elementar in Flocken- oder Pulverform oder als Beimischung von Ölen und Fetten bis etwa 650 °C eingesetzt werden.

Molybdänsulfid zeigt einen ähnlichen Aufbau. Im trockenen Zustand ist es bis 400 °C einsetzbar. Es kann jedoch auch flüssigen oder pastenartigen Schmierstoffen zugesetzt werden.

Talkum besteht aus kleinen Schuppen und verfügt über fettig-weichen Griff (bekannt als „Speckstein").

Plastisch verformbare Schmierstoffe sind die Schmierfette. Sie bestehen aus Seifen und Mineralölen und werden auch als **seifengedickte Öle** bezeichnet. Ihre Anwendung erfolgt dort, wo eine Ölschmierung nicht möglich ist, z. B. an schwer zugänglichen Schmierstellen, in offenen Getrieben usw.

Flüssige Schmierstoffe sind überwiegend die durch Destillation aus Erdöl gewonnenen Mineralöle. Sie bestehen aus Kohlenwasserstoffmolekülen. In ihrer reinen Form genügen sie heute nicht mehr den Anforderungen der modernen Schmiertechnik. Man setzt ihnen darum öllösliche Stoffe, **Additive**, zu, um ihre Eigenschaften gezielt zu verbessern, z. B. Korrosionsschutzzusätze, Reinigungszusätze, Schaumbremsen, Zusätze zur Verbesserung der Schmierkraft usw. Die Einteilung der mineralischen Schmierstoffe erfolgt nach ihrem Verwendungszweck. So ist z. B. zu unterscheiden zwischen Spindelölen, Getriebeölen, Hydraulikölen, Motorenölen, Dampfturbinenölen usw. Pflanzliche und tierische Fette und Öle (Rizinus-, Leinöl) spielen in der Schmiertechnik nur noch eine geringe Rolle bei der Schmierung feinmechanischer Geräte. Sie werden auch **Fette** oder **Öle** genannt und haben den Nachteil, dass sie Fettsäurereste enthalten und verharzen.

Flüssigkeiten, z. B. verschiedene Schmieröle, können mehr oder minder zäh sein. Die Zähigkeit wird von den zwischen den Flüssigkeitsmolekülen herrschenden Anziehungskräften, die eine Reibung verursachen, beeinflusst und als **Viskosität** bezeichnet. Die Viskosität beruht auf der inneren Reibung von Molekülschichten innerhalb von Flüssigkeiten. Sie nimmt mit steigender Temperatur ab.

Die **Schmierfähigkeit** lässt sich zahlenmäßig nicht erfassen, weil sie von der Haftfähigkeit, vom Flächendruck, vom Lagermetall und von der Geschwindigkeit der gleitenden Metallflächen beeinflusst wird.

6.4 Schneid- und Kühlmittelöle

Schneid- und Kühlmittelöle sollen die Reibung zwischen Span und Werkzeug und zwischen Werkstück und Werkzeug herabsetzen, dadurch die Standzeit der Werkzeuge sowie die Oberflächengüte erhöhen und die Späne wegspülen.

Schneidöle haben eine gute Schmierwirkung. Ihr Kühlvermögen ist schlecht. Um möglichst vielen Anforderungen zu genügen, werden ihnen Additive hinzugefügt. So werden das Kriech- und Benetzungsvermögen, das Verhalten unter Hochdruck und die Beständigkeit in der Wärme gezielt verbessert. Alle diese Zusatzmittel müssen so zusammengesetzt sein, dass sie Metalloberflächen nicht verfärben und einen Schutzfilm hinterlassen, der das Werkstück während der Lagerung vor Korrosion schützt.

Kühlmittelöle sind in Wasser emulgierbar. Sie werden auch als Bohröle bezeichnet. Eine Emulsion ist ein einheitliches stabiles Gemisch zweier nicht ineinander lösbarer Flüssigkeiten. Um zu verhindern, dass das schwerere Wasser nach unten sinkt, verankert man die Wassermoleküle mit den Ölmolekülen durch einen besonderen Molekülverband, der kleinste Öltropfen ringförmig umgibt und zu einem Teil wasserlöslich, zum anderen Teil aber öllöslich ist. So entsteht eine Öl und Wasser verbindende Zwischenschicht, die die Emulsion lange Zeit stabil hält. Zur Herstellung der Emulsion sollte enthärtetes Wasser gewählt werden, weil hartes Wasser den Bohrölen wertvolle Bestandteile entzieht. Bohröle verbinden die gute Kühlwirkung des Wassers mit der guten Schmierwirkung der Öle. Während des Betriebes nimmt der Ölanteil in der Emulsion ständig ab, weil das Öl die Metalle benetzt. Darum muss die Emulsion ständig überwacht werden.

Aufgaben

1. Nennen Sie Aufgaben von Hilfsstoffen im Produktionsprozess!
2. Dürfen sich Hilfsstoffe im fertigen Produkt finden?
3. Warum hat Grafit ein so gute Schmierwirkung?
4. Welches Abschreckmittel – Wasser, Salzwasser, Öl, Druckluft – wird den größten Härtegewinn bei einem härtbaren, unlegierten Stahl zeigen?
5. Wie erreicht man durch den Einsatz von Schneidölen eine Standzeitverlängerung von Werkzeugen bei der spanenden Bearbeitung?

7 Korrosion und Korrosionsschutz

Alle Gebrauchsmetalle befinden sich in einem chemisch instabilen Zustand. Sie sind daher bestrebt, mit anderen Elementen wie Sauerstoff oder Schwefel wieder chemische Verbindungen zu bilden (Oxide, Sulfide). Diese Reaktion beginnt an der Oberfläche und kann ins Innere des Werkstoffes fortschreiten. Derartige, **Korrosion** (lat. *corrodere*, zernagen, zerfressen) genannte Stoffumwandlungen können bis zur Werkstoffzerstörung führen und müssen daher aus Gründen der Werterhaltung vermieden oder minimiert werden.

Korrosion ist die nicht beabsichtigte, von der Oberfläche ausgehende, durch chemischen oder elektrochemischen Angriff entstehende Veränderung eines metallischen Werkstoffes (nach DIN ISO 8044).

7.1 Arten der Korrosion

Ein **chemischer Angriff** auf ein Metall liegt vor, wenn sauerstoffhaltige Gase, Säuren oder Basen auf den Werkstoff einwirken. Ein bekanntes Beispiel ist die Zunderbildung auf Stahl, die auf eine chemische Reaktion (Oxidation) zurückzuführen ist.

Ein **elektrochemischer Angriff** erfolgt, wenn zwei verschiedene Metalle durch eine elektrisch leitende Flüssigkeit (einen Elektrolyt), z. B. eine Salzlösung oder eine verdünnte Säure, miteinander verbunden sind.

Wenn zwei verschiedene Metalle in einem Elektrolyten mit einem Draht verbunden sind, liegt ein **galvanisches Element (Bild 1)** vor, in dem elektrischer Strom fließt. Dadurch wird ein Metall zur **Anode**, das andere zur **Kathode**. Das unedlere Metall, die Anode, löst sich auf – es korrodiert und wird zerstört **(s. Bild 1, S. 170)**.

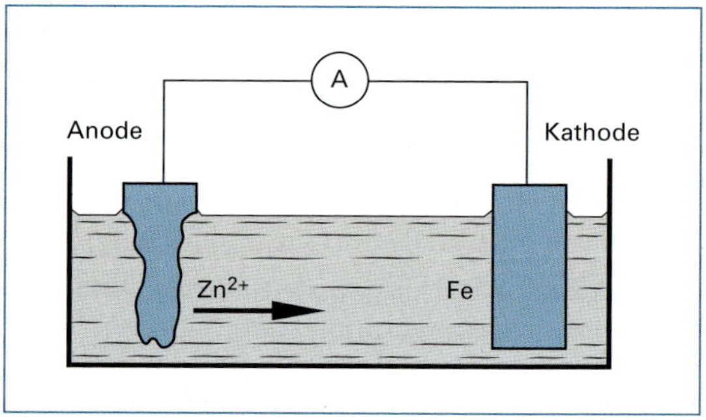

Bild 1: Galvanisches Element

Die Zuordnung edel/unedel leitet sich aus der elektrochemischen Spannungsreihe ab **(Bild 2)**.

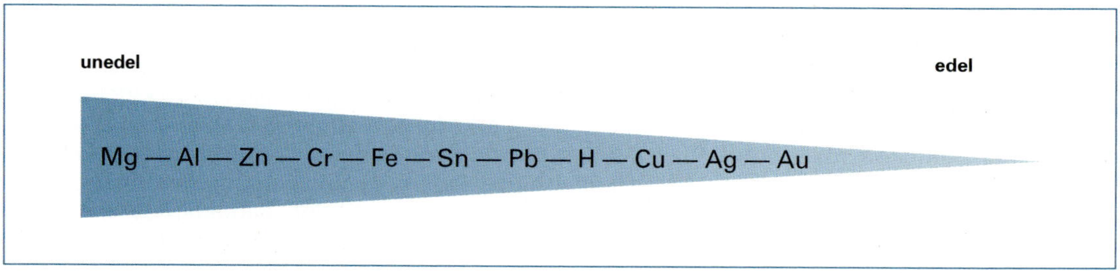

Bild 2: Elektrochemische Spannungsreihe

Danach ist das jeweils am weitesten links stehende Metall das unedlere, das ein hohes Bestreben zur Auflösung hat. Die Zerstörung erfolgt umso schneller, je weiter die beteiligten Metalle in der elektrochemischen Spannungsreihe auseinander stehen. In einem solchen Fall spricht man von **Kontakt-Korrosion**.

Ein Beispiel dafür ist die Zerstörung einer Dachrinne aus Zink, in die ein Stahlnagel hinein gefallen ist. Die Schädigung wird hier durch elektrochemische Vorgänge verursacht. Stahl (bzw. Eisen) ist dabei das edlere Element, Zink das unedlere, was sich auflöst **(siehe auch Bild 1, S. 170)**.

Ein **Korrosionselement** besteht somit aus Anode und Kathode in Berührung mit einer leitenden Flüssigkeit (Elektrolyt). Dabei können Anode und Kathode gebildet werden aus:

- unterschiedlichen Metallen, z. B. beim Weißblech einer Konservendose aus dem die Anode bildenden Stahl und der Zinnschicht als Kathode,
- verschiedenen Gefügebestandteilen, z. B. bei einem mit Walzhaut überzogenen Stahlblech aus dem die Anode bildenden Grundwerkstoff und der Oxidhaut als Kathode,
- unterschiedlichen Spannungs- und Verformungsbereichen innerhalb eines Werkstoffes, z. B. bei einem abgekanteten Blech aus den die Anode bildenden stark verformten Bereichen und den nicht verformten Bezirken als Kathode und
- einem Metall und einem Nichtmetall (Kohlenstoff, Staub, Schwefel), bei dem zumeist das Metall die anodischen Bezirke bildet.

Unter dem **Korrosionspotenzial** ist das sich unter den jeweiligen Korrosionsbedingungen (z. B. Art und Zusammensetzung des Umgebungsmediums, Ausbildung von Deck- oder Passivschichten, elektrischer Kontakt mit unedleren oder edleren Metallen, usw.) einstellende Elektrodenpotenzial (≙ elektrische „Aufladung") am korrodierenden Metall in der wässrigen Umgebung zu verstehen.

Elektrochemische Korrosion beruht auf der unterschiedlichen Stellung der Metalle in der elektrochemischen Spannungsreihe.

7.2 Erscheinungsformen der Korrosion

Korrosionsvorgänge können zu unterschiedlichen Änderungen der Metalloberfläche führen. Daher werden verschiedene Korrosionserscheinungen beobachtet. Bei der **ebenmäßigen Korrosion** erfolgt der Materialverlust annähernd parallel zur Oberfläche des Werkstoffs **(Bild 1)**. Zerstörend wirken hier vor allem das Wasser zusammen mit den in der Luft enthaltenen Gasen und Salzen sowie Staub. Diese Art der Korrosion kommt in der Praxis sehr häufig vor. Ein Maß für die Korrosion ist der Masseverlust in g/m²h oder mm/Jahr.

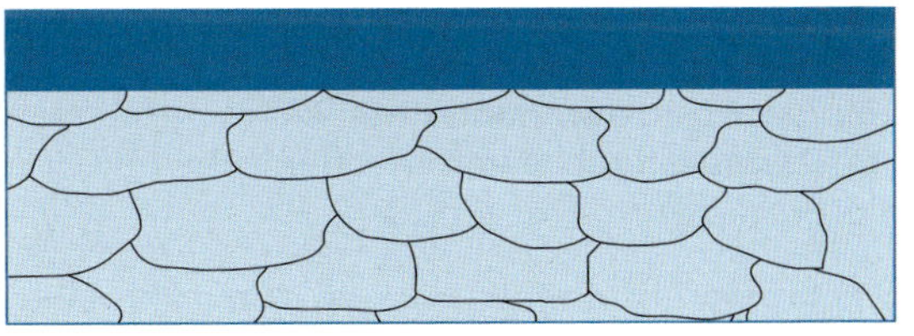

Bild 1: Ebenmäßige Korrosion

Das **Rosten** als Werkstoffzerstörung erfolgt bei bestimmten Stahlarten, wenn sie mit Wasser in Berührung kommen. Es bilden sich sog. **Lokalelemente**, deren Anoden das Eisen und deren Katoden die äußeren, sauerstoffreichen Wasserschichten sind. Besonders starkes Rosten ist immer dort feststellbar, wo die Verdunstung des Wassers nur langsam erfolgt **(Bild 2)**.

Im Fall der **Lochfraßkorrosion** tritt die Zerstörung des Werkstoffs tritt vorwiegend in kleinflächigen Korrosionselementen in der Tiefe des Materials ein. Es bilden sich zunächst örtlich begrenzte flache Anfressungen, dann starke Narben und schließlich trichterförmige Löcher. Lochfraß kommt z. B. in stählernen Heizöltanks vor, wenn Schwitzwasser anwesend ist **(Bild 3)**.

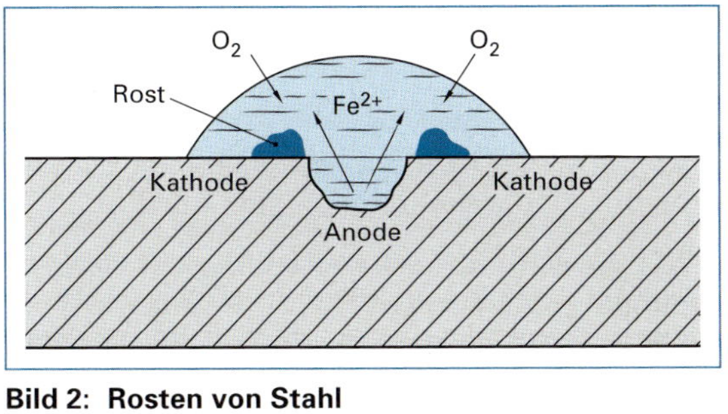

Bild 2: Rosten von Stahl

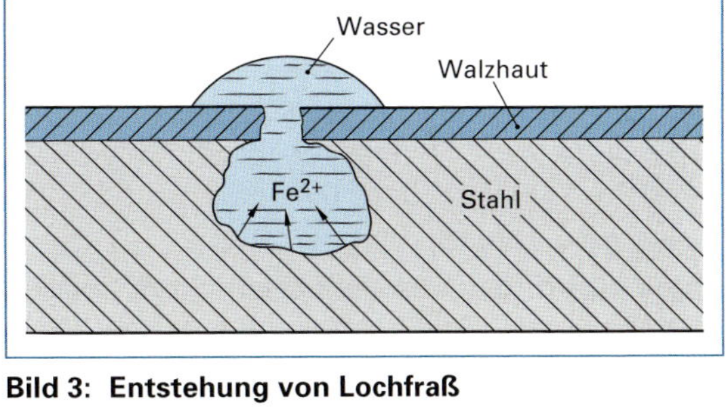

Bild 3: Entstehung von Lochfraß

Die **interkristalline Korrosion** wirkt ebenfalls in die Tiefe des Werkstoffs hinein und verläuft längs der Korngrenzen **(Bild 1)**. Die Korngrenzensubstanz ist in aller Regel unedler als das Korn selbst. Darum kommt es in Gegenwart einer elektrisch leitenden Flüssigkeit zur Zerstörung des Gefüges, wenn sich z. B. chromreiche Carbide an den Korngrenzen eines Stahles ausscheiden.

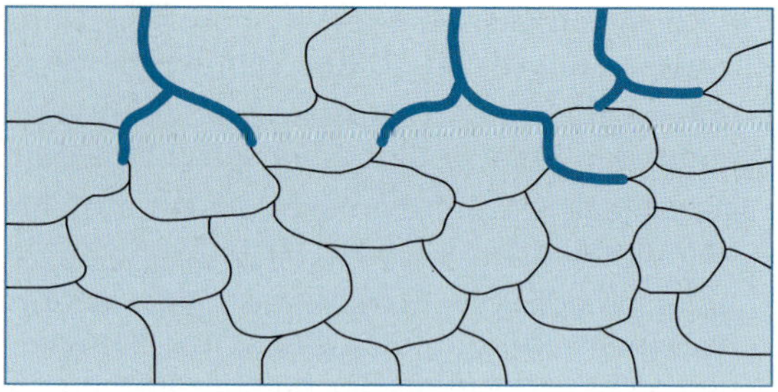

Bild 1: Interkristalline Korrosion

Bei der **transkristallinen Korrosion** entstehen Spannungsrisse, die quer durch die Körner des Werkstückes verlaufen **(Bild 2)**. Sie können z. B. dann auftreten, wenn empfindliches Material unter äußeren und inneren Spannungen steht und ein spezifisch angreifendes Medium wirkt. So kann Salzwasser in Wärmeaustauschern transkristalline Korrosion hervorrufen.

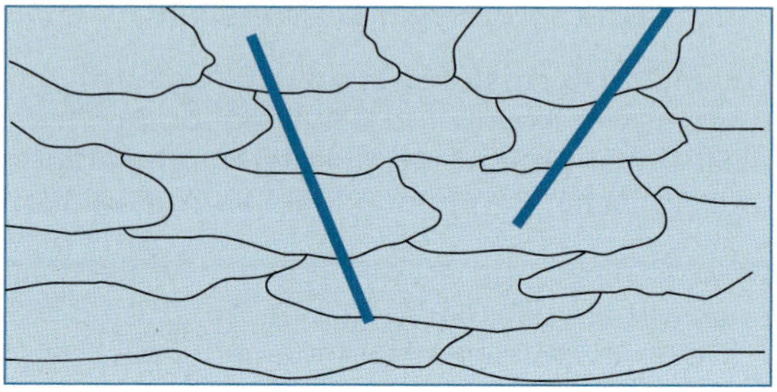

Bild 2: Transkristalline Korrosion

Tritt **selektive Korrosion** auf, dann werden nur bestimmte Gefügebestandteile angegriffen. Im Grauguss können z. B. Ferrit und Perlit zu anodischen Bezirken werden und sich auflösen. Als Folge bleibt vorwiegend ein schwammähnliches Gerüst aus Grafitlamellen erhalten. Diese Form der selektiven Korrosion ist als **Spongiose** bekannt.

Bei der Korrosion handelt es sich um chemische und elektrochemische Reaktionen, nicht aber um **Zerstörungen durch mechanische Einwirkungen**, wie sie bei der Erosion und bei der Kavitation vorliegen.

Die **Erosion** ist ebenso wie die Korrosion eine von der Werkstückoberfläche ausgehende Zerstörung. Sie wird überwiegend hervorgerufen durch Festkörperteilchen, die in schnell strömenden Gasen und Flüssigkeiten enthalten sind, z. B. bei Gasgemischen in Verbrennungsmotoren.

Die **Kavitation** tritt an der Oberfläche von Maschinenteilen auf, die schnell in Flüssigkeiten rotieren, z. B. bei Laufrädern von Kreiselpumpen. Hier sind die Werkstoffabtragungen auf einstürzende Flüssigkeitshohlräume zurückzuführen, die sich während der schnellen Drehbewegung gebildet haben.

In der Praxis wirken **Korrosion**, **Erosion** und **Kavitation** oft bei der Zerstörung der Werkstoffe zusammen.

7.3 Korrosionsschutz

Etwa drei Prozent der Metalle, die jährlich gewonnen werden, gehen durch Korrosionsschäden wieder verloren. Dabei entstehen direkte Verluste durch schadhafte Bauteile und indirekte Verluste durch den Ausfall von Produktionsanlagen. Aufgabe des Korrosionsschutzes ist es, alle Schäden möglichst gering zu halten. Folgende Korrosionsschutzmaßnahmen sind üblich:

- sinnvolle Konstruktion,
- das Aufbringen von Schutzschichten (passiver Schutz),
- die Beeinflussung des angreifenden Mediums sowie
- die Anwendung von Opferanoden (kathodischer Schutz, aktiver Schutz).

Sinnvolle Konstruktionen können Korrosionsschäden weitgehend verhindern. Die Bauteile müssen so gestaltet werden, dass keine Spalten auftreten, in denen sich Schwitzwasser sammeln kann. Metalle, die in der Spannungsreihe sehr weit auseinander liegen, dürfen ohne ausreichende Zwischenisolierung nicht miteinander verbunden werden. Andernfalls kommt es zur Kontakt-Korrosion. Zu beachten ist auch die richtige Auswahl der Werkstoffe. Zumeist verbessern Legierungszusätze die Korrosionsbeständigkeit, z. B. wird Stahl durch Legieren mit wenigstens 12 % Chrom rostbeständig. Zu bedenken ist aber, dass bei jeder Konstruktion Werkstoffpreise und wirtschaftlicher Nutzen im sinnvollen Zusammenhang stehen müssen.

Schutzschichten zur Verhinderung der Korrosion können aus Metallen oder Nichtmetallen bestehen und durch verschiedene Arbeitstechniken auf den Grundwerkstoff aufgebracht werden. Zu unterscheiden sind metallische und nichtmetallische Überzüge. Wirkt die Schutzschicht dabei als Anode, die sich auflöst und so das darunterliegende Metall schützt, spricht man vom **aktiven** Korrosionsschutz. Deckt die Schicht hingegen nur ab, handelt es sich um einen **passiven** Schutz.

Metallische Überzüge

lassen sich durch verschiedene Verfahren mit dem Trägerwerkstoff fest verbinden:

- Das **Tauchen der Werkstücke** in Metallschmelzen, wie z. B. Zink- (Feuerverzinken) oder Zinnschmelzen (Feuerverzinnen), ist ein sehr altes Verfahren. Nach dem Herausnehmen aus dem Bad bleibt auf dem Werkstück ein relativ dicker Metallüberzug (bis 0,05 mm) hängen.

  Ein metallischer Überzug lässt sich weiterhin durch **Eintauchen in eine Metallsalzlösung** erzielen. Das ist z. B. der Fall, wenn unlegierte Stähle (unedel) in eine Kupfersulfatlösung (edel) getaucht werden **(Bild 1, Seite 170)**. Voraussetzung ist, dass die Salzlösung ein Metall enthält, das edler als der zu schützende Werkstoff ist. Das Schutzmetall steht darum in der Spannungsreihe immer rechts vom zu schützenden Werkstoff **(siehe Bild 2, Seite 210)**.

- Das **Aufspritzen von Metallen**, wie z. B. Zink oder Aluminium, die in einer Brenngas-Sauerstoff-Flamme oder im elektrischen Lichtbogen geschmolzen und durch Druckluft zerstäubt werden, ergibt ebenfalls einen guten Schutz gegen Korrosion. Durch nachträgliches Diffusionsglühen, bei dem die Atome des aufgespritzten Metalles tief in das Trägermaterial eindringen, kommt es zu einer guten mechanischen Verankerung und zu guter Zunderbeständigkeit.

- Das **Plattieren** ist eine Arbeitstechnik, bei der zumeist im Walzschweißverfahren dünne Metallschichten mit dem Grundmetall verbunden werden. Die Plattierschicht beträgt etwa zehn Prozent der Gesamtdicke. So kann z. B. unlegierter Stahl durch rostbeständigen Chromnickelstahl oder eine Aluminiumlegierung vom Typ AlCuMg durch Reinstaluminium geschützt werden.

- **Elektrolytische (galvanische) Verfahren** sind zur Erzeugung metallischer Schutzschichten sehr verbreitet. Die zu galvanisierenden Teile werden in einer Metallsalzlösung als Kathode geschaltet. Das Überzugsmetall scheidet sich dann als Schutzschicht ab. Die ablaufenden Reaktionen sind mit denen vergleichbar, die im Kapitel 3.2.4 behandelt wurden. Am häufigsten werden Kupfer, Zinn, Zink, Nickel und Chrom als Schutzmetalle verwendet.

Ein **echtes**, d. h. **aktives Schutzmetall** liegt dann vor, wenn das zu schützende Metall in der Spannungsreihe rechts vom Überzugsmetall steht, wie z. B. Zink für unlegierten Stahl. Bei einer Verletzung der Schicht wird ein solches Schutzmetall in Anwesenheit einer elektrisch leitenden Flüssigkeit aufgelöst, das Trägermaterial jedoch ist wirksam geschützt. Erst wenn das Schutzmetall „aufgebraucht", d. h. vollständig aufgelöst ist, beginnt ein Angriff des Trägermetalls.

Ein **unechtes Schutzmetall** deckt nur die Oberfläche ab, wirkt aber nicht im Sinne eines aktiven Schutzes. Es ist damit ein „passiver" Schutz. Unechte Schutzmetalle stehen in der Spannungsreihe rechts vom zu schützenden Metall, wie z. B. Zinn für unlegierten Stahl. Da Zinn edler ist, wird bei Verletzung der Zinnschicht der Stahl in Anwesenheit einer elektrisch leitenden Flüssigkeit zerstört werden.

Nichtmetallische Überzüge

Wirksame Schutzüberzüge nichtmetallischer Art sind Oxid-, Phosphat-, Emaille-, Farb-, Fett- und Ölschichten sowie manche Kunststoffe. Sie wirken als passiver Schutz.

Oxidschichten auf Stahl werden u. a. durch **Brünieren** hergestellt. Darunter versteht man ein Erhitzen in Bädern, die vorwiegend Natronlauge (NaOH) und Oxidationsmittel enthalten. Die Schutzschicht besteht hauptsächlich aus dem Eisenoxid Fe_3O_4. Durch Abbrennen von Ölen und Fetten bei etwa 300 °C ist ein ähnlicher Schutzfilm zu erreichen, der aber nur von geringer Wirkung ist.

Aluminium wird elektrisch oxidiert, indem man es in einem schwefelsäurehaltigen Bad als Anode schaltet. Dabei entsteht eine aus Aluminiumoxid Al_2O_3 bestehende **Eloxalschicht**, die das Metall zuverlässig schützt.

Phosphatschichten können auf Zink, Aluminium, Magnesium und Stahl durch verschiedene Verfahren, z. B. durch Tauchen, Spritzen oder elektrolytisch erzeugt werden. Phosphatüberzüge sind feinkristallin. Da ihre Schutzwirkung begrenzt ist, werden phosphatierte Teile noch mit Anstrichen versehen.

Emailleüberzüge sind organisch-nichtmetallisch, harte und feste Schichten, die einen guten Korrosionsschutz bieten. Sie werden pulver- oder breiförmig auf das Trägermaterial gebracht und dann eingebrannt.

Farbschichten (Lacke) sind die am häufigsten verwendeten Mittel, um Korrosion zu verhindern. Sie müssen sachgemäß verarbeitet und so dick aufgetragen werden, dass eine gute Schutzwirkung erreicht wird. Der Grundanstrich hält die Luft mit ihren Schadstoffen vom Werkstoff fern. Der Schlussanstrich schützt den Grundanstrich und ist zugleich dekoratives Element.

Fett- und Ölschichten bieten keinen dauerhaften Korrosionsschutz. Sie werden darum nur verwandt, wenn Bauteile oder Maschinen kurzzeitig (z. B. beim Transport) zu schützen sind.

Kunststoffe (z. B. thermoplastische oder duroplastische Kunststofflacke) finden zum Korrosionsschutz ein weites Anwendungsfeld. Sie können durch Tauchen, Spritzen, Gießen und Sintern mit dem zu schützenden Material verbunden werden.

> Zu unterscheiden sind aktiver und passiver Korrosionsschutz.

Weitere Möglichkeiten des Korrosionsschutzes

Opferanoden werden angewandt, wenn Bauteile ständig mit Wasser in Berührung kommen, z. B. bei erdverlegten Heizöltanks oder beim Warmwasserspeicher im Haushalt. Die Schutzwirkung wird erreicht, indem man das zu schützende Objekt mit einem Metall verbindet, das nach der Spannungsreihe unedler ist. Magnesium und Zink sind z. B. Metalle, die für unlegierte Stähle als Opferanode eingesetzt werden. Sie lösen sich während der Zeit ihrer Schutzwirkung auf und müssen dann ersetzt werden. Sonst würde die Korrosion des zu schützenden Metalls beginnen. In diesem Fall handelt es sich wieder um einen aktiven Korrosionsschutz.

Aufgaben

1. Überlegen Sie, welcher der beiden Partner in folgenden Kombinationen aufgelöst wird und begründen Sie Ihre Entscheidung – Kupfer und Silber, Eisen und Zink, Kupfer und Eisen!
2. Wie funktioniert eine Opferanode?
3. Warum wird bei metallischen Überzügen zum Korrosionsschutz zwischen echten und unechten Schutzmetallen unterscheiden?
4. Was verstehen Sie unter aktivem und passivem Korrosionsschutz?
5. Was geschieht beim Eloxieren von Aluminium?
5. Warum schützen Ölschichten nur kurze Zeit vor Korrosion?

8 Werkstoffprüfverfahren

Die wichtigsten Verfahren der mechanischen Werkstoffprüfung, wie der Zug- und Druckversuch, die Bestimmung der Härte, der Biegeversuch und die Ermittlung der Dauerfestigkeit wurden bereits im Kapitel 2 erläutert. Daneben gibt es aber noch eine Vielzahl anderer Prüfverfahren, welche

- die Werkstoffstruktur (z. B. Kristallsystem, Gefüge) untersuchen,
- ganz spezielle Eigenschaften bestimmen (z. B. elektrische Leitfähigkeit, Glanz, Korrosionsverhalten),
- gezielt nach Fehlern suchen (z. B. bei der Prüfung von Schweißnähten),
- die Ursache eines eingetretenen Schadensfalls abklären bzw.
- zur laufenden Qualitätskontrolle in der Fertigung dienen.

Einige dieser Verfahren sollen nachfolgend etwas genauer vorgestellt werden.

8.1 Metallografische Untersuchungen

Metallografische Untersuchungen wurden kurz schon zu Beginn des Kapitels 3.3 erläutert. Das Wort Metallografie ist griechischen Ursprungs und bedeutet Metallbeschreibung. Im engeren Sinne sind darunter Metallstrukturuntersuchungen, also Gefügeuntersuchungen, zu verstehen. In den meisten Fällen wird dafür eine Metallprobe angeschliffen, poliert und dann geätzt. Je nach Gefüge ist dann eine Betrachtung mit bloßem Auge möglich (Makrountersuchung) oder es wird ein Mikroskop benötigt (Mikrountersuchung).

In ganz ähnlicher Weise werden auch Keramiken untersucht. Hierfür ist der Begriff **Keramografie** üblich. Auch Mineralien und Gesteine werden auf diese Weise charakterisiert.

Metallografische Untersuchungen haben ihren festen Platz in der Werkstoffprüfung, weil der Gefügeaufbau wesentlich die mechanischen Eigenschaften und damit die Verwendbarkeit eines Werkstoffes bestimmt.

Makro-Untersuchungen erfolgen mit bloßem Auge oder bei bis zu zehnfacher Vergrößerung.

Mitunter kann dies bereits an Bruchflächen geschehen, die bei der mechanischen Werkstoffprüfung (Zugversuch, Kerbschlagbiegeversuch) oder nach Schadensfällen auftreten. Beispiele zeigen **Bild 1 und Bild 1, Seite 33**. Bei den Untersuchungen leisten Stereolupen oder einfache digitale Mikroskope gute Dienste. Zu erkennen sind Brucharten (Verformungs- oder Trennbrüche), Werkstofffehler (Schlackeneinschüsse) und oft auch die Art der Materialbeanspruchung (Zug- oder Druckbelastung).

Bild 1: Sprödbruch an einem Stahlprofil

Nach der Behandlung einer vorher geschliffenen Fläche mit einem kräftigen Ätzmittel können je nach Probe die Korngröße, die Kornausrichtung (**Bild 2** sowie **Bild 2, Seite 33**), einzelne Schweißlagen, Risse und Poren sichtbar gemacht werden.

Geeignete Ätzmittel sind in speziellen Anleitungen für die einzelnen Werkstoffe zu finden und beruhen vielfach auf Erfahrungswerten.

Bild 2: Makroschliff von Aluminium

> **Makroskopische Untersuchungen** erlauben Aussagen über Bruchflächen, Seigerungen, Einschlüsse, Lunker und Korngröße.

Mikro-Untersuchungen werden mit einem Mikroskop durchgeführt. In Lichtmikroskopen sind 20- bis 1500-fache Vergrößerungen möglich. Elektronenmikroskope vergrößern bis zu 1000000-fach.

Mikroskopische Untersuchungen geben Aufschluss über den Gefügeaufbau, die Korngrenzen, die Korngrößen und die Mengen unterschiedlicher Gefügeanteile.

Die zur Untersuchung von Metallen verwendeten Lichtmikroskope sind Auflichtmikroskope **(Bild 1)**, denn die untersuchten Schliffe werden von oben oder von der Seite angeleuchtet. Die Verwendung von Durchlicht ist nicht möglich, weil Metallproben lichtundurchlässig sind.

Der mikroskopischen Untersuchung gehen Probennahme, das Einebnen der Probe durch Schleifen und Polieren sowie das Ätzen voraus.

In bestimmten Fällen können einzelne Arbeitsschritte entfallen. Beispielsweise erfolgt die Beurteilung von Gusseisen mit Kugelgrafit oder Lamellengrafit **(siehe Bild 2, Seite 93)** bzw. die Untersuchung von Al-Si-Gussproben oftmals nur an der polierten Probenoberfläche. Ein Ätzen ist nicht notwendig.

Die **Entnahme der Probe** muss so vorgenommen werden, dass keine Gefügeveränderung durch Erwärmen, z. B. beim Sägen, oder durch Verformung, z. B. beim Scheren, eintritt.

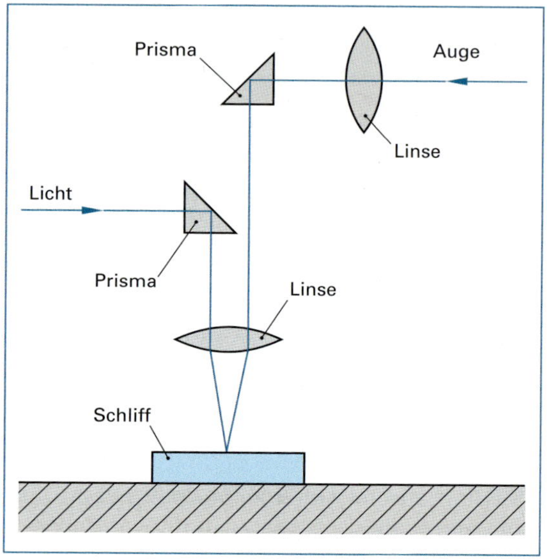

Bild 1: Schematische Darstellung des Strahlenganges in einem Auflichtmikroskop

Die Größe der Probe beträgt meist ≈ 15 mm × 15 mm × 10 mm. Zur besseren Handhabung beim Schleifen sollte sie in eine Haltevorrichtung eingeklemmt oder – speziell bei noch kleineren Proben, wie z. B. Drähten – in Kunststoff eingebettet werden.

Das **Schleifen** der Probe erfolgt z. B. nass auf Schleifmaschinen mit Siliciumcarbidpapier der Körnungen 80, 240, 320, 500 und 1000. Der abgetragene Schleifstaub wird durch fließendes Wasser weggespült.

Das **Polieren** schließt sich dem Schleifen an. Auf rotierenden Scheiben, die mit kurzfaserigen Filztüchern oder Samt bespannt sind, werden die Proben ständig gedreht. Als Poliermittel dient z. B. Tonerde – eine Aufschlämmung von feinstem Aluminiumoxid in Wasser oder Alkohol – bzw., wie auch schon zum Feinschleifen, Diamantpaste der Körnungen 50 µm bis 0,25 µm. Das Polieren ist auch auf elektrolytischem Weg möglich.

Das **Ätzen der Proben** geschieht durch Eintauchen in Ätzlösungen, die Säuren oder Basen enthalten, oder auf elektrolytischem Weg. Je nach der Zusammensetzung des Ätzmittels werden die Korngrenzen oder aber die Kornflächen markiert. Man unterscheidet darum zwischen **Korngrenzen- und Kornflächenätzung**. Durch beide Verfahren werden die verschiedenen Gefügeanteile optisch gegeneinander abgegrenzt.

Bei der **Korngrenzenätzung** **(Bild 1, Seite 217)** wird der Werkstoff dort abgetragen, wo er am schwächsten ist, nämlich an den Stellen, wo zwei Körner zusammenstoßen. Auffallendes Licht bildet darum an diesen Stellen Schatten. Ein Beispiel zeigt **Bild 1, Seite 79**.

Bei der **Kornflächenätzung** **(Bild 2)** färben sich die Körner unterschiedlich. Das kann seine Ursache in verschiedenfarbigen, durch das Ätzmittel hervorgerufenen, Oxidschichten haben **(z. B. Bild 3, Seite 33)**. Ebenso ist es auch möglich, dass jedes Korn vom Ätzmittel aufgeraut wird und dadurch eine unterschiedliche Reflexion des Lichtes erfolgt.

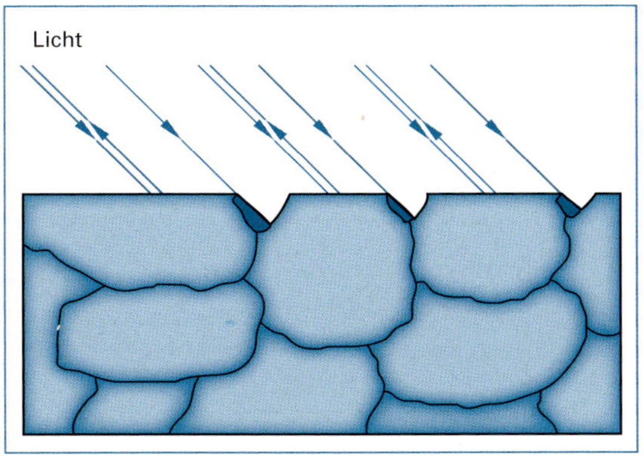

Bild 1: Korngrenzenätzung

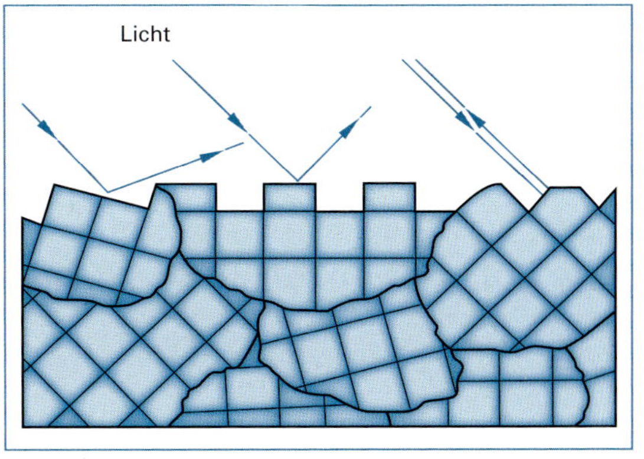

Bild 2: Kornflächenätzung

Lichtmikroskopische **(LM)** Untersuchungen sind in den meisten Fällen ausreichend. Wie schon erwähnt, ist jedoch das Auflösungsvermögen in der Objektebene durch die Wellenlänge des Lichts, im Mittel ca. 0,5 µm, auf etwa 0,2 µm begrenzt. Das heißt, dass ein geringerer Abstand von zwei Punkten des Objekts als nur ein Punkt wiedergegeben wird. Außerdem ist die Schärfentiefe gering. Sie beträgt bei 1000-facher Vergrößerung etwa 0,01 µm. Dadurch ist eine Bruchflächenbetrachtung ausgeschlossen. Eine Verbesserung der Auflösungsgrenze und Schärfentiefe wird durch die Verwendung von eng gebündelten Elektronenstrahlen, deren Wellenlänge etwa ein Hunderttausendstel der Lichtwellenlänge beträgt, erreicht.

Die Auflösungsgrenze der Lichtmikroskopie liegt bei etwa 1000-facher Vergrößerung.

Transmissions-Elektronen-Mikroskope (TEM, Durchstrahlungselektronenmikroskope) liefern Informationen über innere Strukturen dünnster und damit durchstrahlbarer Objekte. Elektronenstrahlen können dünne Metallschichten durchdringen und aufgrund von Laufzeitdifferenzen in den einzelnen Werkstoffen, die zu Interferenzen führen, ein Hell-Dunkel-Bild liefern. Somit können Gitterstörungen sichtbar gemacht werden, z. B. Versetzungen oder kleinste Ausscheidungen im Gitter. Ein Beispiel zeigt **Bild 3b, Seite 61**. Die Auflösungsgrenze liegt bei etwa 0,1 nm bis 0,2 nm. Die Vergrößerung ist etwa bis zu 1 000 000-fach möglich.

Transmissionselektronenmikroskope gestatten Vergrößerungen bis zu 1 000 000-fach.

Daneben gibt es Elektronenmikroskope, die die Abbildung von Oberflächen fester Präparate gestatten, die **Raster-Elektronen-Mikroskope (REM)**. Hier tastet ein Elektronenstrahl die Probenoberfläche ab. RE-Mikroskope sind bei minimalem Probenaufwand universell einsetzbar und heute weit verbreitet.

Die Schärfentiefe ist bei vergleichbarer Vergrößerung ca. 300-mal größer als bei Lichtmikroskopen. Die Auflösung reicht bis ca. 10 nm und die Objektflächen können bis zu 150 000-fach vergrößert werden.

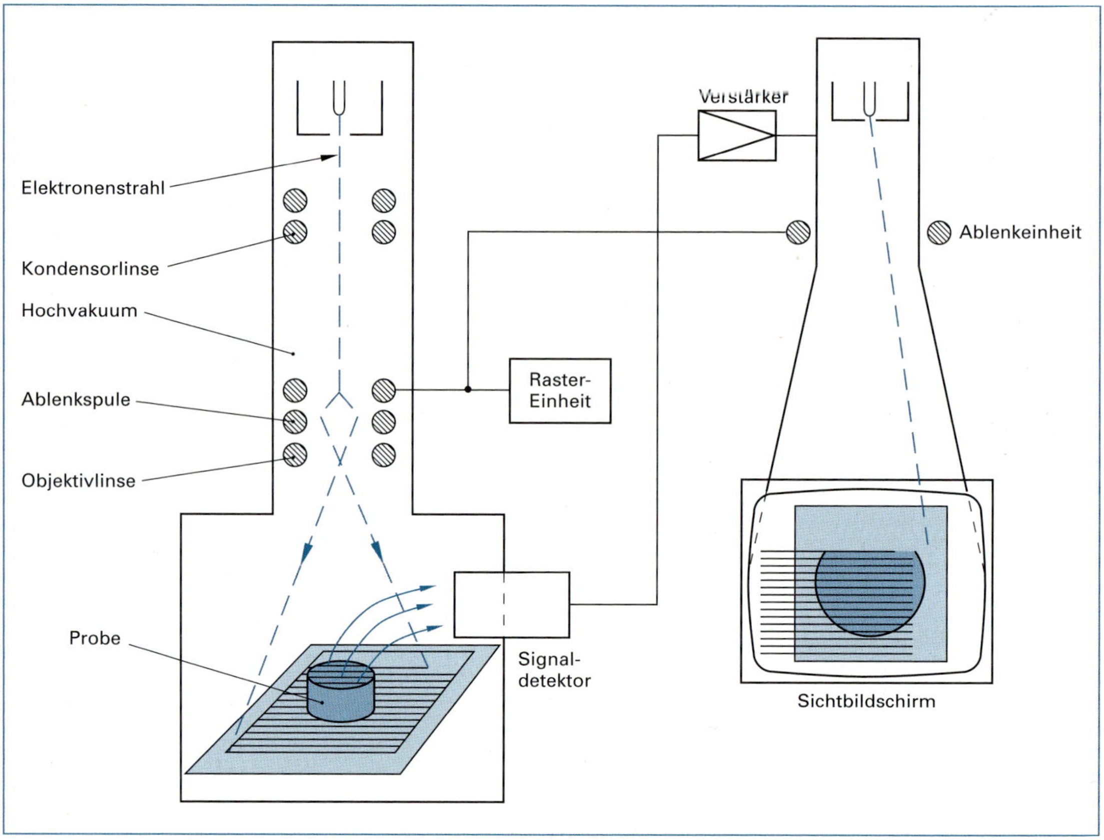

Bild 1: Prinzip eines Raster-Elektronen-Mikroskops (REM)

Der wesentliche Unterschied des REM **(Bild 1)** zum Lichtmikroskop und zum TEM besteht darin, dass Licht- und TE-Mikroskope „Direktbilder" liefern, die Probe wird jeweils durchstrahlt. REM-Bilder entstehen jedoch „indirekt". Das REM-Bild entsteht, wenn die Probenoberfläche mit einem eng gebündelten (bis zu 0,01 µm) Elektronenstrahl (Primärelektronen) im Hochvakuum **abgerastert** (abgetastet) wird. Mithilfe der dabei entstehenden Signale wird über einen Detektor die Helligkeit eines Monitors gesteuert, auf dem das Abbild der Probenoberfläche entsteht.

In den heutigen REM-Geräten übernehmen Computer die Steuerung von Funktionen und von Funktionsabläufen sowie die Bildverarbeitung und Analyse.

Die Anwendung von RE-Mikroskopen ist vielfältig. In der Metalltechnik werden sie beispielsweise zur Untersuchung von Bruchflächen und Korrosionsschichten (Schadensanalysen) oder zur Darstellung des kristallinen Feinbaus verwendet. Untersuchungen an keramischen und polymeren Werkstoffen sind ebenfalls möglich.

Nicht sichtbar im REM sind das Kristallgitter und dessen Fehler im Atombereich. Dafür findet das TEM Anwendung sowie spezielle Verfahren der Röntgenfeinstrukturanalyse.

Außer in der Werkstofftechnik werden REM-Geräte auch in der Mineralogie, Medizin, Kriminaltechnik und im Umweltschutz verwendet.

Raster-Elektronen-Mikroskope gestatten Abbildungen von glatten und rauen Oberflächen bei großer Schärfentiefe und hoher Auflösung.

Neben der reinen REM-Anwendung sind auch alternative Rastermethoden in der Werkstoffuntersuchung möglich, z. B. in der

- **F**eld**e**missions-**R**aster**e**lektronen**m**ikroskopie (FE-REM) u. a. für die Untersuchung von nicht leitenden Proben.
- Feldemissions-Rasterelektronenmikroskopie komb. mit Röntgenmikrobereichs-Analyse (FE-REM u. EDX). EDX steht für **e**nergie**d**ispersive **Röntgen**mikrobereichsanalyse, u. a. für den analytischen Nachweis von Elementen.
- **R**aster-**T**unnel-**M**ikroskop (RTM) u. a. für Oberflächenuntersuchungen, z. B. Oxidationsprozesse.
- **La**ser-**M**ikrosonde-**Ma**ssen-Spektrometrie (LAMMA) u. a. für Tiefenprofilanalyse, quantitativer Nachweis von Elementen und Molekülen.

Speziell ausgestattete Rasterelektronenmikroskope und auch Transmissionselektronenmikroskope erlauben Aussagen über die **chemische Zusammensetzung** des Werkstoffes und auch einzelner **Phasen.**

8.2 Schleiffunkenprobe und Spektralanalyse

Bei Raumtemperatur befinden sich die Atome der Metalle im **Grundzustand**. Durch genügend starke Erwärmung werden Elektronen in kernfernere Bahnen angehoben. Die Atome sind dann in den **angeregten Zustand** übergegangen. Bei der Rückkehr der Elektronen in den Grundzustand – also bei Abkühlung – geben sie die bei der Anregung aufgenommene Energie in Form von Licht wieder ab. Alle Grundstoffe strahlen Licht verschiedener Wellenlänge und damit für sie charakteristisch gefärbtes Licht aus. Diese physikalischen Eigenschaften nutzt man bei der Schleiffunkenprobe und bei der Spektralanalyse zur qualitativen und quantitativen Bestimmung von Legierungsanteilen aus.

Die **Schleiffunkenprobe** an Stählen ist in der Praxis ein verbreitetes Hilfsmittel zur Bestimmung der Stahlzusammensetzung. Die zu untersuchende Probe wird dabei an eine sich mit einer Umlaufgeschwindigkeit von 20 m/s drehende, keramisch gebundene Schleifscheibe mit einer Körnung zwischen 36 und 50 gepresst. Die entstehenden Funken müssen dann mit denjenigen verglichen werden, die von Stählen bekannter Zusammensetzung erzeugt werden. Die annähernde Kohlenstoffbestimmung gelingt jedoch nur bei Stählen mit Kohlenstoffgehalten bis zu 0,8 %. Grund dafür sind die dann nicht mehr überschaubaren, vielen kleinen Explosionen bei der Verbindung des Kohlenstoffs mit dem Luftsauerstoff, die eine Unterscheidung nur schlecht möglich machen.

Durch die **Schleiffunkenprobe** sind grobe Aussagen über die Zusammensetzung von Eisenwerkstoffen möglich.

Die **Spektralanalyse** ist an nahezu allen metallischen Werkstoffen möglich. Während der Untersuchung werden geringe Mengen des zu überprüfenden Materials und eines Vergleichsstoffes bekannter Zusammensetzung gleichzeitig in je einem elektrischen Lichtbogen verdampft.

Prismen zerlegen, wie **Bild 1** folgende Seite zeigt, das dabei entstehende grell-weiße Licht in die Spektralfarben und Spektrallinien. Durch einen Vergleich mit den Spektrallinien des bekannten Werkstoffes sind dann Art und Menge der Legierungsanteile zu bestimmen, denn so, wie ein Fingerabdruck nur zu einem Menschen passt, so gehört ein bestimmtes Spektrum nur zu einem ganz bestimmten Element.

Die **Spektralanalyse** erlaubt qualitative und quantitative Bestimmungen der Werkstoffzusammensetzung.

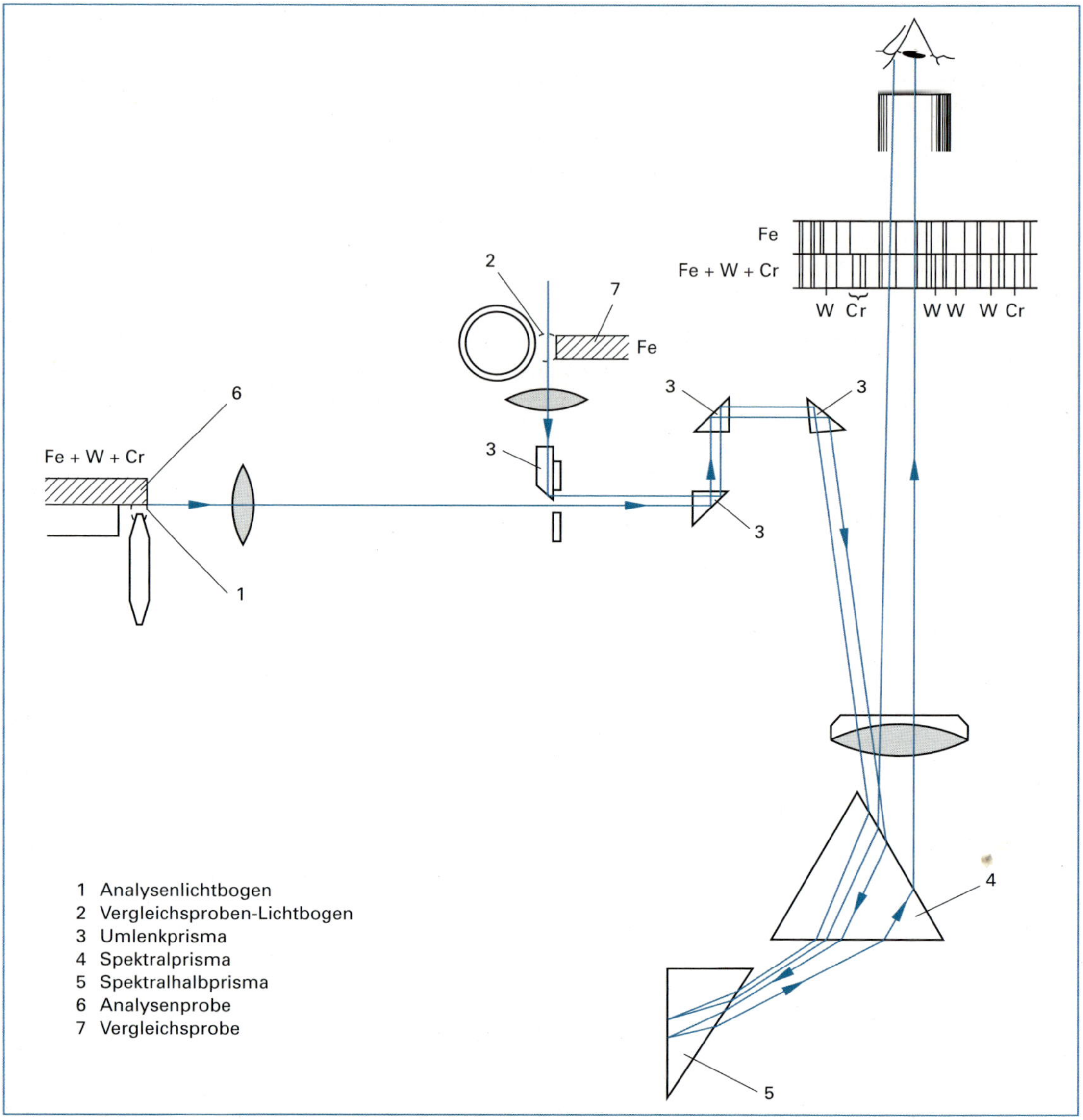

Bild 1: Schema eines Spektralapparates

Moderne Spektrografen werten die Untersuchungsergebnisse elektronisch aus und speichern sie bzw. drucken sie aus. Für Vor-Ort-Untersuchungen (z. B. von Schrottlieferungen) gibt es tragbare Geräte.

8.3 Oberflächenprüfungen nach dem Eindringverfahren

Haardünne Röhrchen heißen auch **Kapillaren**. Flüssigkeiten dringen in sie ein, wenn ihre Kohäsionskräfte schwächer sind als die Adhäsionskräfte zwischen Flüssigkeit und Kapillarwand. Diese physikalischen Eigenschaften nutzt man zur Erkennung von Oberflächenrissen aus, die durch Gießen, Schmieden, Schweißen oder bei spanender Bearbeitung entstanden sind, denn feine Risse sind mit Kapillaren vergleichbar. Untersuchungen dieser Art werden auch als Diffusions-, Kapillar- oder Penetrierprüfungen bezeichnet. Mit ihrer Hilfe sind Haarrisse bis herab zu 0,00025 mm erkennbar.

Nach dem **Eindringverfahren** arbeitende **Prüfmethoden** sind geeignet, feine Risse an magnetischen und unmagnetischen Werkstücken festzustellen, die von der Oberfläche ausgehen.

Oberflächenprüfungen nach dem Eindringverfahren haben den Vorteil, dass keine aufwändigen Geräte benötigt werden und darum nur geringe Kosten entstehen. Außerdem können sie – im Gegensatz zu den magnetischen Rissprüfungen – auch an unmagnetischen Werkstücken durchgeführt werden. Die beiden folgenden Verfahren sind in der Praxis weit verbreitet.

Beim **Farbeindringverfahren (Bild 1)** ist das Prüfstück zunächst sorgfältig zu reinigen und von Öl-, Fett-, Rost- und Zunderschichten zu befreien. Anschließend wird eine rote Prüfflüssigkeit (Eindringflüssigkeit, Penetrierflüssigkeit) durch Tauchen, Spritzen oder Streichen aufgetragen. Sie dringt infolge der Kapillarwirkung in eventuell vorhandene Haarrisse ein. Nach etwa 15 Minuten ist die Prüfflüssigkeit wieder abzuwischen und nach vollständiger Trocknung eine Entwicklerflüssigkeit aufzutragen. Der Entwickler bildet sich als weiße Schicht aus und saugt die rote Prüfflüssigkeit aus den Rissen auf. Auf diese Weise sind die Fehlstellen deutlich sichtbar zu machen. Das Farbeindringverfahren ist besonders für die Prüfung von Einzelteilen geeignet.

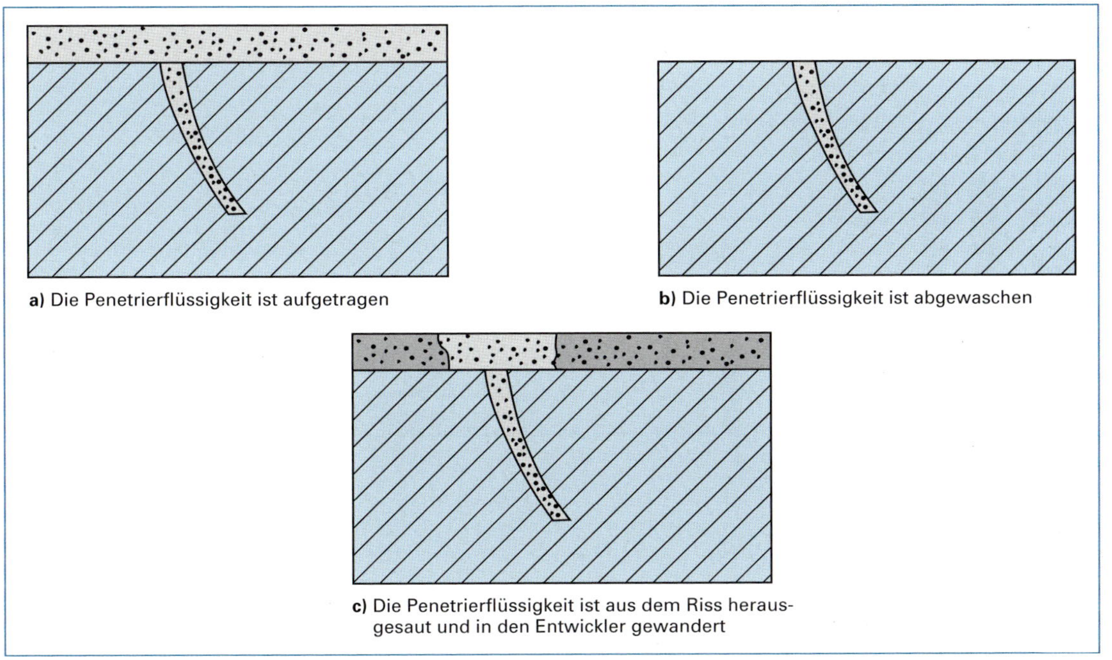

Bild 1: Schematische Darstellung des Eindringverfahrens

Beim **Fluoreszenzverfahren** wird auf das gereinigte Prüfstück ein Prüföl aufgetragen, das fluoreszierende Stoffe enthält. Nach einer Einwirkzeit von 5 bis 15 Minuten ist die Prüfflüssigkeit abzuwaschen und das Werkstück vollständig zu trocknen. Anschließend wird eine weiße Entwickleremulsion aufgetragen. Sie hat die Aufgabe, eine Gegenkapillarwirkung zu erzeugen und das Prüföl mit den fluoreszierenden Substanzen aus den Rissen an die Oberfläche zu saugen. Bei der Kontrolle des Prüflings unter ultraviolettem Licht (UV-Licht) in einem abgedunkelten Raum sind Risse klar erkennbar. Das Fluoreszenzverfahren wird vorwiegend zur Überprüfung von Bauteilen verwendet, die in großen Serien hergestellt werden.

8.4 Röntgenprüfung

Röntgenstrahlen sind elektromagnetische Wellen mit Wellenlängen zwischen 10 nm (Hinweis nm = Nanometer, nano $\hat{=}$ 10^{-9}) und 0,1 pm (Hinweis pm = Picometer, pico $\hat{=}$ 10^{-12}). Sie entstehen in nahezu luftleeren Glaskolben, wenn aus einer darin befindlichen beheizten Kathode herausgeschleuderte Elektronen mithilfe elektrischer Hochspannung auf eine Hilfsanode aus Wolfram geschleudert werden **(Bild 1, oben, schwarz gezeichnet)**. Die beim Aufprall erzeugte Energie wandelt sich dabei zu etwa 99 % in Wärme und zu etwa 1 % durch Veränderung der Wolframelektronenhülle in Röntgenstrahlen um. Kurzwellige Röntgenstrahlen bezeichnet man als harte, langwellige Röntgenstrahlen als weiche Strahlen.

Zur zerstörungsfreien Werkstoffprüfung nutzt man folgende Eigenschaften der Röntgenstrahlen aus:

- sie dringen in die Werkstoffe ein, breiten sich geradlinig darin aus und werden dabei abgeschwächt; die Eindringtiefe wird von der am Prüfgerät einregelbaren Strahlungsintensität und von der Dichte des Werkstoffes bestimmt; an Fehlstellen erfolgt eine geringere Abschwächung der Strahlung als am Grundwerkstoff; Stahl lässt sich bis zu Dicken von 100 mm durchstrahlen.
- sie schwärzen fotografische Filme.
- sie erzeugen auf Leuchtschirmen Fluoreszenz.

Durch Röntgenstrahlen lassen sich Risse, Poren, Lunker und Bindefehler in Schweißnähten feststellen. Nicht erkennbar sind Haarrisse an der Werkstückoberfläche.

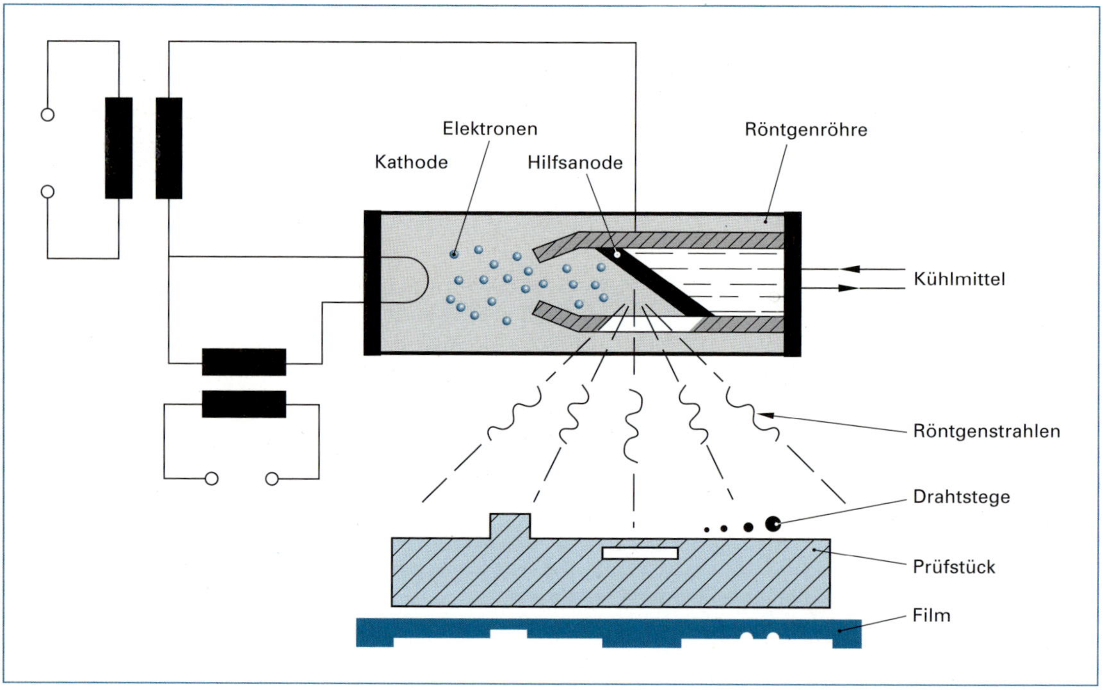

Bild 1: Schematische Darstellung einer Röntgenprüfung

Filmuntersuchungen ergeben Aufnahmen der Prüfstücke, die exakte Aussagen über Lage und Größe der Fehlstelle zulassen. Die Röntgenstrahlung wird in einwandfreiem Material gleich stark abgeschwächt. An Fehlstellen erfolgt eine weit geringere Abschwächung. Ein direkt auf der Rückseite des Prüfstücks angebrachter Film zeigt darum nach seiner Entwicklung an Schadstellen starke Schwärzung **(Bild 1, unten, blau gezeichnet)**.

Die Güte eines Röntgenbildes wird nach DIN EN 462-1 mithilfe von Drahtstegen bestimmt, die vor der Aufnahme auf das Prüfstück gelegt werden. Die Drahtstege bestehen aus sieben genormten Drähten verschiedenen Durchmessers, die aus dem gleichen Material gefertigt sind, aus dem auch das Prüfstück besteht. Nach der Entwicklung des Filmes sind die Drähte alle oder teilweise als helle Striche erkennbar. Die **Drahterkennbarkeit DE** ist die auf den kleinsten erkennbaren Durchmesser bezogene Materialdicke. Sie wird in Prozenten ausgedrückt. Es sind zwei Bildgüteklassen zu unterscheiden. In der Klasse 1 ist eine hohe, in der Klasse 2 eine normale Erkennung der Fehlstellen möglich. Je nach Materialdicke liegt die Drahterkennbarkeit in der Klasse 1 zwischen 1,2 % und 1,5 %, in der Klasse 2 zwischen 1,5 % und 3 %. Für hoch beanspruchte Bauteile wird die Bildgüteklasse 1 verlangt. Für normal beanspruchte Bauteile genügt die Bildgütegruppe 2, weil kleinere Fehler oft zulässig sind.

Röntgenographische Untersuchungen erlauben es, Fehler im Metall sichtbar zu machen, z. B. Rosse, Lunker oder Einschlüsse.

8.5 Gammastrahlenprüfung

Die γ-Strahlen sind ebenso wie die Röntgenstrahlen elektromagnetische Wellen. Ihre Wellenlängen sind mit 300 pm bis 0,003 pm jedoch wesentlich kleiner. Sie entstehen nicht wie bei Röntgenstrahlen durch Energieumwandlung in der Elektronenhülle von Atomen, sondern durch Umwandlung von Atomkernen radioaktiver Elemente.

Zur Werkstoffprüfung mit γ-Strahlen werden in Kernreaktoren hergestellte Radioisotope verwendet. Häufig wird Cobalt eingesetzt. Natürlich vorkommende Atome dieses Metalles haben in ihrem Kern 59 Masseteilchen, davon jeweils 27 Protonen und 32 Neutronen. Man schreibt: $^{59}_{27}$Co (oben Gesamtzahl der Masseteilchen = Massenzahl, unten Protonenzahl = Kernladungszahl). Im Kernreaktor erfolgt durch Aufnahme eines Neutrons die Umwandlung in $^{60}_{27}$Co bzw. Co-60 (60 = Massenzahl).

Diese Atome sind nicht stabil und daher radioaktiv. Sie zerfallen unter Aussendung von γ-Strahlen im Laufe der Zeit zu Nickelatomen. Andere γ-Strahler sind Cäsium Cs-137 und Iridium Ir-192.

Für die praktische Anwendung von Radioisotopen zur Werkstoffprüfung sind außer der Strahlungsenergie des γ-Strahlers von praktischer Bedeutung:

- die **Halbwertzeit**; darunter versteht man den Zeitraum, in dem die Hälfte der Atome zerfällt; sie beträgt bei Co-60 5,26 Jahre, bei Cs-137 33 Jahre und bei Ir-192 74,5 Tage.
- die **spezifische Aktivität**; damit ist die Anzahl der in einer Sekunde zerfallenden Atomkerne eines Elements gemeint; sie wird in Curie (Ci) angegeben; 1 Ci entspricht $3{,}7 \cdot 10^{10}$ Zerfallsvorgängen in der Sekunde = $3{,}7 \cdot 10^{10}$ Becquerel (Bq).

Bei der Werkstoffuntersuchung mit γ-Strahlen werden die gleichen Fehler wie bei der Röntgenprüfung erfasst. Mit γ-Strahlen lassen sich jedoch größere Werkstückdicken überprüfen.

Die Prüfung von Konstruktionsteilen mit γ-Strahlen erfolgt sinngemäß so, wie es bei der Röntgenprüfung beschrieben wurde.

Das radioaktive Präparat, z. B. in den Abmessungen von 2 × 2 × 2 mm, befindet sich in einem gasdichten und strahlungssicheren Gehäuse aus Wolfram und Blei, dessen Blende jeweils zur Herstellung von fotografischen Aufnahmen geöffnet wird.

Fehlstellen innerhalb des Werkstoffes sind nach der Entwicklung des Filmes schwerer zu erkennen als bei Röntgenaufnahmen, weil die Abschwächung der γ-Strahlen geringer ist und darum kontrastärmere Aufnahmen entstehen.

Die Vorteile der Prüfung mit γ-Strahlen **(Bild 1)** liegen darin, dass sie im Gegensatz zu Röntgenprüfanlagen keinen elektrischen Strom benötigen. Darum sind die verwendeten Apparaturen nicht sehr aufwändig. Außerdem kann das Durchdringungsvermögen größer sein als bei Röntgenuntersuchungen.

Die wesentlichsten Nachteile ergeben sich aus der ständigen Abnahme der Strahlungsaktivität und der daraus resultierenden ständigen Änderung der Belichtungszeiten.

Röntgen- und γ-Strahlen durchdringen nicht nur Werkstoffe, sondern auch den menschlichen Organismus. Um gesundheitliche Schäden (Haarausfall, Geschwulstbildungen, Verminderung der Sehfähigkeit) zu verhüten, sind unbedingt alle Schutzvorschriften zu beachten, die für den Umgang mit ionisierenden γ-Strahlen gelten.

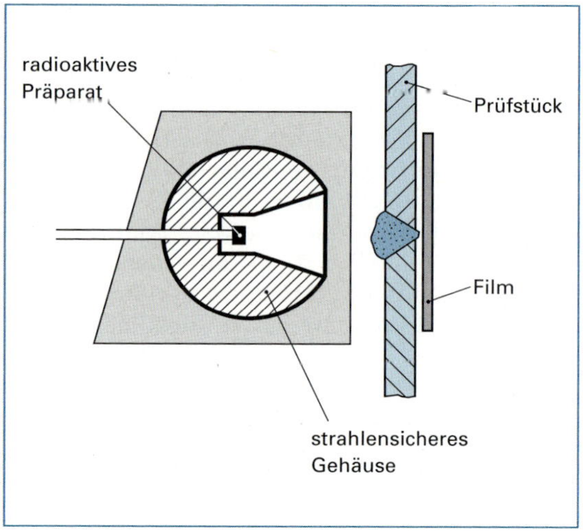

Bild 1: Schematische Darstellung einer Prüfung mit γ-Strahlen

> Mit **γ-Strahlen** werden die gleichen Fehlerarten bestimmt wie bei Röntgenstrahlen. Es sind jedoch größere Werkstückdicken durchstrahlbar.

8.6 Ultraschallprüfung

Unter Schall versteht man im allgemeinen elastische Schwingungen von Materieteilchen. Diese Schwingungen sind periodisch auftretende Dichteänderungen. Eine Schwingung pro Sekunde wird als 1 Hz (Hertz) angegeben. 1000 Hz entsprechen 1 kHz, 1000 kHz entsprechen 1 MHz. Das menschliche Ohr nimmt etwa 16 Hz bis 16 kHz wahr. Den Frequenzbereich von 16 kHz bis 100 MHz bezeichnet man als **Ultraschall**.

Ultraschall lässt sich mithilfe von Wechselstrom und **piezoelektrischen** (druckelektrischen) **Schwingquarzen** erzeugen. Dabei werden durch angelegten Wechselstrom elastische Schwingungen der Quarze hervorgerufen, die den Ultraschall verursachen. Piezokristalle können bei mechanischer Belastung auch Wechselstrom erzeugen.

Ultraschallwellen haben die Eigenschaft, dass sie sich in Gasen, in Flüssigkeiten und in Feststoffen geradlinig ausbreiten und reflektiert werden, wenn sie auf ein anderes Medium, z. B. auf Hohlräume oder Fremdstoffe, stoßen. Dieses Verhalten nutzt man zur Ultraschallprüfung von Werkstoffen aus und kann so Risse, Einschlüsse und Lunker nachweisen.

> Mit **Ultraschallverfahren** sind festzustellen: Haarrisse, breite Risse, Gaseinschlüsse und Lunker sowie Bindefehler in Schweißnähten.

Beim **Durchschallungsverfahren** **(Bild 1, Seite 225)** überträgt der piezoelektrisch angeregte Sendekopf die Schallwellen auf das zu prüfende Werkstück. Auf der Seite des Schallaustritts wird mit einem Messinstrument die Intensität der ankommenden Impulse gemessen. Wird kein Intensitätsverlust festgestellt, ist das Werkstück frei von Fehlern. Macht sich ein Verlust von Schallenergie bemerkbar, liegt ein Materialfehler vor, dessen ungefähre Größe, nicht aber dessen genaue Tiefenlage ermittelt werden kann.

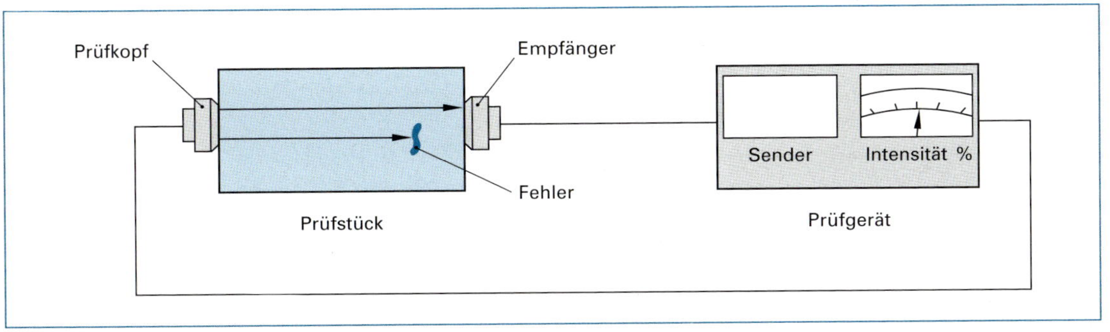

Bild 1: Schematische Darstellung des Durchschallungsverfahrens

Beim **Impuls-Echo-Verfahren** (Bild 2) arbeitet der Ultraschallprüfkopf abwechselnd als Sender und Empfänger. Während des Sendens werden Ultraschallwellen an eventuellen Fehlerstellen und an den Endflächen reflektiert. Nach einigen Mikrosekunden erreichen sie den piezoelektrischen Empfänger und regen ihn zum Schwingen an. Die mechanischen Schwingungen werden in elektrische Impulse verwandelt und auf einem Bildschirm sichtbar gemacht.

Mit dem Impuls-Echo-Verfahren lassen sich Fehlergrößen und Fehlerlagen genau lokalisieren – ein Vorteil gegenüber dem Durchschallungsverfahren.

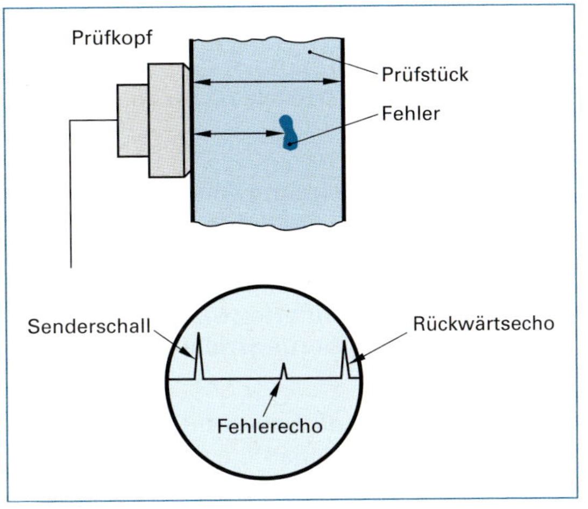

Bild 2: Schematische Darstellung des Impuls-Echo-Verfahrens

8.7 Magnetische Rissprüfung

In magnetischen Werkstoffen verlaufen bekanntlich Kraftlinien. Ihre Lage ist mit Eisenpulver sichtbar zu machen. Bei fehlerfreien Werkstücken ist der Kraftlinienfluss homogen (einheitlich). Liegen Materialfehler vor, erfolgt eine Ablenkung der Kraftlinien, wenn die Schadstellen quer zu den Kraftlinien liegen. Ursache dafür ist die geringere magnetische Durchlässigkeit der Fehlstelle im Vergleich zum Grundwerkstoff. Diese Erscheinung wird bei der magnetischen Rissprüfung ausgenutzt, mit der man Oberflächenrisse und bis zu 3 mm unter der Oberfläche liegende Fehler nachweist.

Durch **magnetische Rissprüfungen** werden Oberflächenrisse und bis zu drei Millimeter unter der Werkstückoberfläche liegende Materialfehler an magnetisierbaren Werkstücken festgestellt.

Es sind verschiedene Arten dieser Prüftechnik, die auch als Magnetpulververfahren bezeichnet werden, gebräuchlich. Allen ist gemeinsam, dass sie Eisen- bzw. Eisenoxidpulver in einer Ölaufschwemmung bei der Fehlerbestimmung verwenden. Bei einwandfreien Werkstücken verteilt sich die Aufschwemmung gleichmäßig über die Probestückoberfläche. Liegen Fehler vor, erfolgen an den Schadstellen Pulveranhäufungen. Auf diese Weise ist die genaue Lage der Fehler zu bestimmen.

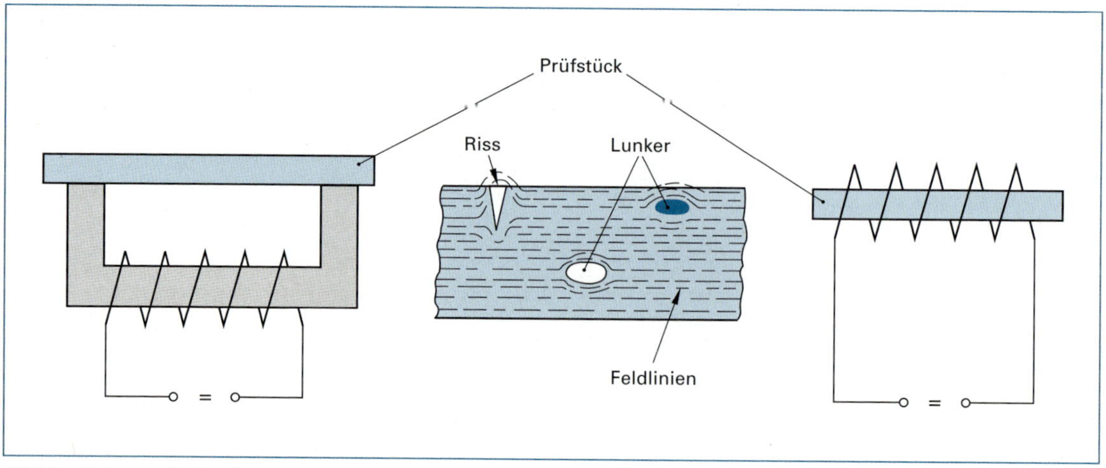

Bild 1: Schematische Darstellung der Joch- und Spulenmagnetisierung

Bei der **Polmagnetisierung** (Bild 1) wird das Prüfstück in seiner Längsrichtung magnetisiert. Sie kann als Joch- oder **Spulenmagnetisierung** durchgeführt werden. Die Jochmagnetisierung ist besonders für kleine Bauteile geeignet. Die Spulenmagnetisierung erlaubt die Prüfung größerer Bauteile, weil diese durch eine von Gleich- oder Wechselstrom durchflossene Spule gezogen werden können. Beide Prüfarten dienen nur zur Feststellung von Fehlstellen, die quer, also im rechten Winkel zur Magnetisierungsrichtung, liegen.

Bei der **Stromdurchflutung** (Bild 2) liegt das Prüfstück in einem Wechselstromkreis. Das Magnetfeld wird bei Oberflächenfehlern abgelenkt. Zur Prüfung von Hohlkörpern lässt sich dieses Verfahren geringfügig ändern. Der elektrische Strom fließt dabei nicht durch das Prüfstück, sondern durch einen Hilfskörper. Man spricht darum auch von einer Hilfsdurchflutung. In beiden Fällen sind mit der Durchflutung nur Fehler in der Längsachse nachweisbar, weil diese senkrecht zu den Magnetlinien liegen.

Um Längs- und Querrisse gleichzeitig zu erfassen, lassen sich in besonderen Geräten Polmagnetisierung und Stromdurchflutung miteinander kombinieren.

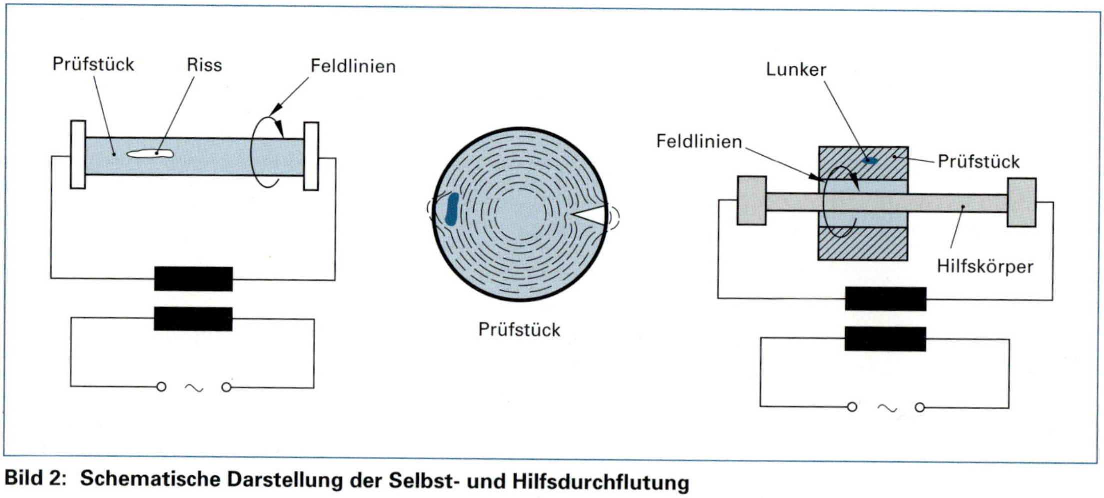

Bild 2: Schematische Darstellung der Selbst- und Hilfsdurchflutung

9 Recycling

Die bisher behandelten Verfahren der Gewinnung von metallischen Werkstoffen gingen immer von Erzen, also natürlichen Rohstoffen, auch Primärrohstoffe genannt, aus. Nach der Nutzungsphase der daraus hergestellten Produkte können diese jedoch oftmals wieder als Rohstoffe für neue Produkte dienen. Umgangssprachlich spricht man hierbei vom Recycling. Genauer definiert bedeutet Recycling entsprechend der VDI-Richtlinie 2243 die erneute Nutzung, Verwendung oder Verwertung von Produkten oder Teilen von Produkten in Form von Kreisläufen. Das heißt, nach der Produktentstehungs- und -nutzungsphase erfolgt eine erneute Nutzung entweder des aufgearbeiteten Produkts als sog. **Produktrecycling – Verwendung** – oder der Werkstoffe des Altprodukts als **Materialrecycling – Verwertung**. Neben diesen beiden Formen gibt es auch noch ein Recycling der Produktionsrückläufe – in der Regel als Materialrecycling (Sekundärrohstoffe).

Verwendungsstrategie: Das **Produktrecycling** beinhaltet eine Wiederverwendung oder eine Weiterverwendung – je nachdem, ob das verwendete Produkt in seiner ursprünglichen oder einer veränderten Form eingesetzt wird. Damit ist die Verwendung durch die (weitgehende) Beibehaltung der Produktgestalt gekennzeichnet.

Beispiel: Eine gebrauchte Fahrzeugfelge wird als Standfuß eines Verkehrszeichens genutzt.

Verwertungsstrategie: Beim **Material- oder Werkstoffrecycling** erfolgt eine Wiederverwertung oder eine Weiterverwertung, je nachdem, ob aus den Altwerkstoffen nach ihrer Aufbereitung die gleichen Werkstoffe oder andere Sekundärwerkstoffe hergestellt werden. Das heißt, hierbei wird zunächst die Produktgestalt aufgelöst.

Beispiel: Blei wird aus einem Bleiakku zurückgewonnen.

Innerhalb des Recycling-Kreislaufs kann eine Recyclingform mehrmals angewendet werden, bevor eventuell auf eine andere Recyclingform bzw. auf den Kreislauf mit niedrigerem Wertniveau übergangen wird.

Beispiel: Ein Pkw-Motor wird nach Wiederverwendung als Austauschmotor anschließend noch als stationärer Motor weiterverwendet, bis er schließlich als Schrott einem Materialrecycling zugeführt wird.

Diese Vorgehensweise bietet sowohl aus Sicht der Kosten als auch aus ökologischer Sicht deutliche Vorteile: Rohstoffe, die sonst teuer eingekauft werden müssten, werden eingespart. Zum Recycling ist in der Regel weniger Energie erforderlich als zur Herstellung des entsprechenden Materials aus den jeweiligen Primärrohstoffen. Außerdem sinkt die Müllmenge erheblich, die CO_2-Emissionen werden deutlich gesenkt. Die Angaben in der nebenstehenden Tabelle 1 machen deutlich, dass bei richtiger Planung erhebliche Mengen an Rohstoffen durch Recycling eingespart werden können und damit die in der Natur lagernden Rohstoffe – die Ressourcen – geschont werden.

Tabelle 1: Gegenwärtige durchschnittliche Recyclingquoten

Stoffe	Deutschland	Weltweit
Eisen/Stahl	55,0 %	40 %
Blei	51,0 %	> 35 %
Kupfer	45,0 %	> 40 %
Aluminium	30,0 %	> 33 %
Papier	64,0 %	o. A.
Glas	72,0 %	o. A.
Weißblech	92,5 %	o. A.
Zink	30,0 %	> 33 %

o. A. – ohne Angabe

Schon bei der Konstruktion neuer Bauteile und Produkte muss das spätere Recycling bedacht werden. Die jeweiligen Produkte sollten sich dabei möglichst einfach in ihre Einzelkomponenten zerlegen lassen (recyclinggerechtes Gestalten). Günstig ist es zudem, wenn die einzelnen Werkstoffe klar erkennbar sind oder auf dem Bauteil abgelesen werden können. So geben heute schon beispielsweise viele Aluminiumgussproduzenten direkt auf den Gussstücken die verwendete Legierung an. Schadstoffe sollten von vornherein vermieden werden. Sinnvoll ist zudem eine Reduzierung der Typen und Teile.

9.1 Recycling von Metallen

Die weitaus größte Bedeutung hat hier aufgrund des hohen Metallwertes das **Material- oder Werkstoffrecycling**. Dazu gehört insbesondere das Aufbereiten und Einschmelzen von metallischen Erzeugnissen und die Wiedergewinnung der darin enthaltenen Rohstoffe als Sekundärrohstoffe.

Beispiele sind das Einschmelzen von Stahlschrotten, die Verarbeitung gebrauchter Bleiakkus zur Wiedergewinnung der darin enthaltenen Blei- und Kunststoffanteile oder das Einschmelzen von Aluminium- oder Kupferguss- bzw. Strangpressteilen. Auch Gold- und Silberanteile aus elektronischen Bauelementen und sogar Goldränder von Porzellanteilen können, zumeist elektrolytisch, wieder separiert werden. Eingesetzt werden hierbei sowohl **Altschrotte** (Schrotte, die aus gebrauchten Produkten stammen) als auch **Neuschrotte** (Schrotte, die direkt aus der Produktion stammen, z. B. gepresste Späne, Angüsse oder Ausschuss).

Für jeden Werkstoff, jedes zusammengesetzte Bauteil oder unterschiedliche Werkstoffkombinationen müssen hierfür geeignete Arbeitstechniken entwickelt werden. Dabei die Auflagen der Gesetzgeber zu erfüllen, ist oft schwierig, wenn zugleich auch die ökologischen, die ökonomischen und die technischen Wünsche der Industrie, des Handels, der Kommunen und der Bürger optimal aufeinander abgestimmt werden sollen.

Das Recycling der Metalle, insbesondere auf dem Stahl-, Kupfer-, Blei-, Zink- und Aluminiumsektor, hat sich in der Praxis gut eingespielt, weil langjährige Erfahrungen genutzt werden konnten. Die Metalle werden eingeschmolzen, über geeignete Prozesse gereinigt (raffiniert) und ggf. mit Neumetall verschnitten.

Dieses **Verschneiden** ist aus wirtschaftlichen Gründen sinnvoll, wie sich gut am Beispiel der Aluminiumlegierungen zeigen lässt: Knetlegierungen enthalten mit max. 6 % – wie gezeigt – deutlich weniger Legierungsgehalte als Gusslegierungen (ab 10 %). Es ist nicht wirtschaftlich, Gusslegierungsschrotte über aufwändige Raffinationsschritte zu Knetlegierungen zu verarbeiten. Vielmehr ist es sinnvoll, eine entsprechende Legierungszusammensetzung durch die Zugabe von Hüttenaluminium zu erreichen – und so die Absenkung bestimmter, in der Schmelzezusammensetzung noch zu hoher Legierungsgehalte zu erreichen. Die Eigenschaften der erhaltenen Sekundärlegierungen sind weitgehend denen primärer Metalle vergleichbar.

Metalle lassen sich nahezu unbegrenzt immer wieder **recyceln**.

9.2 Recycling von Kunststoffen

Das Recycling von Kunststoffen ist mit vielen Problemen behaftet, die ihre Ursache im chemischen Aufbau und ihren Verarbeitungsarten, aber auch in einigen staatlichen Auflagen haben. Bis zur Mitte der 1990er Jahre war die Hauptschwierigkeit die sortenreine Trennung der Altstoffe in Fraktionen gleichen Aufbaus, ein Problem, das jetzt mehr und mehr gelöst ist. Selbst die sortenreine Separierung von in den Kunststoffen enthaltenen Metallen ist dank moderner Wirbelstrom- und Magnetscheider möglich.

Zwei Recyclingarten haben sich seither als brauchbar erwiesen: das werkstoffliche und das rohstoffliche Recycling.

Beim **werkstofflichen Recycling** werden möglichst sortenreine Alt-Kunststoffe geschmolzen und zu neuen Gebrauchsgegenständen verarbeitet, z. B. zu Straßenbegrenzungspfosten, zu Folien, zu Rohren, zu Tafeln und zu Profilen. Der hohen Werkstoffausbeute stehen auch Nachteile gegenüber. Nach dreimaligem Recyceln können bei einigen Kunststoffen z. B. die Streckgrenze und Zähigkeit so stark sinken, dass eine Wiederverarbeitung ausgeschlossen werden muss. Man spricht vom **Down-Cycling**.

Dem Materialkreislauf sind hier also Grenzen gesetzt, was auch zeigt, dass ein Recycling um jeden Preis nicht sinnvoll ist. Hierbei würden letztlich mehr Ressourcen verbraucht als erhalten, und die Umwelt wird letztlich mehr belastet als entlastet.

Beim **rohstofflichen Recycling** werden in überwiegend chemischen Prozessen die Stoffe in ihre Ausgangsmoleküle zurückverwandelt und anschließend in oft schon vorhandenen Werksanlagen entweder wieder zu Kunststoffen oder anderen organischen Verbindungen hoher Qualität, z. B. zu Alkoholen, weiterverarbeitet. Dieser Prozess ist ohne Qualitätsverlust beliebig oft wiederholbar.

Das ist dann auch der Hauptgrund dafür, dass das rohstoffliche Recycling bei Kunststoffen zur Zeit größere Marktchancen besitzt als das werkstoffliche Recycling.

Ein interessantes Beispiel für das Recycling von Kunststoffen ist die Verarbeitung von CDs/DVDs und entsprechenden Ausschüssen. Sie sind ein Materialverbund von Polycarbonat, aufgedampfter Aluminiumschicht und Schutzlack. Im ersten Schritt werden die CDs gemahlen. In einem zweiten Schritt werden Aluminium, Lack und Aufdruck vom Mahlgut entfernt. Das erhaltene CD-Regranulat genügt nun zwar nicht mehr den hohen Anforderungen an die CD-Produktion, kann aber für verschiedenste andere Bereiche eingesetzt werden.

Ein **Recycling** von Kunststoffen ist möglich, jedoch besteht die Gefahr des **Down-Cyclings**.

9.3 Recycling von Glas und Keramik

Die bekannteste Form des Glasrecyclings ist das Verarbeiten gebrauchter Glasverpackungen (Flaschen, Gläser). Moderne Separierungsverfahren erlauben hier durch Licht die Trennung von farbigen und weißen Gläsern. Die Glasfraktionen werden eingeschmolzen und zu neuen Gläsern verarbeitet.

Das Recycling spezieller technischer Gläser, wie z. B. Fernseh- oder Monitorglas, ist hingegen schwierig. Im Fall der Fernsehgläser unterscheiden sich die Glassorten stark, je nach Hersteller. Zudem enthalten sie, um die in der Fernsehröhre entstehende kurzwellige Strahlung absorbieren zu können, Zusätze von Blei, Strontium, Zirconium, Barium und Zink.

Das Recycling der Keramiken ist ein Feld, über das wenige verlässliche Zahlen vorliegen. Normale Gebrauchskeramik wird nicht gesammelt und daher über den Hausmüll entsorgt. Im Falle der technischen Keramik hat sich bereits ein Recycling etabliert: So werden z. B. Fußbodenplatten aus recycelter, glasierter Sanitärkeramik gefertigt. Bauschutte können zu neuen Baustoffen verarbeitet werden. Möglich ist auch ein SiC-Recycling von keramisch gebundenen Schleifscheiben.

Aufgaben

1. Definieren Sie die Begriffe Produktrecycling und Materialrecycling!
2. Wie kann eine recyclinggerechte Konstruktion aussehen?
3. Warum ist es sinnvoll, Aluminiumschrott beim Recycling mit Neumetall zu mischen (zu verschneiden)?
4. Wie lässt sich Gold von Altporzellan wieder gewinnen?
5. Nennen Sie Schwierigkeiten, die beim Recycling von Kunststoffen auftreten können!
6. Was ist einem Down-Cycling zu verstehen?
7. Welche Vorteile hat das rohstoffreiche Recycling von Kunststoffen?
8. Wie werden Gläser recycelt?

Sachwortverzeichnis

T

U

Bildquellenverzeichnis

Folgende Bilder wurden mit freundlicher Genehmigung folgender Institutionen bzw. Firmen verwendet:

Titelbild: Galliumkristalle, PPM Pure Metals GmbH, Langelsheim

TU Bergakademie Freiberg, Prof. Dr. H. Oettel
Bilder 85/1, 87/1 bis 4, 89/1, 102/3, 110/3, 127/1

Max Planck Institut für Eisenforschung GmbH, Düsseldorf
Bilder 79/1, 86/1, 87/5

LKR Ranshofen
Bild 204/2